冶金工业出版社

普通高等教育“十四五”规划教材

轧钢生产原理与实践

张朝磊　主编

全书数字资源

北京
冶金工业出版社
2025

内 容 提 要

本书主要介绍了轧钢生产原理与实践及其相关知识，全书共分7章，包括绪论，轧钢基本原理，板带钢、无缝钢管、型钢和棒线材的生产原理与实践，以及轧钢过程节能减排技术发展与应用等内容。

本书可作为钢铁冶金行业高层次人才继续教育、高等院校材料工程和冶金工程等专业学位研究生教材，也可供冶金行业有关工程技术人员参考。

图书在版编目(CIP)数据

轧钢生产原理与实践 / 张朝磊主编. -- 北京 ：冶金工业出版社，2025. 3. -- (普通高等教育“十四五”规划教材). -- ISBN 978-7-5240-0178-2

Ⅰ. TG33

中国国家版本馆 CIP 数据核字第 2025YG3600 号

轧钢生产原理与实践

出版发行 冶金工业出版社　　**电　话** (010)64027926
地　址 北京市东城区嵩祝院北巷 39 号　　**邮　编** 100009
网　址 www. mip1953. com　　**电子信箱** service@ mip1953. com

责任编辑 王 颖　美术编辑 吕欣童　版式设计 郑小利
责任校对 梅雨晴　责任印制 禹 蕊
北京建宏印刷有限公司印刷
2025 年 3 月第 1 版，2025 年 3 月第 1 次印刷
787mm×1092mm 1/16；17. 5 印张；422 千字；269 页
定价 49. 00 元

投稿电话 (010)64027932　投稿信箱 tougao@ cnmip. com. cn
营销中心电话 (010)64044283
冶金工业出版社天猫旗舰店 yjgycbs. tmall. com
(本书如有印装质量问题，本社营销中心负责退换)

前　　言

钢铁材料是现代人类文明发展所依赖的最主要，也是最重要的物质基础之一。轧钢是钢铁行业的成材工序，是大批量生产钢铁材料的工艺过程，是最主要的钢铁材料成形方法，不仅直接关系到钢铁产品的质量和性能，也是衡量一个国家工业水平高低的重要标志。轧钢生产既需要用到物理冶金学、机械、材料、力学、数学、电学及计算机等多学科交叉的理论，又是一门实践性科学。它诞生于实践，又必须应用于实践之中。

本书基于北京市课程思政示范课程“轧钢生产原理与实践”的建设成果，面向钢铁冶金行业高层次人才继续教育、材料工程和冶金工程等专业学位研究生的培养要求和目标，结合作者多年来的教学和科研实践经验编写而成。全书共分7章，内容反映技术前沿性，增加探究性和个性化内容。第1章绪论，介绍了钢铁材料发展意义及展望、金属材料塑性成形目的及特点、轧钢历史发展及其在现代钢铁生产流程中的作用、现代轧钢技术发展及趋势；第2章轧钢基本原理，介绍了轧钢基础、轧制过程及其实现的条件、轧制时钢的物理冶金学原理；第3~6章分别介绍了板带钢生产原理与实践、无缝钢管生产原理与实践、型钢生产原理与实践、棒线材生产原理与实践；第7章回应当前绿色低碳发展需求，介绍了轧钢过程节能减排技术发展与应用。本书在编写过程中，力求语言通俗易懂、条理清晰、图文并茂，以便读者更好地理解和掌握所学内容。同时，也注重内容的实用性和前瞻性，尽可能将最新的轧钢技术和研究成果纳入其中，使读者能够紧跟轧钢技术的发展步伐。

参与本书编写、审定的都是北京科技大学长期工作在材料加工工程、冶金工程教学教研和科学研究一线的教师，具备丰富教学经验和深厚科研功底。本书由张朝磊副教授担任主编。具体编写分工为：第1、2章和第3.4、6.5节由张朝磊编写，第3.1~3.3节由王永金副教授编写，第4章和第6.1~6.4节由蒋波副教授编写，第5、7章由于浩教授编写。

本书的编写和出版得到了北京科技大学教材建设经费资助，以及示范课程教学团队中王鲁宁教授、董文钧教授、张秋曼副研究员等专家的悉心指导，在此一并深表谢意。

由于编者水平所限，书中不妥之处，敬请广大读者批评指正。

编　者
2024年10月

目　　录

1 绪 论

课程思政——轧钢与“钢铁强国”建设

钢铁材料是现代人类文明发展所依赖的最主要，也是最重要的物质基础之一。世界钢协与比尔及梅琳达·盖茨基金会的统计报告预测，世界钢铁产能还将继续增加，2050 年全球将大约生产 28 亿吨，特别是非洲欠发达地区社会经济的进一步发展将带动钢铁需求与产能增加。轧钢是钢铁生产的成材工序，是大批量生产钢铁材料的工艺过程，是最主要的钢铁材料成形方法。

“钢铁强国”建设是中国工业发展的重要组成部分。中国已成为全球第一产钢大国，粗钢产量占全球一半以上，钢铁工业规模庞大，具有国际竞争力；中国钢铁企业在技术装备、节能环保、智慧制造等方面取得显著进步，拥有世界先进的现代化冶金装备和关键技术；中国钢铁产品品种全覆盖，特别是在关键钢材品种生产上取得突破，满足制造业转型升级需求；中国钢铁行业正致力于低碳绿色转型，实施严格环保标准，推动节能减排技术应用，促进产业与城市共生发展。可见，中国在“钢铁强国”建设方面取得了显著成就，但仍需面对和解决一些发展中的问题。轧钢是“钢铁强国”建设中的重要一环，具体表现如下。

（1）支撑高端制造业：轧钢作为钢铁生产的关键环节，对于提供高质量、高性能的钢铁产品至关重要。这些产品广泛应用于高端制造业，如汽车、航空航天、船舶等，是建设钢铁强国的重要支撑。

（2）推动技术创新：轧钢技术的不断创新和进步，有助于提高钢铁产品的质量和性能，满足更高端、更复杂的需求。这不仅是钢铁行业自身发展的需要，也是建设钢铁强国的重要动力。

（3）提升国际竞争力：通过轧钢技术的提升和产品的优化，可以增强我国钢铁产品在国际市场上的竞争力，推动钢铁行业的国际化发展，进一步巩固我国钢铁强国的地位。

综上所述，轧钢在“钢铁强国”建设中扮演着举足轻重的角色，是推动钢铁行业高质量发展、提升国际竞争力的重要力量。

1.1 钢铁材料发展意义及展望

1.1.1 钢铁材料发展意义

材料被视为人类社会发展历程的主要标志，是人类进步的里程碑。历史学家将材料及其器具作为划分时代的标志，从石器时代开始，经过青铜器时代、铁器时代、钢铁时代、高分子材料时代，直到复合材料时代。对材料的认识和利用能力，决定着人类社会的形态和生活的质量。钢铁材料具有资源丰富、可大规模化生产、易加工、质量稳定、综合性能优良、价格低廉和回收利用率高等显著特点。钢铁材料伴随着人类在漫漫历史中走过了很长的一段路，从最早公元前 1500 年起对天然陨铁的直接利用，到冶铁炼铁技术的发展，再到近代合金钢的高速发展，以及现代对先进制备工艺的探索和成分-组织-性能的精确控制，钢铁材料早已成为人类社会最重要的结构材料和使用量最多的功能材料。18 世纪，钢铁工业的发展，成为产业革命的重要内容和物质基础。19 世纪中叶，现代平炉和底吹酸性转炉技术的出现，使人类真正进入了钢铁时代。

钢铁一直是生产生活中重要的基础性材料，是社会发展的重要支柱产业，在国民经济中占有极重要的地位，是国民经济的中流砥柱。钢铁是工业的粮食，广泛应用于建筑、交通、石油化工、海洋工程、军事装备和机械制造等，是现代化工业最重要和应用最多的金属材料，是国家生存和发展的物质保障，是国家的命脉。因此，人们把粗钢产量、钢材品种和质量作为衡量一个国家工业、农业、国防和科学技术发展水平的重要标志。随着科技进步及社会发展，钢铁工业对于经济的支撑作用越来越突出，已经成为国家生产力的主要标志和重要动力。

在经历了代用材料的强烈冲击后，人们通过对各种材料的比较，认识到在现有材料研发体系和工业社会需求的前提下，不管是哪种研发思路开发的新型材料都很难替代钢铁材料成为大规模使用的工业社会基础材料。在可预见的未来，钢铁材料作为最主要的工业社会基础材料的地位依然无法撼动，仍将是人类社会和经济发展的物质基础，是最重要的、通用性和适应性最强的结构材料。而新型材料的研发则更多的面向特定领域和特定需求。成为钢铁材料的有益补充。时至今日，钢铁技术仍在日新月异地发展着，各种先进的制备工艺和性能优异的钢铁材料层出不穷。根据当今发展的趋势可以看出，当代工业对钢材的各方面使用性能都有了更高的要求，尤其是极端环境下的力学性能。钢铁材料的发展还有很大的上升空间，当前的工业需求也完全能够为钢铁材料的发展提供改进和提高的动力，钢铁材料的前景未来可期。

因此，发展钢铁材料的意义在于提升人们生活水平，支撑制造升级、经济高质量发展，推动人类社会进步和可持续发展。

1.1.2 我国钢铁材料的发展现状

早在公元前 6 世纪，我国就已经广泛使用铁器；10 世纪晚期，生铁年产量就达到 12.5 万吨，而 1720 年，英国的铁产量尚不足 2 万吨。虽然我国古代在冶铁制钢技术上具备领先世界的传统优势，但是近代自工业革命爆发以来我国沦落到极度落后的境地。1890 年，湖广总督张之洞主持兴建湖北汉阳铁厂和大冶铁矿，成为中国第一座近代钢铁联合企业，标志着我国近代钢铁工业的兴起；然而到 1949 年为止，生产钢铁的企业只有 19 个，年产钢 15.8 万吨，世界排名居 26 位。

中国的钢铁时代滞后于世界步伐，艰辛坎坷、历尽磨难，但改革开放给中国的第二次工业革命注入了强大的生命力。滞后的钢铁时代尚未落幕，中国已经迈开了信息时代的步伐，第二次工业革命与第三乃至第四次工业革命并行发展的中国模式显著缩短了中西方工业发展的差距。1996 年，我国粗钢产量突破亿吨，超过日本和美国成为世界第一产钢大国，奠定了我国钢铁大国的基础。到 21 世纪 20 年代初期，不仅全国钢产量超越了全世界其他国家产量的总和，而且出现了钢铁时代与后续信息时代紧密结合的中国特色，为促进信息时代乃至智能时代发展建立良好开端。钢铁材料的快速发展，使我国彻底告别了钢材短缺时代，能够满足国民经济各行业用钢基本需要，有力地支持了我国工业化进程和城市化进程，为国民经济快速发展做出了巨大贡献，同时也为世界钢铁工业发展做出了突出贡献。

钢铁材料的发展既满足了国计民生的需求，更支撑了我国高科技的发展。在实现工业化和城镇化目标任务的带动下，未来国内钢材需求仍将保持在高位水平。目前以高端钢材制造为代表的冶金技术与材料科学有较大提升空间，我国每年仍然需要进口 1200 万吨左右的特殊钢材应用于航天、国防等高端工业制造领域。整体来看，我国钢材产品附加值较低，科技进步和持续的技术改造仍然是我国钢铁工业发展的唯一出路。我国钢铁工业发展已进入由规模效益向质量效益转变的加速演进期，处于由“钢铁大国”迈向“钢铁强国”的关键阶段，并呈现出规模优势持续保持、产品品种更丰富、绿色智能水平加速提升、产业结构更加优化、产业集中度不断提升的特点，将以低碳统领高质量发展、重塑新发展格局。钢铁工业是资源与能源密集型行业，碳排放高，约占全国 CO_2 排放量的 16%。在碳达峰、碳中和的大背景下，实现低碳发展要调整工艺流程结构，降低 CO_2 排放，开发性能升级的高强化、长寿命以及高效能钢铁材料，构建低碳产业生态圈。

面对当今世界经济的不确定性挑战和复杂的国际形势，我国的钢铁工业具备的发展韧性、市场调整空间和规模效应都是任何国家无法比拟的。我国钢铁工业具备世界规模最大的现代化钢铁生产体系和体量优势，综合竞争优势越来越突出，钢铁工业基本实现了焦化、造块、炼铁、炼钢、连铸和轧钢等主要工序主体技术装备的自主研发，大型冶金设备国产化率达 95%以上，实现了规模引领、装备引领、绿色引领、科技引领。我国的钢铁材料已形成具有门类齐全的国际市场竞争力，并将成为打造国内国际双循环的重要力量。

1.1.3 钢铁材料高质量发展展望

我国钢铁工业仍存在产能过剩、供应链安全缺乏保障、生态环境制约等问题，尤其是在百年未有之大变局的影响下，我国钢铁工业要想实现高质量发展依然任重道远。为了满足人民对美好生活的向往，以及推动我国制造业全面升级，满足重大工程、关键装备和国防建设对高质量、生态化钢铁材料的迫切需求，钢铁材料未来将向着绿色化、高性能、数智化方向高质量发展，全面实现“钢铁强国”目标，构建高质量发展新格局。

(1) 以碳达峰、碳中和为目标加速推动钢铁工业绿色低碳转型发展。实现碳达峰、碳中和是一场广泛而深刻的经济社会系统性变革，将统领我国经济社会高质量发展。钢铁工业是我国最具全球竞争力的产业之一，钢铁材料的高质量发展必须走绿色低碳之路，把创新能力建设作为高质量发展的重要动力，核心是技术创新、技术突破和技术推广。科技创新是统筹推进行业生产力提升与绿色低碳发展的关键所在，以再生钢铁为原料生产生态化的钢铁材料，是当前全球钢铁业的发展趋势，也是钢铁领域的科学技术前沿。不断探索氢能冶炼、二氧化碳捕集利用与封存等技术路径，在污染物治理、水资源利用、固废资源化、低碳冶金和绿色能源等领域厚植新的领先优势，深层次构建低碳节能绿色产品生产体系，真正做到协同减污降碳绿色发展，让绿色钢铁具有更高的“生态颜值”和丰富的“低碳价值”，积极推动钢铁工业绿色低碳转型发展。中国钢铁工业必须站在可持续发展和实现中华民族伟大复兴的高度，既要在规模和质量上持续引领世界钢铁工业的发展，更要在引领绿色低碳发展方面实现更大的作为。

（2）研发具有更高强度、更长寿命、更强效能的高性能先进钢铁材料。钢铁材料是一类不断发展的先进材料。无论是品种还是质量，21 世纪的钢铁材料已经完全不同于从前。伴随着需求变化和相关技术发展，未来的钢铁材料将会以高质量和多样化的面貌出现在人类面前。为了适应社会和经济发展，应不断地运用新技术、新工艺和新装备，研发出高性能先进钢铁材料。国家重大工程、高端装备、国防建设和国民经济的发展，要求不断探索钢铁材料的性能极限，以更好地满足极端服役环境的使用要求。高强化甚至超高强化一直是钢铁材料追求的永恒主题，追求轻质结构材料始终是发展高强度钢的强大动力。提升产品耐蚀、耐磨、抗疲劳性能是实现材料长寿命的关键，探索钢铁材料结构-功能一体化是增强效能的重要途径。这不仅可以有效降低经济损失、减少能耗和碳排放，还可以实现减重、适应服役环境和提高工作效率的目标，同时促进钢铁工业的可持续发展。为满足国家经济和社会发展的需求，通过加大科技创新投入力度，着力研发更高强度、更长寿命、更强效能的先进钢铁材料及其加工技术。

（3）面向行业技术革命积极推动钢铁制造数字化、智能化转型发展。工业互联网是促进钢铁工业加快智能化转型升级的重要基础和手段，也是钢铁工业进行数字化、智能化转型的首选路径。因此，智能制造成为钢铁工业转型提升的切入点。持续推进产业生态更新，深刻把握数字经济背景下的数字化、智能化发展趋势，打造智能制造标杆示范项目，建设全球领先的智慧工厂，形成可复制、可推广的行业解决方案和产业化成果。融合 5G、人工智能和大数据等新一代信息技术，研发连接、开放、智能的工业互联网平台，实现智慧工业园区、智慧工业港口、智能工业制造等领域的技术突破，推动钢铁制造向数字化、智能化转型。跟进智能化时代层出不穷的新业态、新模式，推动物联网、智能装备等产业链环节互联共享，全面赋能“中国制造”跃升“中国智造”。在现有约束条件下进一步发展钢铁工业，既符合“人类命运共同体”的总体规划，又体现中国的大国担当。

1.2 金属材料塑性成形概论

1.2.1 金属材料塑性成形目的及特点

塑性成形也称为塑性加工或压力加工，是利用金属材料的塑性，通过模具施加作用力使材料产生塑性变形，成形出所需要的具有一定形状、尺寸和性能的零件毛坯或零件的制造方法。塑性一词起源于中国，在日本一直沿用“塑性加工”一词，与俄文的“压力加工”相当。在日本和西欧的高等院校和研究所，对一次成形和二次成形的界限并不明显。而在俄罗斯两者分工比较明显：冶金类院校主要从事一次成形方面的教学与科研工作或主要侧重于一次成形，机械类院校则主要从事二次成形方面的教学与科研工作或主要侧重于二/一次成形。长期以来我国受到其影响。21 世纪，高等院校和研究院所正在逐步取消一次成形和二次成形的界限。

金属材料塑性成形主要具有以下特点：（1）材料利用率高；（2）成形效率高，适于大批量生产；（3）成形尺寸精度高。钢铁、有色金属以及复合金属材料等均可以采用轧制进行加工，轧制产品占所有金属塑性加工产品的 95%以上。

1.2.2　金属材料塑性成形分类

1.2.2.1　按成形温度分类

（1）热成形。热成形指金属在再结晶充分进行的温度以上完成的加工，如热轧、热锻、热挤压等。因此，热加工未必一定需要加热，例如，铅和锡经大变形后在室温下就能迅速再结晶，即属于热加工。对于不同类别的金属材料，其热加工温度范围差异较大。例如，钢的热轧温度范围为 800~1200 ℃；铝合金热锻成形的工艺温度范围很窄，一般在 100 ℃左右；AZ 系列镁合金理论上的锻造温度范围为 225~420 ℃。

（2）冷成形。冷成形指在不产生回复和再结晶温度以下进行的加工，如冷轧、冷挤压、冷锻、冷冲压等。例如，在 1100 ℃加工钨，由于该高熔点金属的再结晶温度高于此值，仍属冷加工。

（3）温成形。温成形技术是指在介于传统冷、热成形温度之间的区域变形，温度一般为熔点的 0.3~0.4 倍，即 T/T_m（热力学温度，K）≈0.3~0.4，通常是在能够发生回复与再结晶的温度下进行，钢铁材料为 550~750 ℃。目前温成形技术主要应用在有色金属材料领域，在钢铁材料上应用极少。低碳和超低碳钢的铁素体轧制属于温成形，能够实现 700~750 ℃终轧。但是，近几年温变形技术成为中锰钢等先进钢铁材料基础研究的热点，利用“位错工程”实现超高强塑性匹配。我国的温挤压生产的产品已经广泛应用于家用电器、汽车和航天航空等领域。在发达国家的工业经济中，由温挤压成形生产的零件已占到挤压件的 15%左右。

三者的本质区别在于成形过程中是否存在软化机理并发挥作用。再结晶、回复都是一种软化过程，具有减少甚至消除加工硬化的效果。冷热成形既需要合作，又存在竞争。一方面，在一些零件或产品的制造过程中冷热成形二者可能需要合作，例如，采用连铸板坯制造冷轧钢板，需要先热轧再冷轧。温成形本质上就是取冷热成形二者的优点。另一方面，在另一些零件或产品的制造过程中冷热成形二者可能存在竞争，需要综合考量政策、成本、效率、质量等因素进而决定使用哪种技术。随着技术的发展自然也就会出现“以热代冷”或“以冷代热”的现象。例如，随着热轧带钢技术进步，不断突破最小可轧厚度，在部分应用领域超薄规格的热轧带钢能够替代冷轧薄板。

1.2.2.2　按成形时工件受力特征分类

按成形时工件受力特征分类见表 1-1。

（1）靠压力作用使材料产生变形的方式，包括轧制、挤压和锻造等。

（2）主要靠拉力作用使材料产生变形的方式，包括拉拔、冲压和拉深等。

（3）主要靠弯矩和剪切力作用使材料产生变形的方式，包括弯曲和剪切等。

可以看出，金属塑性成形受力以压力为主。金属 90%是以压力加工方法生产的，其中轧制是应用最广泛的金属塑性加工方法，占压力加工方法的 95%以上。

1.2.2.3　按成形时工件体积变化特征分类

按成形时工件体积变化特征可分为体积不变成形、体积增加成形和体积减小成形。体积不变成形方法主要包括轧制、锻造、挤压和拉拔等塑性成形。体积增加成形方法包括铸造、焊接和 3D 打印等。体积减小成形方法包括车削、铣削、刨削、磨削和钻削等传统的

表 1-1 金属成形时按工件受力特征分类

加工方式	受力/组合方式	工艺名称		工作简图
基本加工方式	压力	轧制	纵轧	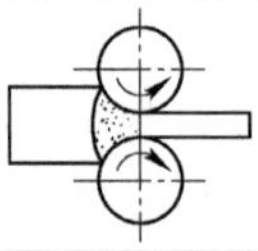
			横轧	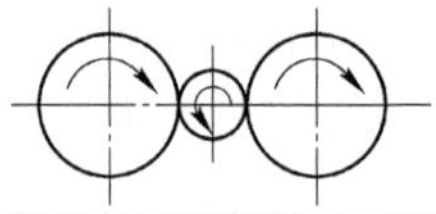
		挤压	正挤压	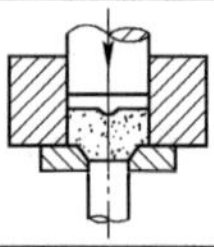
			反挤压	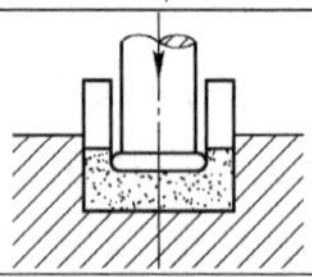
		锻造	镦粗	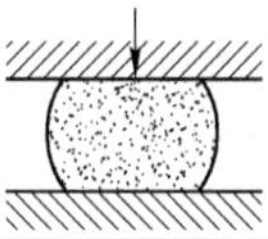
			模锻	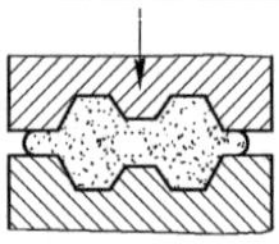
	拉力	拉拔		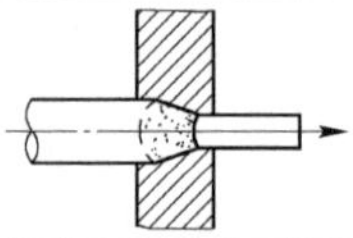
		拉深		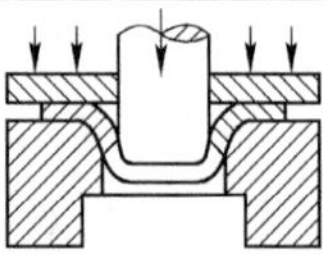
	弯矩	弯曲		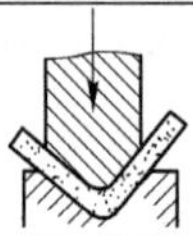
	剪力	剪切		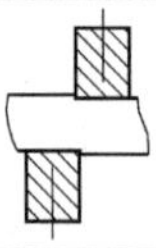
组合加工方式	轧制-弯曲	辊弯		
	轧制-锻造	辊锻		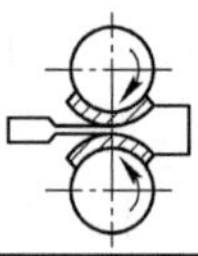

切削加工，以及直接利用电能、化学能、声能、光能进行特殊加工，电火花加工、电解加工、超声波加工和激光加工等。

1.2.2.4 按工件几何尺寸特征分类

按工件几何尺寸特征可分为体积成形、板料成形和粉末成形。体积成形也称为块状金属成形，包括轧制、锻造、挤压和拉拔等。板料成形也称为板/片状金属成形，包括冲裁、深冲、辊弯和旋压等。体积成形和板料成形特征对比见表1-2。

表1-2 体积成形和板料成形特征对比

特征	体积成形	板料成形
坯料形状尺寸	块状	板、片状
成形温度	热成形为主	冷成形为主
厚度方向变形程度	通过显著地减少坯料的横截面积，使之获得复杂的几何形状	坯料的厚度基本保持不变，通过弯曲、拉延等方式，使之获得复杂的几何形状
应力应变状态	通常是三维的	典型是平面的
边界条件	塑性变形区内，接触边界占主要的，自由边界较小	至少有一个表面为自由表面，有时有两个自由表面
成形极限	主变形为压缩应力，限制最大变形程度的是出现裂纹	主变形是拉伸应力，限制最大变形程度的是塑性失稳，即出现颈缩
弹性变形影响	弹性变形量很小，与塑性变形量相比常可忽略，视为刚—塑性材料	弹性变形量与塑性变形量在数量上相当而不可忽略，弹性回复、弹性后效等问题不可忽略

1.3 轧钢历史发展及其在现代钢铁生产流程中的作用

1.3.1 轧钢技术历史概述

根据记载，1408年意大利人达·芬奇就设计出轧钢机的草图。1553年，法国人布律列尔轧制出金和银板材，用以制造钱币。此后在西班牙、比利时和英国相继出现轧钢机。1728年，英国设计出生产圆棒材用的轧钢机。英国于1766年有了串列式小型轧机。

现代轧制可归功于Funtley炼铁厂的Henry Cort的开拓性创造。在1783年，Henry Cort因使用有槽轧辊轧制铁棒而获得了一项专利。这个新的设计使得轧机比用传统的锤子能高出15倍的产量。虽然Henry Cort不是第一个使用有槽轧辊的人，但他是第一个将当时各种炼铁工艺的优点和成形工艺的优点结合起来的人，因此被人们视为“现代轧制之父”。

19世纪中叶，第一台可逆式板材轧钢机在英国投产，并轧出了船用铁板。1848年，德国发明了万能式轧钢机，1853年，美国开始用三辊式的型材轧钢机，并用蒸汽机传动的升降台实现机械化。接着美国出现了劳特式轧机。1959年，建造了第一台连轧钢机。万能式型材轧机是在1872年出现的；20世纪初制成半连续式带钢轧钢机，由两架三辊粗轧机和五架四辊精轧机组成。

连续式轧机最初应用于线材，然后应用于板材，从而大大提高了钢材加工的性能和效率。自19世纪中叶开始，中国引进大量西方轧钢技术和设备，并在20世纪50年代后逐步实现国产化。20 世纪 80 年代以来，中国轧钢技术得到了快速发展，引进了大量先进技术和设备，并自主创新研发了一系列新工艺、新设备和新技术。

1.3.2 轧钢在现代钢铁生产流程中的作用和地位

现代轧制技术已发展成为集自动化、高效化、尺寸形状与组织性能高精度控制的现代化钢铁与金属材料加工生产方式，其产品遍及经济建设、国防和国民生活的各个领域。轧制的生产效率极高，是应用最广泛的金属塑性加工方法，钢铁、有色金属以及复合金属材料等均可以采用轧制进行加工，轧制产品占所有金属塑性加工产品的 95%以上。

(1) 轧钢是现代钢铁生产流程中关键环节之一。钢材的生产需要经过多个工序，包括原材料准备、炼钢、热轧和冷轧等。而不管是长流程还是短流程，其中最为关键的环节之一便是轧钢。轧钢工序可以将初始的炼钢坯料通过连续轧制和变形，加工成各种规格、形状的钢材。更进一步，轧钢不仅能够改变钢材的形状和尺寸，还能够提高钢材的物理力学性能，如强度、硬度、塑性和韧性等。因此，合理的轧钢工艺能够保证钢材的质量和性能达到设计要求，提高产品的市场竞争力。

(2) 作为基础原材料产业支撑国民经济高质量发展。经济发展、国防建设、工业生产以及人民生活等各方面对钢材的需求量都很大，例如，2000 km 的双轨就需要 40 万吨钢材，造一艘万吨轮船需要 6000 t 的钢板，架一道 5000 km 的石油管线要 90 万吨钢板，制造一台最普通的拖拉机也需要 5 t 钢材。可见钢材在高度发达的当今社会占据着怎样的位置。然而 95%以上的钢材都是轧钢机轧制出来的，这就体现了轧钢的重要性，轧钢行业的不可取代性。

(3) 轧钢是改变钢材综合质量和性能的主要手段。轧钢生产是将钢锭或钢坯轧制成钢材的重要生产环节和主要方法。用轧制方法生产出的钢材具有生产率高、生产过程连续性强、品种多、易于实现机械化和自动化等优点，而且通常比锻造、挤压、拉拔等工艺生产的产品，性能更高、成本更低。

1) 轧钢能够改变钢铁材料的形状、尺寸和性能。①改变材料的形状：轧钢通过轧制工艺，可以将钢坯变形成不同的形状，如圆形、方形和扁平形等。②改变材料的尺寸：轧钢可以根据不同的需求，将钢坯轧制成不同的厚度、长度和宽度，以满足不同的应用需求。③改变材料的性能：钢材经过轧制后，可以改变其材料微观组织和宏观力学性能，提高其强度、塑性和韧性，以适用于不同的应用领域。

2) 轧钢工艺还能够对钢材的表面质量进行控制和调控。通过轧钢工艺，可以改善钢材的表面状态，去除表面的氧化皮、锈蚀和尺寸偏差等问题，使钢材的表面更加光滑、均匀。这不仅能提高钢材的美观度，还能增加其与其他材料的黏接性和涂层附着力，从而提高钢材的使用寿命和可靠性。

3) 轧钢工艺还能够通过轧制过程中的热处理和控制冷却，调节钢材的组织结构，进一步改善钢材的性能。例如，通过控制钢材的冷却速度和温度，可以实现马氏体转变和淬火效果，提高钢材的强度和硬度。同时，轧钢工艺还能够通过控制钢材的退火温度和时间，实现组织的回复和再结晶，降低钢材的硬度和提高其韧性。因此，合理的热处理和控制处理工艺是钢材生产过程中不可或缺的环节。

总之，轧钢工艺在钢材生产中具有极其重要的作用。它不仅能够改变钢材的形状和尺寸，提高钢材的物理性能，还能够控制钢材的表面质量和调节钢材的微观组织。这些都直接影响着钢材的质量和性能，对于保证产品质量、提高市场竞争力具有重要意义。因此，在钢材生产过程中，合理运用和控制轧钢工艺是至关重要的。只有通过不断改善和创新轧钢工艺，才能满足不同行业对钢材品种和性能的需求，推动钢材产业的进步和发展。

1.4 现代轧钢技术发展及趋势

轧制是金属塑性加工成形的主要方法。经过 500 多年的发展，轧制技术已发展成为集自动化、高效化、尺寸形状与组织性能高精度控制的现代化钢铁与金属材料加工生产方式，其产品遍及经济建设、国防和国民生活的各个领域。据国家统计局发布的钢材产量统计数据显示，2024 年，我国钢材产量达 14.05 亿吨。

金属在轧机上通过旋转的轧辊之间产生连续塑性变形，在改变尺寸形状的同时，使组织性能得到控制和改善。轧制的方式和种类很多，按温度不同分为热轧、冷轧和温轧，按产品不同分为板带轧制、管材轧制、型线材轧制和周期断面轧制等。轧制学主要涉及金属塑性加工力学、金属材料科学与工艺、轧件与轧辊的接触摩擦学、轧制设备、计算机与数值模拟、自动化、智能化与信息技术等相关理论与技术。

1.4.1 轧钢技术发展现状及面临的挑战

轧钢技术的基础及应用研究主要涉及板带材、管材、型材及棒线材轧制过程中的金属塑性变形与流动规律、尺寸形状精度控制的理论与方法，轧制与冷却过程中的形变、相变及析出过程与规律，以及组织性能控制理论与方法，热轧与冷轧过程中的接触摩擦及其规律，新一代高强、超高强钢及极限尺寸（超薄、超厚）轧材的尺寸形状与组织性能控制技术等。

国内轧制技术近年随着一大批现代化轧制生产线的建设，高强韧、高性能钢铁新产品以及先进的轧制和冷却控制装备的开发，在塑性变形理论、细晶钢轧制、形变、相变与组织性能控制相结合，多场耦合变形条件下的三维金属流动数值模拟与组织性能预报等方面发展迅速，呈现现代塑性理论、新材料理论、大规模、系统化、多尺度、多场耦合数值模拟分析技术、凝固控制与直轧技术、数字化与智能化控制等多学科相互融合交叉的新特征。

近年来，轧制工程技术发展迅速，薄板坯连铸连轧、近终形薄带铸轧、高精度板带、钢管及型线材轧制、无头轧制/半无头轧制、自由规程轧制、多线切分轧制及高速轧制等现代轧制技术以及现代控制冷却技术日新月异，尤其是与信息技术、智能控制技术和现代工程控制、管理技术的紧密结合，使现代控制轧制与控制冷却成为复杂的系统工程。

（1）高精度轧制技术。主要技术包括：铸坯加热及均热温度均匀化控制技术，中厚板轧制尺寸形状精确控制技术，热连轧板厚、板形高精度控制技术，型材及棒线材尺寸形状精确控制技术，轧辊磨损在线检测及预测技术，热轧、冷轧板形板厚在线高精度检测技术，热轧材轧制过程中的温度高精度检测与控制技术，型材尺寸形状在线高精度检测技术，连轧过程中的智能化控制技术，等等。

这些技术在德国、瑞典、日本等国的先进钢铁企业已有大量成功的应用。国内已有一些企业开发并应用了相关技术，例如，中厚板尺寸形状高精度轧制与高精度在线检测，热轧及冷轧薄板板厚及板形高精度轧制与高精度在线检测，型钢及棒线材高精度轧制及高精度在线检测等取得了良好的应用效果，不仅显著提高了轧材质量，在提高成材率、降低材料消耗和成本方面效果显著。

（2）新一代控轧控冷技术。新一代控轧控冷技术是通过采用“适当控轧+超快速冷却+后续冷却”路径控制来实现资源节约、节能减排的钢铁产品制造过程。在热连轧过程中，通过冷却路径控制可以生产双相钢或复相钢等。在实施新一代控轧控冷技术过程中，如果能够对冷却路径进行适当控制，则可以在更大的范围内按照需要对材料的组织性能进行更有效的控制，并开发出高性能产品。在各区段冷却速率和冷却起始点温度得到精确控制后，即可实现钢铁材料的精细冷却路径控制。

国内多家钢铁企业联合国内高校和科研院所近年在新一代控轧控冷技术的工艺原理、装备与控制方面做了大量工作，通过工艺理论创新带动装备创新，实现了热轧钢铁材料的产品工艺技术创新。在系统研究并阐明超快冷条件下热轧钢铁材料组织演变规律及强韧化机理的基础上，提出了以超快冷为核心的新一代热轧钢铁材料控轧控冷工艺原理及技术路线；开发出具有自主知识产权的热轧中厚板、带钢的超快冷成套技术装备和具有多重阻尼的整体狭缝式高性能射流喷嘴、高密快冷喷嘴及喷嘴配置技术；在此基础上，开发出具有自主知识产权的热轧板带钢材具备超快速冷却能力的可实现无级调速的多功能冷却装置（ADCOS-HM，PM）及自动控制系统，冷却精度和冷却均匀性优于传统层流冷却装置，冷却速度提高两倍以上；基于所配置的超快速冷却系统，开发出 UFC-F、UFC-B、UFC-M 等灵活的冷却路径控制工艺，实现了节约型高钢级管线钢、低合金普碳钢、高强工程机械用钢、热轧双相钢及减酸洗钢等热轧产品的批量化生产，产品主要合金元素含量降低 20%~30%，生产成本大幅度降低。该技术已推广应用于我国大中型钢铁企业 30 余条中厚板、热连轧及型钢生产线，在低成本高性能热轧钢铁材料开发方面取得显著成效。

（3）智能化轧制技术。轧制过程组织性能预测需要建立准确的再结晶模型、相变模型、析出模型、组织性能关系模型等，需要进一步搞清金属的强化机制。目前可通过高速计算机对热轧过程中显微组织的变化和奥氏体-铁素体的相变行为进行全程模拟，建立钢的性能和参数关系，使轧后钢材组织性能的预报和控制成为可能。主要理论技术包括：

1）形变与相变及组织调控理论。在钢的物理和冶金学基础上，分析变形条件和温度条件对钢在热轧过程中内部微观组织演变和析出规律的影响，并采用数学模型的方法进行描述，开发出了轧制过程的物理冶金模型，其中包括奥氏体静态再结晶模型、动态再结晶模型、晶粒长大模型以及轧后冷却过程中的相变模型等。

2）组织性能预测模型、监测与控制技术。在组织演变模拟中，按研究的尺度不同，通常可分为宏观、介观和微观尺度，后者包括原子尺度和电子尺度。宏观尺度模拟通常研究材料加工过程显微组织演变的宏观特征（晶粒尺寸演变，相转变体积分数、析出粒子尺寸及体积分数等），一般采用有限元法、FDM 等方法；微观尺度模拟通常研究材料的晶体结构、电子结构、热力学性质等，其典型的建模方法包括第一性原理、分子动力学方法等；介观尺度模拟则介于宏观尺度模拟和微观尺度模拟之间，常用的方法包括元胞自动机、相场法、蒙特卡洛法等。计算机技术的发展，为从宏观、介观、微观以及纳观尺度上认识材料在制备与成形过程中微观组织的演化过程提供了有效的手段。跨（多）尺度计算机模拟（multi-scale simulation）可以直观清晰地反映出材料的制备和制造工艺、合金成分、显微组织及结构、性能等参数之间的关系，是实现合金成分与工艺优化的有效方法。

（4）复合轧制技术。复合轧制技术可以生产特殊性能复合板，如高耐蚀性（碳钢—不锈钢、碳钢—镍基合金、碳钢—钛合金等）、高耐磨性（碳钢—耐磨钢、碳钢—马氏体不锈钢等）以及其他不同金属之间的复合材料。与堆焊复合、爆炸复合等方式相比，复合轧制方式可以较低的成本生产质量更高、尺寸更广、品种更多、批量更大、性能更加稳定均匀的复合板。

目前，我国已有多家企业可以生产复合轧制钢板。利用开发的复合轧制技术平台优势，开发了耐蚀系列复合板（如奥氏体不锈钢与碳钢单面及双面、核电用 SA533+304 L 系列厚板（厚度 62 mm+7 mm）、容器用 304 L+Q345R（厚度（2~6）mm+(6~80）mm)、超级奥氏体不锈钢+碳钢单面、钛合金+碳钢单面)，耐磨系列复合板（如双相不锈钢+碳钢单面、中高级耐磨钢+碳钢等)，冷轧极薄、高表面、高耐蚀、超高强易成形冷轧复合板卷等。在生产线上开发出真空轧制复合（VRC）装备，实现最大厚度 400 mm 特厚钢板批量化生产，同时开发出幅宽 2 m 的高品质 825 镍基合金/X65 管线钢复合板以及幅宽 1.8 m 的钛/钢复合板，满足了国家重大装备和重点工程的需求。

轧钢技术虽然已经发展较为成熟，但是也面临着一些挑战，主要包括市场压力、环境压力、成本压力以及技术创新的需求。

（1）市场压力：随着市场环境的变化，钢铁工业面临着市场需求的不确定性和竞争加剧的挑战。发达国家钢铁业已经历了市场持续扩张的阶段，而中国钢铁工业的发展思维尚未完全适应这一变化，加上行业集中度偏低，这对钢铁工业的高效运行和高质量发展构成了制约。

（2）环境压力：全球钢铁业正在大力推进低碳转型，包括中国在内的全球钢铁业都面临着减污降碳的双重任务。这要求钢铁企业不仅要关注生产效率，还要重视环境保护，实现绿色生产。

（3）成本压力：随着人工成本和环境成本的逐渐增高，靠低成本竞争的时代已经过去。钢铁企业需要不断改革和改造，提升效率，改善成本结构，以适应新的竞争环境。

（4）技术创新的需求：面对上述挑战，创新成为唯一的出路。这包括技术创新、管理创新、制度创新和治理创新等多个方面。企业需要不断研发新技术、新工艺，提高产品质量和附加值，开发新品种，增加经济效益。同时，这也对企业的经营管理和政府的产业治理提出了更高的要求。

钢铁工业的转型本质上是一个绿色转型的过程，要求企业在保持和提升生产效率的同时，注重环境保护和资源节约，实现可持续发展。此外，面对下游新领域带来的需求升级和环境全面改善的新发展基础，钢铁工业需要不断适应市场变化，利用自身积累的人才和技术优势，应对各种挑战，实现高质量发展。

1.4.2 轧制技术未来发展方向

党的二十大报告提出，高质量发展是全面建设社会主义现代化国家的首要任务。制造业高质量发展是我国经济高质量发展的重中之重，需要顺应发展阶段、发展条件和发展格局变化，以高端化、智能化、绿色化、融合化为方向，加快结构体系升级、技术路径创新、发展模式优化，把制造业的短板补齐、长板锻长，促进制造业实现质的有效提升和量的合理增长。

要坚持创新驱动发展、加快数字技术赋能、强化绿色低碳发展、促进产业的融合发展。轧钢生产与实践应加强与前沿学科及新兴产业的深度交叉融合，开展科学理论创新、工艺及装备创新。近年来，国内外在轧制理论与技术、工艺与装备以及高性能新产品研发等方面均有显著的进展。展望轧制学科技术的发展，值得关注的趋势有如下几方面。

1.4.2.1 高端化

高端化是指在高科技、高附加值、高质量、高效益等方面占据优势。主要包括加快先进适用技术推广应用，持续优化产业结构，着力增品种、提品质、创品牌。目前全球钢铁需求量超18亿吨，其中，高品质钢材约占20%，但其附加值却占全部钢材的40%以上。这除了高品质钢材本身具有的附加值外，其品牌优势及其价值是另一重要因素。近年来，国际上许多大型先进钢铁企业十分重视其钢材产品的品牌化发展战略，在提升产品品质品牌、企业品牌的同时，覆盖其更多的产品品种，由此带动和提升企业的所有品种产生更大的经济效益。如蒂森克虏伯，日本新日铁住金、神户制钢、JFE，安赛乐·米塔尔，瑞典SSAB，韩国浦项，以及我国的宝钢、鞍钢、太钢的高品质钢材品牌等，在国内外钢材市场竞争中发挥了十分重要的作用并取得较高效益。

中国宝武集团在开发性能优越的高端钢铁产品方面，主要围绕“高强度、高耐蚀、高效能”，持续突破产品性能和使用功能。2020年以来，累计实现高成形超高强汽车用钢、新一代新能源车驱动电机用硅钢、铁路车辆用高强耐蚀不锈钢复合钢卷等30余项全球首发。河钢集团瞄准高端、定位高端、发力高端。加快“钢铁向材料、制造向服务”转变，打造高端产品新高地。面向国家战略需求及先进制造业发展方向，特别是聚焦航空、航天、新能源等战略性关键材料，依托技术升级推动钢铁由结构性产品向功能性材料转变，着力解决高端材料依赖进口的难题，助力建设更加自主、安全、刚性的钢铁材料供应链。把市场和客户作为“指挥棒”，全面对接高端市场，以客户结构高端化倒逼产品结构高端化，靶向提供材料研发与应用解决方案，进而引领消费、创造需求，不断更新材料目录和市场目录。高端品种钢比例近80%，高端直供客户超过1000家，客户群覆盖高端家电、乘用车、重卡、工程机械及海洋工程等行业知名品牌，成为我国第一大家电用钢、第二大汽车用钢制造商。

1.4.2.2 智能化

智能化转型将在钢铁工业产品质量稳定、管理效率提升等方面发挥积极作用。轧制技术的发展需要相关学科的支撑，需要现代技术的支撑。学科交叉是轧制技术发展的必要条件。钢材的轧制过程是集材料、工艺、设备、高精度检测及控制于一体的庞大复杂过程，将这一复杂的多因素交织的过程形成系统的数学模型并进行数字化描述与快速数据传递，是进一步实现智能化的基础。在不同的扁平材及长材轧制过程中，需要根据不同的钢种、轧制工艺、轧制设备，以及不同的轧制阶段建立相应的材料模型、几何模型、物理模型、轧制设备及辅助工具模型等，对温度场、力场、金属流动速度场、组织场等进行三维数字化描述与分析，为工艺优化及进一步形成智能化轧制控制技术提供基础。

基于大数据的钢材生产全流程工艺及产品高质量管控技术。保证钢材质量性能一致性的前提是钢材从冶炼到轧制生产全流程的工艺控制的稳定性。在生产全流程过程中将形成海量数据，利用好这些大数据对实现工艺与产品质量的稳定性、均一性控制至关重要。因此，需要建立基于钢材生产全流程的工艺质量大数据平台，形成从冶金成分、铸坯质量到轧制全流程工艺质量数据集成技术，结合钢材表面质量缺陷与内部晶粒组织性能在线检测技术，对各轧制工艺参数、轧件质量进行在线监控、追溯分析与评价、质量在线评级，同时进行工艺参数波动因素分析、为工艺稳定性控制和优化控制提供依据。

轧制过程的"高精度成形"和"高性能成性"离不开现代化的数字化技术和信息技术。轧制过程控制的核心内容，例如，轧制过程变形规律的描述、轧制过程数学模型的建立与应用、控制轧制和控制冷却规程的制定等轧制过程的重要内容都是与自动化、数字化、信息化技术紧密相连，依靠与这些学科的交叉来实现的。这种关系是"剪不断、理还乱"。唯有交叉、融合才是唯一可行之路。所以，轧制技术与数字化技术、信息技术交叉势在必行，要强力推进。随着互联网、无线移动网、云计算等现代信息技术的发展，轧制技术及其数字化、信息化技术将迎来前所未有的创新机遇。

1.4.2.3 绿色化

我国钢铁工业已基本完成工业化，实现了机械化、电气化和自动化，产量已占世界钢铁总产量的一半。但是，随着步入后工业化时代，资源、能源问题日益突出，自然界已经难以承担严重的需求负荷，而污染和排放等也已经达到自然界可以忍受的极限。

钢材产品的全生命周期智能化设计、高效、减量化生产、生产过程中的低排放、低消耗、由高强韧化带来的结构轻量化与低排放、可循环利用等，成为钢材轧制生产绿色化的必然选择和发展趋势。轧制技术的绿色化特征在轧制过程创新与轧制产品研发上具体体现在"高精度成形、高性能成性、减量化成分设计、减排放清洁工艺"四个方面。绿色化是现代轧制技术的特征，是追求的目标，总体的研究方向必须聚焦于轧制过程的绿色化，不断探索"高精度成形、高性能成性、减量化成分设计、减排放清洁工艺"相关的前沿性、战略性问题和行业的关键、共性问题。在学科前沿和生产实践中，发现问题并解决问题。客观需求无止境地发展和攀升，相关学科技术和产业发展的牵动及影响，都为轧制工艺技术的发展提供了充分的发展空间和良好的机遇。

由于轧钢工艺过程复杂、轧制产品数量巨大、种类繁多、产品应用到国民经济的各个行业以及国民生活的衣食住行，因而，钢铁产品的轧制生产和应用过程均涉及数量巨大的节能减排以及对资源、能源和环境影响的国家经济发展重大战略问题。多年来，轧钢企业家及科技人员一直在致力于轧钢过程节能减排技术研发及应用，近年来，在国家及行业的支持和推动下，通过自主创新和产学研用相结合，取得了一大批轧钢过程节能减排技术成果并进行了规模化的应用，在节能减排、降低成本及消耗、改善环境方面取得了显著成效。

1.4.2.4 融合化

一方面，发展多学科交叉融合的轧制创新体系，具体包括轧制塑性变形理论技术与冶金过程控制、连铸凝固理论技术的融合及全流程一体化的组织性能控制（例如，连铸坯凝固末端大压下理论与技术）；轧制理论技术与现代材料科学、纳米技术、复合材料技术、表面技术、材料基因及材料多尺度设计、预测与控制等技术的融合；具有轻质、高强韧、特殊优异性能等新钢种（例如，中锰钢、高锰钢、高铝钢、高硅钢等）研发相关的形变相变控制理论与技术；轧制理论技术与大数据、计算机技术、数值模拟、现代塑性力学、高精度检测与智能控制等技术的融合；超厚、超薄、超宽、复杂断面、特殊应用环境（超高温、超低温、耐腐蚀等）高性能、高精度轧材成套系统制造技术；材料设计制造与成形应用、综合考虑环境资源及可循环、全生命周期一体化的材料设计理论与制造技术，等等。

另一方面，加强国际合作与交流。积极参与国际轧钢技术的交流与合作，引进国外先进的轧钢技术和设备，学习国际先进的轧钢生产经验和技术，提高我国轧钢技术的整体水平。加强轧钢技术领域的人才培养，培养具有国际视野和国际竞争力的轧钢技术人才，推动我国轧钢技术的创新和发展。

此外，近些年钢铁消费正在悄然从结构性材料向功能性材料转变。钢铁从结构性材料向功能性材料转变，意味着将瞄准钢铁磁性、热学、化学等属性，挖掘耐腐蚀、易焊接、高延展等特殊性能，这为钢铁赋予了更强的性能、拓展了更多的领域。

练习与思考题

1-1 简述钢铁材料未来发展方向有哪些。

1-2 以轧钢为代表的金属材料塑性加工具有哪些特点？

1-3 请举实例，说明轧钢生产实际中“冷热”变形既合作又竞争的关系。

1-4 轧钢改变钢材综合质量和性能体现在哪些方面？

1-5 简述轧制技术未来发展方向有哪些。

2 轧钢基本原理

课程思政——轧钢与“科技强国”建设

轧钢作为钢铁工业的重要组成部分，其技术进步对于提升钢铁产品质量、降低生产成本、提高生产效率具有重要意义。中国轧钢技术经历了从引进、消化、吸收到自主创新、系统集成的发展历程，取得了显著成就，为国民经济的发展做出了重要贡献。随着科技的不断进步和创新，中国轧钢技术将继续推动钢铁产业的发展，并在全球范围内发挥重要作用。

当前，我国轧钢技术在信息化与智能化融合、高新技术广泛应用、装备与工艺水平提升等方面已经取得了长足的发展。轧钢作为钢铁工业的关键环节，其技术进步推动了钢铁产业的智能制造和绿色化发展，符合国家战略性新兴产业的发展方向。中国钢铁工业通过科技创新，已逐步从“跟跑”到“并跑”，甚至在某些领域实现引领，为全球钢铁工业的发展贡献了中国智慧和中国方案。

科技在国家事业中始终具有十分重要的战略地位，发挥了关键作用。近年来，中国科技事业取得历史性成就，迎来新跨越。“科技强国”建设是中国式现代化建设的重要组成部分，是应对全球竞争、实现经济转型升级的必然选择，需要全社会的共同努力和持续推动。轧钢技术作为钢铁工业的关键环节，对提升钢铁产品质量、优化产品结构、满足下游产业定制需求具有重要作用。轧钢技术的进步推动了钢铁工业的绿色发展、低碳制造和智能化水平提升，有助于实现钢铁科技强国建设目标。轧钢技术的进步是中国建设科技强国的重要组成部分，对提升国家整体科技实力和工业竞争力具有重要意义。

总体来说，科技强国建设为轧钢技术进步提供了强大的动力和支持。轧钢技术作为钢铁工业的核心技术之一，其进步不仅推动了钢铁工业的转型升级，对于科技强国建设也具有重要的贡献。

2.1 轧钢基础

任何物体均会在外力作用下改变形状。在弹性变形过程中，一旦外力（载荷）取消，物体就回复到初始形状。然而，如果一定程度的形变保留下来，则说明发生了塑性变形，钢的这种“永久变形”能力被用于各种加工成形工艺。

钢是由具有一定空间点阵的晶体组成的。当外力增大到可以使空间点阵内的原子沿滑移面移动时，材料就开始发生塑性形变。随着塑性形变的增大，这个空间点阵内对于塑性滑移的阻力也随之增大，当晶体局部扭曲和破坏达到一定程度时，进一步的滑移受到巨大的阻碍。由此引起的物理性能和工艺性能变化，称为加工（或应变）硬化。在应力状态下，发生形变的钢试图回复到原始的晶体排列状态。然而，如果没有进一步的处理工艺，这种扭曲状态通常是不可能回复到原始状态的。如果形变的钢被加热，它的晶体扭曲状态会发生改变，称为“再结晶”。

对钢的塑性形变程度起支配作用的决定性因素是形变抗力。金属在高温下的变形抗力显著小于其在室温下的形变抗力。因此，钢在高温下进行塑性变形可以降低所需的力和功。在高温下加工成形还使钢的显微组织立即发生再结晶，从而避免了加工硬化。直到最近，高温变形后的再结晶和低温变形后的加工硬化才为区分两种主要的加工成形工艺提供了基础判据，一种是在 800~1150 ℃温度范围内的热加工，另一种是在再结晶温度以下的冷加工。

然而目前，这两种加工成形工艺仅仅根据温度判据来定义。据此可知，冷加工成形在不采用任何加热的条件下进行，而热加工成形在坯料处于高温条件下进行。这样，对于冷、热加工成形的定义，再结晶温度不再是严格的判据，现在热加工成形和冷加工成形主要以是否采用加热工艺来区分。

2.1.1 轧制基本概念及分类

钢材可以借助转动的轧辊，进行连续式或间歇式的轧制。轧辊主要通过压力作用在材料上，因此，轧制属于“压力加工成形”工艺。根据工具与工件的相对运动，轧制工艺进一步区分为纵向轧制、横向轧制、斜向轧制三种类型。

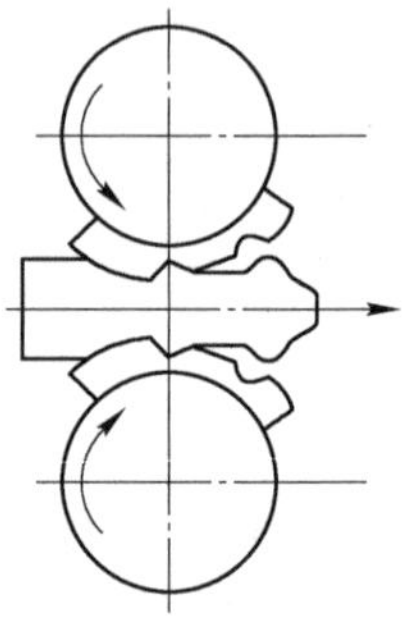

图 2-1 钢的纵向轧制成形示意图

在纵向轧制中，坯料沿纵轴成形，因而工件在轧辊轴线之间并垂直于轧辊轴线，如图 2-1 所示。大多数板带和型材产品是用纵向轧制工艺生产的。纵轧的特点是：(1) 两个工作轧辊轴线平行，其转动方向相反；(2) 轧件作垂直于轧辊轴线的直线运动；进出料靠轧辊自身完成。它包括各种初轧机、开坯机、型钢轧机、板带轧机、自动轧管机及各种纵向轧制成形零件的轧机等。纵向轧制可生产两类产品：一类是在其长度方向是等断面的，图 2-2 所示为其中部分产品；另一类是在其长度方向是变断面的，轧件如图 2-1 所示。

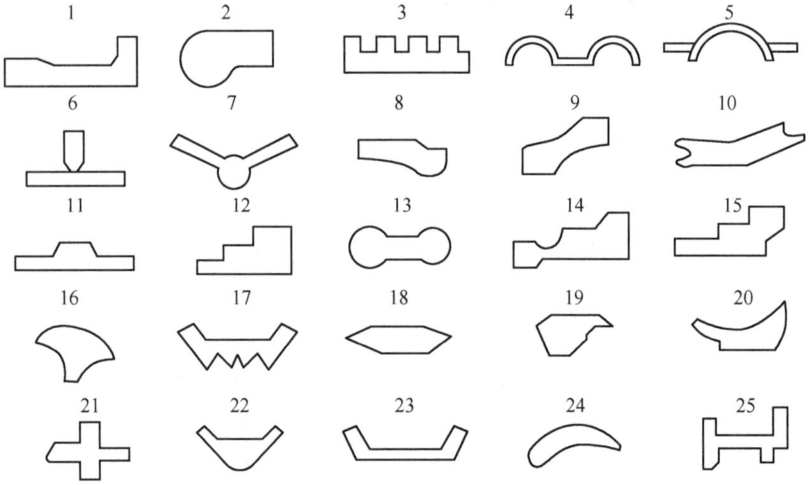

图 2-2 纵轧成形的部分产品

1—打字机滚架；2—风动工具零件；3—脱控机零件；4—汽车箱体压板；5—轴承压盖；6~10—传动机械零件；11~15—各类缝纫机零件；16~20—结构机械零件；21—无线电构件；22—电信仪表零件；23—放映机零件；24—汽轮机叶片；25—民用钢窗

横向轧制的特点是：（1）两个工作轧辊轴线平行，其转动方向相同；（2）轧件轴线与轧辊轴线平行，轧件作转动，其转动方向与轧辊相反，进出料需专门装置。横轧有两种类型：一类是轧辊孔型沿轴向是不变的，沿径向呈周期变化。轧件主要靠两个轧辊径向逐渐靠拢实现成形，如图 2-3 所示，这种方法生产圆柱齿轮、圆锥齿轮、花键轴及带螺纹零件等产品；另一类是楔横轧工艺，即在两（或三）个互相平行布置的轧辊或两个平板的表面上，装有相同形状的凸出的变形楔，轧制孔型沿轴向逐渐变宽，形成一个楔子，故称楔横轧，如图 2-4 所示。相对轧件转动或移动，靠摩擦带动轧件在其间定位转动，由于变形楔对轧件的楔入及连续压缩，使其直径减小而长度增加，形成变断面的阶梯轴。图 2-5 所示为楔横轧的部分产品。与第一类横轧不同的是，轧辊径向在轧制时不需靠拢，因而轧机传动简单，操作容易，轧制一个产品的周期短，生产效率高，材料利用率高，产品质量高。

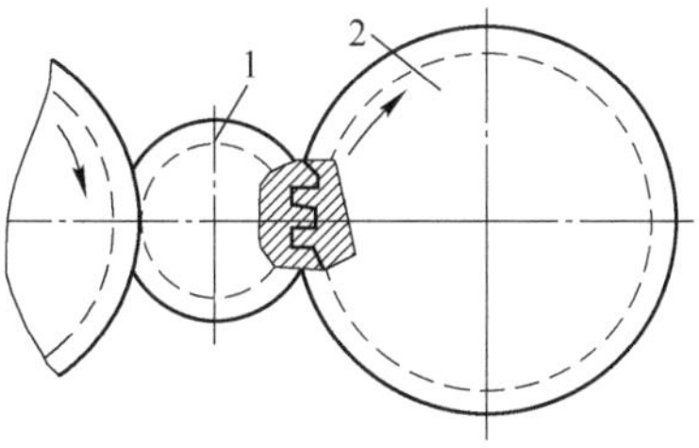

图 2-3　横轧齿轮示意图
1—轧件；2—齿形轧辊

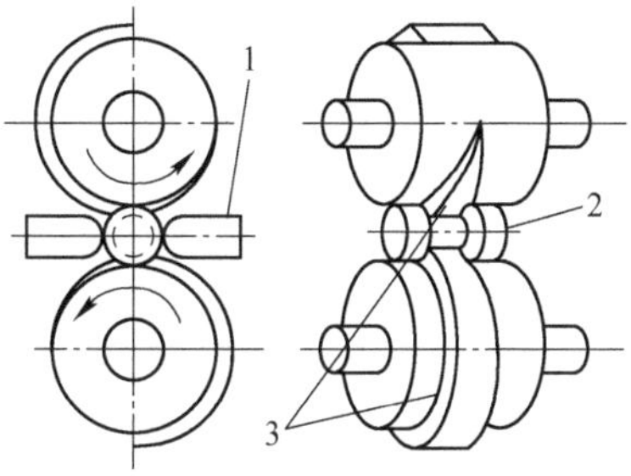

图 2-4　楔横轧示意图
1—导板；2—轧件；3—带楔形模的轧辊

斜向轧制的特点是：（1）两个工作轧辊轴线交叉一个不大的角度，其转动方向相同；（2）轧件在两个轧辊的交叉中心线上作旋转前进运动（故又称为螺旋轧制），进出料靠轧辊自动完成。斜轧有两种类型：一类是螺旋孔型斜轧，如图 2-6 所示。在轧辊表面上带有变高度、变螺距的型槽，在它的作用下轧制出在长度方向上变断面的回转体产品，如钢球、滚子、丝杠等。另一类是仿形斜轧，如图 2-7 所示。它借助于仿形板控制三个旋转的锥形轧辊，作相对于轧件中心的径向运动以实现变断面铀的轧制。其主要用于生产比较长的变断面产品。

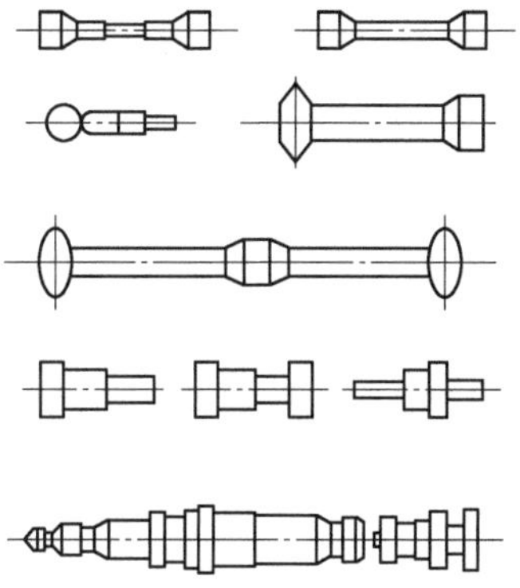
图 2-5　楔横轧的部分产品形状图

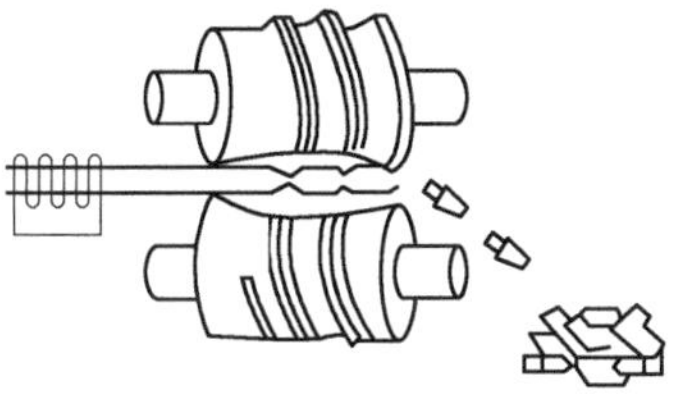
图 2-6　斜轧防滑钉示意图

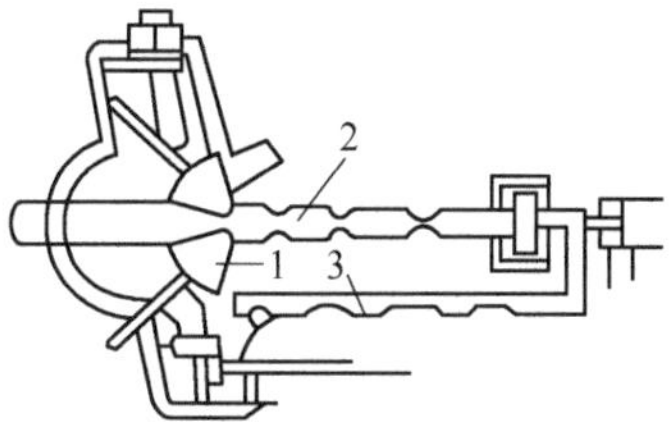

图 2-7　仿形斜轧示意图
1—锥形轧辊；2—轧件；3—仿形板

2.1.1.1　基本原理

纵向轧制最简单的装置是由两个平行的光滑轧辊组成的，如图 2-8 所示。“轧辊间距”是指在卸载状态下轧辊间的距离。“辊缝”表示加工成形发生的区域。坯料和轧辊之间接触区的长度或者面积，可以定义为“接触弧长”或者“接触面积”。

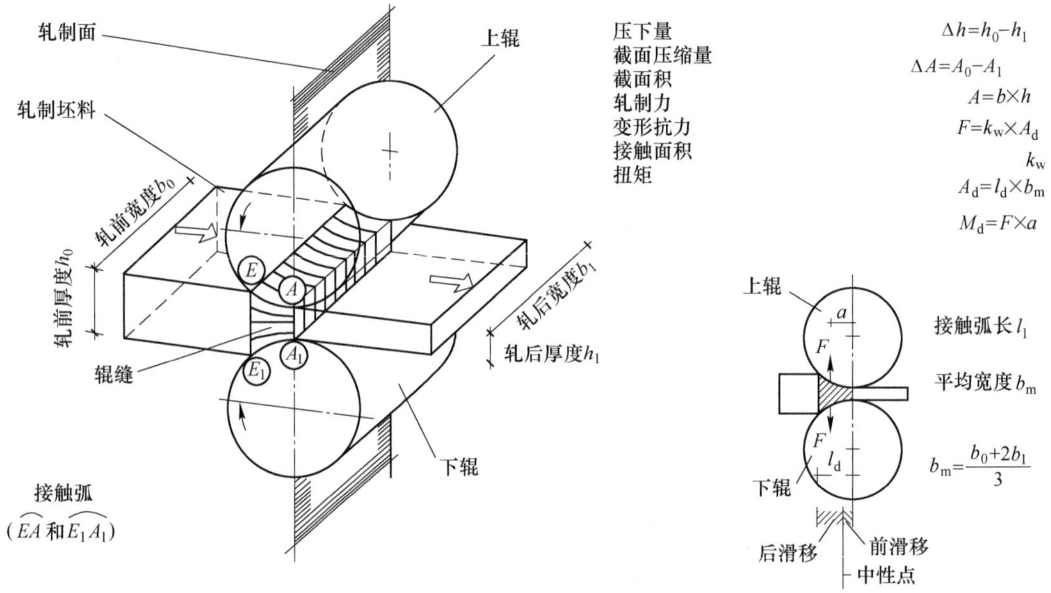

图 2-8　轧钢基本术语（纵向轧制）
l_d—接触弧水平投影；a—轧制力臂

轧制过程是从轧辊咬住坯料并拖入辊缝开始的。为使坯料咬入，必须满足一定的“咬入条件”，为此，足够的摩擦是必要的，以防止轧辊在坯料上打滑。

由于钢是不可压缩的，因此适用“连续体定律”，即体积不变定律，这个定律说明：在恒定的轧辊圆周速度下，单位时间内通过所有平面上的钢流量都是相同的。随着辊缝高度的减小，坯料被压缩和延长，这意味着它的出口速度总是超过入口速度。在板带轧制中，坯料不仅被延长，而且在无障碍延展的条件下被展宽。

在轧钢中起作用的几何参数有压下量、轧辊直径、坯料的宽厚比、坯料宽度与接触弧长之比，物理参数包括坯料温度、轧制速度、轧辊表面粗糙度、轧辊材料及其形变抗力。

2.1.1.2　板带轧制

板带产品采用平辊轧制。坯料经受伸长与无障碍展宽。由于轧制过程中应力作用的结果，辊缝的几何形状发生了变化，而成形坯料的截面也随之变化。这些变化表现为：(1) 轧辊弹跳（由轧机机架构件的弹性形变引起辊缝高度增加）；(2) 由于轧辊的弹性形变，辊缝高度沿辊身长度方向发生变化；(3) 由形变抗力引起的轧辊弹性压扁。

这些由轧制力引起的辊缝变化，伴随着轧辊表面轮廓的逐渐变化。由摩擦和热传导引起的辊身升温，使辊缝也出现某些变化。

为了最大限度地消除机械和热力学因素对辊缝的影响，可以采用特殊轮廓的轧辊（见图 2-9）以适应现有的操作条件。先进的机电与液压控制系统也有利于轧制过程中辊缝的动态适应。

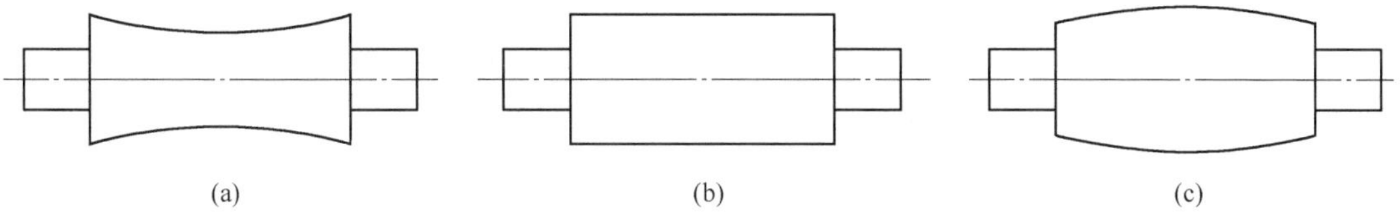

图 2-9 基本辊形
（a）凹面辊/空心辊；（b）圆柱辊即平辊；（c）凸面辊

辊缝调节可以用工作辊或支撑辊弯曲、局部冷却、轧辊之间相对水平移动等方法实现。各种已经开发的工艺包括 CVC 系统，如图 2-10 所示，其轧辊轮廓呈 S 形。这种外形的轧辊之间的相对移动具有连续改变凸度的作用。这种方法与传统的工作辊或支撑辊弯辊相结合就能调节辊缝，使轧件获得最佳几何形状，并使轧制规程最佳化，从而使轧制的板带材料的截面精度和平直度得到显著改善。

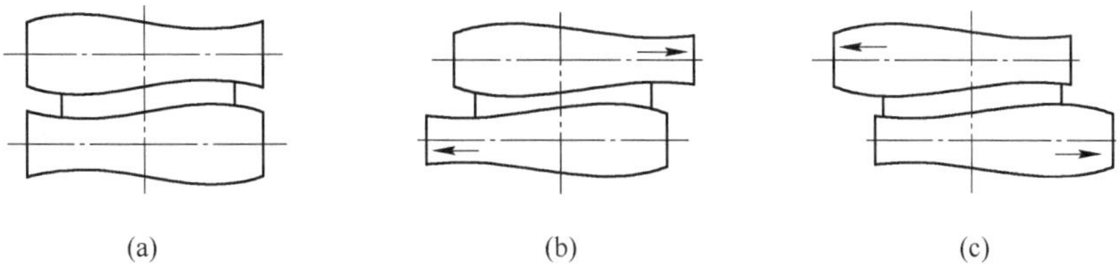

图 2-10 CVC（连续可变凸度）系统工作原理
（a）中性凸度；（b）正凸度；（c）负凸度

2.1.1.3 型钢轧制

孔型辊用于轧制型钢产品、半成品坯料和长材产品。孔型是在匹配成对的轧辊辊身上的同心切口，如图 2-11 所示。

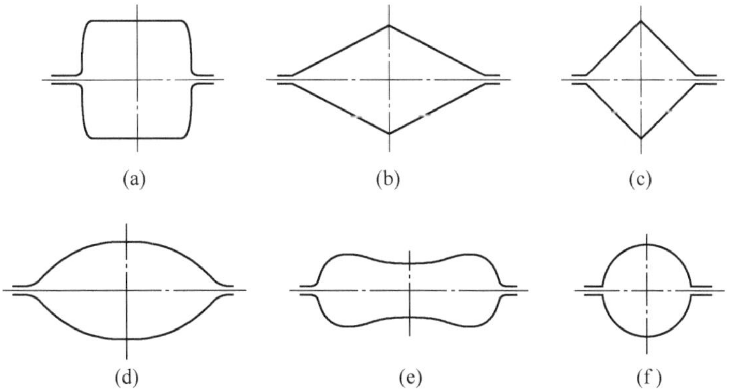

图 2-11 孔型的基本类型
（a）箱式孔型；（b）菱形孔型；（c）方形孔型；（d）椭圆形孔型；（e）瑞典椭圆形孔型；（f）圆形孔型

考虑到材料的塑性流动行为，各孔型及其顺序的选择应是为了以最佳轧制道次获得所需截面形状。生产流程中的孔型可以分为粗轧道次孔型和精轧道次孔型两类。

轧制产品的截面形状和相关的中间轧制阶段不同，所需的孔型也不同，以下是基本孔型设计的例子：（1）箱式孔型（大体呈带圆角的矩形和方形）；（2）菱形孔型（夹角为95°~120°）；（3）方形孔型（对角线垂直或平行于轧辊轴线）；（4）椭圆形孔型（轧制圆棒用的弓形椭圆、终轧前椭圆孔型或立轧孔型）；（5）圆形孔型（用于圆形截面的棒、线材的终轧）。

对于形状简单的型钢轧制，其道次顺序特征是：随着截面积的减小，采用交替更换类似孔型的设计，包括以下实例：（1）方形-菱形-方形；（2）方形-椭圆形-方形；（3）圆形-椭圆形-圆形，等等。

孔型侧边的角规定为渐变的圆角。这为坯料从孔型中脱槽提供了条件，并为磨损的孔型在机床上进行重新加工修光提供了机械加工余量。对于复杂形状的型钢轧制，所采用的孔型由具有不同轮廓和截面的区段组成。以孔型基准线为界，复杂型钢的道次孔型可以划分为开口的或闭口的。

2.1.2 轧钢生产工艺流程及其产品

轧钢生产是将钢锭或连铸坯轧制成钢材的过程，这个过程要经过多种工序，这些工序按顺序的排列叫作工艺流程。一般地说，轧钢生产工艺流程由坯料准备、坯料加热、钢的轧制、精整等基本工序组成。轧钢生产的基本工艺流程如图 2-12 所示。

轧制的生产效率极高，是应用最广泛的金属塑性加工方法，钢铁、有色金属以及复合金属材料等均可以采用轧制进行加工，轧制产品占所有金属塑性加工产品的 95%以上。例如，2024 年我国粗钢产量 10.05 亿吨，实际钢材产量为 13.99 亿吨。

轧钢产品可分为板带材、管材、长材（型材、棒线材等）和其他钢材共四大类。

2.1.2.1 板带材

将具有近似矩形截面同时宽度远大于厚度的钢材定义为板带材。轧材中 30%~60%甚至更多为板带材，“板带比”是衡量钢材品种结构优化程度的主要指标。例如，1997 年世界主要钢材生产国中，日本的板带比为 52.7%，美国为 61.4%，中国仅为 32.3%。随着我国钢铁产品结构持续改善，板材类高附加值产品占比稳步提升，2022 年板带比达到了 67.8%。板带钢产品薄而宽的断面决定了板带钢产品在生产上和应用上有其特有的优越条件。从生产上讲，板带钢生产方法简单，便于调整改换规格；从产品应用上讲，钢板的表面积大，是一些包覆件（如油罐、船体、车厢等）不可缺少的原材料，钢板可冲可弯、可切割、可焊接，使用灵活。因此板带钢在建筑、桥梁、机车车辆、汽车、船舶、压力容器、锅炉、家用电器及生活用品等方面得到广泛的应用。

板带材按规格可分为厚板、薄板、极薄带等，有时又把厚板细分为特厚板、厚板、中板。世界上并无统一的划分标准，我国的分类标准是把厚度 60 mm 以上的称为特厚板，20~60 mm 称为厚板，4~20 mm 称为中板，0.2~4.0 mm 称为薄板，0.2 mm 以下称为极薄带钢或箔材。美国、日本、德国、法国等国家把厚度 4.7~5.5 mm 以上的钢板统称为厚板，此厚度以下到 3.0 mm 称为中板，3.0 mm 以下称为薄板。从钢板的规格来看，世界上生产钢板的厚度范围最薄已达到 0.001 mm，最厚超过 500 mm，宽度最宽达 5350 mm，最重 250 t。

板带材按用途可分为汽车钢板、压力容器钢板、造船钢板、锅炉钢板、桥梁钢板、电

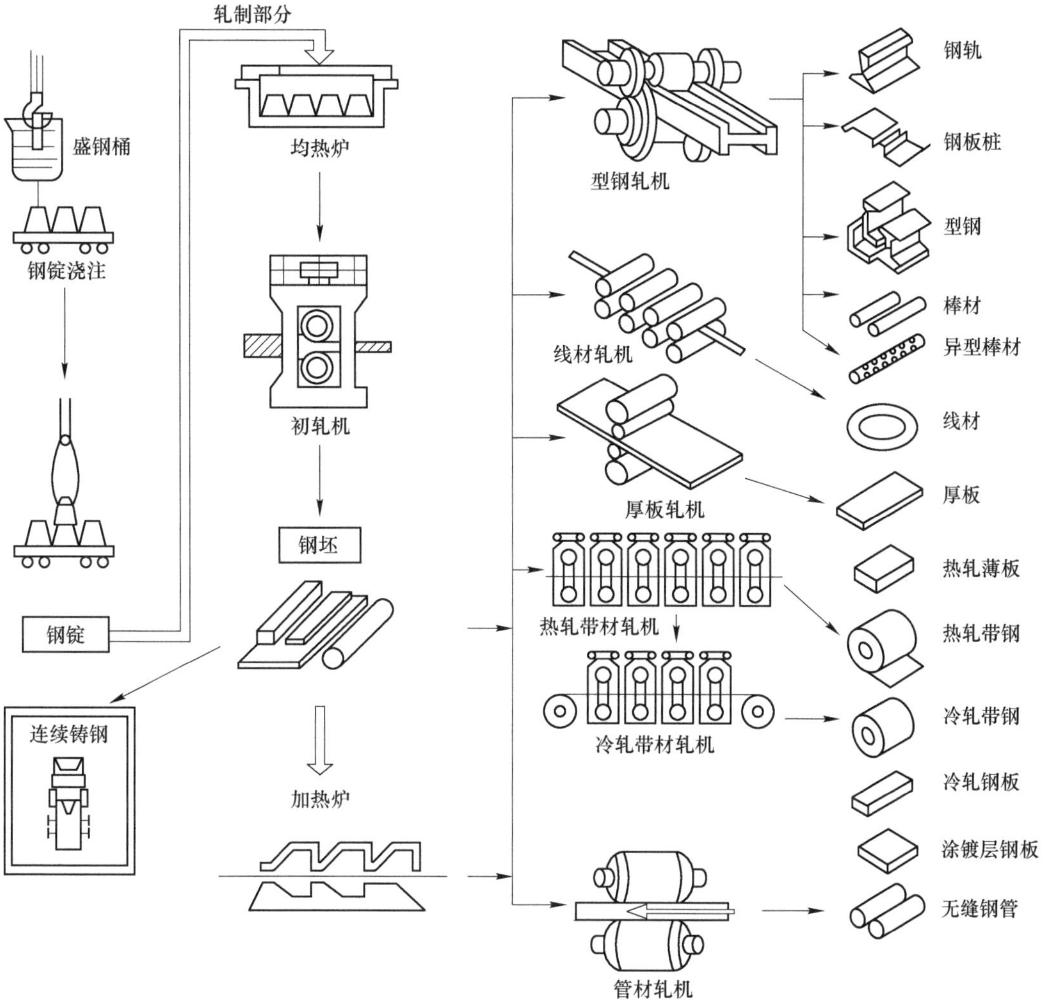

图 2-12 轧钢生产的基本工艺流程

工钢板、深冲钢板、航空结构钢板、屋面钢板及特殊用途钢板等。不同用途的板带钢常用的产品规格是不同的。

板带材按钢种可分为普通碳素钢板、优质碳素钢板、低合金结构钢板、碳素工具钢板、合金工具钢板、不锈钢板、耐热及耐酸钢板、高温合金钢板等。

板带材在工业生产中的常见分类如下：

（1）不进行表面处理的热轧板带材，由热轧生产（产品包括中厚板、薄板和带钢）；

（2）不进行表面处理的冷轧板带材，由冷轧生产，压下率在25%以上（产品包括薄板和带钢）；

（3）电工钢，由冷轧生产，具有磁性（分为取向电工钢和无取向电工钢）；

（4）包装板，由不含合金的软钢通过一次或者两次冷轧生产，包括单张或者成卷的钢板、镀锡板或者厚度为0.17~0.49 mm电路涂层钢，镀锡板厚度不小于0.50 mm；

（5）表面处理的热轧和冷轧板材，由热轧或者冷轧生产，通过处理可使表面具有永久的热镀金属涂层（热镀锌、热镀铝）、电镀涂层（例如，电镀锌或者锌镍）、有机或者无机涂层（如搪瓷，以薄板或者薄带供货）；

（6）复合板（复合板带、三明治板（夹芯板）和复合成形板）。

2.1.2.2　管材

管材包括中空型材和中空棒材（机加工管材）。最常见的管材断面形状一般为圆形，但是也有很多种断面形状很复杂的异型管材，如图 2-13 所示。管材按生产方法可分为无缝钢管与有缝钢管（又称焊接钢管），钢管的规格用外形尺寸（如外径或边长）及壁厚表示，其尺寸范围很广，从直径很小的毛细管到直径达数米的大口径管。钢管可用于管道、热工设备、机械工业、石油地质勘探、容器、化学工业和特殊用途。

2.1.2.3　长材（型材、线棒材等）

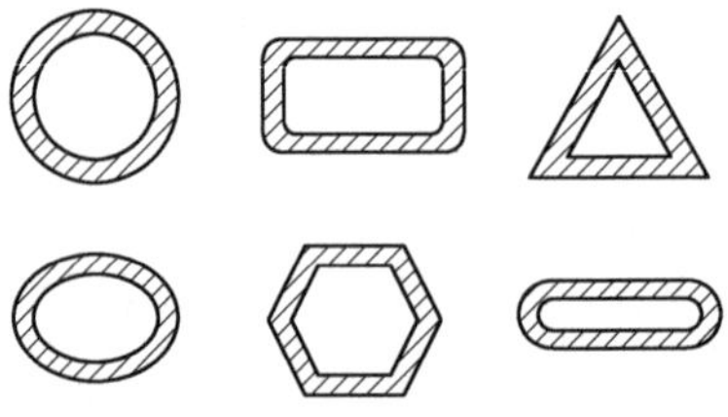

图 2-13　部分管材断面示意图

长材的特征是在整个长度方向截面相同，通过轧制、锻造和拉拔生产。长材包括铁道用钢材、钢板桩、大型型钢、中小型型钢、冷弯型钢、棒材、钢筋和盘条；长材中的工、槽、角钢用于各种建筑结构、桥梁、车辆和船舶制造；钢轨用于铁道和矿山运输等；窗框钢用于工业和民用建筑；钢板桩用于水利和矿山建设；盘条（即线材）主要用于生产钢丝、钢丝绳、螺钉、螺帽等。其分类如下：

（1）线材，公称直径或边长不小于 5 mm，由热轧生产并热卷成圈。

（2）冷拉线材，通过模具将热轧的线材或者棒材进行冷拉，随后卷曲成圈。

（3）热加工棒材，如热轧棒材、锻造棒材。

（4）光亮产品，经拉拔或者车削加工后，用于生产在形状、尺寸精度和表面光洁度方面有要求的产品。

（5）带肋和成形钢筋以及预应力 PC 棒，断面一般为圆形，包括棒材、线材和拉拔线材。

（6）型钢，在钢材中品种最多。每种形状的断面又有很多不同尺寸规格。热轧型钢，包括铁路用钢（如钢轨、枕木）、钢板桩、矿用支架钢、大型工字钢、H 型钢和槽钢以及其他形状型钢（如角钢）；焊接型钢，将热轧长材等焊接在一起制成；开口冷弯型钢，将热轧或冷轧的板带产品在冷状态下弯曲成具有各种断面形状的成品钢材，冷弯型钢和热轧型钢相比，冷弯型钢精度高、厚度小，并可生产出轧制法不能生产的品种。

（7）车轮钢，轮圈、轮箍、轮盘。

2.1.2.4　其他产品

其他一些产品未被归为轧制钢材，但也是相当重要的，包括自由锻和模锻的产品。

2.1.3　轧钢的基本术语

轧制时，轧件在两个旋转方向相反的轧辊之间受到压缩，发生塑性变形。轧制后轧件的高度减小，宽度增加，长度延伸。

以平辊轧制矩形件为例，轧辊半径为 R，轧制前的轧件高度为 h_0，轧制后的轧件高度为 h_1，轧制前的轧件宽度 b_0，轧制后的轧件宽度为 b_1，轧件的入口速度为的 v_0，轧件的出口速度为 v_1，如图 2-14 所示。

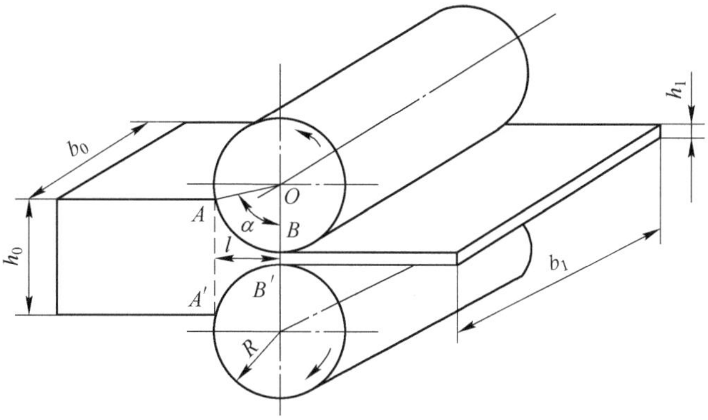

图 2-14 轧制示意图

2.1.3.1 变形区

轧件承受轧辊作用发生塑性变形的空间区域称为变形区。由图 2-14 可见，轧件开始与轧辊接触的平面 AA'，称为入口平面，轧件与轧辊离开的平面 BB'，称为出口平面。入口平面 AA'、出口平面 BB'、轧辊与轧件的接触弧面$\overparen{AB}$和$\overparen{A'B'}$构成轧件在轧制时的几何变形区，直接承受轧辊作用发生变形，如图 2-15 中的 $ABB'A'$。

显然，在轧制条件下，变形区仅为轧件长度的一部分，随着轧辊的转动和轧件向前运动，变形区在轧件长度上连续地改变着自己的位置，并且在轧辊中重复着同一的变形和应力状态；因此可以只研究任一瞬间变形区各部分的变形和应力状态。

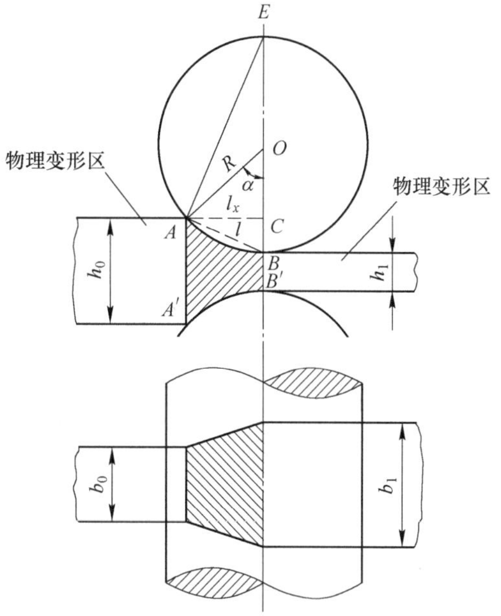

图 2-15 轧制时的变形区

2.1.3.2 变形量

轧件轧制前与轧制后的高度之差称为绝对压下量，用 Δh 表示，故有 $\Delta h = h_0 - h_1$。

轧件轧制后与轧制前的宽度之差称为绝对宽展量，用 Δb 表示，故有 $\Delta b = b_1 - b_0$。

绝对压下量与绝对宽展量是经常使用的两个变形参数。

轧件轧制前的长度为 l_0，轧制后的长度为 l_1，轧制后与轧制前的轧件长度之差称绝对延伸量，用 Δl 表示，故有 $\Delta l = l_1 - l_0$。

绝对压下量 Δh、绝对宽展量 Δb 分别与轧前高度、轧前宽度之比称为相对压下量和相对宽展量。

轧前高度与轧后高度之比，称压下系数，通常用 η 表示，即 $\eta = h_0/h_1$；

轧后宽度与轧前宽度之比，称宽展系数，通常用 β 表示，即 $\beta = b_1/b_0$；

轧后长度与轧前长度之比，称延伸系数，通常用 μ 表示，即 $\mu = l_1/l_0$。

2.1.3.3 接触弧

轧辊与轧件接触的部分所夹的中心角 α，称为接触角或咬入角。而接触角所对应的 $\overset{\frown}{AB}$ 和 $\overset{\frown}{A'B'}$，又称接触弧或咬入弧，如图 2-15 所示。

2.1.3.4 接触弧水平投影

由图 2-15 中的几何关系可知，$\triangle ABC \sim \triangle EBA$，由此可得：

$$AB^2 = BE \times BC$$

式中，$BE=2R$，$BC=(h_0-h_1)/2=\Delta h/2$。

所以接触弧所对的弦长 $AB=\sqrt{\Delta hR}$。接触弧的水平投影 $AC=\sqrt{AB^2-BC^2}$，即 $AC=\sqrt{\Delta hR-\frac{\Delta h^2}{4}}$。由于 Δh 的值与 R 的值相比很小，故可近似取：

$$AC \approx \sqrt{\Delta hR} \tag{2-1}$$

式（2-1）是接触弧水平投影的表达式。

2.1.3.5 咬入角与压下量

接触弧所对应的圆心角称咬入角 α。由图 2-15 可得：

$$\cos\alpha = \frac{OC}{OA} = \frac{R - BC}{R} = 1 - \frac{\Delta h}{2R} = 1 - \frac{\Delta h}{D}$$

$$\sin\frac{\alpha}{2} = \frac{1}{2}\sqrt{\frac{\Delta h}{R}}$$

由上式可得：

$$\Delta h = D(1 - \cos\alpha) \tag{2-2}$$

当 α 很小时（$\alpha<10°\sim15°$），$\sin\frac{\alpha}{2}\approx\frac{\alpha}{2}$，可得：

$$\alpha \approx \sqrt{\frac{\Delta h}{R}} \tag{2-3}$$

式（2-2）和式（2-3）是压下量 Δh 与轧辊直径 D、咬入角 α 的关系式。在 Δh、D 和 α 三个参数中，已知其中任意两个，便可求出第三个参数。

2.1.3.6 延伸系数

轧件通过轧制变形之后，横断面面积减缩、长度增加，但轧件体积不变。轧前轧件体积为 $h_0 \times b_0 \times l_0$，轧后轧件体积为 $h_1 \times b_1 \times l_1$，故有：

$$h_0 \times b_0 \times l_0 = h_1 \times b_1 \times l_1 \tag{2-4}$$

由上式可得：

$$\frac{l_1}{l_0} = \frac{h_0 b_0}{h_1 b_1} = \frac{F_0}{F_1} \tag{2-5}$$

式中，F_0、F_1 分别为轧件轧制前、后断面面积。

由式（2-5）可知，延伸系数等于轧件轧前断面面积与轧后断面面积之比。由于轧件在轧制时，横断面是逐渐减小的，所以延伸系数是大于 1 的。由坯料轧制成成品，一般要经过多道次轧制，所以延伸系数可分为总延伸系数和道次延伸系数。

由坯料到成品轧制 n 道次，各道次轧前轧件的横断面积为：

$$F_0 = \mu_1 F_1;\ F_1 = \mu_2 F_2;\ F_2 = \mu_3 F_3;\ \cdots;\ F_{n-1} = \mu_n F_n \tag{2-6}$$

由此可得：

$$F_0 = \mu_1 \mu_2 \mu_3 \cdots \mu_n F_n \tag{2-7}$$

式中　F_0，F_n——为坯料、成品轧件的断面积，mm^2；

μ_1，μ_2，μ_3，…，μ_n——分别为 1～n 道次的延伸系数。

由式（2-7）可得：

$$F_0/F_n = \mu_1 \mu_2 \mu_3 \cdots \mu_n = \mu_\Sigma \tag{2-8}$$

式中　μ_Σ——由坯料到成品的总延伸系数。

故有总延伸系数为各道延伸系数的乘积。同理，也可以得到由坯料到成品的总压下系数等于各道次压下系数的乘积。

2.2 轧制过程及其实现的条件

在生产实践中使用的轧机结构形式多种多样，为了弄清楚其共同性的问题，轧制原理要先从简单轧制过程讲起。所谓简单轧制过程就是指轧制过程上下轧辊直径相等、转速相同，且均为主动辊，轧制过程对两个轧辊完全对称，轧辊为刚性，轧件除受轧辊作用外不受其他任何外力作用，轧件在入辊处和出辊处速度均匀，轧件的机械性质均匀。理想的简单轧制过程在实际中是很难找到的，但有时为了讨论问题方便，常常把复杂的轧制过程简化成简单轧制过程。

轧制是靠旋转的轧辊与轧件之间形成的摩擦力将轧件拖进辊缝之间，并使之受到压缩产生塑性变形的过程。轧制过程除使轧件获得一定的形状和尺寸之外，还必须使组织和性能得到一定程度的改善。为了了解和控制轧制过程，就必须对轧制过程形成的变形区及变形区内的金属流动规律有所了解。

2.2.1 轧制过程的建立

在生产实践中，有时因压下量过大或轧件温度过高等原因，轧件不能被咬入。而只有实现咬入并使轧件继续顺利通过辊缝才能建立轧制过程。

当把轧件开始咬入看成临界情况时，轧件咬入后进入轧辊辊缝的受力图如图 2-16 所示，合力作用点的位置相应地向轧件出口平面方向移动，合力作用方向逐渐向出口倾斜，轧辊对轧件作用力的作用点所对应的轧辊圆心角由开始咬入时的 α 减小为 $\alpha-\delta$，在轧件完全充填辊缝后，减小为 $\alpha/2$。因而使得 T_x 逐步增加，N_x 相应减少。这样一来，摩擦力的水平分力 T_x 就有了剩余，其值为 T_x-N_x。由于剩余摩擦力的出现，而使得轧件一旦被咬入，就能更顺利地

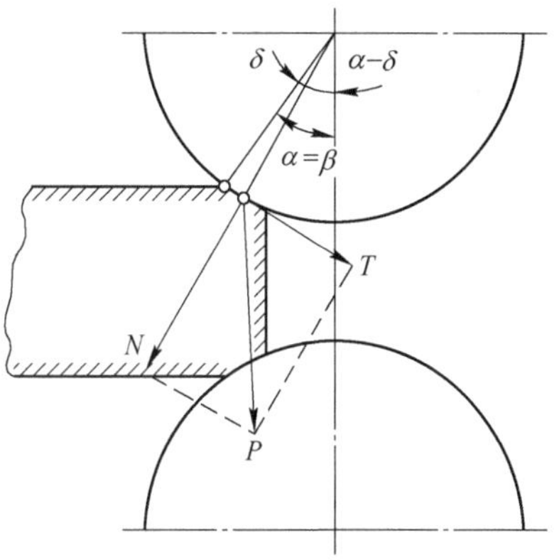

图 2-16　轧件进入变形区的受力图

使轧件充满变形区。由此可知，轧件被咬入之后，在金属逐渐充填变形区的过程以及充填满整个变形区后，进行轧制的条件要比开始咬入时宽余得多。

在轧制充满变形区后，稳定轧制时轧机受力情况如图 2-17 所示。此时剩余摩擦力达到最大值。假设合力作用点在接触弧中部，保持轧件顺利轧制的条件为：

$$N\sin\frac{\alpha}{2} = Nf\cos\frac{\alpha}{2} \tag{2-9}$$

故有：

$$\alpha = 2\beta \tag{2-10}$$

式（2-10）表明，在金属充满变形区之后，能够顺利轧制的条件是 $\alpha \leqslant 2\beta$。即开始咬入时所要求的摩擦条件最高，轧件咬入之后逐渐降低，轧件充满变形区后所需要的摩擦条件最低。

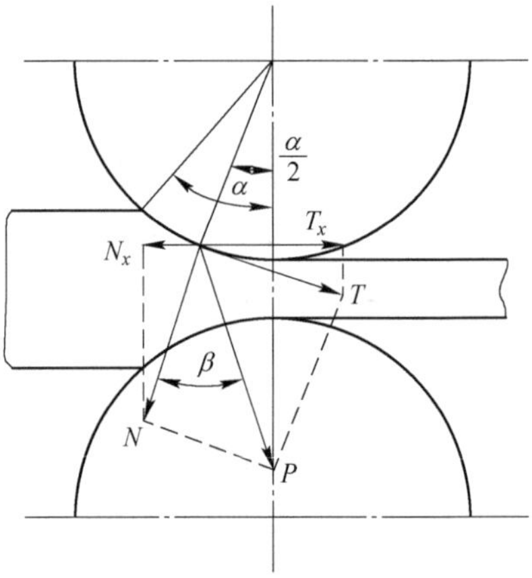

图 2-17　稳定轧制时轧件受力图

2.2.2　咬入条件及影响因素

轧辊把轧件拉入旋转方向相反的两个轧辊辊缝之中叫轧件的咬入。轧辊能够顺利地将轧件咬入是轧制的必要条件。在轧钢生产中，轧件是否能顺利地实现咬入关系到轧钢生产能否正常进行，也关系到轧钢产量能否提高。

2.2.2.1　咬入条件

当轧件与轧辊接触时，轧件能否顺利地进入辊缝，要从轧件与轧辊接触时的受力情况进行分析。轧件与轧辊接触时，轧辊对轧件的作用力和摩擦力如图 2-18 所示。轧件和轧辊刚刚接触时，轧辊对轧件的作用力为 N，该作用力的方向为轧辊中心与接触点连线方向。由于轧辊不断旋转，在接触点还产生摩擦力 T。N 可分解成 N_x 和 N_y，T 可分解成 T_x 和 T_y。

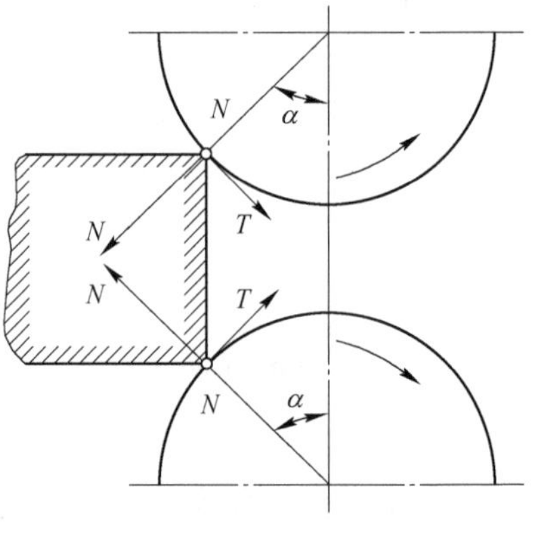

图 2-18　轧辊对轧件的作用力与摩擦力

N 和 T 分解成的水平分力为：

$$N_x = N\sin\alpha \tag{2-11}$$

$$T_x = T\cos\alpha = Nf\cos\alpha \tag{2-12}$$

式中　f——轧辊和轧件间的摩擦系数。

轧件能否咬入，关键在 N_x 和 T_x 这两个水平分力的关系。N_x 和 T_x 只能有如下三种关系：

$$N_x > T_x \tag{2-13}$$

$$N_x = T_x \tag{2-14}$$

$$N_x < T_x \tag{2-15}$$

当 $N_x > T_x$ 时，说明使轧件向辊缝外的力大于拉入辊缝的力，所以轧件不能咬入；当 $N_x = T_x$ 时，是一种临界状态；当 $N_x < T_x$ 时，说明使轧件拉入辊缝的力大于向辊缝外的

力，故能咬入。但是，使轧件咬入的另一个条件是，N 和 T 的垂直分力之和，必须使轧件产生塑性变形，否则也不能咬入。

由临界条件 $N_x = T_x$，可得，$N\sin\alpha = Nf\cos\alpha$，即 $f = \tan\alpha$。根据物理概念，摩擦系数可以用摩擦角来表示，即摩擦角 β 的正切值就是摩擦系数 f，故有 $\tan\beta = f$。

由以上分析可知，临界条件下咬入角和摩擦角的关系为 $\alpha = \beta$。同理可得：$\alpha > \beta$ 为不能咬入条件，$\alpha < \beta$ 为能够咬入条件，保证轧件能够咬入的最大咬入角 $\alpha_{max} = \beta$。

所以 $\alpha \leqslant \beta$ 时，可以实现自然咬入，即当摩擦角大于咬入角时才能开始自然咬入。当 $\alpha < \beta$ 时，轧辊对轧件的作用力 T 与 N 之合力 P 的水平分力 P_x 与轧制方向相同，则轧件可以被自然咬入，在这种条件下即 $\alpha < \beta$ 实现的咬入称为自然咬入。显然 P_x 越大，即 β 越大于 α，轧件越易被咬入轧辊间的辊缝中。

2.2.2.2 稳定轧制条件

当轧件被轧辊咬入后开始逐渐充填辊缝，在此过程中轧件前端与轧辊轴心连线间的夹角 δ 不断地减小，如图 2-16 和图 2-17 所示。当轧件完全充满辊缝时，$\delta = 0$，即开始了稳定轧制阶段。

合力作用点的中心角 φ 在轧件充填辊缝的过程中也在不断变化。随着轧件逐渐充填辊缝，合力作用点内移，φ 角自 $\varphi = \alpha$ 开始逐渐减小，相应地，轧辊对轧件作用力的合力逐渐向轧制方向倾斜，向有利于咬入的方向发展。当轧件充填辊缝，即过渡到稳定轧制阶段时，合力作用点的位置即固定下来，而所对应的中心角 φ 也不再发生变化，并为最小值，即

$$\varphi = \frac{\alpha}{K_x} \tag{2-16}$$

式中 K_x——合力作用点系数。

根据图 2-17 分析稳定轧制条件轧辊对轧件的作用力，以寻找稳定轧制条件。

由于 $N_x < T_x$；$N_x = N\sin\varphi$；$T_x = T\cos\varphi = Nf_y\cos\varphi$，则得 $f_y > \tan\varphi$，将 $\varphi = \frac{\alpha_y}{K_x}$ 代入，则得到稳定轧制的条件为：

$$f_y > \tan\frac{\alpha_y}{K_x} \tag{2-17}$$

或者

$$\beta_y > \frac{\alpha_y}{K_x} \tag{2-18}$$

式中 f_y，β_y——稳定轧制阶段的摩擦系数和摩擦角，(°)；

α_y——稳定轧制阶段的咬入角，(°)。

一般来说，达到稳定轧制阶段时，$\varphi = \frac{\alpha_y}{2}$，即 $K_x \approx 2$，故可近似写成 $\beta_y > \frac{\alpha_y}{2}$。

由上述讨论可得到如下结论，假设由咬入阶段过渡到稳定轧制阶段的摩擦系数不变且其他条件均相同时，则稳定轧制阶段允许的咬入角比咬入阶段的咬入角可大 K_x 倍或近似地认为大 2 倍。

与极限咬入条件同理，可以写出极限稳定轧制条件：

$$\beta_y = \frac{\alpha_y}{K_x};\ \alpha_y \leqslant K_x \cdot \beta_y \quad \text{或} \quad f_y = \tan\frac{\alpha_y}{K_x} \tag{2-19}$$

2.2.2.3 咬入阶段与稳定轧制阶段咬入条件的比较

求得的稳定轧制阶段的咬入条件与咬入阶段的咬入条件不同，为说明向稳定轧制阶段过渡时咬入条件的变化，将以理论上允许的极限稳定轧制条件与极限咬入条件进行比较并分析之。

已知极限咬入条件：$\alpha = \beta$，理论上允许的极限稳定轧制条件 $\alpha_y = K_x \cdot \beta_y$。

由此得二者之比值为：

$$K = \frac{\alpha_y}{\alpha} = K_x \frac{\beta_y}{\beta} \tag{2-20}$$

或

$$\alpha_y = K_x \frac{\beta_y}{\beta}\alpha \tag{2-21}$$

由式（2-21）看出，极限咬入条件与极限稳定轧制条件的差异取决于 K_x 与$\frac{\beta_y}{\beta}$两个因素，即取决于合力作用点位置与摩擦系数的变化。下面将分别讨论各因素的影响。

（1）合力作用点位置或系数 K_x 的影响。如图 2-16 所示，轧件被咬入后，随轧件前端在辊缝中前进，轧件与轧辊的接触面积增大，合力作用点向出口方向移动。由于合力作用点一定在咬入弧上，所以 K_x 恒大于 1，在轧制过程产生的宽展越大，则变形区的宽度向出口逐渐扩张，合力作用点越向出口移动，即 φ 角越小 K_x 值就越高。根据式（2-21），在其他条件不变的前提下，K_x 越高，则 α_y 越高，即在稳定轧制阶段允许实现较大的咬入角。

（2）摩擦系数变化的影响。冷轧及热轧时摩擦系数变化不同，一般在冷轧时由于温度和氧化铁皮的影响甚小，可近似地取 $\frac{\beta_y}{\beta} \approx 1$，即从咬入过渡到稳定轧制阶段，摩擦系数近似不变。而在热轧条件下，根据实验资料可知，此时的 $\frac{\beta_y}{\beta} < 1$，即从咬入过渡到稳定轧制阶段摩擦系数在降低，产生此现象的原因为：

一是轧件端部温度较其他部分低，由于轧件端部与轧辊接触，并受冷却水作用，加之端部的散热面也比较大，所以轧件端部温度较其他部分为低，因而使咬入时的摩擦系数大于稳定轧制阶段的摩擦系数；

二是氧化铁皮的影响，由于咬入时轧件与轧辊接触和冲击，易使轧件端部的氧化铁皮脱落，露出金属表面，所以摩擦系数提高，而轧件其他部分的氧化铁皮不易脱落，因而保持较低的摩擦系数。

影响摩擦系数降低最主要的因素是轧件表面上的氧化铁皮。在实际生产中，往往因此造成在自然咬入后过渡到稳定轧制阶段发生打滑现象。

由以上分析可见，K 值变化是较复杂的，随轧制条件不同而异。在冷轧时，可近似地认为摩擦系数无变化，而由于 K_x 值较高，所以使冷轧时 K 值也较高，说明咬入条件与稳定轧制条件间的差异较大，一般是：

$$K \approx K_x \approx 2 \sim 2.4 \tag{2-22}$$

所以

$$\alpha_y \approx (2 \sim 2.4)\alpha \tag{2-23}$$

在热轧时，由于温度和氧化铁皮的影响，使摩擦系数显著地降低，所以 K 值较冷轧时为小。一般是 $K \approx 1.5 \sim 1.7$。

所以

$$\alpha_y \approx (1.5 \sim 1.7)\alpha \tag{2-24}$$

以上关系说明，在稳定轧制阶段的最大允许咬入角比开始咬入时的最大允许咬入角要大，相应地，二者允许的压下量也不同，稳定轧制阶段的最大允许的压下量比咬入时的最大允许压下量大一个倍数。在生产实践中有时采用“带钢压下”的技术措施，也就是利用稳定轧制阶段咬入角的潜力。

2.2.2.4 轧辊咬入轧件的影响因素

轧件能否顺利咬入是轧制的关键。根据咬入条件 $\alpha \leqslant \beta$，可以得出：在一定的条件下，能否顺利咬入，与轧件和轧辊间的摩擦条件和咬入角有关，凡是增大 β 角的一切因素和减小 α 角的一切因素都有利于咬入。

（1）摩擦条件。摩擦条件常用轧辊与轧件间的摩擦系数来反映。由上述可知，$\tan\beta = f$，且 $\alpha_{max} = \beta$。所以有 $\tan\alpha_{max} = \beta = f$，按三角关系式 $\cos\alpha_{max} = \dfrac{1}{\sqrt{1 + \tan^2\alpha_{max}}} = \dfrac{1}{\sqrt{1 + f^2}}$，故有

$$\Delta h_{max} = D\left(1 - \frac{1}{\sqrt{1 + f^2}}\right) \tag{2-25}$$

式（2-25）即为最大压下量与摩擦系数关系。影响摩擦系数的因素很多，主要有三个方面。

1）轧辊材质与表面状态的影响。轧辊的材质不同，摩擦系数不同。轧辊表面越粗糙，则摩擦系数越大，因而越有利于轧件咬入。钢辊摩擦系数大，铁辊摩擦系数小。轧辊表面光洁度与硬度增加，摩擦系数相应降低。一般初轧机、开坯机压下量较大，为提高强度便于咬入，采用钢辊并刻痕或压花。型钢精轧机为提高轧制精度，增加耐磨性，采用铁辊。冷轧带钢，为提高轧件表面质量，降低轧制能耗，则要求轧辊表面光洁度高，降低摩擦系数。

2）轧件材质的影响。轧件的化学成分对摩擦系数有影响：不同成分的轧件，轧制压力不同，同时也使轧件表面情况不同，如氧化铁皮的结构、黏性等。尤其是在高温下，轧件成分的影响更为明显。

在轧制高合金钢时，由于表面质量要求高，不允许从改变轧辊表面着手，故从轧件着手。因此，首先应清除炉生氧化铁皮。实验研究表明，钢坯表面的炉生氧化铁皮使摩擦系数减小；由于受炉生氧化铁皮的影响，使自然咬入困难，或者以极限咬入条件咬入后在稳定轧制阶段发生打滑现象。由此可见，消除炉生氧化铁皮对保证顺利地自然咬入及进行稳定轧制是十分必要的。

3）轧制速度的影响。通过实验可知，轧制速度增加，摩擦系数下降，其影响系数如图 2-19 所示。

考虑到上述重要影响因素，可以建立以实验为基础的摩擦系数经验式

$$f = k_1 k_2 k_3 (1.05 - 0.0005t) \tag{2-26}$$

式中 f——热轧时轧辊与轧件间的摩擦系数；

k_1——轧辊材质影响系数，可取钢辊 $k_1 = 1$，铁辊 $k_1 = 0.8$；

k_2——轧制速度影响系数，可由图 2-16 及图 2-17 确定；

k_3——轧件材质影响系数；

t——轧件的轧制温度，℃。

实践表明，随轧制速度的提高摩擦系数减小。据此，可以实现低速自然咬入，然后随着轧件充填根缝使咬入条件好转，逐渐增加轧制速度，使之过渡到稳定轧制阶段时达到最大。这种方法简单可靠，易于实现，所以在实际生产中常采用。

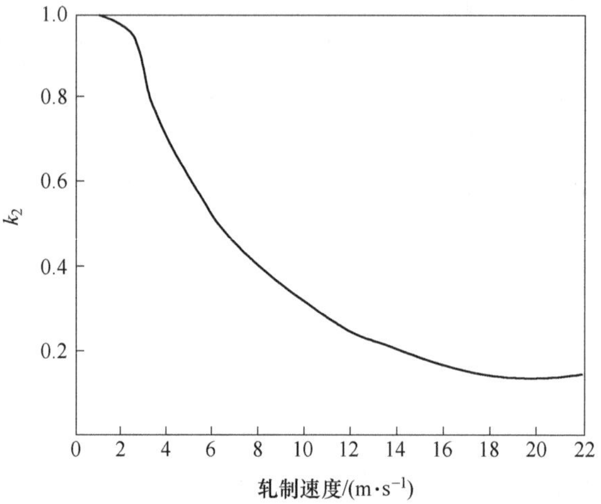

图 2-19 轧制速度的影响系数 k_2 值

（2）咬入角 α。当摩擦系数 f 一定时，为便于轧件咬入，必须减小咬入角 α，即增大轧辊直径或减小压下量。轧件前端形状及孔型形状对轧件咬入的影响很大，适当的改变可以减小咬入角 α。

轧件前端与轧辊接触面越大，轧件越容易咬入。轧制钢锭时，一般多以小头先进入轧辊。在中小型轧制中，坯料端切成楔形，使得轧件容易被咬入。

型钢轧机的孔型有较小的孔型侧壁斜度时，对轧件的咬入是有利的，如菱形轧件进入方形孔轧制时，这时轧件宽度大于孔型底部宽度，孔型侧壁对轧件起到夹持作用，使咬入变得容易。随侧壁斜度增大，孔型的夹持作用减小，轧件的咬入变得困难。

在设备一定的情况下，轧辊直径不能变化很大，而减小压下量又不利于提高生产率，因此常采用下列措施：初轧或开坯，采用小头咬入，或把轧件端部加工成锥形也便于轧件的咬入；降低咬入时的轧制速度，使摩擦系数增加，如初轧机的低速咬入、高速轧制，即是解决便于咬入的问题；轧辊表面刻痕、压花或堆焊，增大摩擦系数，由于刻痕等措施影响轧件表面质量，故适用于粗轧道次；增大轧件向轧辊的冲击力，使轧件端部撞成锥形，减小咬入角，而使咬入顺利。

在实际生产中，应该多方面考虑使得工艺制度合理，又保证顺利地实现咬入。根据实际生产的具体条件，往往是综合考虑上述措施。

2.2.3 金属在变形区的流动规律

2.2.3.1 轧件断面高向上的变形分布

关于轧制时变形的分布有两种不同的理论：一种是均匀变形理论，另一种是不均匀变形理论。均匀变形理论认为，沿轧件断面高度方向上的变形、应力和金属流动的分布都是均匀的，造成这种均匀性的主要原因是由于未发生塑性变形的前后外端的强制作用，因此又把这种理论称为刚端理论。而不均匀变形理论认为，沿轧件断面高度方向上的变形、应力和金属流动分布都是不均匀的，如图 2-20 所示。其主要内容为：

（1）沿轧件断面高度方向上的变形、应力和流动速度分布都是不均匀。

（2）在几何变形区内，在轧件与轧辊接触的表面上，不但有相对滑动，而且还有黏着，即轧件与轧辊间无相对滑动。

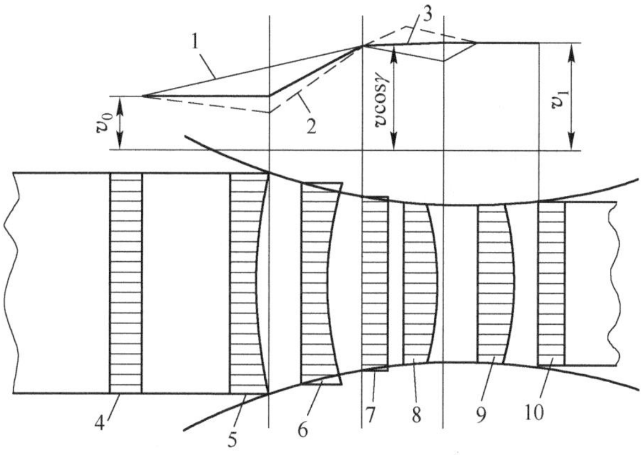

(a)

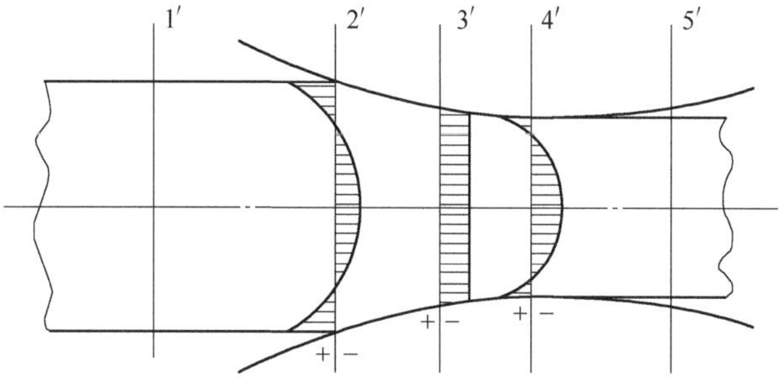

(b)

图 2-20 按不均匀变形理论的金属流动速度和应力分布

（a）金属流动速度分布；（b）应力分布

1—表面层金属流动速度；2—中心层金属流动速度；3— 平均流动速度；4—后外端金属流动速度；5—后变形过渡区金属流动速度；6—后滑区金属流动速度；7—临界面金属流动速度；8—前滑区金属流动速度；9—前变形过渡区金属流动速度；10—前外端金属流动速度；1′—后外端；2′—入辊处；3′—临界面；4′—出辊处；5′—前外端；“+” — 拉应力；“−” —压应力

（3）变形不但发生在几何变形区内，而且也产生在几何变形区以外，其变形分布都是不均匀的。这样可把轧制变形区分成变形过渡区、前滑区、后滑区和黏着区，如图 2-20 所示。

（4）在黏着区内有一个临界面，在这个面上金属的流动速度分布均匀，并且等于该处轧辊的水平速度。

近年来，大量实验证明，不均匀变形理论是比较正确的，能比较客观地反映轧制时金属变形规律。其中以 И. Я. 塔尔诺夫斯基的实验最有代表性。他研究沿轧件对称轴的纵断面上的坐标网格的变化，证明了沿轧件断面高度方向上的变形分布是不均匀的，其实验研究结果如图 2-21 所示。图中曲线 1 表示轧件表面层各个单元体的变形沿接触弧长度上的变化情况，曲线 2 表示轧件中心层各个单元体的变形沿接触弧长度上的变化情况。图中的纵坐标是以自然对数表示的相对变形。由图 2-21 可以看出，在接触弧开始处靠近接触表面的单元体的变形，比轧件中心层的单元体变形要大。这不仅说明沿轧件断面高度方向上的变形分布不均匀，而且还说明表面层的金属流动速度比中心层的要快。显然，图 2-21 中曲线 1 与曲线 2 的交点是临界面的位置，在这个面上金属变形和流动速度是均匀的。在临界面的右边，即出辊方向，出现了相反现象。轧件中心层单元件的变形比表面层的要大，中心层金属流动速度比表面层的要快。在接触弧的中间部分，曲线上有一段很长的平行于横坐标轴的线段，这说明在轧件与轧辊相接触的表面上确实存在着黏着区。另外，从图 2-21 中还可以看出，在入辊前和出辊后轧件表面层和中心层都发生了变形，这充分说明了在外端和几何变形区之间有变形过渡区，在这个区域内变形和流动速度也是不均匀的。

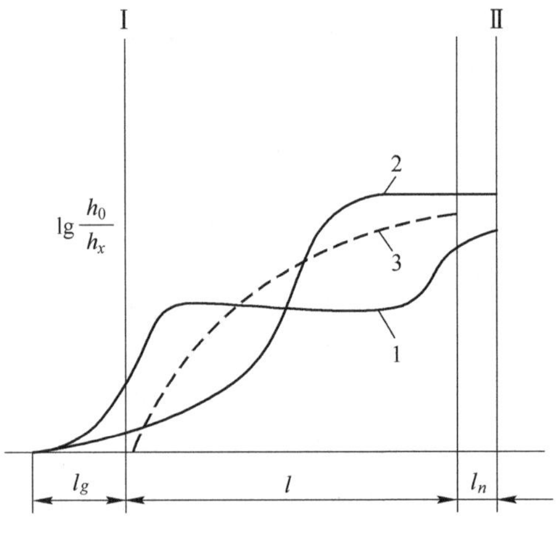

图 2-21　沿轧件断面高向上变形分布

1—表面层；2—中心层；3—均匀变形；Ⅰ—入辊平面；Ⅱ—出辊平面

И. Я. 塔尔诺夫斯基根据实验研究把轧制变形区绘成图 2-22，用以描述轧制时整个变形的情况。

实验研究还指出，沿轧件断面高度方向上的变形不均匀分布与变形区形状系数有很大关系。当变形区形状系数 $l/\overline{h}$ > (0.5 ~ 1.0) 时，即轧件断面高度相对于接触弧长度不太大时，压缩变形完全深入到轧件内部，形成中心层变形比表面层变形要大的现象；当变形

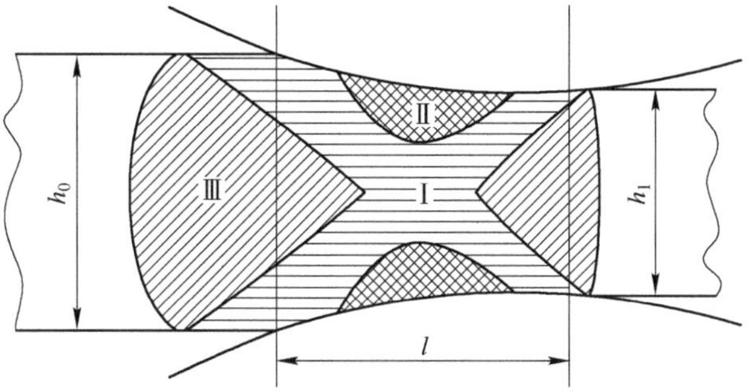

图 2-22　轧制变形区（$l/\bar{h}>0.8$）

Ⅰ—易变形区；Ⅱ—难变形区；Ⅲ—自由变形区

区形状系数 $l/\bar{h}<(0.5\sim1.0)$ 时，随着变形区形状系数的减小，外端对变形过程影响变得更为突出，压缩变形不能深入到轧件内部，只限于表面层附近的区域；此时表面层的变形较中心层要大，金属流动速度和应力分布都不均匀，如图 2-23 所示。

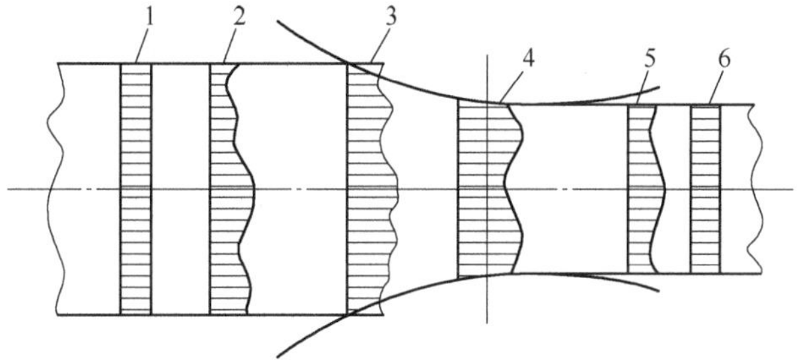

(a)

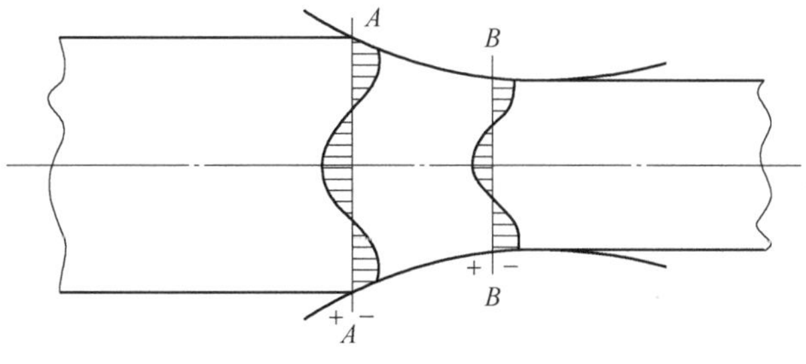

(b)

图 2-23　$l/\bar{h}<(0.5\sim1.0)$ 时金属流动速度与应力分布

（a）速度分布；（b）应力分布

1，6—外端；2，5—变形过渡区；3—后滑区；4—前滑区；

A—A—入辊平面；*B—B*—出辊平面

A. И. 柯尔巴什尼柯夫还用实验证明，沿轧件断面高度方向上变形分布是不均匀的。采用 LY12 铝合金扁锭，分别以 2.8%、6.7%、12.2%、16.9%、20.4%和 25.3%的压下率进行热轧，用快速摄影对其侧表面坐标网格进行拍照，观察变形分布，其实验结果如图 2-24 所示。

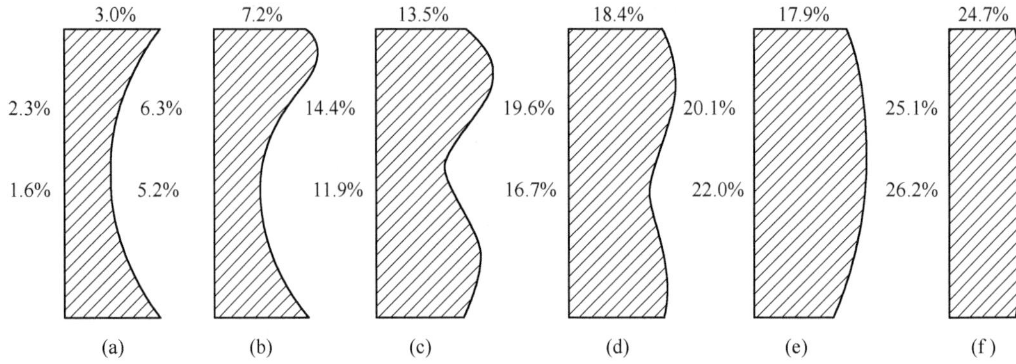

	(a)	(b)	(c)	(d)	(e)	(f)
ε	2.8%	6.7%	12.2%	16.9%	20.4%	25.3%
$l/\bar{h}$	0.3	0.45	0.60	0.92	1.00	1.25

图 2-24 热轧 LY12 时沿断面高度上的变形分布

该实验说明，在上述压下率范围内沿轧件断面高度方向上的变形分布都是不均匀的。当压下率 ε 在 2.8%~16.9%的范围内，$l/\bar{h}$ 在 0.3~0.92 时，轧件中心层的变形比表面层的变形要小；而压下率等于 20.4%和 25.3%，$l/\bar{h}$ 等于 1.0 和 1.25 时，轧件中心层的变形比表面层的变形要大。

2.2.3.2 沿轧件宽度方向上的流动规律

根据最小阻力定律，由于变形区受纵向和横向的摩擦阻力 σ_3 和 σ_2 的作用，如图 2-25 所示，大致可把轧制变形区分成 4 个部分，即 *ADB* 及 *CGE* 和 *ADGC* 及 *BDGE* 4 个部分，*ADB* 及 *CGE* 区域内的金属流沿横向流动增加宽展，而 *ADGC* 和 *BDGE* 区域内的金属流沿纵向流动增加延伸。不仅上述 4 个部分是一个相互联系的整体，它们还与其前后两个外端相互联系着。外端对变形区金属流动的分布也产生一定的影响作用，前后外端对变形区产生张应力。另一方面由于变形区的长度 l 小于宽度 $\bar{b}$，故延伸大于宽展，在纵向延伸区中心部分的金属只有延伸而无宽展，因而使其延伸大于两侧，结果在两侧引起张应力。这两种张应力引起的应力以 σ_{AB}表示，它与延伸阻力 σ_3 方向相反，削弱了延伸阻力，引起形成宽展的区域 *ADB* 及 *CGE* 收缩为 *adb* 和 *cge*。事实证明，张应力的存在引起宽展下降，甚至在宽度方向上发生收缩，产生所谓“负宽展”。

沿轧件高度方向金属横向变形的分布也是不均匀的。一般情况下，接触表面由于摩擦力的阻碍，使表面的宽度小于中心层，因而轧件侧面呈单鼓形。当 $l/\bar{h}$ 小于 0.5 时，轧件变形不能渗透到整个断面高度，因而轧件侧表面呈双鼓形，在初轧机上可以观察到这种现象。

2.2.4 连续轧制理论

连续轧制即轧件同时在若干架轧机中进行轧制，因此连续轧制生产能力高，现代化的热轧带钢轧机、冷轧带钢轧机、型钢轧机及高速线材轧机都采用连续轧制的方法。由于连轧机各机架顺序排列，轧件同时通过各架轧机，因此各架轧机通过轧件相互联系而使轧制过程具有其特点。

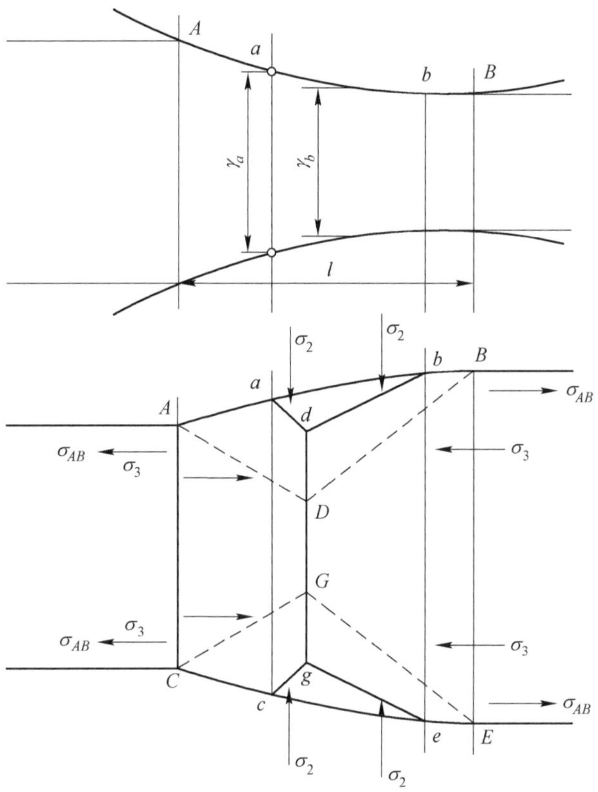

图 2-25 轧件在变形区的横向流动

2.2.4.1 连轧的特点

连续轧制时保持正常轧制的条件是在相邻的两机架间轧件不发生拉钢和堆钢。一旦发生拉钢，不但轧机的负荷发生变化而且轧件的断面将产生拉缩，甚至拉断。堆钢时，对于薄带钢和小断面型材会产生折叠，或者卡导卫。为保证连轧时轧件在两机架间不堆不拉，就需要在轧制线上的各架轧机秒流量相等，即每秒通过各架轧机的金属体积相等。可用式（2-27）表示：

$$B_1h_1v_1 = B_2h_2v_2 = \cdots = B_nh_nv_n \tag{2-27}$$

式中 B_1，h_1，v_1——分别表示第一架轧机轧后的轧件宽度（mm）、高度（mm）和水平线速度（m/s）；

B_2，h_2，v_2——分别表示第二架轧机轧后的轧件宽度（mm）、高度（mm）和水平线速度（m/s）；

B_n，h_n，v_n——分别表示第 n 架轧机轧后的轧件宽度（mm）、高度（mm）和水平线速度（m/s）。

轧件在轧制过程断面不断减小，即 $B_1h_1 > B_2h_2 > \cdots > B_nh_n$，因此轧件的水平速度则越来越快，即 $v_1 < v_2 < \cdots < v_n$。对于各架轧机单独传动、主电机可调速的轧机，轧件的速度可以通过调整轧辊的转速而得到。对于集体传动的轧机，由于轧辊的转速按配好的速比已确定，则需通过调整压下量或孔型断面积来保证满足式（2-27）。各架轧机的秒流

量都相等，其值为一常数 C，该常数称连轧常数。

由于轧件的水平速度 $v=\dfrac{\pi D_g n}{60}$，D_g 为轧辊的工作直径，n 为轧辊的转速，那么式（2-27）可以写成如下形式：

$$B_1h_1=\frac{\pi D_{g_1}n_1}{60}(1+S_1)=\frac{\pi D_{g_2}n_2}{60}(1+S_2)=\cdots=\frac{\pi D_{g_n}n_n}{60}(1+S_n) \tag{2-28}$$

或

$$B_1h_1D_{g_1}n_1(1+S_1)=B_2h_2D_{g_2}n_2(1+S_2)=\cdots=B_nh_nD_{g_n}n_n(1+S_n) \tag{2-29}$$

式中 D_{g_1}，n_1，S_1——第一架轧机轧辊的工作直径（mm）、轧辊转速（r/min）和第一架轧机的轧件前滑值；

D_{g_2}，n_2，S_2——第二架轧机轧辊的工作直径（mm）、轧辊转速（r/min）和第二架轧机的轧件前滑值；

D_{g_n}，n_n，S_n——第 n 架轧机轧辊的工作直径（mm）、轧辊转速（r/min）和第 n 架轧机的轧件前滑值。

在实际生产中，要使各架轧机间的秒流量绝对相等是困难的。通常相邻两架轧机间可以根据轧制条件的要求设计成微堆或微拉轧制。

2.2.4.2 连轧张力

连续轧制时，如果各架轧机保持秒流量相等，这时轧件虽然同时在若干架轧机中轧制，其效果如同各架轧机单独轧制，互不影响。实际轧制生产中，这种情况是很难做到的。因为轧制过程工艺参数波动是必不可免的，如温度，轧制压力等参数的波动都将影响辊缝的变化，这样就使连轧条件遭到破坏。所以说连轧过程处于平衡状态，即满足式（2-27）是相对的，而不平衡状态则是绝对的。平衡状态破坏后，秒流量不再保持相等，这时机架间将产生推力和拉力。连轧时产生堆钢会造成轧制事故，因此希望微恒张力轧制。

在机架之间轧件产生张力，说明轧件在前一架出口和在后一架入口间存在金属秒流量的不平衡，即后一架入口的金属秒流量大于前一架出口的金属秒流量。如果这种秒流量差不断增大，则使两机架间的张力不断增加。如果这种秒流量差为恒定值，则两机架的张力为一定值。

2.3 轧制时钢的物理冶金学原理

物理冶金是指在不改变材料的化学成分的情况下，主要通过控制材料的加热、冷却、相变等物理手段改变材料的组织结构，从而改变材料的性能。轧制过程是赋予金属一定的形状和尺寸的过程，也是赋予金属材料一定组织和性能的过程。因此，轧制过程是一个物理冶金过程，更具体的说是一个力学冶金过程。通过力的作用使材料产生塑性变形而改变几何形状和改善性能，这正是力学冶金的基本特征。

2.3.1 钢的回复再结晶

2.3.1.1 钢材热轧过程中的动态再结晶行为

塑性加工变形过程是加工硬化和回复、再结晶软化过程的矛盾统一体。高温奥氏体钢随着变形量增加，其加工硬化过程和高温动态软化过程（动态回复和动态再结晶）同时进行，最终两个过程平衡情况决定了材料的变形抗力。动态软化过程使变形抗力降低，动态软化过程是伴随变形即时发生的。钢材在再结晶温度以上区域进行轧制时，同时存在着加工硬化和再结晶软化两个过程，这两个过程的交替进行才保证了变形得到顺利的发展。典型的高温应力-应变曲线如图 2-26 所示，其变形过程可分为以下三个阶段。

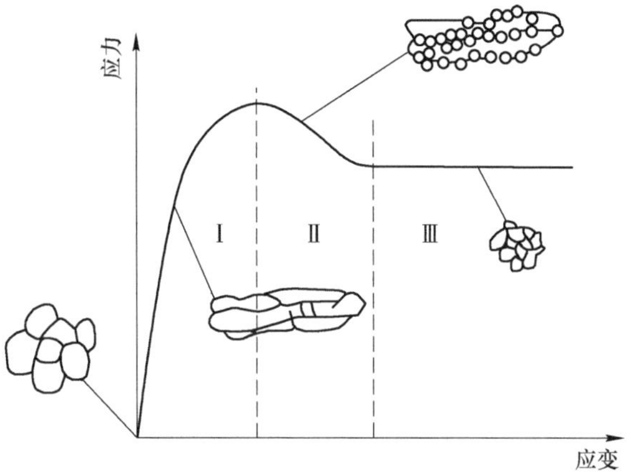

图 2-26　典型的高温应力-应变曲线

第Ⅰ阶段：属于小应变阶段，在该阶段随变形量的增加变形抗力增加，其原因是变形过程中位错密度不断升高，进而产生加工硬化，在变形开始阶段加工硬化速度较快，使得变形抗力迅速增加。同时，由于变形是在高温下进行的，位错在变形过程中以交滑移和攀移的方式运动，使得部分位错消失或重新排列，因此，减小了因位错应力场引起的畸变能，所以，变形达到一定程度后开始出现软化现象。但是，由于该阶段的变形量尚未达到动态再结晶的临界变形程度，总体上是加工硬化超过了动态软化，因此，变形抗力呈增加趋势。

第Ⅱ阶段：随着变形量的增加，金属内部的畸变能不断增加，当达到一定程度后变形奥氏体开始发生另一种转变，即动态再结晶。动态再结晶的发生和发展使得更多的位错消失，因此，变形抗力开始下降，直至变形奥氏体全部发生再结晶，变形抗力不再下降，达到了稳定值。

第Ⅲ阶段：变形奥氏体全部发生了动态再结晶以后，随着变形的继续进行，加工硬化和动态再结晶软化达到平衡状态。其应力-应变曲线出现两种情况：一种是应力基本保持稳定状态，称为连续动态再结晶；另一种情况是应力出现锯齿形变化，称为间断式动态再结晶。上述两种情况称为动态再结晶的稳定阶段。

金属发生动态再结晶必须有足够的变形量，开始发生动态再结晶的最低变形量称为临界变形量，记为 ε_D；动态再结晶开始到结束所需的变形量为 ε_r，当 $\varepsilon_D>\varepsilon_r$ 时发生连续式动态再结晶，即应力呈稳定状态；当 $\varepsilon_D<\varepsilon_r$ 时发生间断式动态再结晶，应力呈锯齿状非稳定状态。

2.3.1.2　钢材热轧后的静态再结晶行为

热加工过程中的任何阶段都不能完全消除奥氏体的加工硬化，在变形过程中形成的动态回复和动态再结晶组织仍然不稳定，因此，具有向能量最低状态转变的驱动力。在热变形的道次间或在高温区缓冷过程中会继续软化以消除加工硬化，这种软化过程称为静态回复或静态再结晶过程。该过程包括静态回复、静态再结晶和亚动态再结晶三个阶段。

变形量和保温时间对含碳量为 0.68%碳钢的软化行为的影响曲线如图 2-27 所示。图 2-27（a）为不同应变速率时的真应力-真应变曲线，$\dot{\varepsilon}=1.3\times10^{-3}/s$ 曲线上的点 a、b、c 和 d 所对应的真应变分别为 0.055、0.096、0.34 和 0.41；图 2-27（b）为应变速率为 $\dot{\varepsilon}=1.3\times10^{-3}/s$ 时不同真应变条件下变形后在 780 ℃保温不同时间后的软化率曲线。

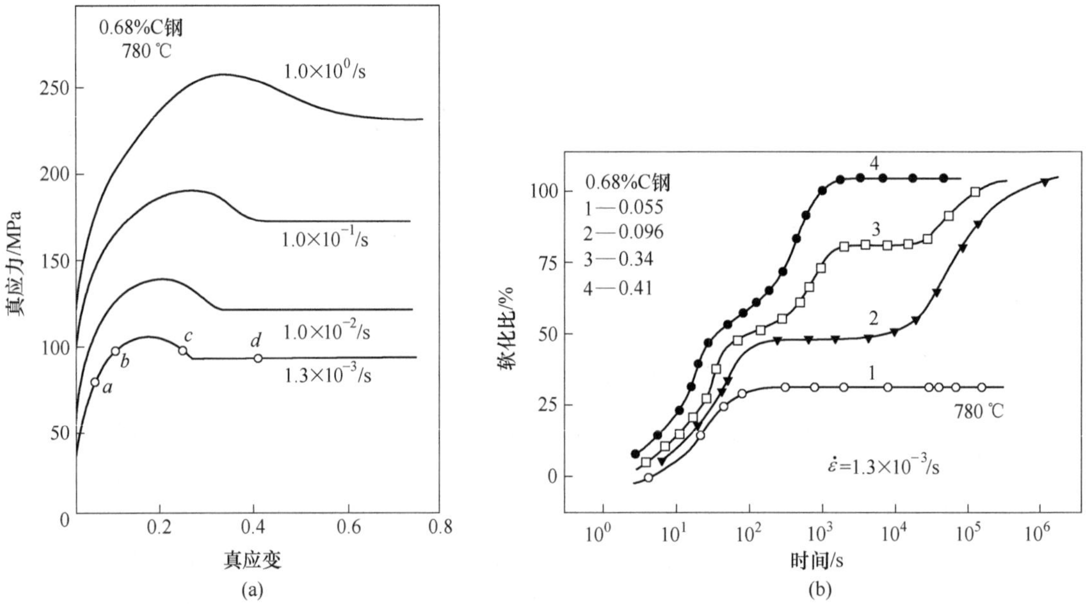

图 2-27　变形量和保温时间对含碳量为 0.68%钢软化行为的影响

当变形量小于发生静态再结晶的临界变形量时（对应图 2-27（a）上的点 a），由图 2-27（b）中的曲线 1 可以看出变形结束后因静态回复的结果立即发生软化，约在 100 s 内结束。在该温度下继续保温时，软化程度不再增加。在此阶段大约有 30%的加工硬化量得到了软化，尚有 70%的加工硬化量未能消除。未消除的加工硬化对下一道次的轧制变形抗力有累积作用。

当变形量小于动态再结晶的临界变形量但大于静态再结晶的临界变形量时，对应于图 2-27（a）中曲线上的 b 点，变形停止后 100 s 内静态回复的软化率达到 45%，如图 2-27（b）中的曲线 2 所示。继续保温经较长时间孕育期后进入第二阶段软化，软化率达到 100%。加工硬化组织全部消除，形成了静态再结晶组织。

当变形量刚刚超过动态再结晶的临界变形量时，如图 2-27（a）曲线上的 c 点，变形停止后的软化情况如图 2-27（b）中的曲线 3。其软化过程分为三个阶段，即静态回复阶段、亚动态再结晶阶段和静态再结晶阶段。亚动态再结晶是指热变形过程中已经形成但尚未长大的动态再结晶晶核，变形停止但温度足够高时，这些晶核不需要孕育期而继续长大的静态软化过程。

当变形量继续增加，达到图 2-27（a）中的 d 点时，此时应力超过了峰值，应力-应变曲线呈直线状态，即加工硬化率与动态再结晶产生的软化率处于平衡状态，当变形停止后继续保持高温，其软化过程由两个阶段组成，如图 2-27（b）中的曲线 4 所示，首先在动态再结晶的基础上开始软化，接着进入静态回复阶段和亚动态再结晶阶段。由于这一阶段变形量很大，发生动态再结晶的晶核很多，变形停止后这些晶核很快长大，全部消除加工硬化，因此不发生静态再结晶的软化过程。

2.3.2　钢的晶粒长大与混晶

再结晶阶段刚刚结束时，得到的是无畸变的等轴的再结晶初始晶粒。随着加热温度的升高或保温时间的延长，晶粒之间会互相吞并而长大，这一现象称为晶粒长大，或聚合再结晶。根据再结晶后晶粒长大过程的特征，可将晶粒长大分为两种类型：一种是随温度的升高或保温时间的延长晶粒均匀连续地长大，称之为正常长大；另一种是晶粒不均匀不连续地长大，称为反常长大，或二次再结晶。现分述如下。

2.3.2.1　晶粒的正常长大

再结晶刚刚完成时，一般得到的是细小的等轴晶粒，当温度继续升高或进一步延长保温时间时，晶粒仍然可以继续长大，其中某些晶粒缩小甚至消失，另一些晶粒则继续长大。再结晶完成之后，塑性变形产生的储存能已经消耗完毕，那么此时晶粒长大的驱动力是什么呢？

（1）晶粒长大的驱动力。从整体来看，晶体长大的驱动力是晶粒长大前后总的界面能差。细晶粒的晶界多，界面能高；粗晶粒的晶界少，界面能低。所以细晶粒长大成为粗晶粒是使金属自由能下降的自发过程。但是对于某一段晶界来说，它的驱动力与界面能和晶界的曲率有关。试验结果表明，在晶粒长大阶段，晶界移动的驱动力与其界面能成正比，而与晶界的曲率半径成反比。即晶界的界面能越大，曲率半径越小（或曲率越大），则晶界移动的驱动力越大。

晶粒长大时的晶界移动示意图如图 2-28 所示。在足够高的温度下，原子具有足够大的扩散能力时，原子就由界面的凹侧晶粒向凸侧晶粒扩散，而界面则朝向曲率中心方向移动，结果使凸面一侧晶粒不断长大，而凹面一侧的晶粒不断缩小而消失，直到晶界变为平面，界面移动的驱动力为零时，才可能达到相对稳定状态。

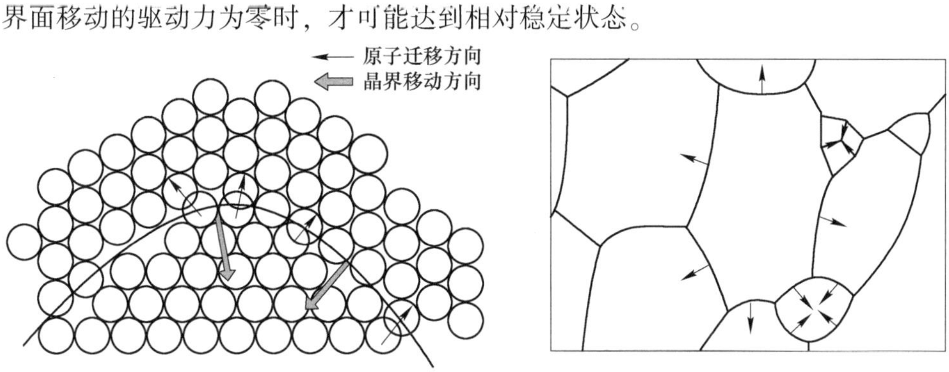

(a)　　(b)

图 2-28　晶粒长大时的晶界移动示意图

（a）原子通过晶界扩散；（b）晶界移动方向

（2）晶粒的稳定形状。以正常方式长大的晶粒，当达到稳定状态时，晶粒究竟是什么形状呢？若从整体界面能来考虑，在同样体积条件下，球体的总界面能最小，因此球状晶粒最为稳定。但是，如果晶粒都变为球状，一方面它无法填充金属所占据的整个空间，势必出现空隙，这是不允许的；另一方面，由于球面弯曲，使晶界产生了移动的驱动力，势必使晶界发生移动。因此，晶粒的稳定形状不能是球形。图 2-29 为晶粒的十四面体组合模型，它比较接近实际情况。根据这一模型，每个晶粒都是一个十四面体。若垂直于该模型的一个棱边作截面图，则其为等边六角形的网络，如图 2-30 所示。其所有的晶界均为直线；晶界间的夹角均为 120°。这是晶粒稳定形状的两个必备条件，两者缺一不可。这可用图 2-31 来说明。若晶界的边数小于 6（即通常所说的较小的晶粒），如正四边形的晶粒，则无法同时满足上述两个条件；若晶界为直线，则其夹角为 90°，小于 120°，这就难以达到平衡；反之，要保持 120°夹角，晶界势必向内凹，如图 2-31（a）所示。但这样第一个条件又不能满足了，这就会使晶界自发地向内迁移，以趋于平直，如图 2-31（b）所示。而晶界平直后，其夹角又将小于 120°，这就又需内凹，如此反复，此晶粒只能逐步缩小，直至消失为止。若晶界的边数大于 6（即通常所说的较大的晶粒），如等十二边形晶粒，则相邻界面间夹角为 150°（>120°），要使其变为平衡角 120°，晶界势必向外凹，如图 2-31（c）所示。但是这样一来，必驱使晶界自发地向外迁移以趋于平直，而一旦平直后其夹角又将大于 120°，这就又需向外凹，如此反复，此晶粒便会不断长大，直至达到晶粒的稳定形状为止。

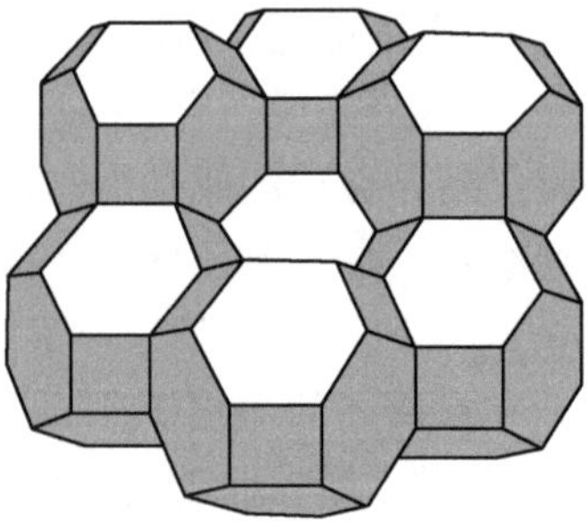

图 2-29　晶粒的平衡形状——十四面体

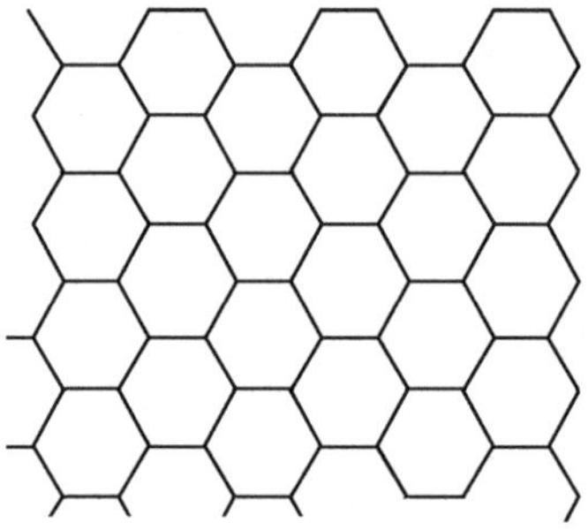

图 2-30　二维晶粒的稳定形状

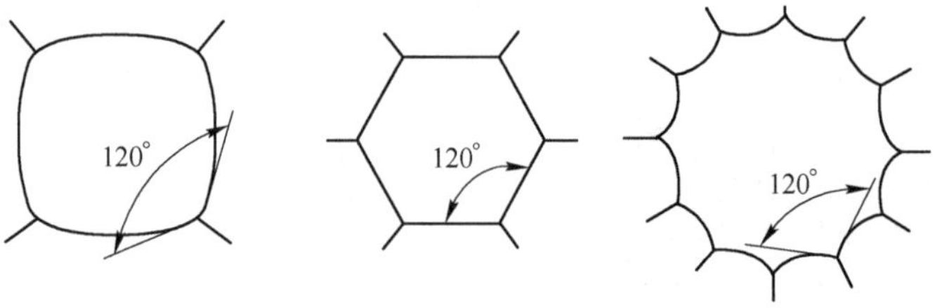

(a)　(b)　(c)

图 2-31　晶界曲率与晶粒形状

由此可见，晶粒在正常长大时应遵循以下规律：晶界迁移总是朝向晶界的曲率中心方向；随着晶界迁移，小晶粒（晶粒边数小于 6）逐渐被吞并到相邻的较大晶粒（晶粒边数大于 6），晶界本身趋于平直化；三个晶粒的晶界交角趋于 120°，使晶界处于平衡状态。

在实际情况下，虽然由于各种原因，晶粒不会长成这样规则的六边形，但是它仍然符合晶粒长大的一般规律。

（3）影响晶粒长大的因素。晶粒长大是通过晶界迁移来实现的，所有影响晶界迁移的因素都会影响晶粒长大，这些因素如下所述。

1）温度。由于晶界迁移的过程就是原子的扩散过程，所以温度越高，晶粒长大速度就越快。通常在一定温度下晶粒长大到一定尺寸后就不再长大，但升高温度后晶粒又会继续长大。

2）杂质及合金元素。杂质及合金元素溶入基体后都能阻碍晶界运动，特别是晶界偏聚现象显著的元素，其作用更大。一般认为被吸附在晶界的溶质原子会降低晶界的界面能，从而降低了界面移动的驱动力，使晶界不易移动。

3）第二相质点。弥散的第二相质点对于阻碍晶界移动起着重要的作用。大量的试验研究结果表明，第二相质点对晶粒长大速度的影响与第二相质点半径（r）和单位体积内的第二相质点的数量（体积分数 φ）有关。达到平衡时的稳定晶粒尺寸 d 与 r、φ 关系如式（2-30）所示：

$$d = \frac{4r}{3\varphi} \tag{2-30}$$

可见，晶粒大小与第二相质点半径成正比，与第二相质点的体积分数成反比。也就是说，第二相质点越细小，数量越多，则阻碍晶粒长大的能力越强，晶粒越细小。工业上利用第二相质点控制晶粒大小的实例很多。例如，在钢中加入少量的 Al、Ti、V、Nb 等元素，形成适当体积分数和尺寸的 AlN、TiN、VC、NbC 等第二相质点，就能有效地阻碍高温下钢的晶粒长大，使钢在焊接或热处理后仍具有较细小的晶粒，以保证良好的力学性能。

4）相邻晶粒的位向差。晶界的界面能与相邻晶粒间的位向差有关，小角度晶界的界面能小于大角度晶界的界面能，而界面移动的驱动力又与界面能成正比，因此，前者的移动速度要小于后者。

2.3.2.2　晶粒的反常长大

某些金属材料经过严重冷变形后，在较高温度下退火时，会出现反常的晶粒长大现象，即少数晶粒具有特别大的长大能力，逐步吞食掉周围的大量小晶粒，其尺寸超过原始晶粒的几十倍或者上百倍，比临界变形后形成的再结晶晶粒还要粗大得多，这个过程称为二次再结晶。这样，前面所讨论的再结晶可以称为一次再结晶，以兹区别。

二次再结晶并不是重新形核和长大的过程，它是以一次再结晶后的某些特殊晶粒作为基础而长大的，因此，严格说来它是在特殊条件下的晶粒长大过程，并非再结晶。二次再结晶的重要特点是，在一次再结晶完成之后，在继续保温或提高加热温度时，绝大多数晶粒长大速度很慢，只有少数晶粒长大得异常迅速，以至到后来造成晶粒大小越来越悬殊，从而就更加有利于大晶粒吞食周围的小晶粒，直至这些迅速长大的晶粒相互接触为止。在一般情况下，这种异常粗大的晶粒只是在金属材料的局部区域出现，这就使金属材料具有明显不均匀的晶粒尺寸，对性能产生不利的影响。图 2-32 为二次再结晶过程示意图。

一般认为，发生异常晶粒长大的原因是弥散的夹杂物、第二相粒子或织构对晶粒长大过程的阻碍，例如，弥散的夹杂物可阻碍晶粒长大，但夹杂物在各个晶粒中的分布不均

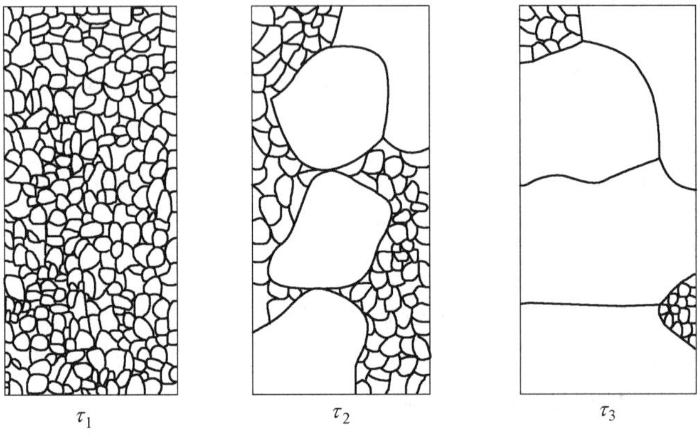

图 2-32 二次再结晶过程示意图（时间 $\tau_1 < \tau_2 < \tau_3$）

匀，而且它们在温度很高时要发生聚集或者溶解于金属基体中。因此，含适量夹杂物的金属材料于适当高的温度下退火时，可能有少数晶粒能脱离夹杂物的约束，获得优先长大的机会，但大多数晶粒的晶界仍然被夹杂物阻挡，不能移动，这样就为反常的不均匀的晶粒长大创造了条件。此时每个大晶粒均与很多小晶粒为邻，在截面图上晶界的边数已大大超过 6 个边，晶界间的夹角也不等于 120°，晶界弯曲且都弯向小晶粒，于是大晶粒吞食周围的小晶粒，直到这些大晶粒完全相互靠拢在一起为止。

二次再结晶导致材料晶粒粗大，降低材料的强度、塑性和韧性。尤其是当晶粒很不均匀时，对产品的性能非常有害，在零件服役时，往往在粗大晶粒处产生裂纹，导致零件的破坏。此外，粗大晶粒还会提高材料冷变形后的表面粗糙度值，因此，在制订材料的再结晶退火工艺时，一般应避免发生二次再结晶。但在某些情况下，如在硅钢片的生产中，反而可以利用二次再结晶，以形成所希望的晶粒择优取向即再结晶织构，从而使硅钢片沿某些方向具有最佳的导磁性。

2.3.2.3 混晶组织缺陷

在合金成分一定的情况下，微观组织决定钢材的宏观性能。钢质追求洁净化、均质化，组织追求细化、均匀化，成为提升钢材综合性能的基本途径。混晶组织是钢材内部一种十分常见的组织缺陷。伴随着人们对钢铁材料的微观组织与力学性能要求的日益提高，研究混晶组织的定量评价、形成机理及控制策略显得越发重要。

钢铁材料混晶组织形成的原因众说纷纭。合金钢材混晶组织的形成往往由于材料内部化学成分的偏析进而导致的弥散质点的不均匀分布，材料各部分晶粒受这些质点阻碍作用长大的程度不同，使晶粒长大不连续造成的。如合金碳化物优先形核且在珠光体中由于择优取向而不均匀分布，取向相近的晶粒团在后续晶粒长大过程中的消失合并形成大晶粒，由此形成混晶组织。此外不同的合金元素细化晶粒作用有所差异，原始钢锭偏析导致微区成分不均匀时，各微区的相变程度、晶粒长大的倾向也会不同，并且很难在热处理阶段得到消除。也有研究表明混晶组织的形成与热变形工艺制度有关。热变形过程中变形温度和变形程度都是决定钢材再结晶情况的重要考量因素。较低温度下，变形量起主导作用，大变形量时会出现严重混晶；较高温度下，变形量不足仅发生部分再结晶，则会导致晶粒间能量不平衡，进而导致晶粒的不均匀长大，形成混晶组织，这些混晶组织遗传至最终淬火环节，引起更加明显的晶粒度异常现象。此外钢材发生塑性形变时，除去晶粒尺寸差异影响，由于晶体的各向异性，取向不同的晶体所受的应力不一致，同时作用在各晶粒滑移系上的分应力因晶粒取向不同相差很大，因此各个晶粒并非同时变形，而是处于有利取向的晶粒首先发生滑移变形，进而导致晶粒受力程度不同，出现混晶现象。

（1）混晶组织的概念及其定量评价。晶粒和晶界是冶金工作者永恒的研究课题。晶粒是钢铁材料的“细胞”，其与钢材性能和失效密切相关。晶粒大小及其均匀性是表征金属材料组织好坏的重要定量指标，一般晶粒度级别越高，材料越好。首先必须要指出的是，钢材的晶粒并不是大小一致的。通常，晶粒大小符合正态分布规律，存在一定的不均匀性。只有这种不均匀性明显超出正常的程度，才会被判定为异常，即出现混晶组织缺陷。混晶，顾名思义，就是大小极不均匀的晶粒混杂在一起，一般主要是指钢在奥氏体化完成后，奥氏体晶粒大小极不均匀的现象，如图 2-33 所示。其英文可译为“mixed grain”或“mixed grain structure”，不可译为“mixed crystal”，因为存在差异的并不是晶体或晶体结构。

如果在高级别晶粒的区域中混入低级别的晶粒，就会拉低金属材料整体的性能，低级别晶粒所占比例越大，材料的整体性能越不稳定。一般情况下，晶粒度相差 3~4 级的晶粒同时出现在组织当中，就认为其发生了混晶。当低级别晶粒所占比例超过 10%时，就不得不重视其可能造成机械零件的早期失效。混晶遗传给室温组织后，将会使材料的强度、塑性及韧性等综合力学性能大幅度降低，严重影响材料的使用性能。

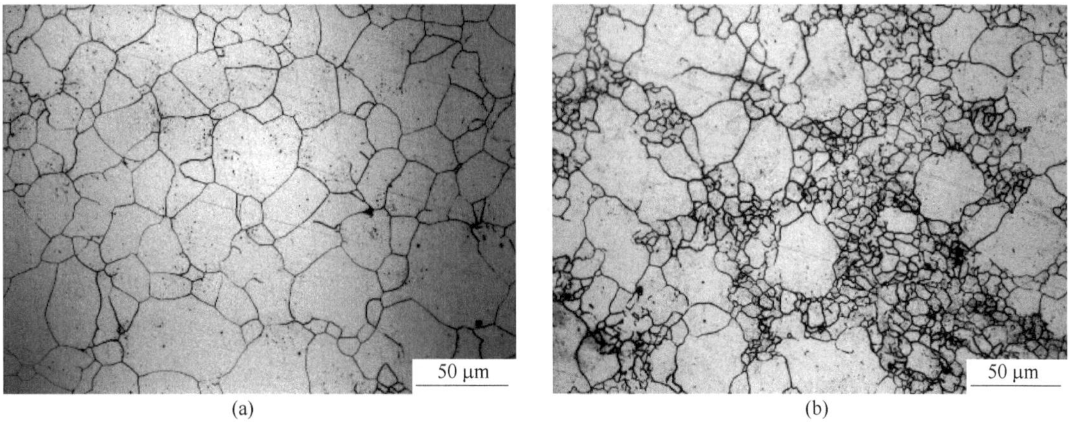

图 2-33　原奥氏体晶粒
（a）均匀；（b）混晶

工业大生产时，一般采用晶粒度极差定量评价晶粒大小的不均匀程度。一般以相差 3~4 级晶粒度的组织作为主要判断标准。日本 JIS 工业标准认为混晶组织是在一定视场内相对于整体而言晶粒度级别差≥3 级的晶粒出现最多，且占面积的 20%以上的组织。与此同时，混晶组织的特征因钢材成分、规格等不同有所区别，具体钢种不同，要求也不尽相同。一些要求更为严格的钢种，晶粒度相差 2 级的晶粒同时出现在组织当中的情况，就认为发生了混晶。国内外关于混晶组织的具体评定方法大体相同。《金属平均晶粒度测定方法》（GB/T 6934—2017）认为遇到混合晶粒度时，应单独报告各种晶粒尺寸及其所占面积百分比。日本 JIS 标准采用分别测定视域内大晶粒区域与小晶粒区域各自面积，用两者面积比来衡量混晶程度。

除晶粒度极差以外，还可以用晶粒尺寸的方差系数和不均匀因子来定量评价晶粒大小的不均匀程度，分别如式（2-31）和式（2-32）所示。

$$S = \frac{\sqrt{\frac{\sum (x - \bar{x})^2}{N}}}{\bar{x}} \tag{2-31}$$

式中 S——方差系数；

x——晶粒尺寸，μm；

$\bar{x}$——平均晶粒尺寸，μm；

N——晶粒个数。

方差系数越大，晶粒大小的均匀性越差。正常晶粒的方差系数为0.5左右。

$$n = \frac{x_{max}}{\bar{x}} \tag{2-32}$$

式中 n——晶粒不均匀因子；

x_{max}——最大晶粒尺寸，μm；

$\bar{x}$——平均晶粒尺寸，μm。

方差系数越大，晶粒大小的均匀性越差。正常晶粒不均匀因子一般为3~4。上述三种方法均是对混晶组织的定量分析，需根据具体的要求进行相应选择。

（2）混晶组织的成因、分类及控制。明确混晶组织成因的基础上，进行科学的分类，对于其有效控制有重要意义。钢材生产及使用过程中产生的混晶现象与其轧制和锻造等加工工艺、热处理工艺均有关系，因此可以通过调整适当的热处理工艺以及改变热变形方式来改善混晶程度。依据混晶的成因可分为以下四类。

1）热变形时部分再结晶引起的混晶。钢材热变形时，形变条件的不同将使得再结晶状态不同。在变形量（决定于坯型、成品尺寸、道次变形量分配等）、变形速率（决定于变形量、轧速等）一定的条件下，从低温到高温，依次为完全未再结晶区、部分再结晶区、完全再结晶区，如图2-34所示。

通常，钢材热变形过程均在完全再结晶温度区内进行，通过多轮次的再结晶细化、均匀化组织。在特殊情况下，针对特定钢种通过低温轧制实现完全未再结晶温度区控轧，采用亚动态再结晶等实现组织细化甚至超细化。钢材热变形过程内外冷速不一致，外层冷却较快，临界变形量较大，易发生部分再结晶，内部冷却较慢，易发生完全再结晶。不发生再结晶的晶粒因变形拉长而没有细化，若变形节奏偏慢、晶粒储存的畸变能不足，铁素体形核位置少导致铁素体晶粒粗大，最终保留部分形变组织，与已完成再结晶的组织形成混晶。当变形温度进一步下降至低于 A_{r3} 时，变形过程处在先共析铁素体和奥氏体两相区内，更易发生混晶现象。此外向钢中加入Nb、Ti等阻止奥氏体再结晶元素，将会提高再结晶温度，进而导致发生完全再结晶所需的临界变形量变大，在一定温度范围内可阻止铸造枝晶向等轴晶转化以及组织的均匀化过程，也会直接引起严重的混晶现象。该类混晶的典型特征在于，粗大的晶粒为形变态即沿着变形方向呈条带状。因此，在钢材热变形过程中，应注意控制变形温度，保证其位于完全再结晶区内进行，防止出现部分再结晶区变形，特别在采用低温控轧工艺提升钢材强韧性时，需要避免出现此类混晶问题。

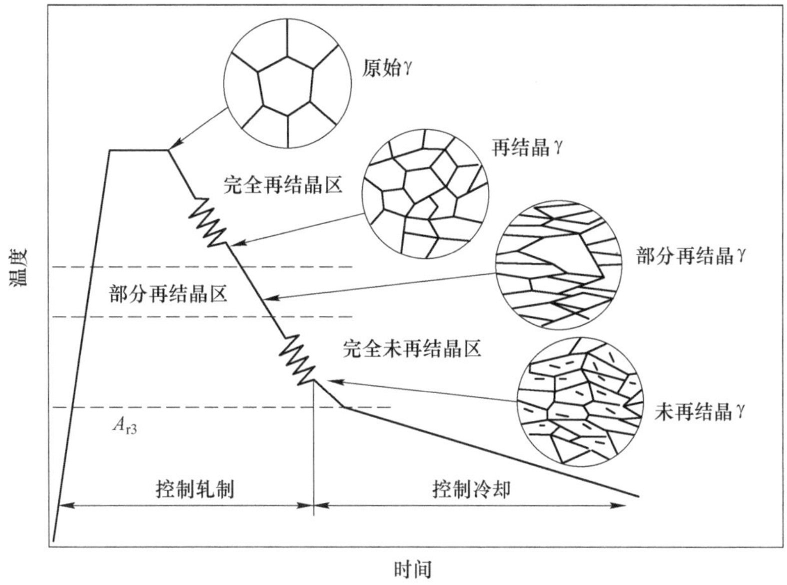

图 2-34 “避免部分再结晶区轧制”控轧示意图

2）低于临界变形量形变引起的混晶。决定再结晶退火后晶粒大小的最主要因素是预先变形量、退火温度，其次是原始晶粒度、杂质及退火时间等。如图 2-35 所示，当变形

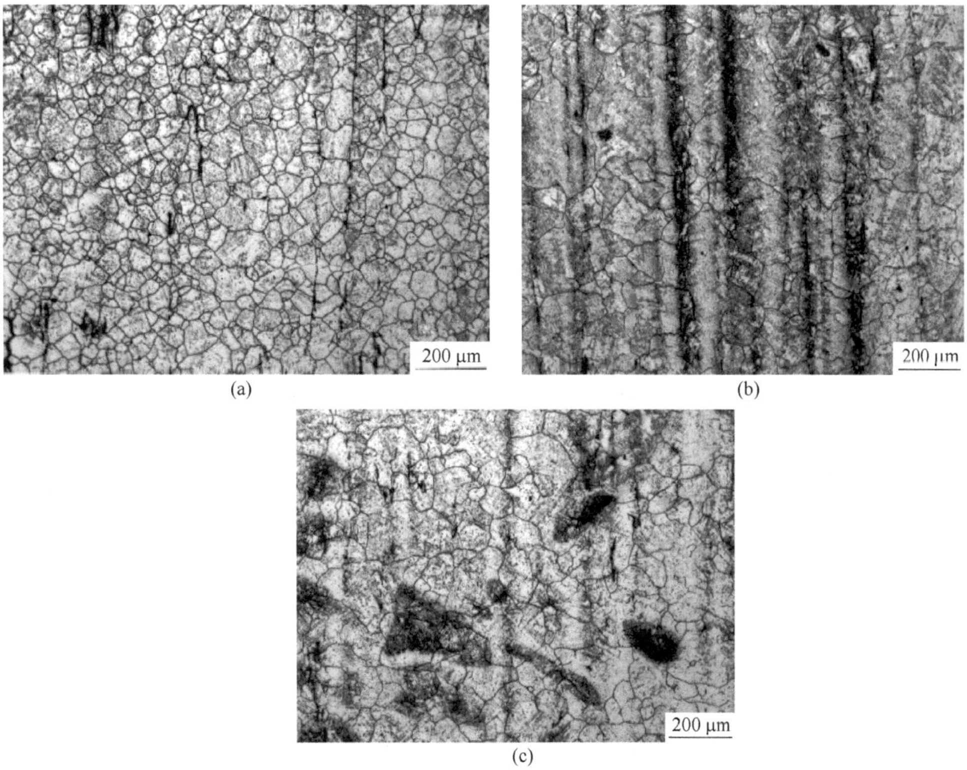

图 2-35 不同变形量下 49MnVS3 钢原奥氏体晶粒度

（a）未变形；（b）2%压缩；（c）6%压缩

量很小时，晶格畸变能低，形核率低，甚至不形核，而且没有足够的动力推动再结晶过程的进行。只有少量奥氏体晶粒发生了再结晶，而且新生成的晶粒大都是在原奥氏体晶界上生成。当变形量达到一定值（如碳钢为 2%～10%）时，再结晶后的晶粒特别粗大，此变形程度称为临界变形程度。

这主要是因为再结晶晶粒平均直径 d 决定于再结晶核心的长大速度与形核率的比值，如式（2-33）所示。

$$d = K \cdot (\dot{G}/\dot{N})^{\frac{1}{4}} \tag{2-33}$$

式中 $\dot{G}$——再结晶核心的长大速度；

$\dot{N}$——形核率。

如图 2-36 所示，低于临界变形程度时，形核率低，但是再结晶核心的长大速度快。意味着少数晶粒将急剧长大，造成变形过程先后长大晶粒混杂，形成混晶。

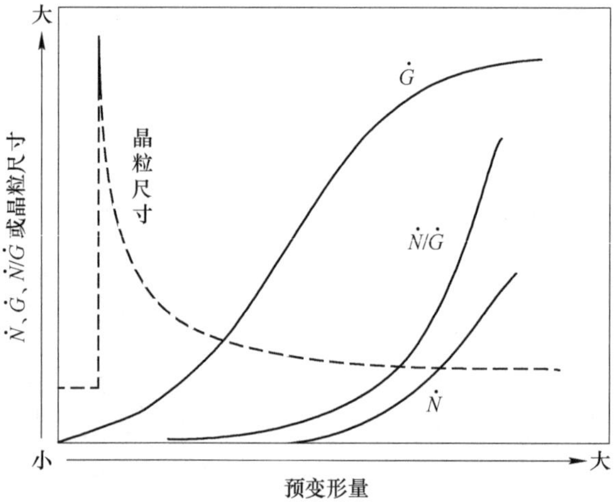

图 2-36 再结晶时形核率、长大速度、晶粒大小与预先冷形变量的关系示意图

例如，在非调质钢曲轴模锻时，由于曲轴形状的复杂性，其不同位置变形程度是不尽相同的。在有些位置变形量小于临界变形程度，诱发部分晶粒快速长大，导致出现混晶缺陷。该类混晶的典型特征在于，粗大的晶粒尺寸非常大，能到 0 级甚至 00 级。如此粗大的晶粒，即使在 1200 ℃加热数小时的条件下，晶粒通过正常的均匀长大，也是无法得到的。因此，为了细化晶粒并保持均匀性，在条件允许时，应尽量采用大变形量，避免在临界变形量以下加工；或者通过成分优化等手段，改善材料基本特性，降低材料的临界变形量。

3）组织均匀的钢材二次加热后出现混晶。钢材室温组织是均匀的，但是再加热奥氏体化后淬火，组织出现混晶，这将会导致晶粒度检验指标不合格，并进一步可能影响后续零部件的晶粒均匀性。最终变形环节温度低是该类晶粒度不合格的主要原因，本质上还是发生了部分再结晶。在高温下进行热变形，回复再结晶能够很快完成，则不易形成结晶学位向接近的择优取向。在奥氏体晶粒长大过程中，温度较低时晶界钉扎主导动力学，回复再结晶不能完全进行，随变形的深入，部分未完全再结晶的晶粒会被不断地沿变形方向拉长，原本杂乱的结晶学位向会倾向于一致，形成择优取向，在测定本质晶粒或后序热处理过程中这些结晶学位向一致的晶粒就会合并长大。低温变形情况下，如果变形前奥氏体已部分转变为铁素体，则变形后形成无应变铁素体和变形铁素体共存，界面能量失衡的两个相邻的晶粒引起异常晶粒生长，进而产生混晶现象。随最终变形温度的升高，原始奥氏体晶粒混晶程度将会不断地改善。针对此种混晶现象，结合实际生产工艺情况，建议最终变形温度不宜过低，此时原始奥氏体晶粒混晶程度及本质晶粒混晶程度均较小。

4）加热时异常不均匀长大引起的混晶。钢材在加热的过程中，会发生晶粒长大现象。晶粒的长大是通过晶界的迁移和晶粒的合并实现的，其驱动力来自晶界移动后体系的总自由能下降。钢材边缘处在低温与较大等效应变情况下发生形变诱导铁素体的析出，诱导析出的新生铁素体硬度仅为奥氏体的 1/4，在其上优先进行变形，积累大量的畸变能，同时晶粒拉长，晶界比面积增加，晶界能较高，为降低体系界面能，将自发生晶界迁移，大晶粒吞并小晶粒而长大形成粗晶。如图 2-37 所示，对于本质细晶粒钢，特别是添加了强烈抑制晶粒长大的元素 Ti、Nb 等，晶粒粗化曲线将出现明显分段，存在一个晶粒开始急剧长大的拐点温度，即晶粒粗化温度。在明显低于粗化温度或高于粗化温度时，都是正常的均匀长大。但是在粗化温度时，会出现异常不均匀长大。非均匀程度严重时，就会出现混晶。

一般情况下，对于亚共析钢，渗碳温度为 900~940 ℃，淬火温度一般在 A_{c3} 温度以上 30~50 ℃进行。对于有些钢种，如 22CrMoH 高淬透性齿轮用钢等，通常要进行较高温度较长时间渗碳淬火，该渗碳条件下奥氏体晶粒长大的倾向明显，易出现组织粗化，甚至出现混晶现象。粗大晶粒使渗碳层碳浓度相对增高，导致脆断抗力显著降低，弯曲强度下降，晶粒粗化还会引起齿轮剥落的脆化因素增加，出现混晶，还有可能使齿轮之间的热处理畸变失去规律而无法配对。因此，对于本质细晶粒钢，应对于其晶粒粗化温度进行测定，防止其加热温度处于晶粒粗化温度敏感区间，导致混晶组织的出现。

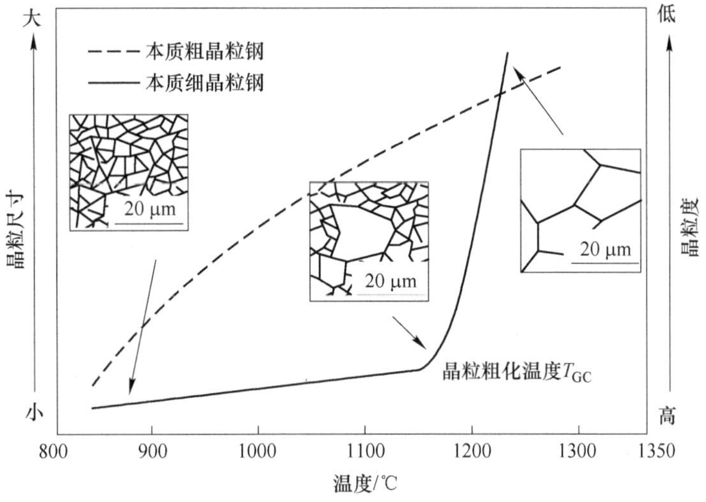

图 2-37 奥氏体晶粒粗化规律示意图

2.3.3 钢的微观组织

钢材热轧后在冷却过程中的相变是一个复杂且重要的物理现象，它直接影响钢材的微观组织和最终性能。通过深入研究相变类型、影响因素、相变过程以及对钢材性能的影响等方面内容，可以为优化热轧工艺参数、提高钢材质量和性能提供有力支持。随着计算机技术的不断发展，相变模拟与预测在钢材热轧生产中得到了广泛应用。通过建立相变动力学模型和热力学模型，可以实现对钢材热轧后冷却过程中相变的模拟与预测。

钢铁材料能受到如此重视，并在工业中被大量使用，各种理由有很多，但最重要的原因是钢铁材料能够覆盖广泛范围的强度水平并且能够应对多种用途。对于结构材料，要求其具备各种性能，而最为基本的是强度和韧性。钢铁材料的强度能够覆盖从 200～7000 MPa，如图 2-38 所示，并且具有宽广的韧性范围。

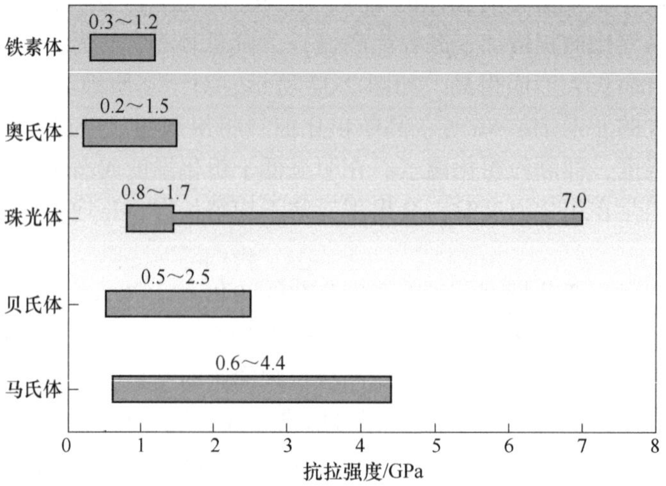

彩图

图 2-38 钢各种组织的强度水平（含实验室数据）

2.3.3.1 铁素体

铁素体是碳在体心立方 Fe 中的间隙固溶体，铁素体碳在 727 ℃时达到最大固溶量，仅为 0.0218%。随形成条件不同，铁素体具有的形态也不同，如等轴形、沿晶形、纺锤形、锯齿形和针状等；根据形成温度的不同可以分为 δ 铁素体和 α 铁素体；根据分布位置的不同可以分为晶内铁素体和晶界铁素体。同时铁素体还是珠光体组织的基体，是低碳钢和低合金钢的热轧（正火）和退火组织的主要组成相。根据铁素体形态和相变机理将铁素体分类为等轴铁素体、晶界铁素体、块状铁素体、魏氏铁素体、针状铁素体，各种铁素体的显微形态及性能区别如图 2-39 所示。

改变碳含量和冷却速度，就可以使铁素体组织发生多种变化。碳含量对铁素体含量影响较大，但对铁素体形态的影响比较有限。冷却速度对钢的组织亚结构具有重要影响，对铁素体的形态也有重大影响。冷却速度对钢的先共析铁素体含量也有影响，随着冷却速度增加，转变温度随之降低，先共析铁素体数量减少，珠光体数量增多。碳含量及冷却速度对铁素体形态的影响如图 2-40 所示。

纯铁素体中铁素体的强度规律符合霍尔-佩奇公式。在服役条件下，广泛应用的碳素结构钢、低合金高强度钢和微合金钢的金相组织均为“铁素体+珠光体”的整合组织。钢的成分一定时随着冷却速度增加，转变温度越来越低，先共析铁素体数量减少，珠光体数量增多，并且珠光体组织中的碳含量下降。这种铁素体和珠光体的整合组织，其力学性能

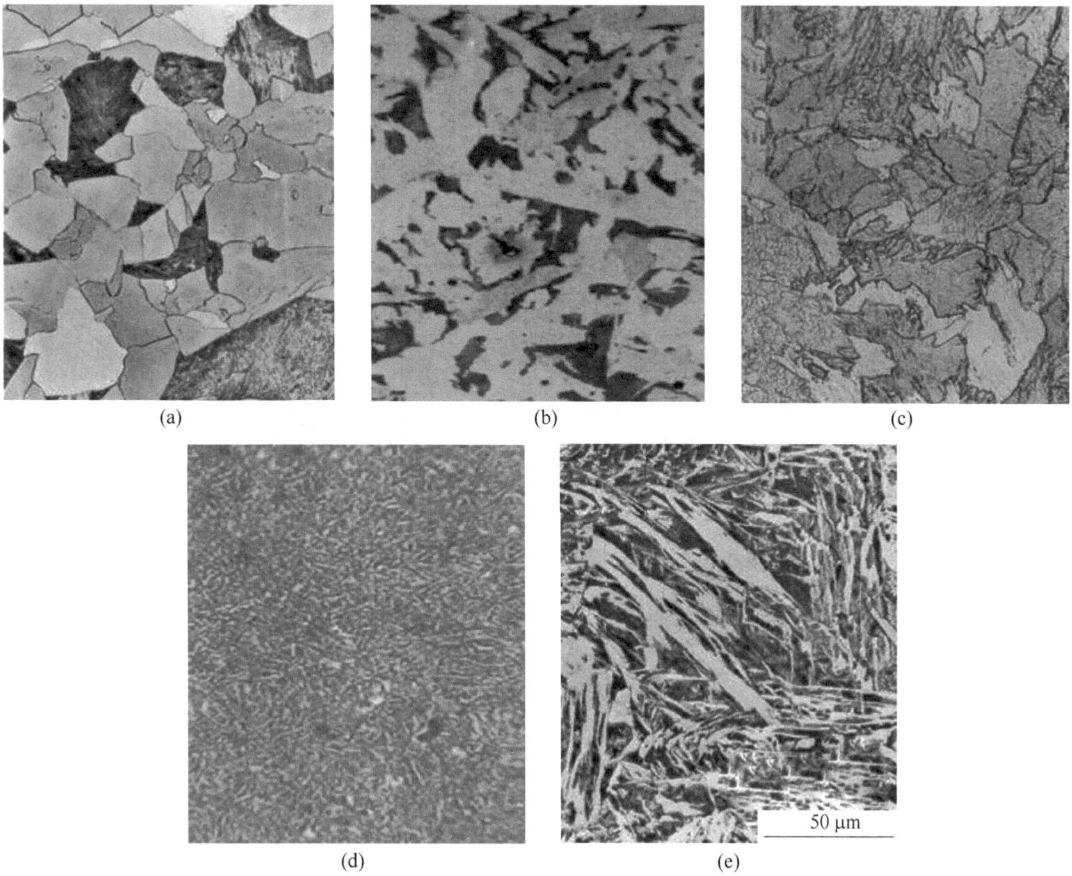

图 2-39　不同铁素体组织形貌
（a）等轴铁素体；（b）晶界铁素体；（c）块状铁素体；（d）魏氏铁素体；（e）针状铁素体

是非线性的，与铁素体的晶粒大小，珠光体片间距以及化学成分等因素有关。铁素体和珠光体量相对于强度呈非线性关系，当珠光体的含量很低时，珠光体对于强度的影响不明显。强度与铁素体含量、珠光体含量、珠光体片间距、晶粒度等因素呈非线性关系。

2.3.3.2　珠光体

珠光体是出色的天然复合材料，多亏了珠光体相变，仅增加碳量就能轻易地提高空冷钢铁材料的强度。通常，珠光体定义为铁素体与渗碳体两相的机械混合物。但是随着人们对于珠光体本质的认识越来越深刻，珠光体被定义为铁素体和渗碳体两相有机结合的整合组织，而不是机械混合物。在钢中组成珠光体的相有铁素体、渗碳体、合金渗碳体和各类合金碳化物。在平衡状态下，铁素体及碳化物两相是成一定比例的，并且有一定相对量，两相以界面相结合，且存在一定的位相关系。

珠光体的组织形态也具有多样性。根据铁素体基体上分布的渗碳体形状，主要可分为片状珠光体、粒状珠光体和类珠光体。其中，片状珠光体依据片层间距不同，又可以分为珠光体、索氏体和屈氏体。由铁素体和层片状渗碳体组成的珠光体是钢中最重要的组织之一。从某种意义上来说珠光体是一种天然的超微细复合组织，珠光体钢是当今世界强度最

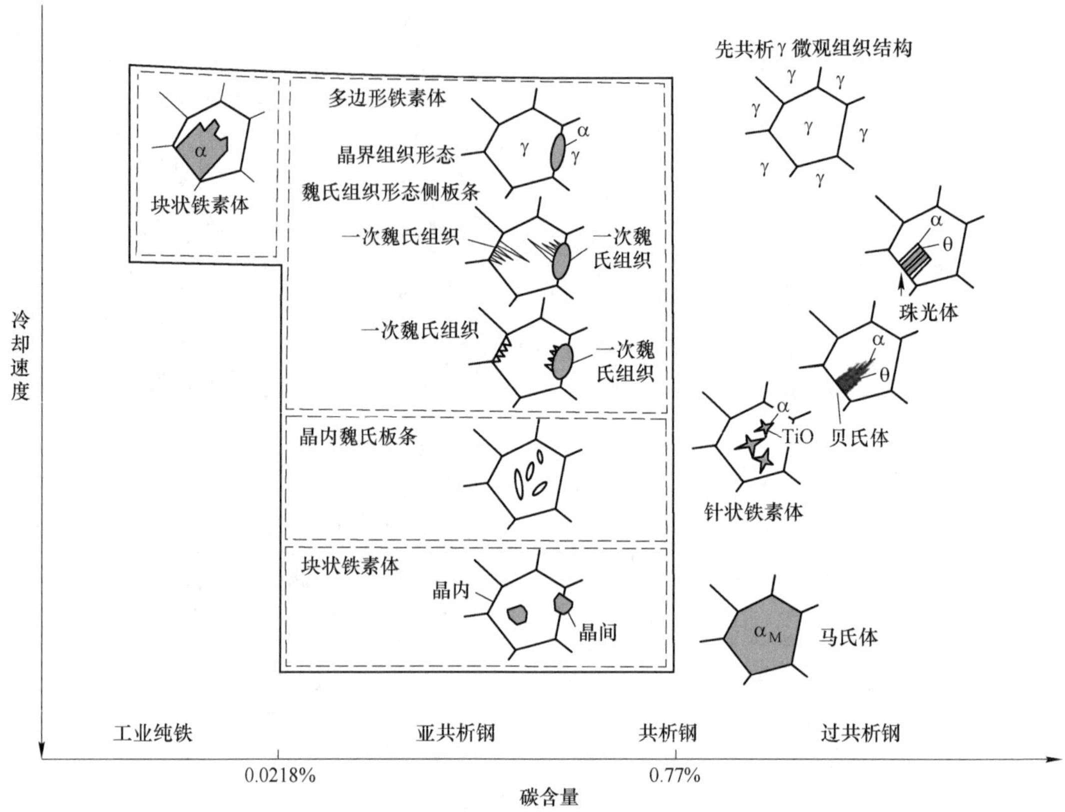

图 2-40　碳含量及冷却速度对铁素体形态的影响

高的结构材料之一。

片状珠光体显微组织参数包括原奥氏体晶粒尺寸、珠光体球团直径、珠光体片层间距和渗碳体片层厚度等，如图 2-41 所示。其中珠光体的片层间距是指片状珠光体中相邻一对铁素体和渗碳体片的总厚度。它是衡量珠光体组织粗细的重要参数。

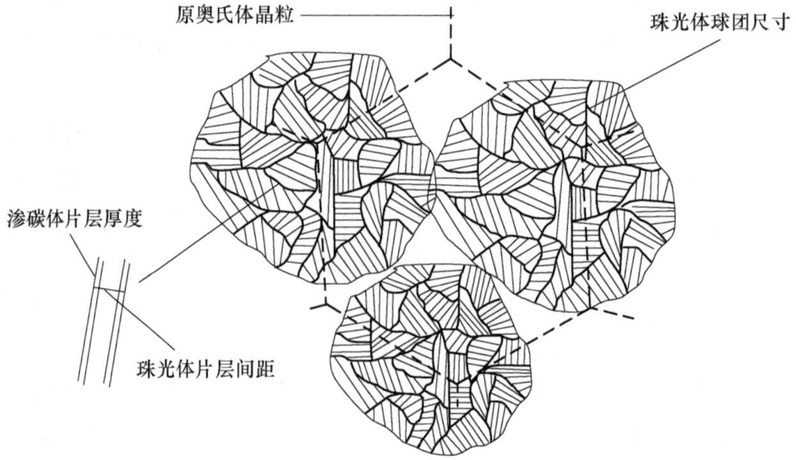

图 2-41　珠光体显微组织参数示意图

珠光体片间距大小主要取决于形成温度。随着冷却速度的增加，奥氏体的转变温度降低，也即过冷度不断增大，转变所形成的珠光体的片间距不断减小。这是因为：转变温度越低，碳原子扩散速度越小；过冷度越大，形核率越高。这两个因素与温度的关系都是非线性的，因此珠光体片层间距与温度的关系也应当是非线性的，实际上只有当过冷度较小时才有近似的线性关系。

近年来，随着国民经济建设和社会发展的需求，以及冶金工业理论与技术的不断进步，众多先进钢铁材料得以成功开发与应用，其中就包括先进珠光体钢。珠光体钢广泛应用于铁路工程的钢轨、车轮、轮毂、轴，以及钻杆、钢筋、拉拔高强度钢丝等棒材。例如，共析钢盘条为索氏体组织，具有优良的拉拔性能，经连续冷拔不断裂，抗拉强度可以提高到 2000 MPa 以上。

多年来，国内外学者对成分为近共析成分。显微组织以珠光体为主的钢的显微组织的力学性能的影响因素进行了广泛而又系统的研究。共析碳素钢在获得单一片状珠光体的情况下，其力学性能与珠光体的片层间距、球团尺寸、珠光体中的铁素体片的亚晶粒尺寸、原始奥氏体晶粒大小等因素有关。

2.3.3.3 贝氏体

当奥氏体过冷到低于珠光体转变温度和高于马氏体转变温度之间的温区时，将发生由切变相变与短程扩散相配合的转变，其转变产物即贝氏体。钢中的贝氏体是过饱和铁素体和渗碳体组成的两相混合物，在许多有色合金中也观察到类似的转变产物（见表 2-1）。贝氏体组织种类众多，可以依据形成温度、形态、相组成、碳含量等分类。

表 2-1 贝氏体组织的分类

分类依据	贝氏体名称
形成温度	高温、中温、低温贝氏体，或上贝氏体、下贝氏体
形态	针状、片状、粒状、板条、竹状、羽毛状、三角形、“N”形、蝴蝶形、柱状等贝氏体
相组成	无碳化物、有碳化物贝氏体
碳含量	超低碳、低碳、中碳、高碳贝氏体

与马氏体相比，贝氏体的铁素体过饱和碳浓度较低，且存在较多的残余奥氏体，故贝氏体的塑性要优于马氏体。塑性会随着碳含量的增加而降低，较低的相变温度也会使组织中的残余奥氏体含量增加使贝氏体的塑性更优良。与淬回火马氏体钢相比，贝氏体钢并无优越性。主要原因在于：（1）贝氏体钢中渗碳体颗粒粗大；（2）工业上主要施行连续冷却处理，使得实际生产中无法获得全贝氏体钢；（3）使用少量合金会形成混合组织，而合金元素过多会带来无法接受的大量马氏体。贝氏体具有较高的回火稳定性，即使经过长时间的回火，其基体组织依然保持细小。

碳含量及合金元素对贝氏体的获得起决定性的影响。具体表现在碳含量及合金元素对奥氏体等温转变图的影响上。此时奥氏体等温转变图应具有以下特点：铁素体 C 曲线显著右移，以便获得高的贝氏体淬透性；贝氏体 C 曲线尽量左移或不右移，以获得低的马氏体淬透性；Bs（贝氏体开始转变温度）降低最多而 M_s（马氏体开始转变温度）降低最少以提高贝氏体强度又不出现焊接或热处理裂纹；贝氏体 C 曲线应当扁平使转变温度在很宽的冷却范围内不变。

为了获得上述特点的奥氏体等温转变图可采取以下措施：加入少量硼和少量钼使铁素体 C 曲线明显右移，而对贝氏体相变速度影响不大；加入少量锰和铬使 Bs 点降低较多而 M_s 点降低很少；加入小于 0.2%含量的碳保证上述性能，并通过添加合金元素补偿对于碳含量降低引起的强度损失。

2.3.3.4　马氏体

马氏体是碳在 α-Fe 中的饱和固溶体，常见马氏体组织有两种类型：中低碳钢淬火获得板条状马氏体，板条状马氏体是由许多束尺寸大致相同，近似平行排列的细板条组成的组织，各束板条之间角度比较大；高碳钢淬火获得针状马氏体，针状马氏体呈竹叶或凸透镜状，针叶一般限制在原奥氏体晶粒之内，针叶之间互成 60°或 120°。板条状马氏体有很高的强度和硬度，较好的韧性，能承受一定程度的冷加工；针状马氏体又硬又脆，无塑性变形能力。马氏体相变是获得显著过饱和固溶体的手段。马氏体相变具有无扩散性；具有位向关系，以非简单指数晶面为惯习面；相变伴生大量亚结构，即极高密度的晶体缺陷；具有可逆性等特点。

马氏体组织因成分、加热温度、淬火冷却速度的不同而不同。碳含量及合金元素对于马氏体组织的形成影响颇大。对于超低碳钢和低碳钢（碳含量小于 0.3%），淬火可获得板条状马氏体。但合金元素较少时，马氏体点较高，此时过冷奥氏体稳定性差，一般工业冷却条件下难以获得淬火马氏体组织。对于中碳钢（碳含量为 0.3%～0.5%）淬火时一般得到板条状马氏体和针状马氏体的整合组织，亚结构主要为高密度位错。对于高碳钢（碳含量为 0.55%～1.3%）淬火后马氏体组织为片状。淬火温度和冷却速度也会影响马氏体相变。提高淬火温度可以逐渐减少中碳钢淬火组织中针状马氏体的数量，获得以板条马氏体为主的组织。继续提高淬火温度，将会在板条马氏体边界形成明显数量的薄片状残留奥氏体。加快冷却速率可以减少组织中先共析铁素体和残余奥氏体含量，使淬火后的组织获得更好的强度。

通过淬火获得马氏体是强化金属的重要手段之一，对于马氏体最为突出的问题是强度和韧性的整合。马氏体的硬度与强度有很好的线性对应关系，可以将二者一并讨论。马氏体力学性能的显著特点是具有高强度和高硬度，实验证明马氏体的强度和硬度主要取决于其含碳量，马氏体的硬度随含碳量的增加而增高。而合金元素对马氏体的硬度影响不大。马氏体具有高强度和高硬度的原因是：马氏体相变使晶内产生大量缺陷，阻碍位错运动，产生了相变强化；马氏体固溶了碳原子和合金元素原子，是过饱和固溶体，产生了固溶强化；马氏体形成以后碳及合金元素的原子向位错或其他缺陷出扩散偏聚或析出，钉扎位错，产生了时效强化。马氏体中含碳量增加时，正方度增加，强度升高，但塑性韧性显著下降。但马氏体的韧性受含碳量和亚结构的影响，并非简单的硬而脆。一般来说，低碳钢淬火得到位错型马氏体，由于位错的可动性，使该类马氏体具有一定的塑性，裂纹扩展的阻力增大，可产生韧性断裂，因而断裂韧性较高；而高碳的孪晶马氏体硬而脆，在马氏体转变的过程中易于在马氏体片间产生显微裂纹。另外，由于高碳马氏体不能产生塑性变形使裂纹扩展阻力减小，可导致准解理或解理断裂，因而断裂韧性较低。在低碳钢中含有大量降低马氏体点的合金元素时，其淬火马氏体中也会有孪晶，此时，钢的韧性将显著降低。所以，严格地说，只有位错马氏体具有良好的韧性。总的来说，马氏体的强度主要取决于含碳量，而马氏体的韧性主要取决于亚结构。

2.3.4 再结晶与回复、相变的区别与联系

2.3.4.1 再结晶与回复

再结晶与回复的关系是相互依存又竞争的平衡关系。回复过程中位错重排形成了亚晶粒、亚晶界，但该过程却不是再结晶。因为亚晶界是小角度晶界，其两边的亚晶粒在形成时，并没有晶粒取向的显著改变，而再结晶过程要形成的是大角度晶界，大角度晶界两侧的晶粒取向差很大。

回复和再结晶的驱动力都是储存能，因而这两个过程是相互竞争的。一旦发生了再结晶，已经再结晶的区域已消除了变形结构，那里就不会有回复发生。所以，回复的程度取决于再结晶的难易。相反，因为回复降低了储存能即降低了再结晶的驱动力，因此，预先的回复会推迟再结晶的发生。另外，回复过程可提供再结晶核心，所以这两个过程之间没有明显的界线。

2.3.4.2 再结晶与相变

相变是指物质从一种相转变为另一种相的过程。在物质系统中，物理、化学性质完全相同且与其他部分具有明显分界面的均匀部分称为相。与固、液、气三态对应，物质有固相、液相、气相，固相有不同晶体结构、化学组成之分。再结晶从转变过程来看、与固态相变非常相似，均是新晶粒吞噬旧晶粒并不断长大，直至原始组织完全消失的过程，形核都需要一定的孕育期，转变之后宏观性能都有显著变化。但是本质上，二者并不相同。

首先，相变会使金属材料的晶体结构、组成成分发生变化，但再结晶前后新旧晶粒的晶体结构和化学成分通常不会改变。相变的前后，金属的点阵类型发生变化，如钢中奥氏体转变为马氏体的相变，即由面心立方结构转变为体心四方结构。再结晶前后，金属的晶格点阵类型没有变化。晶界是一个边界，在边界的两边是成分和晶体结构都相同，但取向不同的两个区域。以再结晶晶界弓出形核为例，弓出之前晶界两侧的晶粒成分结构相同，仅畸变和位错数量不同。弓出形核后掠过的区域，其晶格结构和化学成分都没有变化，也就没有新相的生成。亚晶合并、亚晶生长形核与此类似，后期的晶核生长也只是晶界的移动，并未涉及晶体结构和成分的改变。比如，将冷变形后的 α-Fe 进行再结晶，结果获得的无应变晶粒仍是 α-Fe，而非 γ-Fe 或其他晶型，因此再结晶不属于相变。

其次，转变驱动力不同。相变驱动力是吉布斯自由能差，是自由能较低的新相在自由能较高的旧相中进行生核和成长的过程，相变阻力主要来自异相间的界面能。而再结晶则是无畸变能或畸变能较低的晶粒在畸变能较高的基体中生核和成长的过程。再结晶形核是形变金属单位体积内储存的能量转变为界面能的过程，形核的条件是这个转变过程的总能量降低。再结晶驱动力是形变储能，变形晶界的某一段突然弓出，深入到畸变大的相邻晶粒中，在推进的这部分区域内，形变储能完全消失，形成新晶核，再结晶的阻力则来自晶界能。

最后，再结晶温度受合金成分、形变程度、原始晶粒度、退火温度等因素的影响，在一定的范围内变化。但是相变温度仅受合金成分影响，不受形变程度、组织形貌的影响。再结晶在局部高能量区域内形核，形成的大角度边界发生迁移时，核心长大。核心朝取向差大的形变晶粒长大，因此再结晶过程具有方向性特征。再结晶后的显微组织呈等轴状晶粒，以保持较低的界面能。

2.3.5 钢的强韧化机制

不断提高强度一直是以钢铁材料为主的结构材料追求的永恒目标。钢铁材料强度的发展还有很大空间。1956 年，Brenner 在钢晶须中获得 13 GPa 的抗拉强度。1990 年，日本制铁生产的冷拔珠光体钢丝，其抗拉强度可达 5.7 GPa，商业化子午线轮胎用冷拔珠光体钢丝的最高抗拉强度可达 7.0 GPa。大多数热处理马氏体钢的抗拉强度在 600～1800 MPa 范围内。目前超高强度钢工业生产的最高抗拉强度接近 2400 MPa。这些强度离晶须强度和理想强度尚有一定的距离，说明依靠缺陷强化的钢铁材料仍然有一定的提高强度潜力，还需要探索依靠缺陷强化的强度极限。

从微观组织看，贝氏体和马氏体钢都可获得超高强度，如 Peet M. J. 等在实验室中研制的超级贝氏体钢强度级别可达到 2500 MPa，Unkui Li 等在残余奥氏体中制备了纳米贝氏体和纳米孪晶的微观结构，并获得了强度 2.4 GPa 和 15.7%延伸率的优异组合。但由于贝氏体相变时间过长，造成该类钢的生产效率偏低，所以目前大多数超高强度钢为马氏体钢，如二次硬化钢、马氏体时效钢、低合金超强度钢、沉淀硬化不锈钢、TRIP 钢、热机械加工钢等。目前实验室中已能制备出块体 4.4 GPa 级超高强度钢，但是韧塑性较差，难以获得推广应用。应该说，马氏体还有很大的强化和韧化潜力，仍需要我们加以很好地运用多相组织的强韧化作用。

多晶体金属材料的塑性变形是较为复杂的，既要克服晶界的障碍，又要求各晶粒的变形互相协调配合。它的强化机制是一个相对简单的过程：塑性变形所需的位错运动由于在其滑移面上引入运动障碍而变得困难。

结构材料的强度和韧性通常是矛盾的，提高了强度，塑性往往会降低。金属材料的位错等晶体缺陷密度与强度的关系如图 2-42 所示。金属材料晶体的强化主要是尽可能地减少晶体中的可动位错，抑制位错源的开动，使金属材料接近金属晶体的理论强度；大大增强晶体缺陷的密度，在金属中造成尽可能多的位错运动障碍。

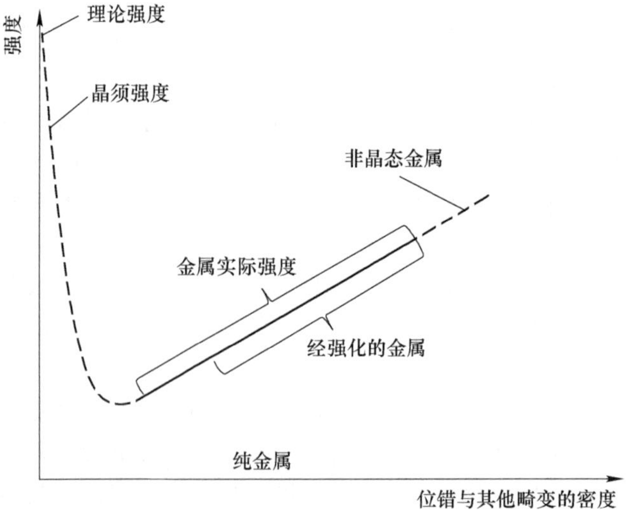

图 2-42 金属材料的位错等晶体缺陷密度与强度的关系

2.3.5.1 形变强化

形变强化是指金属材料在再结晶温度以下塑性变形时强度和硬度升高，阻碍金属的进一步变形，而塑性和韧性降低的现象，又称应变硬化、加工硬化或位错强化。由于金属在塑性变形时，晶粒发生滑移，出现位错缠结，使晶粒拉长、破碎和纤维化，对位错的滑移产生巨大的阻碍作用，可使金属的变形抗力显著提高，这是产生形变强化的主要原因。形变强化的程度通常用加工后与加工前表面层显微硬度的比值和硬化层深度来表示。

通常有关形变强化机制导出的强化效果表达式为：

$$\sigma = \sigma_0 + \alpha \cdot G \cdot |\boldsymbol{b}| \cdot \sqrt{\rho} \tag{2-34}$$

式中 σ_0——位错交互作用外的影响因素；

α——系数，与材料有关，取值0.3~0.5；

G——剪切模量；

$\boldsymbol{b}$——伯氏矢量；

ρ——位错密度。

σ_0是与温度相关的量，随着温度的降低而增大，导致了如铁素体钢等材料在0 ℃以下的脆性断裂。在较高温度下，强化效果σ由与温度无关的部分主导，塑性变形导致位错密度增加，这些位错相互缠结阻碍彼此运动，在宏观上导致应变硬化。高温下强化效果是位错密度ρ的平方根的线性函数。根据式（2-34），影响形变强化主要因素如下。

（1）变形温度：温度越高，屈服极限越低，硬化速率越小。

（2）应变速率：增加变形速度相当于降低温度，在高速变形时可以使钢材的屈服极限提高一倍，硬度显著增加，伸长率减小50%，脆性转变温度升高，材料变脆。在普通拉伸试验范围内变形速度对拉伸曲线影响不大，如图2-43所示。

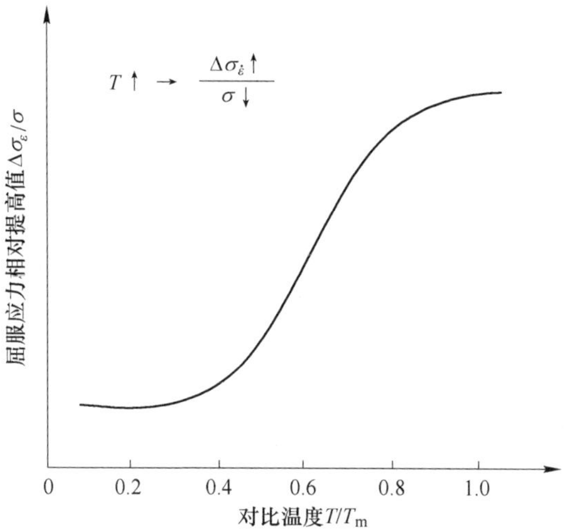

图2-43 不同温度时应变速率对屈服应力相对提高值的影响

（3）晶粒度：晶粒越细，屈服极限和硬度越高，面心立方、密排六方金属，晶粒越细硬化越快；体心立方晶体硬化曲线形状主要取决于间隙式杂质元素。

（4）合金元素：使材料屈服极限和硬化速率提高，延长硬化阶段也易使金属变脆。

形变是简单高效的强化方法，特别是对于那些不能以热处理方法提高强度的金属尤为重要。有些加工方法要求金属必须有一定的加工硬化，例如，金属高强丝材的冷拉拔。在加工过程中形变强化使塑性变形抗力不断增加，金属的进一步冷加工需要消耗更多的功率，并且不得不进行中间退火才能够继续加工。此外，形变强化受到两个限制：一是使用温度不能太高，否则由于退火效应，金属会软化；二是由于硬化会引起脆化，对于本来就很脆的金属并不适用。因此，形变强化并不是广泛应用的强化方法。

2.3.5.2 细晶强化

细晶强化是通过细化晶粒提高金属力学性能的一种强化方式。目前，晶粒大小对金属屈服强度的影响，一般用霍尔-佩奇（Hall-Petch）的实验规律来描述，即屈服强度与平均晶粒直径平方根的倒数呈线性关系：

$$\sigma_y = \sigma_i + \frac{k_y}{\sqrt{D}} \tag{2-35}$$

式中 σ_y——屈服强度；

D——平均晶粒直径；

σ_i——摩擦应力，与温度相关；

k_y——实验常数，参加滑移的滑移系数目，滑移系少则 k_y 大。

由式（2-35）可见，晶粒细化增加了金属材料的强度，细晶强化的本质是晶界对塑性变形过程的影响，主要是在温度较低时晶界阻碍滑移进行引起的障碍强化作用和变形连续性要求晶界附近多系滑移引起的强化作用，如图 2-44 所示。

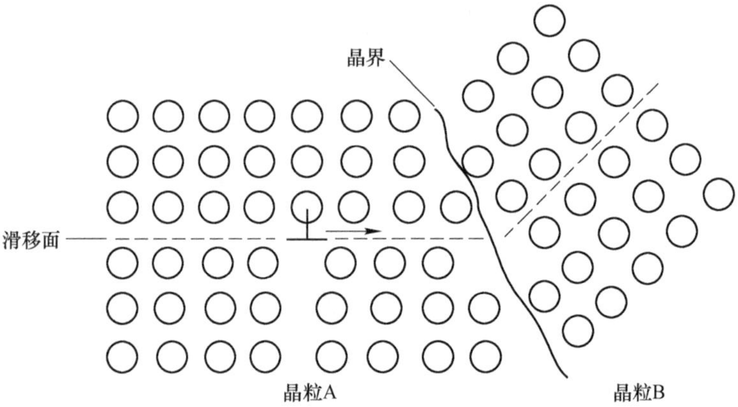

彩图

图 2-44 变形传递过程中晶界对位错运动的影响

（1）晶界的障碍强化作用。晶界两侧晶粒取向不同，滑移从一个晶粒延伸到下一个晶粒是不容易的，晶界存在着阻碍塑性变形进行的作用。原因是位错滑移到晶界附近，晶界上原子排列遭到破坏，存在应力场，与晶界应力场相互作用；晶界的另一侧，晶粒取向不同，对接近晶界位错起斥力作用。在外力、晶界吸引力及取向不同斥力作用下，位错受阻在晶界前的一个一定距离地方，不能通过晶界，塞积大量位错。塞积位错足够多时，领先位错的前端产生应力集中。由此可见，要实现塑性变形从一个晶粒传递到下一个晶粒，就必须外加以更大的力，这就是晶界的障碍强化作用。

（2）晶界的多系滑移强化作用。多晶体材料中，一个晶粒产生滑移变形而不破坏晶界连续性，相邻的晶粒必须有相互协调变形才行。理论计算证明，相邻晶粒通过滑移协调一个可以变成任意形状的晶粒的变形至少需六个滑移系统。所以多晶体的塑性变形，一旦变形传播到相邻的晶粒，就产生了多系滑移。其应力应变曲线没有单系滑移阶段，起始就为多系滑移阶段。因此，位错运动遇到的障碍比单系滑移多，阻力要增加。而且随着变形量的增加，阻力增加很快，这就是多系滑移所产生的强化作用。

在不同的晶体结构中，多系滑移强化和障碍强化所起作用的大小是不同的。体心和面心立方晶体金属中，滑移系统多，多系滑移强化效果比障碍强化大得多。实验证明，同样纯度的多晶体和单晶体相比，多晶体的强化程度大约要比易滑移取向的单晶体高四倍，比多系滑移取向的单晶体高一倍。由此说明滑移系统多的多晶体中，多系滑移起着主要的强化作用。室温下变形的六方金属晶界的障碍强化是主要的。

细晶强化的独特之处在于，其是一种在不损失甚至提高塑性的情况下强化金属材料的重要手段。这是因为细化晶粒一方面有利于变形的协调，进而有利于变形的传递和均匀化，减少应力集中引起的开裂机会；另一方面减少晶界上偏聚的杂质原子浓度。但是细晶强化也有其局限性。

（1）细晶强化主要适用于微米级晶粒，并不适用于宏观、纳米级晶粒。一般晶粒尺寸位于微米级范围内，金属的强度随晶粒尺寸的变化符合 Hall-Petch 关系。但是细晶强化不能无限制地提高强度，在纳米晶材料中出现了偏离甚至反 Hall-Petch 关系的现象。这主要是因为当晶粒尺寸为纳米级时，晶粒中存在的位错极少，位错塞积模型失效，并且晶界区域在应力作用下会发生弛豫过程而使强度下降。

（2）高于等强温度时，晶界成为薄弱区，细晶强化失效。当塑性变形温度高于 $0.5T_m$ 时，原子活动能力增大，原子沿晶界的扩散速率加快，使高温下的晶界具有一定的黏滞性，极大降低变形阻力，即施加作用时间很长的小应力，晶粒也会沿晶界产生相对滑动，多晶体晶粒越细，蠕变速度越大。因此，在多晶体材料中存在等强温度 T_E，也称为等内聚温度。低于 T_E 时晶界强度高于晶粒内部，高于 T_E 晶界强度小于晶粒内部，此时晶体强度变化与 Hall-Petch 关系相左。

虽然在极端条件下有上述局限，但是不可否认细晶强化仍然是副作用小甚至能够全面提升材料性能的强化机理，因此应用极其广泛。为了得到细化甚至超细化晶粒，主要可以采用以下方法。

（1）细化凝固晶粒：主要通过控制浇注过程和传热条件、化学处理、机械处理和外加物理场等方法。化学处理是指在金属液中添加少量的孕育剂或变质剂，促进非均匀形核。机械处理是指通过机械搅拌或振动借助金属液对流运动破碎枝晶、增殖晶核。外加物理场处理是指利用金属液与外加电流、磁场或超声波等的相互作用。

（2）细化铸坯再加热晶粒：通过控制温度和时间等加热条件、采用微合金化技术等阻止加热时晶粒长大。

（3）塑性变形细化晶粒：利用多次反复高温变形再结晶细化晶粒，采用微合金化技术等阻止再结晶后晶粒长大、实现未再结晶区低温形变以及变形后的控制冷却进一步细化晶粒。累积叠轧、等通道角挤压、高压扭转、连续剪切变形等特种塑性成形技术甚至能够制备出超细晶组织。

（4）热处理细化晶粒：通过多次反复快速加热冷却的循环淬火处理过程中的同素异形转变来细化晶粒。一般循环3~4次细化效果最佳，循环6~7次细化程度达到最大。

2.3.5.3 固溶强化

通常，金属材料以合金为主，特别是作为工程材料，极少使用纯金属。加入合金元素形成固溶体后，一般塑性变形都要困难些，应变硬化的能力也要比纯金属高。合金元素固溶于基体金属中造成一定程度的晶格畸变从而使合金强度提高的现象称为固溶强化。其原因可归结于溶质原子和位错的交互作用，引起的晶格畸变增大了位错运动的阻力，使滑移难以进行，从而使合金固溶体的强度增加，塑性则有所下降。

置换固溶体和间隙固溶体都会产生固溶强化现象。通过适当控制溶质含量，可以在明显提高强度的同时，还能保证足够高的塑性，所以固溶体一般具有较好的综合力学性能。这使得固溶强化成为一种重要强化方法，得到广泛应用。

合金元素加入纯金属基体中形成固溶体后，其屈服强度的变化有以下特点。

（1）使初始屈服应力（完全退火状态的材料开始塑性变形时的屈服应力）和整条的应力-应变曲线都向上升高，硬化系数一般比纯金属要高。此外，在一些固溶体中，还会出现明显的屈服效应。

（2）在一般稀固溶体中，屈服应力随溶质浓度的变化可表示为：

$$\sigma = \sigma_0 + K \cdot C^M \tag{2-36}$$

式中 σ——固溶体的屈服应力，Pa；

σ_0——纯金属的屈服力，N/m^2；

C——溶质的原子浓度，g/mm^2；

K，M——决定于基体和合金元素性质的常数，M数值为1/2~1。

在低浓度时，合金元素的影响比较强烈。不同溶质原子引起的固溶强化效果差别很大。固溶强化的效果不仅取决于它的成分，还取决于固溶体的类型、结构特点、固溶度、组元原子半径差等一系列因素。

（1）溶质原子的原子数分数越高，强化作用越大，特别是原子数分数很低时，强化效应越显著；

（2）溶质原子与基体金属的原子尺寸相差越大，强化作用越大，如图2-45所示；

（3）间隙型溶质原子比置换原子有较大固溶强化效果，且间隙原子在体心立方晶体中的点阵畸变是非对称的，强化作用大于面心立方晶体；但间隙原子固溶度有限，强化效果也有限；

（4）溶质原子与基体价电子数相差越大，强化效果越好。

固溶体合金的强化机理实质是溶质原子与位错的相互作用。溶质原子固溶于基体中主要通过与位错的四种相互作用产生强化效果：弹性相互作用、化学相互作用、电学相互作用和几何相互作用。其中最主要的是弹性相互作用。

晶体中有位错存在就有弹性应力场存在。溶质原子在晶体中与位错的弹性相互作用主要包含溶质原子钉扎位错形成原子气团、合金的弹性模量发生变化、引起阻碍位错运动的弹性应力场三个方面内容。

在金属基体中固溶的溶质原子除可提高金属强度之外，还会影响金属塑性。钢中马氏体组织充分利用了间隙原子的固溶强化作用。马氏体间隙溶碳量增至0.4%时，其硬度猛

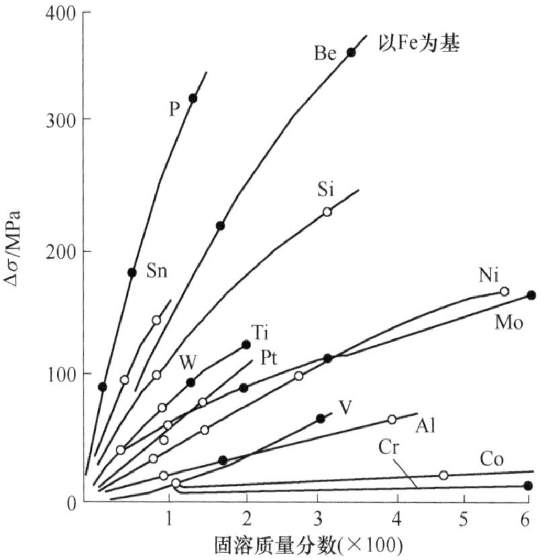

图 2-45 屈服强度增加量与固溶元素之间的关系（以 Fe 为基）

升到 60 HRC，塑性指标 Z 低到 10%，继续提高碳量，1.2%C 时硬度为 68 HRC，而 Z 则低于 5%。可见随着固溶 C 原子的增加，在提高强度的同时塑性损失较大。Ni 添加到 α-Fe 中形成固溶体，已成为改善塑性的主要手段。Ni 改善塑性的原因是促进交滑移，特别是基体金属在低温下易于发生交滑移。

2.3.5.4 第二相粒子强化

有限的固溶能力决定了单相合金借助于固溶强化提高强度必然有限，必须进一步以更多的相来强化，即通过弥散分布于基体的第二相粒子阻碍位错运动引起强化。第二相是材料中不同于基体相的所有其他相的统称，一般非连续分布在基体相中。

在讨论多相合金的塑性变形时，通常按第二相粒子尺寸大小而将合金分成两类。如果第二相粒子与基体晶粒的尺寸属同一数量级，即组成合金的两相粒子大小相当，称为聚合型合金；第二相粒子细小、弥散地分布在基体晶粒内，称为弥散型合金。

当组成合金两相的晶粒尺寸属同一数量级，并且都具有塑性时，合金特性决定于两相的体积分数。假设合金的各相在变形时应力/应变相等，可用等应力/应变法计算合金平均流变应变/应力：

$$\sigma_s = f_1\sigma_1 + f_2\sigma_2 \tag{2-37}$$

$$\varepsilon_s = f_1\varepsilon_1 + f_2\varepsilon_2 \tag{2-38}$$

式中 f_1，f_2——两个相的体积分数，$f_1+f_2=1$；

σ_1，σ_2——两个相在给定应变时的流变应力，MPa；

ε_1，ε_2——两个相在给定应力时的应变，%。

实际上，这类合金发生塑性变形时，滑移通常先在较软相中发生。只有当第二相为较强相且体积分数大于 30%时，才能起明显强化作用。当两相合金中一相为塑性相而另一相为硬脆相时，合金力学性能主要取决于硬脆相的大小、形状和分布。铁素体-马氏体双相钢，在软铁素体基体上分布岛状的硬马氏体，具有屈服强度低、连续屈服、应变硬化率很高进而表现出优异的成形性和抗碰撞性等力学性能特征。

当第二相以细小弥散微粒分布于基体相中，将产生显著的强化作用。若第二相粒子是通过过饱和固溶体的时效处理而沉淀析出并产生强化的，则称为沉淀强化，或时效强化、析出强化；若第二相粒子是借助于粉末冶金、内氧化等方法加入而产生强化的，则称为弥散强化。无论是哪一种办法制备的弥散分布型合金，在组织中的第二相都是细小、弥散分布于塑性基体中，只是沉淀强化和弥散强化的机理不尽相同。

（1）沉淀强化。在第二相析出的各个阶段，强化机理不同。晶体中的位错在运动过程中和第二相质点相遇时，根据第二相质点大小不同和是否与基体保持共格关系的情况不同，如图 2-46 所示，可以切过或绕过方式通过，就形成了不同的强化机理。

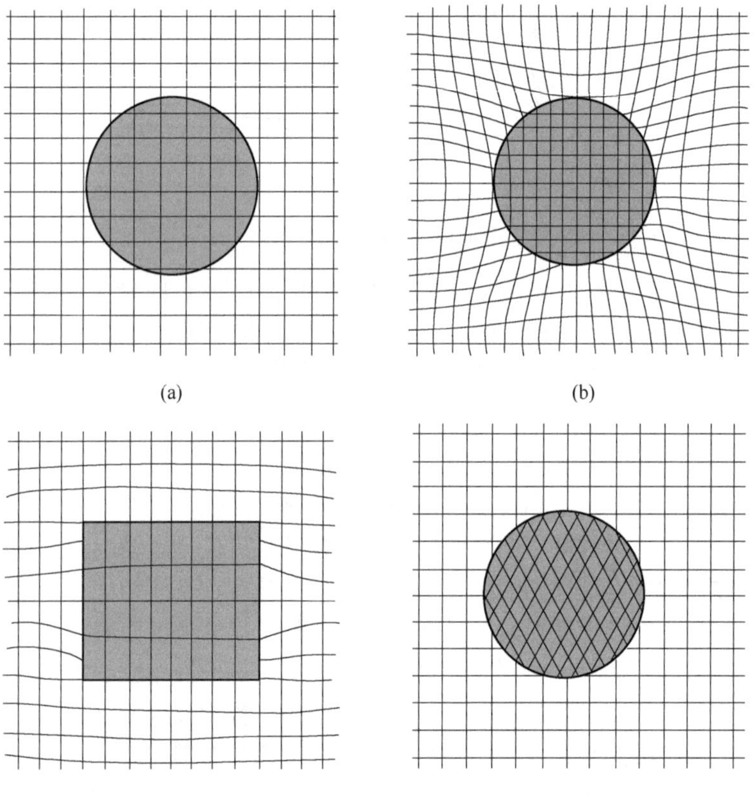

图 2-46　基体与析出相之间不同的晶体学关系
（a）完全共格；（b）共格；（c）共格；（d）非共格

第二相粒子较为细小时，位错将切过粒子使之随基体一起变形，如图 2-47 所示。在这种情况下，强化作用主要取决于粒子本身的性质以及与基体的联系，故切过机制较为复杂，产生强化的原因也较多。一般来说，位错切过粒子出现了新的表面积，提高了总的界面能。若质点有序，位错切过质点后打乱滑移面上的有序排列，产生反相畴界，能量升高。此外位错切过与基体晶体点阵不同的第二相粒子时也会引起滑移面原子错排，给位错运动带来困难。

当第二相质点长大到位错难以借助于切过的方式通过的时候，位错只能用绕过的方式前进，如图 2-48 所示。一般发生在与基体没有共格关系的弥散合金以及与基体有共格关

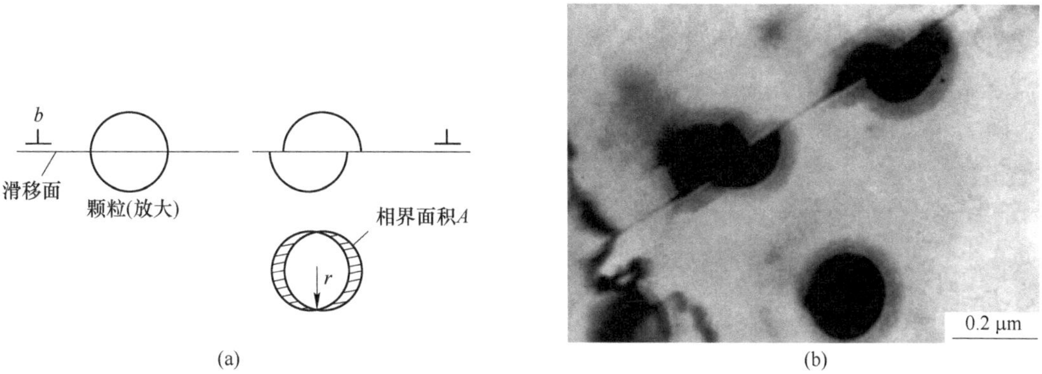

图 2-47 位错切过示意图和照片

（a）位错切过易形变粒子示意图；（b）Ni-19%Cr-69%Al 合金位错切过 Ni3Al 粒子 TEM 照片

系的部分合金中，位错通过形成位错环绕过第二相。

第二相粒子阻挡了位错的前进，使位错线绕它发生弯曲，r 为位错弯曲线的曲率半径。根据位错理论，迫使位错弯曲到相应程度所需的切应力为：

$$\tau = \frac{G\boldsymbol{b}}{2r} = \frac{G\boldsymbol{b}}{\lambda} \tag{2-39}$$

式中 r——曲率半径；

λ——粒子间距；

G——基体剪切模量，Pa；

$\boldsymbol{b}$——伯氏矢量。

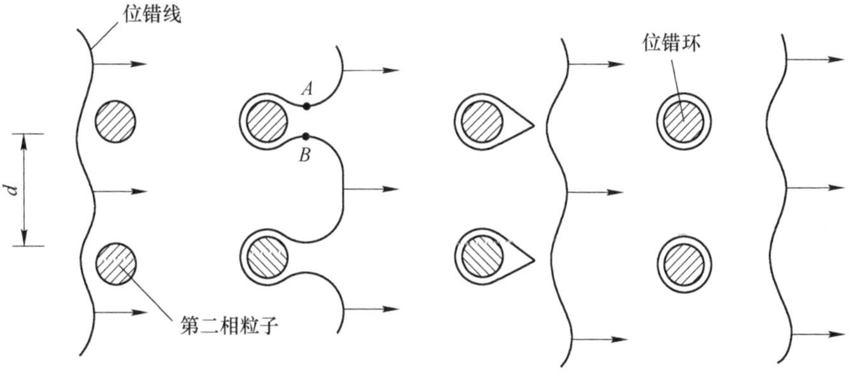

图 2-48 位错绕过不易形变的粒子示意图

当位错弯曲使得 $r=\lambda/2$ 时，所需的切应力 τ 最大，达到临界切应力。当外加的应力能达到临界切应力 τ 时，位错线可以继续前进，否则位错就会受阻而停止下来。随着弯曲程度加大，围绕着第二相粒子的位错线左右相遇成环，正负位错抵消，留下位错环，位错线的剩余部分继续向前移动，该机制称为奥罗万机制，已被实验所证实。如果单从绕过机理来分析，质点间距 λ 越小，所需临界切应力 τ 越大，强化效果越好。但并非如此，而是存在着一个 10 nm 数量级的最佳间距。

不难看出强化效果与第二相粒子的大小、分布状态有关，如图 2-49 所示。体积分数 f 一定时，粒子减小，数量必然增多，粒子间距 λ 以及半径 r 就小。位错总是选择最容易、需要克服最小阻力的方式来通过第二相粒子。如果第二相比基体小且更软，位错运动的阻力随$\sqrt{f\cdot r}$的增加而增加，位错会以切过的方式通过第二相质点，如曲线 B 所示；如果第二相粒子较大，位错会以绕过的方式通过，强化效果随 r 的增加而减小，故粒子越多，粒子间距越小，强化作用越好，如曲线 A 所示；当第二相粒子尺寸为两曲线交点 P 所对应的大小时，位错运动遇到阻力最大，获得最佳的强化效果，对应尺寸即为最佳粒子尺寸。

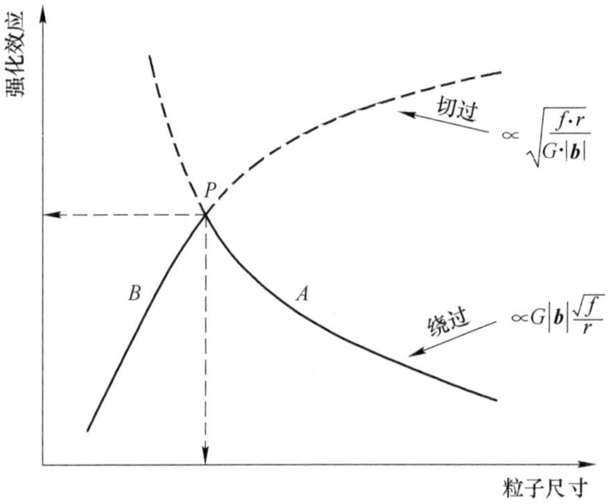

图 2-49 强化效应对析出物尺寸的依赖性

（2）弥散强化。因为第二相与基体没有共格关系且尺寸较大，弥散强化合金是通过绕过机理来强化合金。强化相质点和基体金属都被研制成微细的粉末，然后通过机械混合、压制烧结而成，故没有沉淀析出过程以及各阶段的区别。第二相在基体中一般溶解度都很小，甚至在高温下也是如此，热稳定性很好，所以弥散强化是热强材料的重要强化手段。没有像沉淀强化合金那样要求随温度降低固溶体的溶解度要降低的限制，因此从理论上讲可以设计大量的弥散强化合金。

弥散强化是在软金属基体中加入硬的、不溶的第二相。这里很重要的是区分弥散强化金属和颗粒增强金属基复合材料。前者中第二相的体积分数通常较低，最大为 3%～4%。其核心是利用小而硬的粒子阻碍位错运动，进而在材料刚度没有受太大影响的条件下强化金属。而后者是利用颗粒的高刚度形成刚度更高的复合材料。

总的来说，第二相强化对屈服强度的增强效果非常显著，且工艺流程简单。在保证第二相与基体形成良好界面的基础上，通过热力学、动力学控制第二相的分布形态、体积分数以及与基体的匹配关系是提升强化效果的关键。

2.3.5.5 强化叠加理论

单一强化方式所产生的强化效果在很大程度上是有限制的，或者在强化效果达到一定程度后将具有饱和性。实际应用上金属材料的强化是多种强化方式共同叠加作用的。很多学者通过大量的实验对各种强化方式的叠加问题进行了深入的研究，提出了相应的经验叠加方法。

不同强化方式所产生的强化效果的叠加问题是一个复杂的问题。因为一方面各种微观缺陷之间实际上都或多或少地存在相互作用，这种作用对位错运动的阻力很难定量估算；另一方面从上述强化方式的微观分析中可看出，每一种具体的强化方式实际上均涉及多种微观机制。当某种微观机制起主导作用时可能与其他强化机制基本相互独立，其强化作用具有线性叠加性，但该种微观机制非主导时则可能与其他强化机制的相互作用很大因而强化效果将不具备线性叠加性。因此，叠加原则在很大程度上实际是一种经验关系，仅在一定范围内才适用。

（1）线性叠加。当所涉及的强化方式较少且各种强化方式的强化效果较小时，不同强化方式之间的相互作用较小，复杂叠加效果可忽略，采用直接线性叠加。而当某一强化方式的强化效果远大于其他强化方式的强化效果时，可以忽略同类其他强化方式的强化效果而将非同类强化方式产生的强化效果直接线性叠加。

$$\sigma = \sigma_0 + \sigma_{ss} + \sigma_{gs} + \sigma_d + \sigma_{\text{prec}} \tag{2-40}$$

式中 σ_0——形变强化；

σ_{ss}——固溶强化；

σ_{gs}——细晶强化；

σ_d——位错相互作用产生的强化效应；

σ_{prec}——析出强化。

（2）非线性叠加。然而，当所涉及的强化方式较多或各种强化方式的强化效果均较大时，直接叠加将可能高估总的强化效果，这时采用均方根叠加方法可以较好地描述非线性叠加效果。

$$\sigma = \sqrt{\sigma_1^2 + \sigma_2^2} \tag{2-41}$$

理论上由于各个强化因子间的相互作用十分复杂，所以用线性或非线性的方式将它们叠加起来的结果并不精确，但通过这种方式叠加起来的数值与实测值能基本相符，说明这样的处理方法还是有效可行的。

2.3.5.6 韧化机理

各种工程结构都曾出现过不少低于材料屈服强度下重大的脆性断裂事故。促使人们认识到片面追求提高金属材料强度，而忽视韧性的做法是片面的。通常希望所使用的材料既有足够的强度，又有较好的韧性。为了满足这种需求，对于金属材料不仅要设法提高其强度，而且也需要提高其韧性。

金属材料的断裂类型主要分为韧性断裂和脆性断裂。前者指在断裂之前发生一定的塑性变形，例如，宏观塑性变形不小于5%；后者则包括解理断裂、沿晶断裂。韧性断裂是微孔形成、聚集长大的过程，在这种断裂机制中，塑性变形起着主要作用。因此改善金属材料韧性断裂的途径是：减少诱发微孔的组成相，如减少沉淀相数量；提高基体塑性，从而可增大在基体上裂纹扩展的能量消耗；增加组织的塑性形变均匀性，这主要为了减少应力集中；避免晶界的弱化，防止裂纹沿晶界的形核与扩展。

提高面心立方金属韧性基于3个原则：（1）弹性模量高，可确保金属原子间结合力足够大，避免解理断裂发生；（2）层错能低，可提高金属塑性变形均匀性和塑性功；（3）FCC相稳定，确保不会因发生相变导致脆性断裂。

这些原则确保了金属原子间结合力足够大，避免了断裂的发生，从而提高了材料的韧性，为筛选、制备具有优异强韧性金属材料提供指导方向，为更高效地开发新型强韧性合金提供设计依据。金属材料的各种强化机理都会对其韧性产生影响，下面分别予以讨论。

（1）形变强化对韧性的影响。位错密度对金属材料的塑性和韧性的影响是双重的。一方面，提高位错密度会提高强度而降低塑性和韧性。均匀分布的位错对韧性的危害小于位错列阵。另一方面，可动的未被锁住的位错在裂纹尖端塑性区内的移动可解缓尖端的应力集中，对韧性损害小于被沉淀相或固溶源于锁住的位错，所以提高可动位错密度对塑性和韧性却又都是有利的。在这两者中通常前者起主要作用，因而冷加工变形中，位错增加使材料强度提高，但塑性和韧性恶化，都随冷变形量的增加而受到不利的影响。

（2）细化晶粒对韧性的影响。改变金属材料基体相的晶粒尺寸对塑变性能的影响是十分令人感兴趣的问题。因为唯独细化晶粒既能提高强度，又能明显优化塑性和韧性。在生产实际时，实现晶粒细化的办法有很多种，而且都非常有效。当晶粒尺寸较小时，晶粒内的空位数目和位错数目都比较少，位错与空位以及位错间的弹性交互作用的机遇相应减少，位错将易于运动，也即表现出好的塑性；又位错数目少，位错塞积数目减少，只能造成轻度的应力集中，从而推迟微孔和裂纹的萌生，增大断裂应变。此外，细晶粒为同时在更多的晶粒内开动位错和增殖位错提供了机遇，也即细晶粒能使塑性变形更为均匀，表现出较高的塑性。

（3）固溶强化对韧性的影响。固溶强化是利用点缺陷对金属基体进行强化，加入基体的合金元素在基体的固溶强化中可以有两种形式，即间隙式固溶强化和置换式固溶强化。间隙式固溶强化造成晶格的强烈畸变，因而对提高强度十分有效，但同时又由于间隙原子在铁素体晶格中造成的畸变是不对称的，所以随着间隙原子浓度的增加塑性和韧性明显降低。置换式溶质原子造成的晶格畸变比较小，而且畸变大都是球面对称的，因此置换式溶质原子的强化作用要比间隙式溶质原子小得多，但对韧性的削弱不明显，或基本上不削弱基体的塑性和韧性。

（4）第二相粒子对韧性的影响。一般来说，第二相粒子强化危害金属材料的塑性和韧性。这是因为第二相粒子常以本身的断裂，或粒子与基体间界面的脱开作为诱发微孔的位置，从而降低塑性应变，以致断裂。具体对塑性和韧性不利影响的程度，与第二相粒子的性质、数量、大小、形状和分布有关。第二相粒子自身表现为塑性，减少粒子数量和尺寸，改善粒子形状和分布，有利于提升塑性和韧性。

练习与思考题

2-1 轧钢生产工艺流程一般由哪些工序组成？

2-2 轧钢过程的咬入条件和建立连轧的条件分别是什么？

2-3 依据成因不同，可将混晶组织缺陷分为哪几类？

2-4 简述回复、再结晶、晶粒长大、相变的区别与联系。

2-5 金属材料的强化机理有哪些？其中哪一种是能在提高强度的同时提高塑性、韧性的强化机理？为什么？

3 板带钢生产原理与实践

课程思政——板带钢与“军事强国”建设

板带钢是一种宽度与厚度比值很大的扁平断面钢材，是应用最广泛的钢材之一，板带钢薄而宽的断面决定了在生产上和应用上有其特有的优越条件。从生产上讲，板带钢生产方法简单，便于调整改换规格。从产品应用上讲，板带钢的表面积大，可冲可裁、可弯曲、可焊接，使用灵活，是一些包覆件不可缺少的原材料。板带钢不仅可以作为成品钢材使用，而且也常用作制造弯曲型钢、焊接型钢和焊接钢管等的原料。板带钢具有产量多、用途广、规模大、品种全的生产特点，在国民经济中占据着异常重要的地位。一个国家工业化程度越高，板带钢产量占钢材总产量的比例（即板带比）就越高。如图 3-1 所示，2023 年我国板带比已增长至 45.5%。

“军事强国”的建设不仅需要尖端武器设计，更离不开先进材料的底层支撑。板带钢质量、种类和生产能力是衡量一个国家军事工业基础的重要指标之一，广泛应用于坦克、军舰、战斗机等武器装备的制造。耐超低温或耐高温的板带钢、特殊涂层的复合板带钢等高端钢材直接关联军事科技竞争力。例如，辽宁舰改建初期，我国无法生产符合要求的甲板钢，最终通过自主研发成功突破，掌握了宽幅、高强度、高韧性的特种钢材生产技术，为后续国产航母建造奠定了基础。板带钢产能是国家战时工业动员能力的体现，例如第二次世界大战期间，美国通过大规模生产舰船用钢板等军用钢材，迅速扩充海军力量。板带钢技术的突破既能提升武器装备性能，又能增强国防自主性，是“硬实力”竞争的关键领域之一。

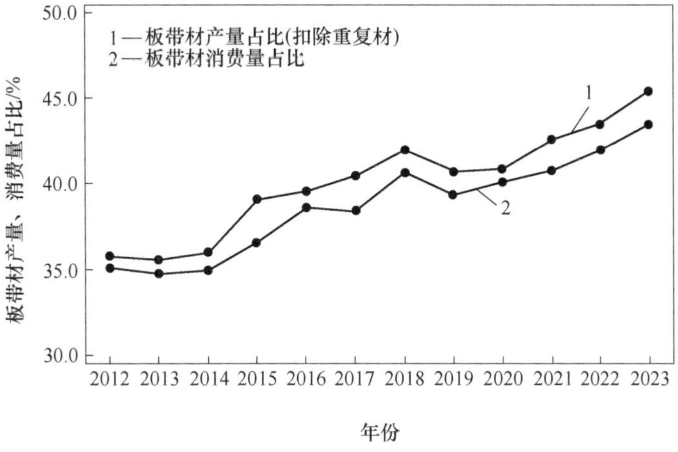

彩图

图 3-1　2012 年以来我国板带比占比变化情况（扣除重复材，焊管折算为板带）

3.1 板带钢轧制生产概述

3.1.1 板带钢的分类与特征

3.1.1.1 板带钢的使用特点

板带产品外形扁平，宽厚比大，单位体积的表面积也很大，这种外形特点带来其使用上的特点。

(1) 表面积大，故包容覆盖能力强，在化工、容器、建筑、金属制品、金属结构等方面都得到广泛应用。

(2) 可任意剪裁、弯曲、冲压、焊接，制成各种制品构件，使用灵活方便，在汽车、航空、造船及拖拉机制造等部门占有极其重要的地位。

(3) 可弯曲、焊接成各类复杂断面的型钢、钢管、大型工字钢、槽钢等结构件，故称为“万能钢材”。

3.1.1.2 板带钢的分类

一般将单张供应的板材和成卷供应的带材总称为板带材。板带材按制造方法可分为中厚板、热轧板带和冷轧板带。板带材品种规格繁多，按材料种类粗分为钢板钢带、铜板铜带和铝板铝带等，每类又可按尺寸规格、材料及用途细分为很多种。

(1) 板带钢按产品尺寸规格一般可分为厚板（包括中板和特厚板）、薄板和极薄带材（箔材）三类。我国一般称厚度在 4.0 mm 以上者为中、厚板（其中 4~20 mm 为中板，20~60 mm 为厚板，60 mm 以上为特厚板），0.2~4.0 mm 者为薄板，而 0.2 mm 以下者为极薄带钢或箔材。目前箔材最薄可达 0.001 mm，而特厚板可厚至 500 mm 以上，最宽可达 5000 mm。板带材的这种分类虽然是基于产品相似的技术要求和生产工艺与设备特点，但实际上各国习惯并不一样，其间也无固定的明显界限，如日本规定 3~6 mm 为中板，6 mm 以上为厚板。各种钢板宽度及厚度的组合已超过 5000 种，宽度对厚度的比值达 10000 以上。异型断面钢板、变断面钢板等新型产品正在不断出现。

(2) 板带钢按用途又可分为造船板、锅炉板、桥梁板、压力容器板、汽车板、镀层板（镀锡、镀锌板等）、电工钢板、屋面板、深冲板、焊管坯、复合板及不锈、耐酸耐热等特殊用途钢板等。有关品种规格可参看国家标准。

(3) 按钢种可分为普通碳素钢板、优质碳素钢板、低合金结构钢板、碳素工具钢板、合金工具钢板、不锈钢板、耐热及耐酸钢板、高温合金钢板等。

3.1.1.3 板带钢产品的技术要求

对板带材的技术要求具体体现为产品标准。板带材的产品标准一般包括品种（规格）标准、技术条件、试验标准及交货标准等。根据板带材用途的不同，对其提出的技术要求也各不一样，但基于其相似的外形特点和使用条件，其技术要求仍有相近，归纳起来就是“尺寸精确板形好，表面光洁性能高”。这两句话指出了板带钢主要技术要求的四个方面。

(1) 尺寸精度要求高。尺寸精度主要是厚度精度，因为它不仅影响到使用性能及连续自动冲压后步工序，而且在生产中的控制难度最大。此外厚度偏差对节约金属影响也很大。板带钢由于宽厚比（B/H）很大，厚度一般很小，厚度的微小变化势必引起其使用性能和金属消耗的巨大波动。故在板带钢生产中一般都应力争高精度轧制以及按负公差轧制。

（2）板形要好。板形要平坦，无浪形瓢曲才好使用。例如，对普通中厚板，其每米长度上的瓢曲度不得大于 15 mm，优质板不大于 10 mm，对普通薄板原则上不大于 20 mm，因此对板带钢的板形要求是比较严的。但是由于板带钢既宽且薄，对不均匀变形的敏感性又特别大，所以要保持良好的板形就很不容易。板带钢越薄，其不均匀变形的敏感性越大，保持良好板形的难度也就越大。显然，板形的不良来源于变形的不均匀，而变形的不均匀又往往导致厚度的不均匀，因此板形的好坏往往与厚度精确度也有着直接的关系。

（3）表面质量要好。板带钢是单位体积的表面积最大的一种钢材，又多用作外围构件，故必须保证表面的质量。无论是厚板或薄板，表面皆不得有气泡、结疤、拉裂、刮伤、折叠、裂缝、夹杂和压入氧化铁皮，因为这些缺陷不仅损害板制件的外观，而且往往损坏性能或成为产生破裂和锈蚀的策源地，成为应力集中的薄弱环节。例如，硅钢片表面的氧化铁皮和表面的光洁度就直接损坏磁性，深冲钢板表面的氧化铁皮会使冲压件表面粗糙甚至开裂，并使冲压工具迅速磨损，至于对不锈钢板等特殊用途的板带，还可提出特殊的技术要求。

（4）性能要好。板带钢的性能要求主要包括力学性能、工艺性能和某些钢板的特殊物理或化学性能。一般结构钢板只要求具备较好的工艺性能，例如，冷弯和焊接性能等。

3.1.2　板带钢生产工艺特点

板带材是用平辊轧出，故改变产品规格较简单容易，调整操作方便，易于实现计算机全面控制和进行自动化生产。带钢的形状简单，可成卷生产，且在国民经济中用量大，故必须能够实现高速度的连轧生产。由于宽厚比和表面积都很大，生产中轧制压力很大，可达数百万至数千万牛顿。因此轧机设备复杂庞大，对产品厚、宽尺寸精度和板形以及表面质量的控制也变得十分困难和复杂。具体来说，中厚板、热轧带钢和冷轧带钢的生产工艺特点如下。

3.1.2.1　中厚板生产工艺特点

近年来，由于船舶制造、桥梁建筑、石油化工等产业的迅速发展，以及钢板焊接构件、焊接钢管及型材的广泛应用，因此需要大量宽而长的优质厚板，使中厚板生产得到很大发展。中厚板生产日益趋向合金化和大型化，轧机也向着重型化、高速化和自动化的方向发展。

（1）广泛采用连铸坯。由于中厚板生产中大多以连铸坯为原料，厚板连铸比逐年有明显的提高。由于轧制厚板受压缩比的要求限制，则原料要求较厚。

（2）中厚板轧机尺寸加大。世界上中厚板轧机越来越大，20 世纪 60 年代发展了以 4700 mm 轧机为典型代表的宽厚板轧机，70 年代又发展了以 5500 mm 轧机为典型代表的 5 m 级宽厚板轧机。

（3）采用控制轧制和控制冷却。中厚板生产采用控制轧制和控制冷却技术、降低合金元素含量和碳当量，提高了强度、韧性和可焊性，改善钢板性能，降低生产成本。

（4）采用平面形状控制轧制法。采用平面形状控制轧制法可以提高成材率，减少金属消耗，如厚边展宽轧制（Mizushima Automatic Plan View Pattern Control System，MAS）、薄边展宽轧制等。

3.1.2.2 热轧带钢生产工艺特点

热轧带钢是通用性钢材，被广泛用于国民经济各部门。热轧带钢按宽度尺寸分为宽带钢及窄带钢两类，宽度在700~2300 mm的带钢为宽带钢。由于此宽度及卷重较大，所以在大型带钢厂连轧机上生产，主要用于汽车、拖拉机、焊管、桥梁、锅炉制造及冷轧原料等。一般宽度在50~250 mm的带钢为窄带钢，多作为焊管、冷弯型钢冷轧带钢的原料或用于建筑、轻工（自行车、文教用品、小五金等）、机电（电机、仪表、工具、刃具等）等部门。

热连轧机生产的热轧宽带钢厚度为1.2~16 mm。自第1台带钢热连轧机投产以来，连轧带钢生产技术得到很快的发展，特别是1960年后，晶闸管供电电气传动及计算机自动控制等新技术的发展，以及液压传动、加速轧制、层流冷却等新设备和新工艺的采用。我国在2800/1700 mm带钢热连轧基础上，采用了最新的设备和工艺新建了具有现代工艺水平的1780 mm、2250 mm的带钢热连轧机组。连轧生产的发展趋势特点如下。

（1）提高轧制速度。1980年，精轧出口速度一般为3~10 m/s，采用升速轧制后现已普遍超过20 m/s，最高可达30 m/s。

（2）采用连铸并进一步加大卷重。过去卷重一般为5~10 t，目前则超过15 t，一般为20~30 t，最大达到43 t。单位宽度卷重已由3 kg/mm加大到目前的35 kg/mm，主要通过增大坯料的厚度来加大卷重。因而在轧制时增加了板坯总伸长率，导致了粗轧机的架数增加及组成变化。考虑到进精轧机的板坯不能过长（过去为20~40 m，现已加大到120 m）以免温降过大，所以必须加大带坯重，这也使得精轧机架数增多，一般由6架改为7~8架。

（3）扩大产品规格范围。产品厚度已扩大到0.8~20 mm，特别是由于厚壁螺旋焊管生产的发展，促进了热轧带钢向大厚度、大宽度、高强度发展。

（4）加大主电机功率。改进的2050轧机的总功率已增至15万千瓦。目前，世界上由热连轧机生产的板带钢已达到板带钢总产量80%以上，占钢材产量的50%以上，产品已达到优质、高产和低成本的要求，因此热连轧带钢生产已成为轧钢生产的主流。

3.1.2.3 冷轧带钢生产工艺特点

热轧是最早出现的生产钢板的方法，其优点是钢在高温下塑性好而且变形抗力低。但是，钢板在热轧过程中温度不均匀，从而使钢板厚度不均匀，性能不一致。当厚度小至一定限度时，就不能保持热轧所需要的温度。随着钢板宽厚比增大，在无张力的热轧条件下，要保证良好的板形也非常困难。此外，目前采用热轧的生产方式还难以生产表面粗糙度要求较低的板带钢产品。

采用冷轧的生产方式较好地解决了上述问题。首先，它不存在热轧的温降与温度不均的弊病，因而可以生产厚度小（最小达0.001 mm）、尺寸公差很小并且长度长（从数百米到上万米）的板带钢。其次，由于坯料经过酸洗且无次生氧化铁皮，产品的表面粗糙度低，可根据要求赋予板带钢各种特殊表面。这一优点使得某些产品虽然从厚度来看可采用热轧方法生产，但出于对表面粗糙度的要求，却需要采用冷轧的方法生产。

冷轧板带钢的另一突出优点还表现在产品的力学性能上。通过冷轧变形与热处理

(低温再结晶退火等) 的恰当配合，可以比较容易地在较宽的范围内满足用户的要求，还特别有利于生产某些需要有特殊结晶织构的重要产品（深冲板、硅钢板等）。如果单纯依靠热轧，这些要求就往往不易办到。较之热轧，冷轧板带钢的轧制工艺特点有以下三点。

(1) 加工温度低，钢板在轧制过程中产生不同程度的加工硬化。加工硬化带来的后果是：变形抗力增大，使轧制力加大；塑性降低，易发生脆裂。当钢种一定时，加工硬化的剧烈程度与冷轧变形程度有关。加工硬化超过一定程度后，板料将因过分硬脆而不适于继续轧制，或者不能满足用户对性能的要求。因此，钢板经冷轧一定的道次（即完成一定的冷轧总压下量）之后，往往要经软化热处理（再结晶退火、固溶处理等），使轧件回复塑性，降低变形抗力，以便继续轧薄。同理，成品冷轧板带钢在出厂之前一般也都需要进行一定的热处理。这种成品热处理不仅可以使金属软化，更重要的还可以全面提高冷轧产品的综合性能。在冷轧生产过程中，每次软化退火之前完成的冷轧工作称为一个“轧程”。在一定轧制条件下，钢质越硬，成品越薄，所需的轧程越多。

(2) 冷轧中采用工艺冷却与润滑（简称工艺冷润)。冷轧过程中变形热与摩擦热使轧件和轧机温度升高，故需采用有效的人工冷却。轧制速度越高，冷却问题越显得重要。如何合理地强化冷轧过程的冷却已成为发展现代高速冷轧机的重要研究课题。冷轧采用工艺润滑的主要作用是减小金属的变形抗力，这不但有助于保证在已有的设备能力条件下实现更大的压下，而且还可使轧机能够经济可行地生产厚度更小的产品。此外，采用有效的工艺润滑也直接对冷轧过程的发热率以及轧辊的温升起到良好的作用。在轧制某些品种时，采用工艺润滑还可以起到防止金属黏辊的作用。

(3) 冷轧中采用张力轧制。所谓“张力轧制”就是轧件在轧辊中的辗轧变形是在有一定的前张力与后张力作用下实现的。按照习惯上规定，作用方向与轧制方向相同的张力称为“前张力”，而作用方向与轧制方向相反者则称为“后张力”。张力的作用主要有以下几方面：防止带钢在轧制过程中跑偏（即保证正确对中轧制)；使所轧带钢保持平直(包括在轧制过程中保持板形平直以及轧后板形良好)；降低轧件的变形抗力，便于轧制更薄的产品；适当调整冷轧机主电机的负荷。

3.1.3 板带钢生产的基本工艺

3.1.3.1 中厚板生产的基本工艺

中厚板产品的高强度、高耐磨性以及良好的韧性和焊接性，使得中厚板产品涉及很多领域，如锅炉和压力容器用钢、机械用钢、船舶用钢、大直径输送管等领域。随着连铸技术应用日趋广泛，连铸板坯已逐渐成为中厚板材的主要原料。较大的压缩比对提高材料的性能是有利的，一般认为连铸板坯的压缩比采用4~6是合理的。在实际生产中采用6~10的压缩比，以期获得更可靠的性能。

中厚板轧机形式不一，从机架结构来看有二辊可逆式、三辊劳特式、四辊可逆式、万能式和复合式之分。二辊可逆式由于辊系的刚性差，轧制精度不高，目前已不再单独兴建，有时只作为粗轧或开坯机使用；三辊劳特式轧机同样由于辊系的刚性不足、咬入能力弱已逐渐被四辊轧机所代替；四辊可逆式轧机是现代应用最广泛的中厚板机，适用于轧制各种尺寸规格的中厚板，尤其轧制精度和板形要求较严的宽厚板，如图3-2所示；万能式轧机现在主要是在一侧（或两侧）具有一对（或两对）立辊的四辊（或二辊）可逆式轧机。

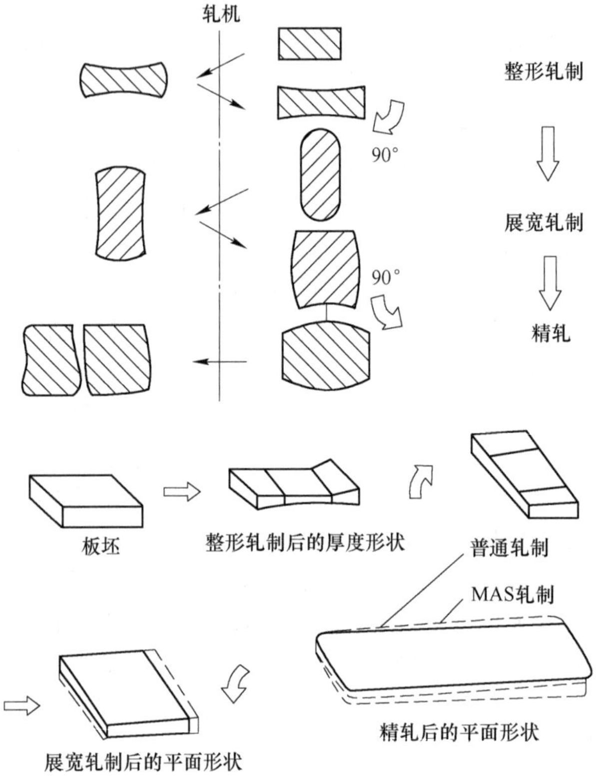

图 3-2 四辊可逆式轧机轧制过程示意图

中厚板轧机的布置目前占主要地位的是双机架式，它是把粗轧和精轧两个阶段的不同任务和要求分别放到两个机架上完成。其主要优点是：产量高，表面质量、尺寸精度和板形都较好，可延长轧辊寿命，缩短换辊次数等。我国双机架式以二辊粗轧机加四辊精轧机的顺序布置较普遍，美国、加拿大等多采用二辊加四辊式，而欧洲和日本多采用四辊加四辊式。

日本住友金属鹿岛厚板工厂的平面布置如图 3-3 所示。该厂采用双机架四辊可逆式轧

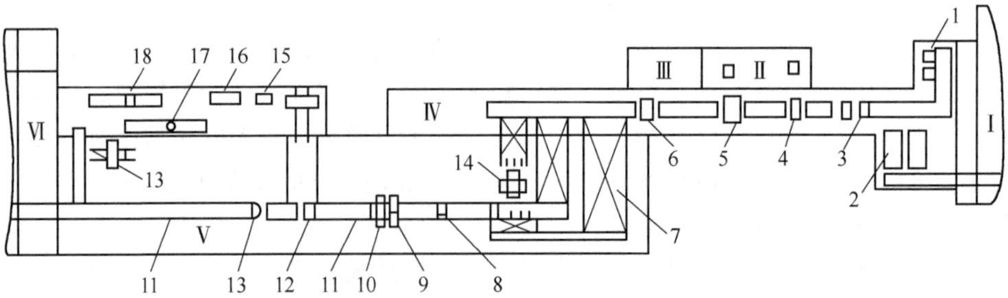

图 3-3 日本住友金属鹿岛厚板工厂的平面布置

1—室状炉；2—连续式炉；3—高压水除鳞；4—粗轧机；5—精轧机；6—矫直机；7—冷床；8—切头剪；9—双边剪；10—纵剪；11—堆垛机；12—端剪；13—超声探伤；14—压力矫直机；15—淬火机；16—热处理炉；17—涂装机；18—喷砂机；Ⅰ—板坯场；Ⅱ—主电室；Ⅲ—轧辊间；Ⅳ—轧钢跨；Ⅴ—精整跨；Ⅵ—成品库

机，轧辊尺寸为（ϕ1005/2005）mm×5340 mm，最大轧制力为 90 MN，粗轧、精轧机电机容量分别为 2×5000 kW 及 2×14490 kW。全场面积 137780 m^2，年产 192 万吨。

中厚板的主要生产工艺如下。

（1）加热。中厚板用加热炉有连续加热炉、室状加热炉和均热炉三种。连续式加热炉用于少品种、大批量生产，多为热滑轨式和步进式；室状加热炉适用于多品种、少批量及合金钢种原料的加热，生产灵活；均热炉多用于加热钢锭轧制特厚板。

（2）轧制。中厚板的轧制过程可分为除鳞、粗轧和精轧几个阶段。

1）除鳞。除鳞是要将炉生铁皮和次生铁皮除尽以免压入表面产生缺陷。实践证明，现代工厂只采用投资很少的高压水除鳞箱及轧机前后的高压水喷头即可满足除鳞要求。

2）粗轧。粗轧阶段的主要任务是将板坯或扁锭展宽到所需要的宽度并进行大压缩延伸，主要有纵轧法、横轧法、角轧法、综合轧法以及平面控制法（Mizushima Automatic Plan View Pattern Control System，MAS）。其中 MAS 轧制法根据每种尺寸的钢板在终轧后统计平面形状的变化量，计算出粗轧展宽阶段坯料厚度的变化量，以求最终轧出的钢板平面形状矩形化，其过程如图 3-4 所示。首先是纵轧 1~2 道以平整横坯，称为整形轧制，然后转 90°进行横轧展宽，最后再转 90°进行纵轧成材。轧制中为了控制切边损失，在整形轧制的最后一道中沿轧制方向给予预定的厚度变化，称为整形 MAS 轧法。

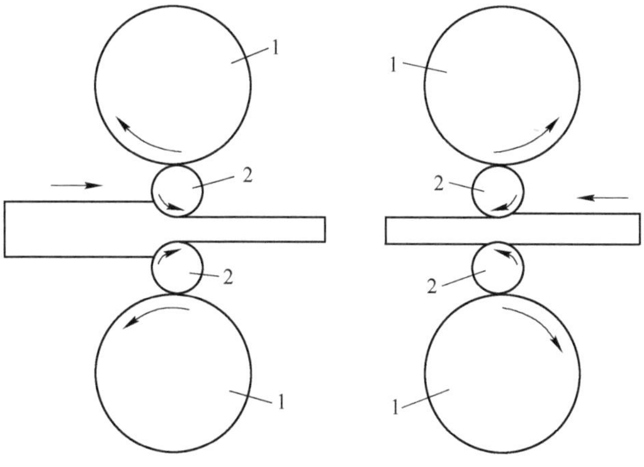

图 3-4 MAS 轧制过程示意图

1—支撑辊；2—工作辊

3）精轧。中厚板的粗轧和精轧并无明显的界限。通常双机架式轧机的第一架称为粗轧机，第二架为精轧机。精轧的任务是延伸和质量控制，包括厚度、板形、性能及表面质量的控制，主要取决于精轧辊面的精度和硬度。精轧机在厚度控制方面大多采用厚度自动控制系统。

（3）精整与热处理。精整工序主要包括矫直、冷却、划线、剪切、检查、缺陷清理、包装入库等。根据钢材技术条件要求，有的还需要进行热处理和酸洗。中厚板厂通常在作业线上设计热矫直机，多采用带支撑辊的四重式矫直机，为了补充热矫直机的不足，还离线设置拉力矫直机或压力矫直机等冷矫设备。板厚 25 mm 以下是侧边使用圆盘剪，头尾使用铡头剪或摇摆剪，50 mm 以上的钢板多采用在线连续气割的方式。中厚板的热处理最常采用的退火、正火、正火加回火、淬火加回火处理。

3.1.3.2 热轧板生产的基本工艺

热轧薄板具有产品薄、表面积大的特点，主要有带钢热连轧机、炉卷轧机、行星轧机三种生产设备，其中使用带钢热连轧机的热连轧带钢生产方式是目前世界上生产板带钢的主要形式，产品厚度规格为 1.0~25.4 mm，绝大多数的薄板（厚度 4 m 以下）是采用这种方式生产的。

热连轧带钢生产一般使用 200~360 mm 连铸坯，由于带钢连轧机采用全纵轧法，板坯宽度比成品宽度宽 50 mm。采用步进式连续加热炉，多段供热方式。从连铸机拉出来板坯直接用保温轨道和保温车送至加热炉进行热装炉。板坯加热炉起补充加热、衔接连铸机与轧机、调节连铸机与轧机生产节奏的环节。热连轧带钢典型生产工艺流程如图 3-5 所示。

图 3-5 热连轧带钢典型生产工艺流程

彩图

热连轧带钢轧制分为除鳞、粗轧、精轧等几个阶段。除鳞一般采用立辊轧机和高压水除鳞箱的方式。立辊在板坯宽度方向给予 50~100 mm 压下量，可使板坯表面上一部分氧化铁皮破碎，然后经过高压水除鳞箱。粗轧采用全纵轧的方式，一般需轧制 5 道次以上。精轧机组多为 5~7 架四辊轧机或 HC 轧机组成，精轧机前设置一台飞剪，用于切头、去尾。在精轧机前有高压水除鳞箱，在机架间有的还设有高压水喷嘴，用来清除二次氧化铁皮。带钢以较低的速度进入精轧机组，钢带头部进入卷取机后精轧机组、轨道、卷取机等同步加速，在高速下进行轧制，在带钢尾部抛出前减速抛出。为了获得高精度板厚的板带钢，要求有响应速度快、调整精度高的压下系统和板形调整、控制系统，目前广泛采用液压厚度自动控制系统。

终轧温度在 800~900 ℃，而成卷温度不能高于 600~650 ℃，从架轧机到卷取机之间轧件要快速降温。轧后强化冷却的设备有高压喷嘴冷却、层流冷却、水幕冷却等不同的形式，广泛采用的是层流冷却和水幕冷却。冷却后钢带温度在 550~650 ℃进行卷曲，通常设置 2~3 台卷取机交替使用，卷曲后经卸卷和运输送往精整作业线，经过纵剪、横剪、平整、检验、包装等工序后出厂。

带钢热连轧机由粗轧机组和精轧机组组成。粗轧机组前大多设置一台立辊车机或侧压调宽压力机，其作用是调整坯料宽度和破碎氧化铁皮。热带钢连轧机可以分为全连续式、半连续式、3/4 连续式三种不同的方式。三种方式中精轧机组均为 6~7 架四辊轧机组成的连轧机组，三种方式的差别主要在粗轧机组的轧机组成和布置上。

半连续式热带钢连轧机的粗轧机组多由一架或两架轧机组成，在立轧机除鳞后，坯料在第一架二辊可逆式轧机上往复轧制多道，然后在第二架四辊可逆式轧机上进行多道轧制。和全连续式相比，半连续式的粗轧机组只有两架轧机，设备少、生产线短、占地面积小，所以粗轧机组与精轧机组能力的匹配方面也能比较灵活地控制，可充分发挥粗轧机组的能力。由于粗轧机组要进行往复轧制，产量相对要低一些，适于小批量、多品种的板带钢生产。此外这种半连续式布置方式还可以只用粗轧机组生产中板，即将粗轧机组的最后一架作为中板产品的成品轧机使用。尽管用这种轧机生产中板使精轧机组等后部设备的利用率降低，但是在精轧机组等出现需要停机、不能使用的情况下，能利用粗轧机组完成中板的订货，也恰恰是这种布置灵活的一面。

3/4 连续式带钢热连轧机的粗轧机组由 3~4 架机组成，其中既有可逆式轧机，又有不可逆式轧机。一般第一架为二辊可逆式轧机，也有的采用四辊可逆式轧机，第二架后均为四辊不可逆式轧机，也有的两架采用可逆式，第三、第四架使用不可逆式轧机，后两架形成连轧。近年来，新建的热轧带钢厂多采用 3/4 的布置形式，它的生产能力一般在 300 万吨以上，介于全连续式和半连续式之间，设备重量、生产线长度、占地面积、投资等也介于二者之间。

全连续式热带钢连轧机通常由 4~5 架轧机组成，粗轧机组每架轧机只轧一道，不进行可逆轧制，但也不进行连轧。由于每架轧机只轧一道，主电机使用交流电机。全连续式热连轧机最突出的优点是生产能力大，年产量可达 600 万吨，但生产线长、占地面积大、设备多、投资大。此外粗轧机组和精轧机组的生产能力不平衡，粗轧机组的利用率低，难以充分发挥其设备能力。

3.1.3.3 冷轧板生产的基本工艺

冷轧是指金属在再结晶温度以下的轧制过程，即室温轧制。轧制时不会发生再结晶过程，但产生加工硬化。与热轧相比，冷轧板带材具有尺寸精度高、表面好、组织性能好，有利于生产组织性能好的产品，如硅钢板、汽车板等。冷轧工艺特点是：加工温度低，轧制中产生不同程度的加工硬化；冷轧过程中采用工艺润滑和冷却；张力轧制（防止跑偏、保持板形、降低抗力、调整电机负荷）；冷轧产品需产品退火或中间退火。冷轧板带钢品种繁多、工艺复杂，最基本、最不可缺少的工序为热轧板卷的酸洗或碱洗、冷轧、热处理、平整、剪切、检验、包装、入库等。典型生产工艺流程如图 3-6 所示。

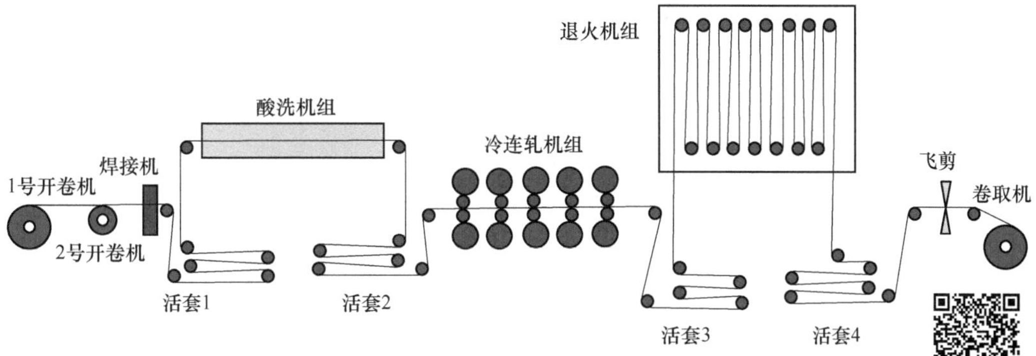

图 3-6 冷轧薄板酸-轧-退联合生产工艺流程图

彩图

现代冷轧轧机形式按辊系设置一般可分为四辊式与多辊式两大类型。由于普通四辊轧机对板形控制能力的局限性，近年来，相继出现以 HC 轧机为基础形式的 HC 轧机、UC 轧机、UCMW 轧机和以 CVC 轧机为基础形式的四辊 CVC 轧机、六辊 CVC 轧机、UPC 轧机，还有 PC 轧机和 VC 辊轧机等。

减小工作辊直径可以减小轧制力和轧制力矩，有利于轧出更薄的带材，因此就出现了支撑辊数量大于2的多辊轧机，如十二辊轧机、二十辊轧机、复合八辊轧机、复合十二辊轧机、偏八辊轧机、三十六辊轧机等多辊轧机。轧制精度高，特别适用于各种难变形金属的轧制，如不锈钢、耐热合金钢和硅钢轧制等。

冷轧板带钢的轧机布置形式从简单的电机座可逆式冷轧机发展到多机座的常规冷连轧机，又发展到全连续式冷连轧机，实现了无头轧制，使连轧机的生产能力大幅度提高；随后又出现了联合全连续式冷轧机组，如酸洗全连续式轧机、酸洗-轧制-退火联合全连续式轧机。

3.2　板带轧制的形性一体化

对板带材成品的性能要求包括物理性能、化学性能、力学性能、工艺性能等，这些性能中力学性能与工艺性能受冶金因素影响，特别是冶炼、加工工艺因素最敏感。以钢为例，钢的力学性能在很大程度上取决于钢的组织状态，控制钢组织转变的冶金因素包括钢的化学成分和冶炼、加工工艺。钢的组织状态是获得所需力学性能与工艺性能的关键。

将轧机和冷却装备有机结合起来，即“轧制-冷却”一体化的TMCP技术，可对轧制道次间钢板温度进行高精度控制，实现对形变奥氏体晶粒尺寸和变形程度以及微合金元素固溶与析出的调控。结合后续水冷相变过程控制，形成钢板轧制热加工全过程的精细化“温控-形变”耦合控制，从而提高轧制变形渗透性，改善钢板心部性能，进一步提高产品质量稳定性和均匀性。工业应用表明，“轧制-冷却”一体化的TMCP技术在提高板坯轧制渗透性、改善钢板内部质量、细化产品表面组织和提高生产效率等方面效果显著。其工艺原理如图3-7所示。

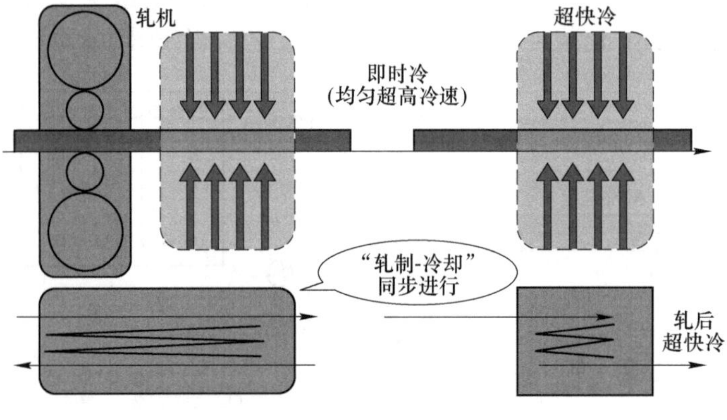

图3-7　“温控-形变”耦合技术工艺原理

（袁国，王国栋：高品质钢铁材料轧制加工新技术研究进展及发展趋势）

3.2.1　板带轧材组织性能控制技术

控制轧制和控制冷却技术（TMCP）是20世纪钢铁工业最伟大的成就之一。正是因为有了TMCP技术，钢铁业才能源源不断地向社会提供越来越优良的钢铁材料，支撑人类社会的发展和进步。TMCP是热轧过程中，在控制加热温度、轧制温度和压下量的控制轧制（Control Rolling，CR）的基础上，实施空冷或控制冷却及加速冷却（Accelerated Cooling，ACC）的技术总称，也称热机轧制。控制轧制可以归纳为在热轧过程中，通过使所有的热轧条件（加热温度、各道次轧制温度、压下量、轧制速度等）的最佳化，使热塑性变形与固态相变结合，使奥氏体状态变成细小铁素体晶粒组织或含有贝氏体、马氏体等的复相组织，使钢材具有优异的综合力学性能的轧制工艺。单纯的控制轧制对于晶粒的细化毕竟有限，为了突破控制轧制的限制，同时也是为了进一步提高钢材的性能在控制轧制的基础上，进一步开发了控制冷却技术（Control Cooling）。控制冷却的核心思想是对形变奥氏体的相变过程进行控制，以进一步细化铁素体晶粒，以及通过相变控制得到贝氏体、马氏体等强化相，进一步改善钢材的强韧性能。

3.2.1.1 热轧过程奥氏体的回复与再结晶

对低碳钢、低合金钢等钢种而言，热轧过程中主要是在奥氏体区变形。根据形变的温度、变形程度等条件的不同，形变对奥氏体组织的影响有发生奥氏体动态回复与再结晶、静态回复与再结晶、发生回复而不发生再结晶等几种不同情况。

形变时奥氏体的回复与再结晶的状态要影响到形变后奥氏体的回复和再结晶的状态。形变时上述不同的奥氏体组织状态会发生亚动态再结晶、静态再结晶、静态回复等不同的情况。研究形变对奥氏体状态的影响主要是相变前的奥氏体状态，不同的奥氏体状态会使相变发生不同变化。奥氏体状态的差别主要表现在奥氏体发生再结晶晶粒的数量和奥氏体晶粒的大小。热轧后相变前的奥氏体状态主要有粗大的奥氏体再结晶晶粒组织、细小奥氏体再结晶晶粒组织、奥氏体部分再结晶组织、未再结晶奥氏体组织等。

3.2.1.2 热轧冷却过程的相变

从再结晶奥氏体晶粒向铁素体转变时，铁素体晶粒优先在奥氏体晶界形核，一般不在奥氏体的内部形核。生成的铁素体晶粒有等轴状或多边形和针状，大颗粒的奥氏体晶粒在冷却速度较慢的条件下形成大的等轴状或多边形的铁素体晶粒；碳含量为 0.15%～0.5%、晶粒度级别小于 5 级、冷却速度较快的条件下，大的奥氏体晶粒相变会形成魏氏组织，小的奥氏体晶粒相变时会形成小颗粒的铁素体晶粒，对材料的强韧性有利。

奥氏体部分再结晶组织一般是由较小的奥氏体晶粒和较大的未再结晶晶粒组成的混晶组织，相变后生成的铁素体也是混晶状态，出现等轴状或多边形和针状的混晶、大小晶粒的混晶。

从未再结晶奥氏体组织向铁素体转变时，铁素体晶粒优先在晶界和变形带上形核，形变使奥氏体晶粒变为扁平形，等轴的铁素体晶粒的最大尺寸仅为扁平形奥氏体晶粒短轴的尺寸，同时还有变形带形核增加形核率，起到细化铁素体晶粒的作用，所以从未再结晶奥氏体晶粒转变的铁素体组织是由细小等轴状或多边形的铁素体晶粒组成的。

3.2.1.3 热轧过程的析出

在钢中一般均含有合金元素，这些元素在钢中的存在形态与元素的原子结构和钢的热力学条件有关，有的元素因条件不同会以固溶的形式或析出的形式存在。C 曲线给出了在平衡状态下钢从奥氏体中合金元素的析出行为，一般析出物在完全固溶温度下温度越低，析出的驱动力越大。另外，温度越低合金元素的扩散越慢。热加工会对合金元素的析出有显著的促进作用。

NbC 在热轧的温度范围有明显析出，析出的 NbC 对形变再结晶产生重要的影响。此外受到关注的析出物还有 TiC 等 Ti 的化合物、MnS 及在不锈钢等特殊钢中的 $Cr_{23}C_6$、Mo_2C、V(C,N) 等。热轧给析出物带来的影响还包括析出物的形态和分布发生改变，塑性析出物会沿轧制方向变形，脆性析出物沿轧制方向断续分布，使材料产生各向异性。

3.2.1.4 冷轧过程的组织与性能变化

金属的塑性变形是沿特定的滑移面、特定的滑移方向进行的，体心立方金属的滑移面为 {110}、{112}、{123} 等，滑移方向为<111>。冷轧前晶体的取向是各向随机分布的，冷轧后形成特定结晶方向发达的织构组织。冷轧钢板在冷轧后要进行软化退火，在退火过程中发生晶粒回复、再结晶与晶粒长大。再结晶温度取决于冷轧时的压下量，压下量越大再结晶温度就越低。另外，退火时形成再结晶织构。要得到发达的织构组织首先要在冷轧时得到发达的 {110} 面织构，为此冷轧的压下率要达到 80%左右。为了退火后得到 {110} 或接近 {110} 的再结晶织构组织，冷轧前的热轧时要细化铁素体晶粒和控制析出物。

3.2.2 板带钢轧后控制冷却

3.2.2.1 控制冷却的作用和方式

控制冷却的作用可概括如下。

(1) 提高产品的性能和质量：提高强度、改善韧性；改善可焊性、提高氢致裂纹抗力及成形性能；增加组织的分散度、获得复相组织、细化晶粒、增加沉淀析出；减少表面划伤和裂纹、氧化铁皮、无表面脱碳等。

(2) 低生产成本：减少合金成分；节约能源；简化工艺流程提高成材率。

(3) 显著的社会效益：减轻构件或设备重量；节省自然资源；减少环境污染。

对钢材的控制冷却是通过热交换减少高温钢中热量的过程。根据传热学理论，热交换方式分为以下三种。

(1) 热传导是物体从高温端向低温端传导热量的过程或者互相直接接触的物体间的热交换过程，纯粹的热传导只能在固体中出现。

(2) 热对流是在流体内部，随着冷热部分的密度不均而引起的流体各部分的相对位移而引起的热量转移，往往热对流的同时还伴随着热传导发生。

(3) 热辐射是高温物质通过电波等把热量传递给低温物质的过程。这种热交换现象和热传导、热对流有着本质上的区别，它不仅产生热量的转移还可被物体吸收变成热能。

在热轧过程中，以上三种热交换方式同时存在，其中包括轧件与辊道、轧辊接触发生的热传导，轧辊冷却水、周围空气流动产生的对流，轧件与周围环境之间的热辐射等。

根据钢材的化学成分、需要的组织性能、产品断面尺寸、冷却过程中可能产生的缺陷，以及轧机产量、场地空间和冷却设备等条件，热轧后的钢材可采用不同的冷却方法、冷却速度及冷却路径冷却到室温。

(1) 空冷是在空气中自然冷却的方法，其应用较普遍。对一些不需要特殊组织控制的低碳钢、普通低合金高强度钢以及奥氏体类不锈钢等的型材和少量板材，仍采用这种方式冷却。

(2) 快冷是通过鼓风、气雾冷、水冷等的强制冷却方法，其工艺特点是使钢材在较短的时间内冷到某一温度后再自然冷却。现阶段大多数的热轧钢铁产品采用这种冷却方式，用于提高产品的性能和生产效率。

加速冷却过程中根据冷却水的流动状态等的不同，可以将冷却方式概括起来分为喷射冷却、管层流冷却、水幕层流冷却、雾化冷却、喷淋冷却、水-气雾加速冷却以及直接淬火等。

（3）缓冷是热轧后的钢材堆在一起使之缓慢冷却，以防止白点缺陷的产生。缓冷的具体方法根据生产条件而定，可以在专用的缓冷坑内进行，可以在特制的可以移动的缓冷箱中进行；也可以在地上堆放，上面盖上砂子、石棉渣等保温材料进行缓冷。这种冷却方式适用于马氏体、半马氏体以及莱氏体类钢，如高速工具钢、马氏体不锈钢、部分高合金工具钢以及高合金结构钢等，这些钢种对冷却时产生应力的敏感性很强。

现阶段的热轧生产线大多配备了快速冷却装置，用于提高产品的性能和生产效率。实际生产过程中，轧钢生产线及主要生产设备确定后，针对热传导、热辐射两种热交换方式不易做出较大改变，因此人们首先想到采取方便的可控性冷却的方式，现阶段主要集中于对流换热。

热轧钢材控制冷却所用的介质可以是气体、液体以及其混合物，其中液体特别是用水作为冷却介质最为常用，控制冷却的理念可以归纳为“水是最廉价的合金元素”这样一句话。现阶段热轧钢材对流换热所采用的介质主要有：单流体的水或空气、双流体的“水+空气”。这样可以通过水、空气及两者比例的合理组合，将控制冷却能力的范围扩大。具体的冷却方式因钢种、产品形状、性能要求等的不同而各异。

3.2.2.2 冷却过程中钢的相变

在现代轧制工艺中，因为各生产线的设备能力、布局及产品等不尽相同，经济有效地利用 TMCP 技术生产出达到目标性能的产品，各企业利用 TMCP 的内容和方式也就不尽相同。简单来讲，控制轧制主要是对奥氏体组织状态进行控制，通过在比常规轧制温度较低的温度范围内的轧制，配合在相变温度以上点到相变温度范围（750~500）℃+10 ℃进行控制冷却，实现铁素体的大幅度晶粒细化，在不损坏韧性的前提下得到更优良的产品性能。

对于普通结构钢而言，通常来讲，经奥氏体到铁素体的相变后，铁素体晶粒比原奥氏体更细。在原奥氏体晶界上铁素体首先形核，形核后向奥氏体晶粒内部生长，直至新的铁素体晶粒相互接触。TMCP 工艺首先控制奥氏体状态，通过控制轧制增加铁素体形核，通过轧后的控制冷却降低相变温度，进一步促进铁素体相变形核率的增加，最终获得更加细化的相变铁素体组织。

在再结晶区的低温轧制时，奥氏体将会发生再结晶，形成较为细小的奥氏体再结晶晶粒，细小的奥氏体组织在相变后得到的铁素体也被细化。而在再结晶温度以下轧制，形变奥氏体不会发生再结晶，这时候的奥氏体组织因变形被压扁伸长，奥氏体界面体积比增加，铁素体形核点相应增加，相变后铁素体晶粒细化。同时在未再结晶区进行轧制，奥氏体晶粒内部形成“变形带”的线状微观结构，这些变形带为铁素体形核提供了类似奥氏体晶界的作用，铁素体在这些“变形带”上形核，这样一来在未再结晶区的轧制对铁素体晶粒的细化起到的作用会更大。其效果与未再结晶区的累积变形量成正比，性能的改善与之成正比。对再结晶后的奥氏体进行控制冷却时，铁素体相变晶粒细化效果较未再结晶形变奥氏体不显著，主要是因为对未再结晶形变奥氏体进行控制冷却，不仅在变形后的奥氏体晶界形核，同时在形变奥氏体晶粒内部也产生铁素体形核，由此实现了铁素体的大幅度晶粒细化。同时，控制冷却温降速度还可以将空冷时生成的珠光体变为细微分散的贝氏体，在提高强度的同时改善了钢材的塑性。加快冷却速度完成直接淬火，只需要添加少量合金元素就可以达到很高的强度，并降低碳当量，改善可焊性能，同时确保钢板低温韧性。图 3-8 是在不同的 TMCP 工艺下的微观组织转变示意图。

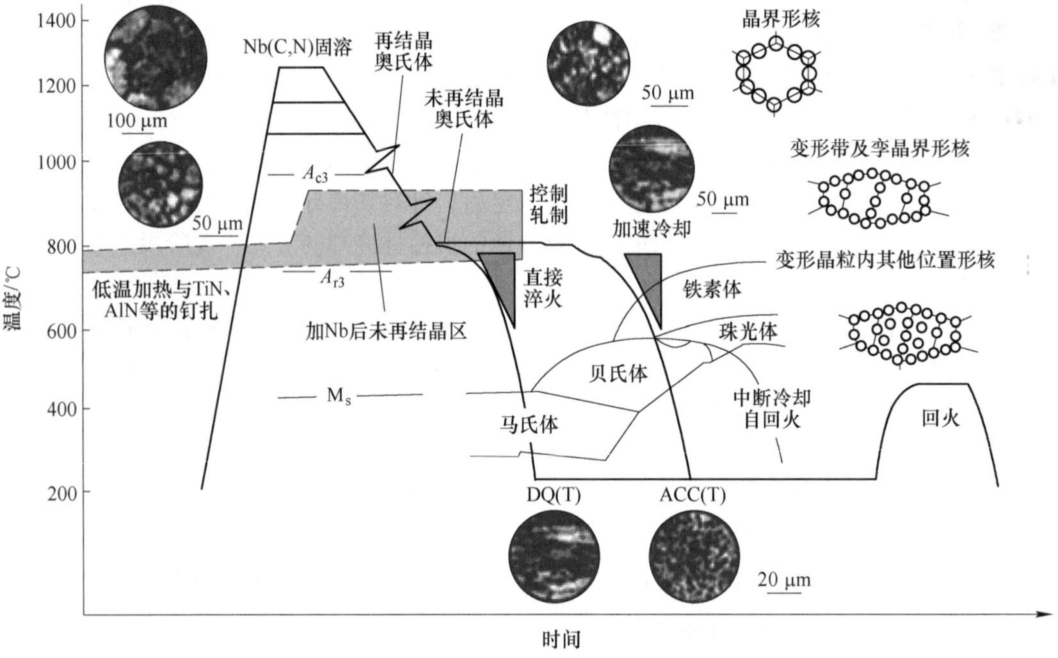

图 3-8 不同 TMCP 工艺下微观组织转变示意图

3.2.2.3 轧后控制冷却的分段

控制冷却的主要目的是能够在不降低钢材韧性的前提下进一步提高钢材的强度。常规轧制的钢材，轧后处于奥氏体再结晶状态，因为轧后仍旧处于较高的温度区域，再结晶奥氏体晶粒将会在高温区长大，导致相变后铁素体组织较为粗大。同时因为温降缓慢，所得珠光体片层间距较大，最终的力学性能相对较低。处于未再结晶区的低温终轧温度的钢材，因为形变的影响使 A 温度升高，相变后生产的铁素体在高温区长大，降低了低温轧制细化组织的效果。

对于微合金高强度钢用控轧控冷，可以得到“铁素体+贝氏体”组织或者单一的贝氏体组织，材料的强度得到提高，韧性和焊接性能良好。依据微合金化的海洋平台用钢为例，以 15 ℃/s 的冷却速度从 800 ℃快速冷却到 500 ℃的情况下，较一般的控温轧制得到的产品屈服强度提高 50 MPa，与正火处理的产品相比可以提高 150 MPa。对于中、高碳及中、高碳合金钢轧后控制冷却的目的主要是降低甚至阻止网状碳化物的析出量和降低级别，保持碳化物固溶，确保固溶强化，同时减小珠光体球团尺寸，改善珠光体形貌及减小片层间距，从而保证产品性能。另外有一些材料可以通过轧后快速冷却实现在线余热淬火或表面淬火自回火，之后又发展了形变热处理等，为提高钢材的性能起到了很好的作用。

为了获得优良的组织性能，需要将控制轧制和控制冷却结合起来考虑。通过控制轧制获得控制冷却前预期的奥氏体组织，再通过控制冷却获得预期的相变产物。在控制冷却工艺中，一般将轧后的控制冷却分为三个阶段，分别称之为：一次冷却、二次冷却、三次冷却，三个冷却阶段的控制方式和目的并不相同。钢材轧后冷却过程中相变前的奥氏体组织状态直接影响相变组织形态、晶粒尺寸、力学性能等。一次冷却是指从终轧温度开始到奥氏体向铁素体开始转变温度 A，或二次碳化物开始析出温度 A 范围内的控制冷却阶段。该阶段通过控制开冷温度、冷却速度和快冷终止温度等，控制形变奥氏体的组织状态，固定形变奥氏体内部位错，对于再结晶奥氏体控制晶粒长大、高碳钢阻止有害碳化物的拓出，加大过冷度，降低相变温度，为下一步的相变做组织上的准备。一次冷却段越接近终轧出口，开冷温度越接近终轧温度，越有利于形变奥氏体的组织状态控制和增大有效界面面积以及提高铁素体形核率。

二次冷却阶段指的是经过一次冷却阶段后，进入由奥氏体向铁素体或碳化物析出的相变阶段，从相变开始温度到相变结束温度范围的控制冷却。在相变过程中控制相变冷却开始温度、冷却速度（快冷、慢冷、等温相变等）和停止控冷温度。控制这些参数，就能控制相变过程，从而达到控制相变产物形态、结构的目的。其中针对 C-Mn 钢，空冷得到的是铁素体+珠光体组织，加快冷却速度，提高到 5 ℃/s，得到的组织是“铁素体+贝氏体”组织，再提高冷却速度到 15 ℃/s 得到的组织以贝氏体为主。参数的改变能得到不同的相变产物，最终组织的不同将会提供不同性能的钢铁产品。

三次冷却是指相变后至室温的温度区间冷却参数控制。针对低碳钢而言，相变结束后冷却速度的快慢对最终组织几乎没有影响，多采用空冷，使钢材冷却均匀，避免因冷却不均匀而造成弯曲变形。在较多的型钢厂，在产品矫直前的阶段为提高冷床的生产效率将会采用除了空冷之外的水介质冷却方式，如喷水冷却方式等。这时需要注意的是对于不同形状的产品，因为线膨胀系数的存在会对最终的产品形状产生一定的影响。固溶在铁素体中的过饱和碳化物在慢冷中不断弥散析出，使其沉淀强化。对一些微合金化钢，在相变完成之后仍采用快冷工艺，以阻止碳化物析出，保持其碳化物固溶状态，以达到固溶强化的目的。将一次冷却及二次冷却合成为一个快速冷却过程的工艺，即由轧后快冷至低温相变，如发生马氏体相变，形成直接淬火工艺，进行自回火或回火，形成形变调质工艺。

3.2.3 板带钢控轧控冷技术的发展

3.2.3.1 板带钢控轧控冷技术类型

如图 3-9 所示，控制冷却技术的工业应用首先是板带钢材的轧后冷却，从设备方面，根据冷却效果可划分为三代。

（1）第一代（1980 年），以喷淋冷却为代表的冷却技术，倾斜喷射或垂直喷射。

（2）第二代（1981 年后），以层流喷射为代表的冷却技术，如日本住友金属、英国 DAVY 水幕冷却、日本 JFE 的柱状层流；1990 年后，以改进型层流喷射冷却技术为主，法国克莱西姆的气雾冷却也是这一时代的产物。

（3）第三代（2000 年后），强化冷却以 UFC 和 SMS 的 DQ、VAI 的 MULPIC、JFE 的 Super-OLAC、POSCO 开发的 HDC 等技术逐步得到开发与应用。在 800~500 ℃温度区间，20 mm 厚度钢板的冷却速度从第一代的不足 10 ℃/s，逐步提高到第三代的 35~63 ℃/s。

1995 年后，日本新日铁公司开发了直接淬火（DQ）技术，将轧制与热处理有机结合，生产了容器板、工程机械用钢板等产品。

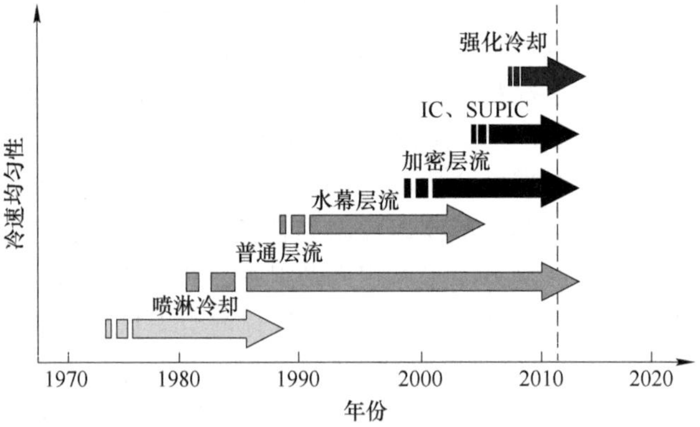

彩图

图 3-9 控制冷却技术的发展

3.2.3.2 先进快速冷却技术的发展

采用密集分散喷射冷却、大幅增加核沸腾区以提高传热效率的技术路线，在采用 0.15 MPa 低压水及水流量仅增加 10%～15%的前提下，冷却能力较传统加密 ACC 能提高一倍以上。以 20 mm 厚钢板为例，冷却速率由改造前 20 ℃/s 提高到 45 ℃/s，包括温度、组织及物理性能在内的冷却均匀性也得到大幅提高；Q550D 的钢板屈服强度，同板差不超过 20 MPa。新系统的数学模型精度高，能很好地满足贝氏体高强钢在大冷速条件下的温度命中精度，返红温度 97.83%命中在±18 ℃内。三种技术的最大冷却速率对比如图 3-10 所示。

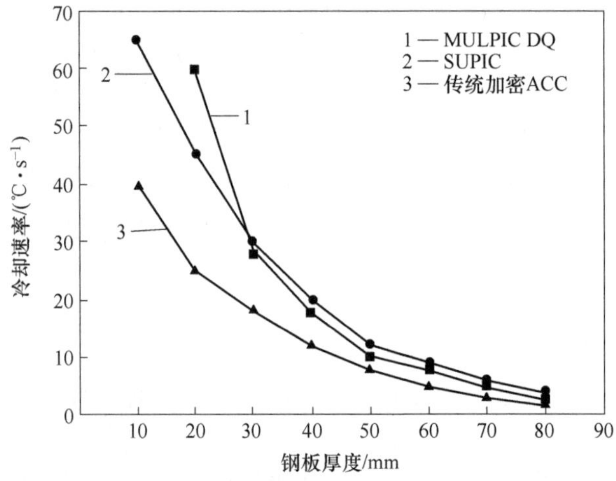

图 3-10 SUPIC 与 MULPIC DQ、ACC 最大冷却速率对比图

近年来，随着新一代超密冷却技术在国内中厚板的不断成功应用，其在采用低压水实现其他中压水技术才能达到的冷却速率等方面，越来越受到业内专家及同行的高度认可。新一代超密快冷 SUPIC 系统技术近三年来已先后在南阳汉冶 3500 mm 轧后冷却及中间冷却、南阳汉冶 3800 mm 轧后冷却及中间冷却、宝武鄂钢 4300 mm 中间冷却、天津钢铁集团 3500 mm 中厚板、河北敬业钢铁集团 3000 mm 中板投产。

热轧带钢冷却装备通常为 7~12 m，可布置于精轧机组出口，也可以布置于层流冷却系统之后，与层流冷却系统协同使用。对于厚度为 4 mm 的带钢，冷却速度可达 300 ℃/s。该装置由密集排布喷嘴组成的多个喷水枕组成，增加供水压力和排布高密度的出水口，通过增大水流对气膜的冲击力使得单位时间内新水和热态钢板表面进行高效热交换，实现超快速冷却。现场超快冷装置如图 3-11（a）所示。

超快冷装置使用了加强型层流冷却装置。它是普通层流冷却的改进型装置，主要加密了上部冷却水喷嘴，使水量达到普通层流冷却装置的 2 倍，如图 3-11（b）所示。与普通层流冷却相比，更多层流状水柱穿透钢板表面的蒸汽膜，直接作用于钢板表面，提高换热效率。加强型层流冷却的下部集管与普通层流冷却基本相同，只是增大冷却水量来实现更多的热交换。生产实践表明，3 mm 厚带钢以 9.5 m/s 速度通过加强型层流冷却可以获得高达 200 ℃/s 的冷却速度。随着超快冷技术的不断成熟和完善，该技术装备在国内市场业绩不断攀升，已逐渐占据国内市场主导地位。

(a)　　　　(b)

图 3-11　热轧带钢超快冷装备

（a）蒂森克虏伯超快冷装置；（b）加强型层流冷却装置

彩图

先进快速冷却系统的冷却能力可达到常规加速冷却强度的 2 倍以上，而且钢板的瞬时冷却速度能够实现大范围无级调节，满足了热轧钢板轧后常规加速冷却、超快速冷却以及直接淬火等冷却工艺的需要。对于板厚为 10 mm 的钢板最大冷速不小于120 ℃/s，对于板厚为 50 mm 的钢板最大冷速不小于 10 ℃/s（平均冷速），如图 3-12 所示。以超快冷设备

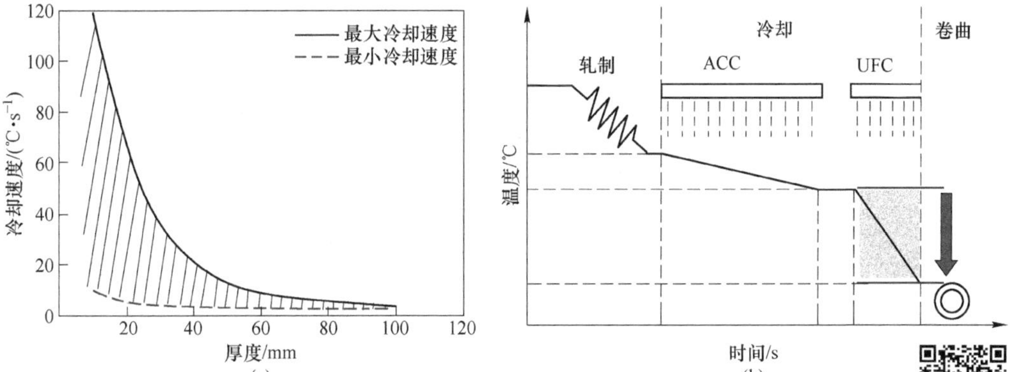

(a)　　　　(b)

图 3-12　冷却速度和冷却路径控制

（a）冷却速度；（b）冷却路径控制

彩图

为基础，建立了多级冷却路径及多种冷却模式的基础自动化和工艺过程自动化控制系统。根据材料组织与性能需要，自动设定每个冷却阶段的开冷温度、终冷温度、冷却速度等冷却工艺规程，通过控制各个阶段温度和冷却速度等工艺参数，实现精确的冷却路径控制，极大满足了不同产品冷却工艺需求。

3.2.3.3 新一代控轧控冷技术的产品应用

新一代 TMCP 工艺技术在热轧板带钢领域的成熟应用，充分弥补了传统工艺在冷却路径控制方面的不足，利用以超快冷为核心的新一代 TMCP 工艺，钢铁企业实现了低合金钢、高钢级管线钢、汽车结构钢、高强工程机械用钢等热轧板带钢产品的低成本稳顺生产，丰富和完善了新品种的研发与生产手段。

（1）低合金普碳钢产品应用。对于低合金钢，超快冷技术的应用进一步细化了晶粒尺寸，通过细晶强化显著提高产品力学性能，或减少合金元素的使用量。基于此，开发出节约型 Q345 产品，与同类产品相比，锰质量分数减少 20%～30%，吨钢节约成本 40～60 元，甚至 60 元以上；而对于 Q370～Q460q 桥梁板、Q420 GJ 建筑用钢、AH36 船板和 Q345R 压力容器板等低合金钢，其综合力学性能均得到有效改善。

（2）贝氏体类产品应用。对于低碳贝氏体类产品，利用超快冷技术对贝氏体形态、尺寸以及析出相控制的显著优势，通过细晶强化、针状铁素体相变强化、析出强化的综合作用，在降低合金元素的同时大幅提升产品综合力学性能。采用超快冷技术开发的 X65～80 系列高品质管线钢、高韧性超厚规格管线钢、高强工程机械用钢、石油储罐用钢等产品均已实现大批量工业化生产。

（3）马氏体类产品应用。利用超快冷系统高强度的冷却能力，在热轧产线上实现了在线直接淬火，也为高级别工程机械用钢、耐磨钢、Q&P 钢等马氏体类产品提供了工序节约型生产模式。采用 DQ+T 工艺代替传统 Q+T 生产模式，不仅节约了二次加热成本，同时充分利用控制轧制过程中变形能量和位错缺陷的累积，在后续大强度冷却过程中增加相变形核点，实现产品组织均匀细化，从而改善了产品的力学性能。

（4）双相类产品应用。作为前置式超快冷技术的拓展，后置式超快冷技术也已应用于热连轧产线，用于高品质、高附加值双相类带钢产品的开发与生产。基于高效的冷却能力以及高精度冷却路径控制，采用经济、简单的 C-Mn 系成分体系即可实现 6.0 mm DP540 及 11.0 mm DP590 的稳定生产及批量供货，产品组织比例控制合理稳定，力学性能优异，且可实现窄的性能波动控制，批次异板性能波动可控制在 25 MPa 以内。目前，基于后置式超快冷系统多样化的冷却路径控制，已开发出厚度规格覆盖 3～13 mm、强度级别覆盖 540～780 MPa 的系列化高品质热轧双相钢产品。

3.3 热轧板带近终形制造技术发展与应用

3.3.1 热轧板带近终形制造技术

近终形又称近终成形或近净成形（Near Net Shape Forming），是指在保证产品性能的情况下，更接近最终成品尺寸和形状的制造技术。与传统制造技术相比，近终形制造减少了加工工序，降低了材料消耗，缩短了制造周期，是先进制造技术的重要组成部分和发展方向。当前近终形制造技术已被广泛应用于金属、陶瓷、复合材料和塑料等材料的制备和成形加工工艺中，特别是在金属材料的铸造、塑性成形、焊接、机械加工等行业中成为关注和发展的重点。

冶金流程制造领域的近终形制造技术主要包括薄板坯连铸连轧、薄带连铸连轧（又称薄带铸轧）、异型坯连铸、棒线材连铸连轧、管坯连铸以及喷射沉积等。特别是在钢铁制造流程中，追求近终形、短流程制造一直是从业者不懈追求的目标。20 世纪 80 年代末，世界上第一条薄板还连铸轧产线在美国纽柯公司成功投产，标志着近终形制造技术在工业化大生产中取得重大突破。钢铁工业的近终形制造技术力求浇铸尽可能接近最终产品尺寸的铸坯（材），实现连铸连轧甚至铸轧一体，以便进一步减少中间加工工序、节省能源、减少储存和缩短生产时间。与传统工艺相比，近终形制造技术流程短、设备简单、能耗低、成材率高、生产成本低，被认为是近代钢铁工业发展中的一项重大工艺技术革新。

3.3.1.1　热轧板带近终形制造技术的发展

早期的热轧板带生产采用模铸工艺，钢水先铸成钢锭，然后经过均热、初轧开坯成为钢坯，经冷却，重新加热，再经粗轧和精轧得到热轧宽带钢。随着技术的发展，连铸工艺逐渐取代模铸工艺，成了常规的热轧板带生产工艺。连铸过程中，钢水连铸成 210～250 mm 厚的板坯，省去了初轧开坯工序，提高了生产效率。不管是模铸工艺，还是常规的连铸工艺，整个生产过程中钢水冶炼和钢坯铸造在炼钢厂或车间进行，钢坯冷却后再送往轧钢厂或车间进行加热和轧制，炼钢工序和轧钢工序相对独立，生产不连续。薄板坯连铸连轧和薄带连铸连轧为代表的近终形制造技术，尽量压缩连铸坯厚度减少后续加工量，与常规生产工艺相比整个生产线明显缩短，如图 3-13 所示。因此，追求简约、高效、连续的近终形制造技术一直都是冶金工业技术研发的重要方向。

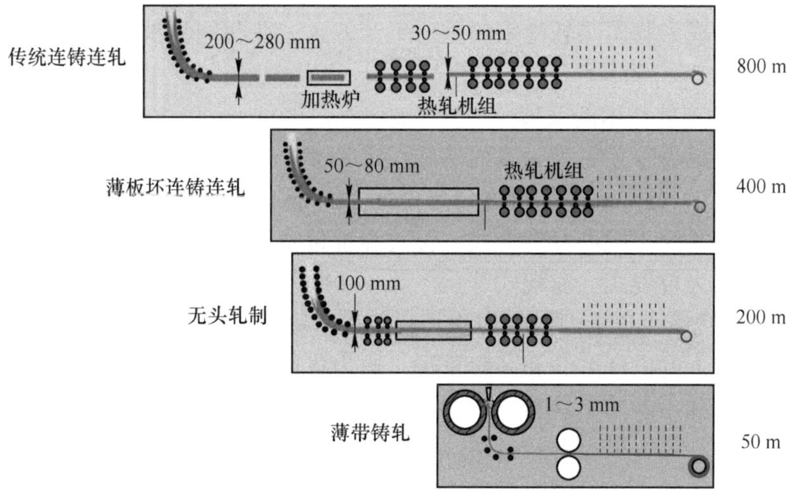

彩图

图 3-13　热轧板带近终形制造技术发展历程

（汪水泽等：薄板坯连铸连轧技术发展现状及展望）

20 世纪 50 年代，基于贝塞麦的双辊式铸轧工艺思想，美国亨特（Hunter）和道格拉斯（Douglas）两家公司联合研发，率先成功开发了铝合金板带的双辊式铸轧生产工艺，随后在铝合金制造及有色金属工业中得到了广泛的推广应用。但是在钢铁工业的应用中，由于制造技术和控制技术等相关技术发展不足，过程控制较为困难，产品品质较差，20世纪80年代以前，近终形制造技术的工业化应用一直处于停滞状态。

（1）薄板坯连铸连轧技术的发展。

薄板坯连铸连轧各工序之间紧密连续，采用近终形连铸，减小板坯厚度为50~130 mm，板坯不经过冷却直接热装，在进入轧制前进行在线少量补热，实现连铸连轧。1989年，西马克开发的紧凑式热带生产技术（Compact Strip Production，CSP）产线率先在美国纽柯建成投产，标志着薄板坯连铸连轧技术在世界上首次实现了工业化生产。CSP技术成功实现商业化运作，有力促进了薄板坯连铸连轧技术的不断改进和完善，并掀起了全球薄板坯连铸连轧产线的建设高潮，包括奥钢联开发出的CONROLL技术、德马克开发的ISP（Inline Strip Production）技术、达涅利开发的FTSR（Flexible Thin Slab Rolling）技术、日本住友金属开发的QSP（Quality Slab Production）技术等也相继实现了商业化生产。

1999年，珠钢引进投产了我国第一条薄板坯连铸连轧产线，由此拉开了我国薄板坯连铸连轧技术工业化发展的序幕。2009年，世界第一条薄板坯连铸连轧无头轧制ESP产线在意大利阿维迪正式投产，标志着薄板坯连铸连轧技术再次得到突破，真正实现了制造过程的全连续化。截至目前，全球已建成薄板坯连铸连轧产线达到70条、107流，年生产能力超过1.3亿吨。我国共建成20条产线，是世界上薄板坯连铸连轧产线最多、产能最大的国家，占全球产能37%，并且各种技术比较齐全，包括薄板坯连铸连轧技术（如CSP）、中薄板坯连铸连轧技术（如FTSR）、半无头轧制技术（如涟钢的CSP）、无头轧制技术（如日照的ESP）等。另外自主设计的鞍钢ASP技术也得到了成功应用。

目前，我国尚有多条无头轧制产线在建，这些产线全部建成投产后，我国薄板坯连铸连轧产线的总产能将接近6000万吨，在我国热轧宽带钢产能中的占比已经超过1/5。薄板坯连铸连轧已经成为我国热轧带钢的重要生产方式，在我国钢铁工业中占有举足轻重的地位。

（2）薄带连铸连轧技术的发展。

薄带连铸连轧是另一项更为紧凑的热轧板带钢生产工艺，它将连铸和轧制融为一体，直接将钢水浇铸成1~25 mm厚的近终形薄带钢。薄带连铸连轧工艺方案众多，主要区别在结晶器。按结晶器的不同可分为带式、辊式和辊带式三大类，带式还可分为单带式、双带式，辊式又可分为单辊式、双辊式等。

20世纪80年代，由于能源危机加剧，加上快速凝固技术的发展，钢的薄带连铸连轧技术又引起了国际上的广泛关注和高度重视，成为各国冶金界竞相研究开发的热点，几乎所有大的钢铁企业和一些知名院校（如麻省理工学院、牛津大学等）都在这方面展开了研究。据不完全统计，全世界有超过70个薄带连铸连轧研究项目，其中大部分项目是研究双辊式薄带连铸连轧工艺。同时随着连铸技术的飞速发展，特别是薄板坯连铸连轧技术工业化的巨大成功，最终导致了早期许多薄带连铸连轧研发项目被暂停或终止，只有少数几个项目取得了工业化或半工业化的成功应用。

1996年，日本新日铁在光厂（Hikari）建成了世界上最早投入工业化生产的薄带连铸连轧生产线（生产不锈钢），2002年，美国纽柯建成了世界上第一条碳钢商业化薄带连铸连轧生产线（Castrip）。此外建成工业化产线的还包括德国蒂森克虏伯（Eurostrip）、韩国浦项（poStrip）和德国 Salzgitter（BCT）。2013 年，宝钢在宁波建成了我国首条薄带连铸连轧工业化示范生产线（Baostrip）。日本新日铁和德国蒂森克虏伯后来因种种原因已暂停了实验和生产，目前仍在继续进行工业性生产的主要是纽柯（Castrip）、浦项（poStrip）、德国 Salzgitter（BCT）和宝钢（Baostrip）。

美国纽柯公司的 Castrip 工艺发展最为顺利，除了在美国已投产两条生产线外，Castrip 工艺还被墨西哥 Tyasa 和我国沙钢引进。2018 年 1 月，沙钢 Castrip 产线顺利过钢并成功出卷。沙钢的 Castrip 超薄带生产线是中国首条、世界第三条 Castrip 生产线。2019 年 3 月，沙钢宣布该产线实现了工业化生产。

经过 160 多年的发展，薄带连铸连轧技术处于工业化阶段，大多没有实现商业化生产，技术的稳定性和高的制造成本是制约薄带连铸连轧技术产业化的主要因素。

3.3.1.2 热轧板带近终形制造技术的特点

以薄板坯连铸连轧和薄带连铸连轧技术为代表的热轧板带近终形制造技术在冶金工业中的影响和意义最大。研究实践表明，与传统热轧板带制造流程相比，薄板坯连铸连轧可降低能耗约 40%，降低温室气体排放量约 36%，而薄带连铸连轧能耗仅为传统流程的 11%，温室气体排放量仅为传统流程的 18%。当前我国钢铁工业正面临着资源、能源和环境的严峻挑战，热轧板带近终形制造技术从源头上实现了工业制造过程的节能减排，是钢铁工业转型升级和绿色发展的重要方向。

近终形制造技术尽量减少变形量或者后续加工环节，在保证最终产品质量的前提下，实现连铸连轧或者铸轧一体，由钢液直接得到最终产品或接近产品。与传统制造流程相比，近终形制造技术具有以下特点。

（1）工艺简化，占地面积小。薄板坯连铸连轧省去了粗轧工序，生产线长度一般在 180~400 m，仅为传统产线的 1/5；薄带连铸连轧将连铸与轧制联系起来，工艺更紧凑，产线长度仅为 50 m。

（2）生产周期短。常规制造流程由于连铸与轧制不是连续化的生产过程，生产周期需要 5~6 h 甚至数天，薄板坯连铸连轧从冶炼钢水到热轧板卷输出，仅需约 2 h；薄带连铸连轧工艺中，从浇铸到卷取所需要的时间不超过 15 min。较短的生产周期，可减少生产环节中流动资金的占用，降低制造成本。

（3）定员少，劳动生产率高。薄板坯连铸连轧产线的定员不到常规产线的 1/4，劳动生产率提升一倍。

（4）能耗低，排放减少。薄板坯连铸连轧铸坯尺寸较薄，降低了后续轧制工序的能源消耗，同时由于实现了连铸连轧，铸坯仅需少量补热，避免了常规制造流程所需的大量能源消耗。薄带连铸连轧工艺更简约高效，能耗仅为传统流程的 11%，温室气体排放量为传统流程的 18%。

（5）金属收得率高。采用了无头轧制技术的薄板坯连铸连轧产线，避免了铸坯的切头切尾，减少了轧制过程的穿带和甩尾，金属收得率可达 98%。

（6）铸坯凝固速度快。与传统流程相比，薄板坯连铸连轧的铸坯冷却速率提高了十多倍，薄带连铸连轧更是实现了铸坯的亚快速凝固（$10^2 \sim 10^3$ K/s）。利用快速凝固效应，近终形制造技术能生产出轧制工艺难以生产的材料以及具有特殊性能的新材料。

3.3.2 薄板坯连铸连轧技术

探索简约、高效的制造流程，研发低成本高性能钢铁材料，是钢铁工业创新发展的重要方向。薄板坯连铸连轧将传统钢铁制造流程中相对独立分散的铸造、加热、轧制等工序融为一体，工序简约、生产高效，节能减排效果显著，产品特色鲜明，是世界钢铁工业继氧气转炉炼钢、连续铸钢之后，取得的又一项带来钢铁工业技术变革的新技术。近年来，在国家"碳中和"战略目标的大背景下，薄板坯连铸连轧因其流程简约高效，节能减排效果显著，更是引起了行业内的广泛关注。

薄板坯连铸连轧工艺，最主要是将原来基本分离的两个工厂的冶金工艺过程（炼钢厂板坯连铸的液相→固相凝固结晶过程），与轧钢厂固相板坯的热变形轧制过程，尽量密切结合起来；最大限度地利用板坯凝固后高温状态的热量，直接进入轧钢生产线，以减少加热炉能耗；最大限度地减薄板坯厚度，以减少轧机能耗；最大限度地提高连铸与热轧之间的连续性，以提高生产效率并降低能耗与排放，提高连铸板坯和连轧板带的温度均匀性，提高板带产品几何精度、显微组织和力学性能的均匀性；最大限度地开发与生产具有性能特色和工艺优势的多种板带产品。截至 2021 年 6 月，据不完全统计，全球已建薄板坯连铸连轧产线 73 条 110 流，年生产能力超过 1.37 亿吨。其中我国共建成 23 条产线，产能接近 5500 万吨。

3.3.2.1 薄板坯连铸连轧技术类型与装备

1989 年 7 月，全球第一条薄板坯连铸连轧产线在美国纽柯钢铁公司克劳福兹维尔钢厂建成投产，由此拉开了薄板坯连铸连轧技术工业化发展的序幕。经过 30 多年的发展，薄板坯连铸连轧已经发展出了多种技术形式，如 CSP、FTSR、ISP、ESP 等，根据生产过程的连续化程度，可将其划分为三代技术，如图 3-14 所示。第一代技术以单坯轧制为特征，最早在美国投产的纽柯 CSP 产线以及中国第一批引进的珠钢、邯钢、包钢产线均属这代技术。第二代技术以半无头轧制为特征，1994 年在荷兰霍高文建成投产，我国涟钢也采用了类似技术。第三代技术以完全连续化生产的无头轧制为主要特征，2009 年首次工业化生产在意大利阿维迪的 ESP 产线。韩国浦项制铁和达涅利合作，对光阳厂原有的 ISP 产线进行连续化改造，也成功实现了无头轧制，并将其称之为 CEM 技术。国内最新建成投产的薄板坯连铸连轧产线，如日照的 ESP、首钢的多模式全连续铸轧产线（The Multi-mode Continuous Casting and Rolling technolgy，MCCR）、唐山东华钢铁的热轧带钢连铸连轧产线（Donghua Strip Continuous Casting and Rolling technology，DSCCR）均属于第三代技术。与前两代技术相比，第三代技术特点如下：为使单流连铸机达到与第一代和第二代双流连铸机同样的产能规模，显著增加了铸坯厚度和拉坯速度，大幅度提高了钢通量；由于无均热炉或均热炉长度缩短等因素，降低了氧化铁皮烧损、能耗和排放；轧钢过程带钢头尾性能及板形差异小，无需切除，成材率提高；轧制过程稳定，超薄规格产品比例大幅度提高。

3.3.2.2 薄板坯连铸连轧工艺技术类型

薄板坯连铸连轧技术经过近 30 年的不断发展，已经形成了多种技术形式，图 3-15 所示的为薄板坯连铸连轧技术的发展，不同技术之间既具有鲜明的工艺技术特征，又在发展的过程中相互借鉴和融合。

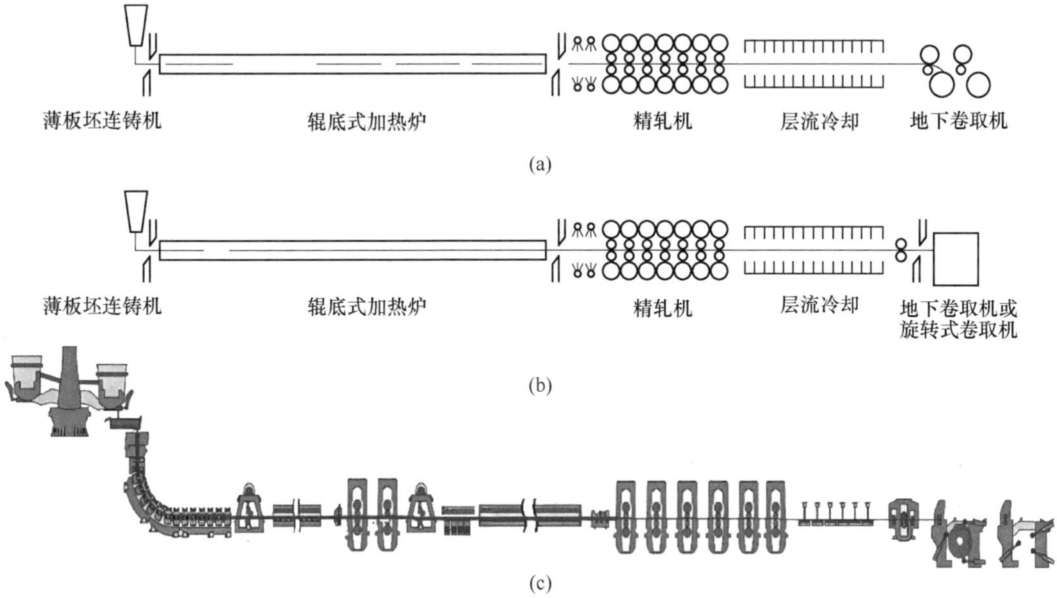

图 3-14 短流程生产线的薄规格带钢轧制技术
（a）第一代单坯轧制；（b）第二代半无头轧制；（c）第三代无头轧制

（1）CSP 技术。CSP 技术（Compact Strip Production）由德国西马克开发，是最早实现工业应用的薄板坯连铸连轧技术。与传统的热轧制造技术相比，其工艺特点主要表现在以下几个方面：基于近终形制造的初衷，采用薄板坯连铸，铸坯厚一般为 50~70 mm，并且为了实现薄板坯连铸，采用漏斗形结晶器，有利于浸入式水口的插入和保护渣的熔化，改善产品表面质量；基于提高工序连续性初衷，连铸与轧机之间采用辊底式均热炉进行衔接；由于铸坯厚度减薄轧机机架数量有所减少，初期基本完全取消粗轧；由于除鳞道次减少，为保证产品的表面质量，采用高压除鳞技术，除鳞水压力达到 40 MPa，并减少喷嘴与板坯的间距。

（2）ISP 技术。ISP 技术（Inline Strip Production）是由德国德马克开发的一种用连铸还生产热轧钢带的方法。该方法是先把连铸扁坯卷成坯卷，经加热后在轧机前再把坯卷打开并按最终要求的截面尺寸轧制成材。

1992 年 1 月，全球第一条 ISP 产线在意大利阿维迪建成投产，随后在荷兰霍戈文厂、韩国光阳厂和俄罗斯耶弗拉兹里贾纳厂也成功实现了工业化应用。ISP 产线布置示意图如图 3-16 所示，其工艺特点主要表现在以下几个方面：连铸之后首次直接采用液芯压下和固相铸轧技术，这是 ISP 最突出的技术特征；不采用长的均热炉，而是采用克日莫纳炉（热卷箱）对中间坯进行热，生产线布置紧凑，产线长度仅为 180 m 左右；结晶器最初采用平行形，因为薄片形水口寿命低、铸坯表面质量问题等原因，后来将其优化为带有小鼓肚的橄榄球形，也称为小漏斗形。

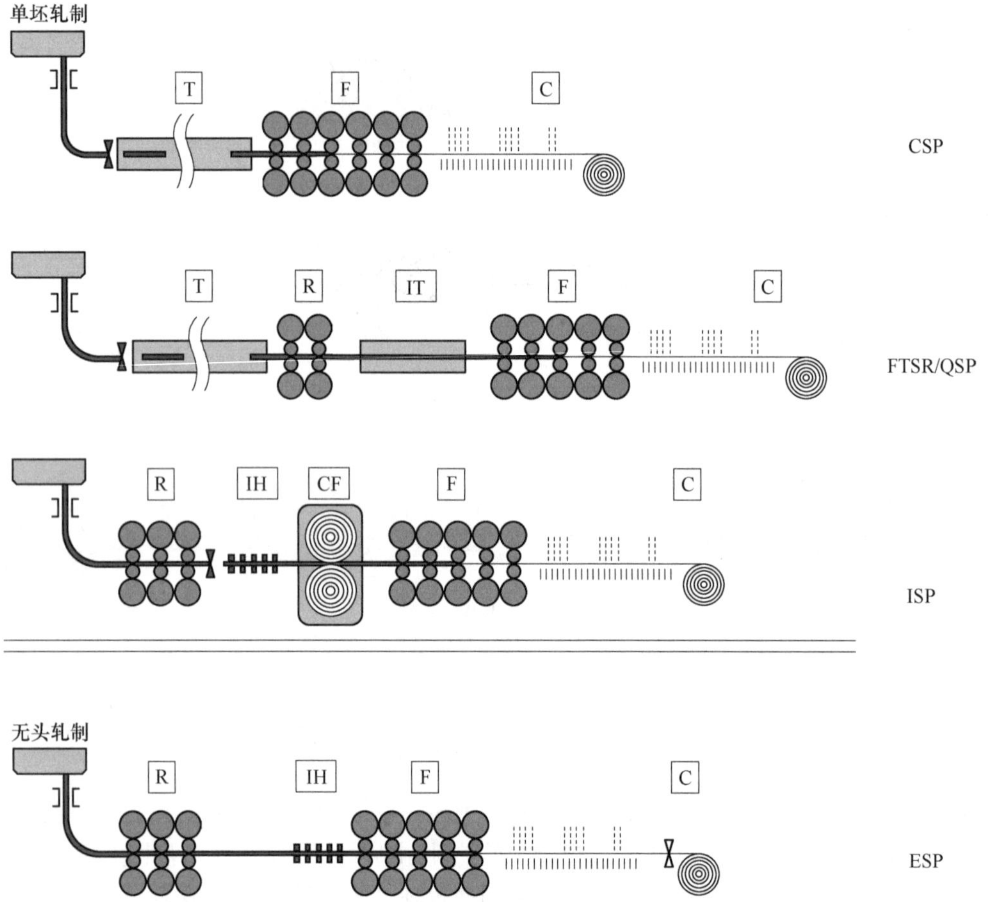

图 3-15 薄板坯连铸连轧技术的发展

T—Tunnel furnace，隧道式加热炉；F—Finishing mill，精轧机；C—Cooling/coiling，冷却—卷取；R—Roughing mill，粗轧机；IT—Intermediate Treatment（heated transfer table or cooling），中间处理（加热传送辊道或冷却）；IH—Inductive Heater，感应加热；CF—Cremona Furnace，克列蒙纳热卷箱

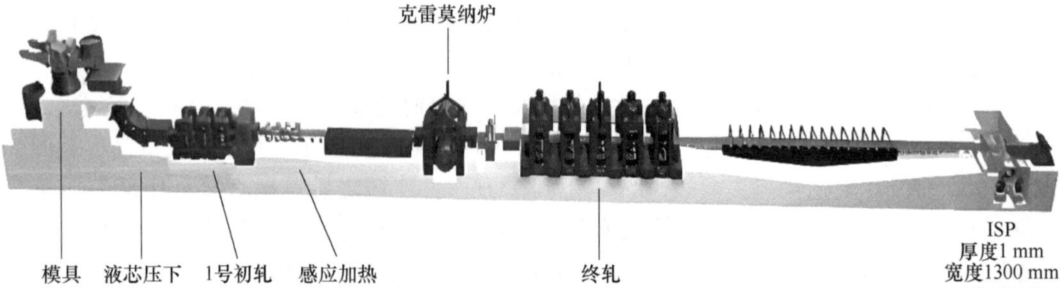

图 3-16 ISP 产线布置示意图

彩图

(3) FTSR 技术。FTSR 技术(Flexible Thin Slab Rolling)由意大利达涅利开发，该生产线包括薄或中等厚度的板坯连铸机、剪切机加热系统、轧机和冷却系统等，加热系统包括一台电磁感应加热炉，其后设有除避机和隧道炉、一台应急剪切机以及隧道炉和轧机之间的高压除鳞机。目前全世界共有 9 条此种技术类型的薄板坯连铸连轧产线。典型的 FTSR 产线布置示意图如图 3-17 所示，其工艺特点主要表现在以下几个方面：采用了达涅利薄板坯连铸机的核心技术——H2 漏斗形结晶器，H2 的含义是高可靠性和高灵活性(High Reliability and High Flexbility)，这种结晶器呈凸透镜形，把变形区穿过整个结晶器，进入扇形段，使坯壳的变形更加缓慢，坯壳附加的内应力更小。这种结晶器通常也被称为长漏斗形结晶器；为改善产品的表面质量，采用多点除鳞，在铸机输出辊道出口采用旋转除鳞，另外在粗轧机和精轧机前还各有一道高压水除鳞。

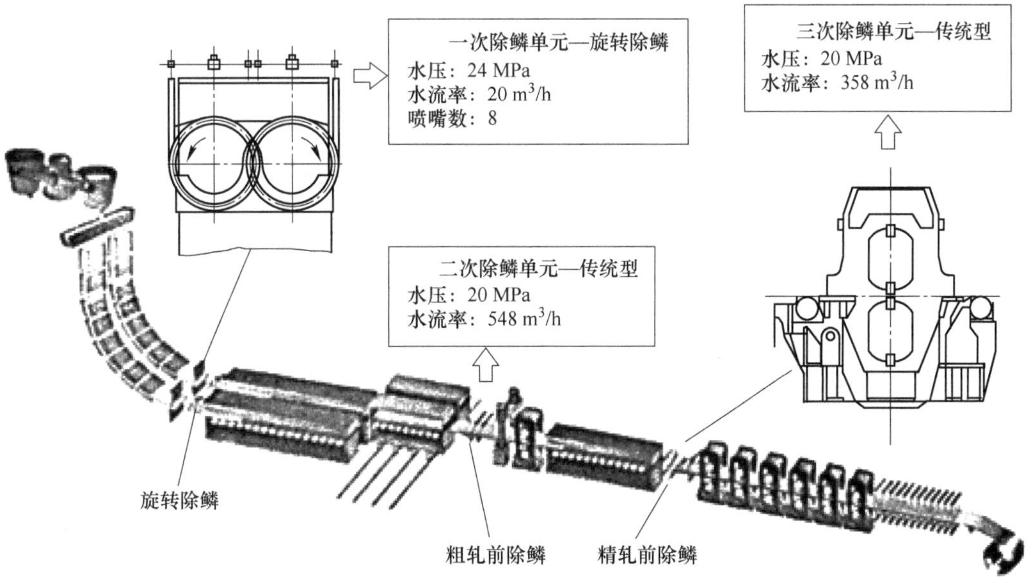

图 3-17 FTSR 产线布置示意图

(4) ESP 技术。ESP 技术(Endless Strip Production)由意大利阿维迪开发，早在 1990 年，其与荷兰霍戈文共同申请的专利 FI98896 就提出了一种用连铸连轧的方法生产厚度尽可能小的热轧带钢的方法。这种方法的关键点是从结晶器中引出的铸坯在液芯的状态下先进行一次成形，在液芯完全凝固后再实施一次成形，在此之后，将中间坯进行加热、卷取，然后再进行热精轧工序。

2009 年 6 月，世界上第一条 ESP 产线在意大利阿维迪开始工业化生产。国内日照钢铁引进此项技术，目前已有多条产线建成投入使用。ESP 工艺特点主要表现在以下几个方面：首次实现了从钢水到地下卷取机整个制造过程的全连续，真正意义上的实现了带钢的全无头轧制，这是 ESP 相对于其他技术类型最大的技术创新和突破；因为采用全无头轧制，因此只能一流连铸机对一套热轧机组，为确保产线的产能，铸坯厚度选择 90~110 mm，最大拉速超过 6 m/min；连铸之后采用液芯压下和固相铸轧技术；采用电磁感应加热炉而非辊底式均热炉对板坯进行补热，产线布置较为紧凑；采用高速飞剪实现带钢的分切。

（5）MCCR 技术。MCCR（The Multi-mode Continuous Casting & Rolling Plant）是世界首条具有灵活生产模式第三代薄板坯连铸连轧生产线，由意大利达涅利公司技术总负责及关键设备供货，日本 TMEIC 公司负责轧机电气自动化，集成了当今薄板坯连铸和热轧的最新技术，采用了全新的生产线布局，实现单坯、半无头、无头三种轧制模式。MCCR 生产线是在结合常规热连轧、CSP、ESP 等类型生产线的基础上开发出的新型热轧带钢生产线，具有工艺流程合理、设备布局紧凑、生产线长度短、车间占地少、生产模式灵活、节约能源消耗、生产钢种齐全、产品表面质量高、产品强度高且规格更薄“超薄”和“高强”两大特点。

MCCR 生产线设计有灵活的轧制模式，分别为单坯轧制模式、倍尺坯轧制模式、无头轧制模式。典型的 MCCR 产线布置示意图如图 3-18 所示，钢水经连铸机后形成连铸坯，连铸坯通过摆剪时根据轧制模式确定是否进行分切，之后通过隧道炉进入主轧区。连铸坯通过立辊轧机进行对中或适量减宽后，进入粗轧前高压水除鳞机除去板坯表面氧化铁皮。除鳞后根据轧制指令进入粗轧机组连续轧制三道，将连铸坯轧制成精轧机所需的中间坯。中间坯经粗轧机组后的转鼓剪进行切头、切尾。事故时，可根据要求对中间坯进行碎断。无头轧制时，需要使用电磁感应加热器提高中间坯温度。单坯和倍尺坯轧制时，电磁感应加热器自动移出轧线。之后，中间坯送往高压水除鳞机，除鳞后进入精轧机组连续轧制五道，将中间坯轧制成预定的尺寸规格。根据轧制产品的工艺要求和终轧出口温度，精轧出口带钢通过层流冷却装置将带钢冷却到所需卷取温度。倍尺坯和无头轧制模式时，高速飞剪按钢卷所需重量将带钢进行分切，随后带钢进入卷取机卷取。单坯轧制时，不使用高速飞剪。卷取成卷的钢卷通过运卷小车运送到打捆鞍座上进行自动打捆，C 型小车将钢卷放在重载智能托盘车钢卷运输线上进行提升、称重、喷号，将需要检查的钢卷送入钢卷检查线进行抽样检查、取样，之后钢卷被运送到指定的钢卷库存放。

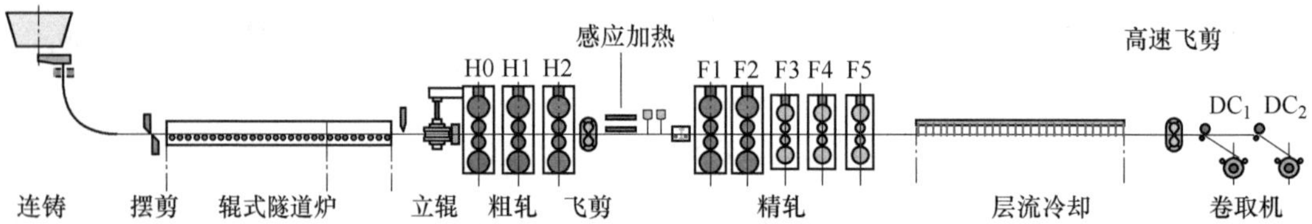

图 3-18 首钢京唐 MCCR 产线

彩图

3.3.2.3 薄板坯连铸连轧关键工艺技术与装备

（1）铸坯厚度选择与结晶器类型。薄板坯连铸连轧是近终形制造技术的代表之一，其早期的工艺指导思想是尽量减小连铸坯的厚度，以减少后续的压下量及所需的轧机数量，从而实现流程的简约高效。但是，当铸坯厚度减薄后，存在浸入式水口与熔池空间狭小、铸坯表面质量相对差等问题。为解决这个矛盾，发明了变截面结晶器，以增大熔池的空间。例如，西马克开发了漏斗形结晶器，如图 3-19（a）所示，首次突破了板坯连铸结晶器任意横截面均为等矩形截面的传统。德马克也将其平行板结晶器改进为“橄榄型”结晶器形式，一般也将其称为小漏斗形。除此之外，达涅利也开发了 H2 结晶器，一般也称之为长漏斗形结晶器或凸透镜形结晶器，如图 3-19（b）所示。

变截面结晶器虽然能在一定程度上改善浇铸条件，但是铸坯厚度太薄，铸坯质量的控

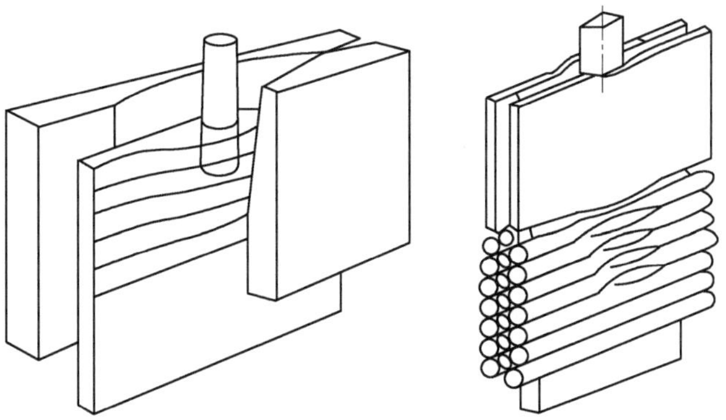

(a) (b)

图 3-19 薄板坯连铸结晶器类型
（a）漏斗形结晶器；（b）H2 结晶器

制难度依然较大。因此，在后期工业化应用中，薄板坯连铸连轧技术结合液芯压下技术，一定程度增加了结晶器出口铸坯厚度，以达到提高产品质量的目的。例如，CSP 技术的铸坯厚度由最初的 40~50 mm 逐渐增加到 70/90 mm；ISP 技术的铸坯厚度也由最初的 60~65 mm 提高到了 70/90 mm；FTSR 技术直接采用了 70/90 mm 的铸坯厚度。奥钢联更是直接发展出了铸坯厚度为 75~125 mm 中薄板坯连铸连轧的代表性技术——CONROLL 技术。增加结晶器出口厚度有利于提高结晶器内钢液面的稳定性，改善保护渣的熔化和润滑条件，提高浸入式水口的寿命等。因此，最近新投产的薄板坯连铸连轧生产线都一定程度地提高了结晶器出口厚度。增加结晶器出口厚度另外一个重要的驱动力是提高产线的产能。在技术发展的初期，由于铸坯的厚度仅有 40~50 mm，连铸机的产能仅有 60 万~80 万吨/年，即使采用两流连铸机，也无法完全匹配热轧机组 280 万~300 万吨/年的产能，连铸仍然是产能的限制环节。提高连铸坯厚度是增加产能最直接有效途径。总之，连铸坯厚度的选择应保持在合理的范围，需要综合考虑产线的技术类型、产品的规格、质量、产能、成本等诸多因素。

（2）液芯压下技术。液芯压下技术最早应用于常规厚板坯和大方坯连铸机，其目的是改善铸坯中心疏松和宏观偏析，提高铸坯的内部质量。因为在凝固末期，铸坯中心凝固时产生收缩，一方面在中心部位形成孔隙，另一方面引起富集溶质的残余钢液向中心流动，最后导致铸坯中心疏松和宏观偏析，所以对于常规厚板坯和大方坯在铸坯的凝固末期采用液芯压下（也称轻压下）可以补偿最后凝固阶段的收缩消除中心疏松和宏观偏析。

在薄板坯连铸中，由于铸坯较薄，冷却较快，其中心出现偏析的程度比常规厚板坯和大方坯小，所以对薄板坯而言，不采用液芯压下一般也能满足铸坯的质量要求。但是，从薄板坯连铸连轧的工艺流程考虑，为了实现铸坯的直接轧制达到大量节能的目的，需要将铸坯的厚度限制在连轧所能接受的范围内，这样才能充分发挥连铸连轧在技术经济上的优势。而从连铸角度考虑，生产薄板坯会给结晶器和浸入式水口带来负担。如果结晶器内腔厚度太小，不利于浸入式水口的插入，而且结晶器内的熔池也太小，增加了钢水注流对凝壳的冲刷，加剧了结晶器内钢液面的波动，不利于保护渣液渣层的形成和稳定，增加了浇铸的难度，所以结晶器内腔的厚度不应太小。这样，在连铸和连轧之间存在着对铸坯厚度有不同要求的矛盾。为了解决这一矛盾，薄板坯连铸连轧采用了液芯压下技术。

（3）铸轧衔接技术。自薄板坯连铸连轧技术提出以来，连铸机与轧机间的衔接技术也得到了长足的发展与完善，目前常用的有辊底式均热炉、热卷箱、步进式加热炉和感应加热炉四种衔接方式，如图 3-20 所示。

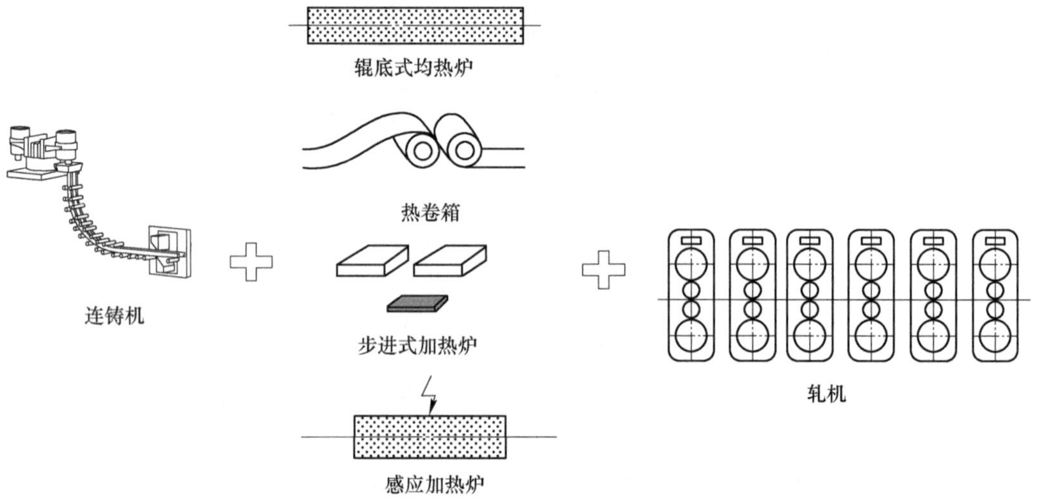

图 3-20　铸轧衔接方式示意图

辊底式均热炉是 CSP 技术主要采用的衔接方式，目前应用最为广泛。在衔接两流连铸机的两个辊底式均热炉间板坯的传输方面，最初采用的是横移式，后来以摆动式为主，如图 3-21 所示。辊底式均热炉操作简单、可靠，但是设备长度一般有 180～260 m，在半无头轧制产线中，长度甚至超过 300 m。因此，辊底式均热存在占地面积大、投资高的问题。此外，辊底式均热炉底辊多达 200 根以上，且采用水冷方式，使均热炉的热效率较仅有 35%。炉辊结瘤，易导致板坯下表面划伤等表面质量问题。

(a)　(b)

图 3-21　辊底式均热炉间铸坯的传输方式

（a）横移式；（b）摆动式

彩图

ISP 技术发展过程中，其衔接技术的变化也比较大。第一条 ISP 生产线采用了感应加热和克日莫那炉的方案，大幅缩短了产线长度，使产线总长度仅为 175 m。但是克日莫那炉结构复杂、故障率高、缓冲能力小等问题较为突出。为了避免以上问题，浦项的 ISP 产线采用了感应加热和热卷箱方案，大幅提升了产线缓冲能力及生产灵活性。

步进式加热炉具有占地少、生产调度性强、工艺成熟可靠等优点。但在钢卷单位卷重一定的情况下，薄板坯的长度较长，须大幅增加步进式加热炉固定梁和移动梁长度，导致其难以正常运转，同时还显著增加成本。目前，步进式加热炉主要与中厚板坯连铸机衔接，如奥钢联的 CONROL 技术、住友的 QSP 技术以及鞍钢的 ASP 技术等。

感应加热炉具有加热温度快、加热时间短等优势，可大幅缩短产线长度，避免辊底式均热炉易造成铸坯下表面擦伤的问题。目前，阿维迪开发的 ESP 技术在粗轧和精轧机之间采用了电磁感应加热炉补热。但是，对 ESP 产线而言，感应加热炉衔接方式存在装机容量大的问题，可达到整条产线装机容量的 50%左右，能源成本较高。

（4）高效除鳞。薄板坯连铸连轧技术具有不同于传统热轧流程的热履历，连铸坯出铸机后直接进入均热炉进行 20~30 min 的加热和保温，出炉后直接进入除鳞机进行高压水除鳞。在这个过程中，连铸坯始终处于较高的温度，没有传统连铸坯温度下降至室温的过程；加热时间较短，铸坯表面氧化铁皮相对较薄；出加热炉到进入除鳞机的时间短，板坯温降较小。生产实践发现，薄板坯的氧化铁皮较薄，但是黏性大、去除难度高，因此薄板坯连铸连轧流程热轧带钢的表面质量一直是困扰行业的共性问题。在薄板坯连铸连轧技术发展的早期，曾提出提高除鳞水压来清除铸坯表面氧化铁皮，最高水压曾达到 55 MPa，但是过高的水压对改善除鳞效果有限，而且还显著增加了高压水系统维修保养的工作量和事故率。

西马克研发了新型除鳞机来解决薄板坯连铸连轧氧化铁皮难清除的问题，具有如下特点：与常规高压水除鳞机相比，缩短了喷嘴与板坯表面之间的距离；水压从 20 MPa 提高到 40 MPa，实用水压为 32~35 MPa；增设了防止飞溅水回落到板坯表面的收集器。此外，西马克还提出了在辊底式均热炉之前设置旋转除鳞机去除铸坯上不均匀的氧化铁皮及残余的保护渣，以防止氧化铁皮聚集在隧道炉辊上，引起板坯下表面划伤。

达涅利公司根据薄板坯连铸连轧产线上不同位置氧化铁皮的特点，开发了多点除鳞工艺，在辊底式均热炉之前设置了旋转式除鳞机，在粗轧机前和精轧机前分别设置了除鳞箱。

（5）连续化轧制技术。传统热轧带钢的生产一般采用单坯轧制，板坯在生产过程中需要经历咬钢轧制和抛钢的过程，其存在的最大问题是带钢头尾的轧制是在无张力条件下进行的，轧制不稳定，尺寸公差得不到充分保证。同时，由于频繁地穿带、甩尾，必然会对轧辊造成损害，特别是薄规格热轧产品的轧制，问题尤为突出，产品生产难度大。连续化轧制的优势是显而易见的：可减少轧制过程的间歇时间，有利于提高产量；可实现恒速轧制，轧制过程更稳定，温度和张力更均匀，有利于产品的质量改进，同时也有利于薄规格热轧产品的批量、稳定生产。

连续化轧制技术在薄板坯连铸连轧产线实现之前，在传统热连轧产线上可通过中间坯焊接的方式实现。将中间坯在运动的过程中连接起来从而实现连续化的无头轧制。采用连续化轧制技术之后，其产品的尺寸精度和温度的均匀性得到明显改善，板形、表面质量和生产效率也得到显著提升。

在薄板坯连铸连轧技术的发展过程中，连续化的思想也是贯穿始终。根据连续化的程度，一般可将薄板坯连铸连轧分为三代技术。第一代技术以单坯轧制为特征，最早在美国投产的纽柯克劳福兹维尔 CSP 线以及我国第一批引进的珠钢、邯钢、包钢等产线均属这代技术。第二代技术以半无头轧制为特征，最早是 1994 年在荷兰霍戈文实现，其产线布置示意图如图 3-22 所示。所谓半无头轧制技术是指在薄板坯连铸连轧机组上采用相当于普通板坯最大长度 4~7 倍的板坯，实现连续轧制，再由卷取机前的飞剪将其分切成所要求重量钢卷的轧制工艺。为提高半无头轧制技术的效率，衔接段应有足够的长度，因此其均热炉的长度相对较长，荷兰霍戈文半无头轧制产线均热炉的长度达到 312 m，是世界上最长的均热炉，其坯料长度可以达到 250 m 以上，达到传统板坯长度的 7 倍左右。半无头轧制可以尽可能延长一块板坯的连续轧制时间，从而获得连续化轧制所带来的一些优势。实际上，这是介于单坯轧制和无头轧制之间的一个过渡性的技术。半无头轧制技术还减少了频繁穿带和甩尾带来的问题，有利于提高轧制过程的稳定性和控制精度，特别是头尾的控制精度，包括终轧温度、厚度、凸度和板形等。半无头轧制技术适于生产超薄带钢和宽薄带钢，拓宽产品的极限规格范围。

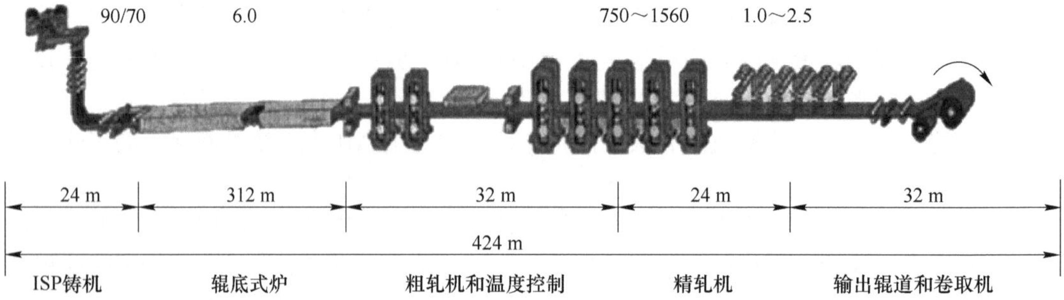

图 3-22 荷兰霍戈文半无头轧制产线布置示意图

第三代技术以完全连续化生产的无头轧制为主要特点。2009 年，首次工业化生产在意大利阿维迪的 ESP 产线上得以实现。2013 年，我国的日照钢铁开始引进阿维迪的技术，目前已经有 4 条产线建成投产，每条产线的设计产能为 220 万吨/年。ESP 技术在薄规格热轧带钢生产上的优势也已经显现，产品的最小厚度规格达 0.6 mm，并且可以实现 1.0 mm 以下规格产品的批量化生产，2016 年，1.2 mm 以规格产品的比例约为 30%，1.5 mm 以下产品的比例达到 55%。

3.3.2.4 薄板坯连铸连轧的工艺特点

薄板坯连铸连轧流程与传统热轧流程具有不同的热履历和物理冶金特征，如图 3-23 所示。传统热轧流程铸坯需要经过冷装或热装进行再加热，其对应的相变过程为：钢水→ δ 铁素体→ γ_1 奥氏体→ α 铁素体→ γ_2 奥氏体。其中，冷却和再加热过程对应的 $\gamma_1\rightarrow\alpha\rightarrow\gamma_2$ 相变过程细化了奥氏体组织。由于薄板坯连铸连轧流程中铸坯不经过相变直接在奥氏体区轧制，因此不经历 $\gamma_1\rightarrow\alpha\rightarrow\gamma_2$ 的相变过程，进入精轧机的为粗大的原始奥氏体晶粒 γ_1（900～1200 μm），而传统流程进入精轧机的是经过粗轧的中间坯，晶粒均匀、细小（40～70 μm）。

此外，由于薄板坯连铸连轧流程的铸坯厚度由传统流程的 210～230 mm 减小到了 50～70 mm，大幅增加了铸坯表面积，其表面积为传统厚板坯的 3～5 倍，导致其在结晶器内的冷却强度由传统的厚板坯的 0.15 ℃/s 高到 2 ℃/s。高的凝固速率改善了铸造组织，如图 3-24 所示，薄板坯二次枝晶间距由传统厚板坯的 120～300 μm 减小到 50～120 μm。同时，由于冷却强度大幅提高，板坯的宏观及微观偏析也得到较大的改善，使元素分布更加均匀。

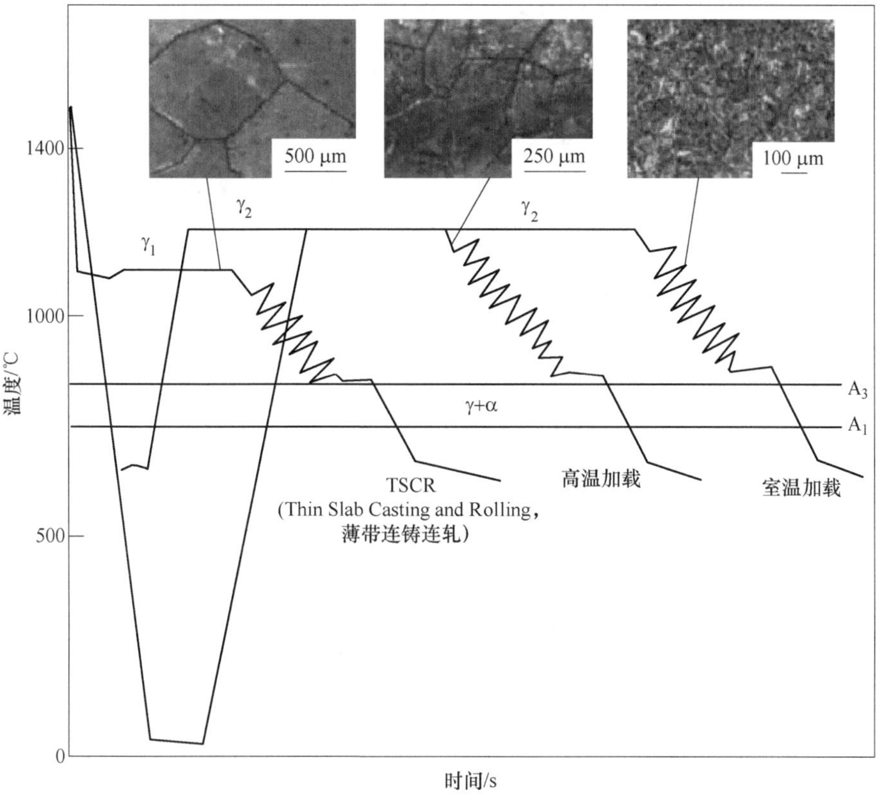

彩图

图 3-23 薄板坯连铸连轧与传统流程的热履历示意图

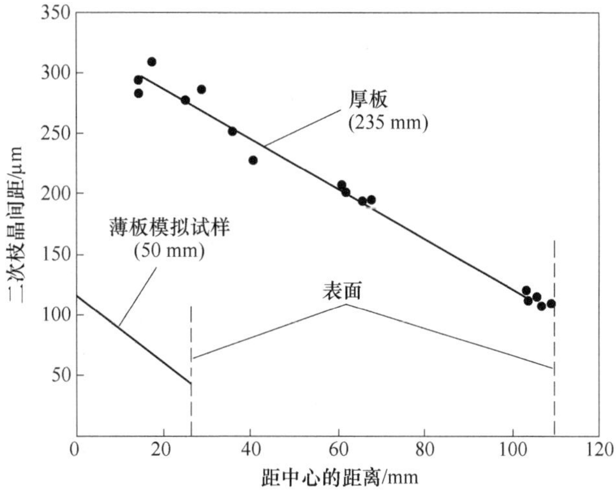

图 3-24 薄板坯与传统铸坯二次枝晶间距比较

此外，冷却速度的大幅提高也极大程度地细化了氧化物、氮化物等非金属夹杂物，如图 3-25 所示，非金属夹杂物尺寸一般为几十纳米至几百纳米，从而达到阻止奥氏体晶粒长大和通过细晶、沉淀强化提高材料强度的作用。

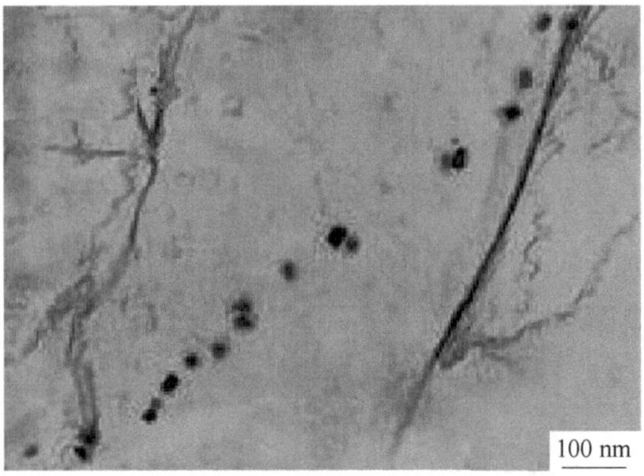

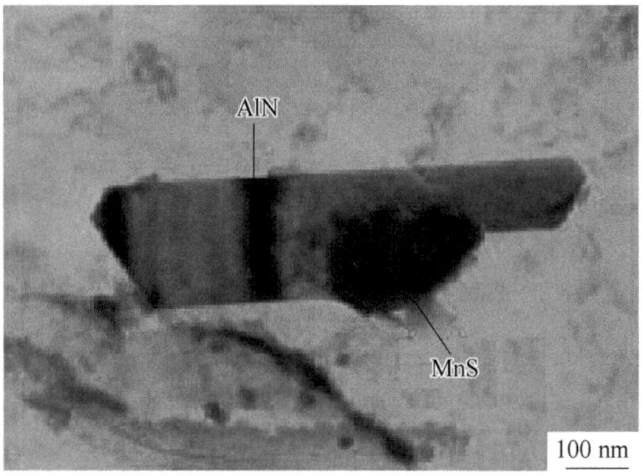

图 3-25 薄板坯连铸连轧微合金钢中纳米析出相 TEM 形貌
（a）VN；（b）AlN 和 MnS

薄板坯在连铸后未进行中间冷却直接热装，使大部分合金化元素以固溶的形式分布于基体中，有利于充分发挥合金元素的潜在作用。薄板坯连铸连轧流程微合金元素在热轧开始前，在奥氏体中几乎完全溶解，可用于奥氏体晶粒细化和终态组织中的析出强化。而在传统工艺流程的中间冷却过程中，部分合金元素以碳化物和氮化物的形式析出，随后因加热温度和加热时间有限，仅有部分析出物能够溶解，大幅削弱了合金元素对组织调控与析出强化效果。

热履历对产品表面脱碳厚度影响显著，尤其是对中高碳钢的影响更为突出。薄板坯连铸连轧流程的低温加热和短时保温有利于表面脱碳现象的控制。与传统流程相比，虽然薄板坯连铸连轧流程的总压下量相对小，但是其高速、大应变速率的轧制工艺（最大道次压下率可高达 60%以上）及快速凝固的特点能有效弥补其总压下量较小的问题，使其终态组织更为细小。此外，薄板坯连铸连轧流程紧凑，一般采用恒速轧制，铸坯及带钢全长温度可控制在±10 ℃，使薄板坯连铸连轧的轧制过程更稳定、尺寸精度更高、更适合薄规格热轧产品的生产。

3.3.2.5 薄板坯连铸连轧产品开发与应用

实际调研结果发现，薄板坯连铸连轧流程在常规产品的生产上与传统流程相比并不具备成本优势。薄板坯连铸连轧流程的产品如何定位，未来的产品研发往哪个方向发展，才能既避免与传统流程形成同质化竞争，又可以最大化地发挥薄板坯连铸连轧流程自身的工艺特点、提高产线的竞争力。这个问题已经成为目前行业所关注且迫切需要尽快解决的问题。

薄板坯连铸连轧流程早期的产品定位是充分利用丰富而廉价的废钢资源和电力，尽可能减少人工成本，低投资、低成本地规模化生产中低档热轧产品。随着薄板坯连铸连轧技术不断地改进和完善，如采用液芯压下技术，增加铸坯厚度，提高除鳞水压力，改进除鳞装置，增加精轧机架，甚至增加粗轧机等，其产品的品种和规格范围不断扩大。薄板坯连铸连轧流程可生产的产品已经从最初的低碳钢、中碳钢等中低档次产品逐步发展到了低合金高强钢、工具钢、硅钢、耐候钢、双相钢、复相钢等高端产品，已经可以覆盖 80%以上的热轧板带产品。

根据薄板坯连铸连轧流程的工艺及物理冶金特征，提出流程的产品定位，如图 3-26 所示。薄板坯连铸连轧流程具有铸态组织均匀、偏析小、析出物弥散、晶粒细小、性能均匀、板形良好和尺寸精度高等特点，特别适合生产薄规格、高强钢、特殊钢和电工钢等产品，这也是薄板坯连铸连轧流程产品开发应该重点关注的发展方向。

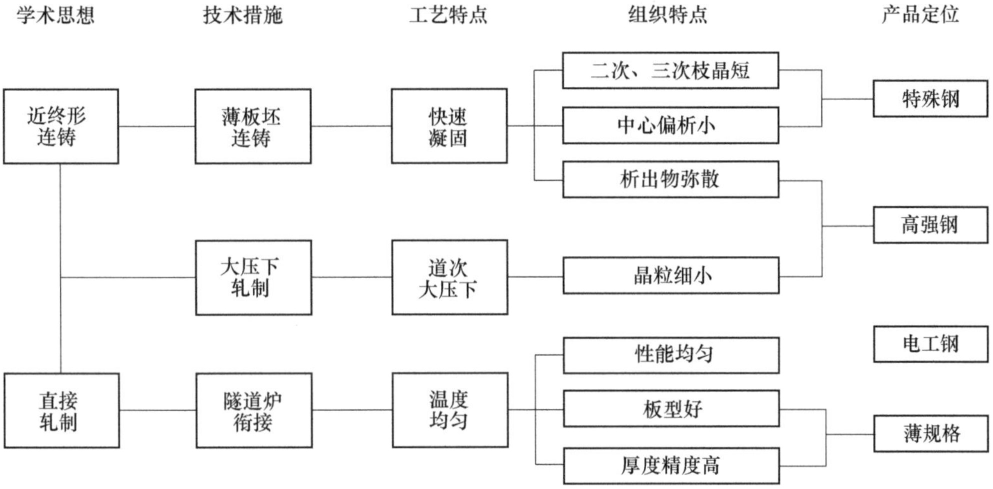

图 3-26 薄板坯连铸连轧流程的产品定位

（1）中高碳特殊钢。热轧宽带中高碳钢是机械制造、交通运输、航空航天、石油天然气开采、采矿等领域必需的关键基础材料。传统热轧流程生产中高碳钢存在成分偏析和表层脱碳严重、厚度精度不高与组织性能不稳定等问题。薄板坯连铸连轧流程具有凝固速率高、均热炉温低、时间短、道次压下大等特点，有利于中高碳特殊钢的生产。

工业实践证明了薄板坯连铸连轧在中高碳特殊钢生产上的技术优势。与传统流程相比，其带钢的中心偏析、表面脱碳和组织均匀性等关键质量指标都有明显改善，特别是在表面脱碳层的控制方面优势明显。目前，唐钢、涟钢、武钢等都已在薄板坯连铸连轧产线上实现了 30CrMo、50Mn2V、75Cr1、65Mn、60Si2Mn 等系列中高碳特殊钢的批量化生产，所开发产品碳的质量分数最高超过 1.0%，产品已广泛应用于汽车零部件、高端锯片等领域。

（2）热轧高强钢。在过去 30 年，国内外已在薄板坯连铸连轧高强钢开发与生产方面开展了大量的研究工作，目前可生产的产品范围已得到极大程度的拓展。如美国纽柯克劳福兹维尔（Crawfordsville）CSP 产线可生产的高强钢产品涵盖结构钢（SS30~55）、HSLA 钢（HSLA 45~80）、API 钢（X42~X65）、合金钢、AHHS 钢、硼钢和耐磨钢等系列产品；德国蒂森克虏伯 CSP 产线可生产 50 种以上产品，其中包括高强捆带、HSLA 钢、调质钢、多相钢、API 钢、SCALUR 热轧酸洗钢等系列高强钢。

国内的珠钢、武钢、涟钢等典型的薄板坯连铸连轧产线也已经实现了系列高强钢的批量生产，其中最具代表性的是钛微合金化高强集装箱用钢和汽车白车身用高强钢。550 MPa 级新一代集装箱用钢，主体规格为 1.5~4.0 mm，已批量用于替代普通集装箱用钢 SPA-H，取得了良好的轻量化效果，可减重 12%~14%。700 MPa 级的高强集装箱用钢，可生产的最小厚度达到 1.2 mm，已取代冷轧产品用于特种集装箱的顶板和门板制造，实现“以热代冷”，大幅度降低特种集装箱的制造成本。

传统汽车白车身用高强钢主要采用“热轧+冷轧+热处理”的制造工艺。基于对薄板坯连铸连轧流程的快速凝固、道次压下大、温度均匀等工艺特点与汽车用高强钢对高强度、薄规格、板形好等产品质量要求的适应性分析，国内率先提出了基于薄板坯连铸连轧流程的汽车用高强钢制备新的工艺技术路线。目前基于薄板坯连铸连轧产线，武钢、涟钢、首钢已成功开发出了 340~700 MPa 低合金高强钢、580~780 MPa 双相钢、1500 MPa 级热成形钢等系列汽车白车身用高强钢，并在汽车上实现了示范应用，可等效替换同类型的冷轧产品。基于薄板坯连铸连轧产线开发 780~980 MPa 级 CP 钢、980~1180 MPa 级 QP 钢以及 1200~1500 MPa 级马氏体钢等先进高强钢也取得了突破，并表现出比传统流程制备的相关材料更为优异的综合性能。

（3）电工钢。1991~1992 年，美国 Nucor 公司最早采用 CSP 产线开展无取向硅钢的工业试制。1997~1998 年，意大利 AST 公司的 Terni 厂也进行了取向和无取向硅钢的试制，并成功开发出 Si 质量分数为 3.2%的无取向硅钢，性能与传统流程相当。德国蒂森·克虏伯（Thyssen Krupp）的 CSP 产线已实现了硅钢的批量稳定生产，其所生产的无取向硅钢已用于上海的磁悬浮列车。韩国浦项的 CEM 和意大利阿维迪的 ESP 产线均有生产硅钢的报道。

在“十五”国家科技攻关期间，马钢与武钢、钢铁研究总院合作，开展了薄板坯连铸连轧生产无取向和取向硅钢研究，并在 2005 年取得重要进展，利用薄板坯连铸连轧工艺生产出了我国第一卷合格的无取向硅钢热轧卷。之后，武钢、涟钢、唐钢、邯钢、通钢、包钢均有采用薄板坯连铸连轧流程生产无取向电工钢的工业实践，使薄板坯连铸连轧流程在国内电工钢生产领域得到迅速发展。目前，武钢、马钢等企业利用薄板坯连铸连轧产线已经实现了无取向硅钢的规模化生产，其中武钢的产量最大，2018 年，产量达到 96.4 万吨。武钢 CSP 的生产实践表明，薄板坯连铸连轧流程生产无取向硅钢的磁性更高，铁损更低，尺寸精度和成材率更高。此外，武钢与马钢还进行了高牌号无取向硅钢和高磁感取向硅钢的试制，但目前还未进入规模化生产。

（4）薄规格热轧产品。厚度≤2.0 mm 的薄规格带钢是一种重要的钢铁材料，广泛应用于箱柜、电缆桥架、焊管、汽车结构件、家电、物流运输等行业，国内的年需求量达到千万吨级，目前以冷轧产品为主，制造流程长，能耗和制造成本高。采用薄板坯连铸连轧流程直接生产出薄规格热轧产品，可用于替代同等强度和同等规格的冷轧产品，可大幅度缩短制造流程，节能减排效果显著。因此，薄规格热轧带钢是一种资源节约、环境友好的钢铁材料，符合钢铁工业简约高效、绿色生态的发展方向。据不完全统计，冷轧产品可能被热轧替代的厚度范围占比达到 60%~70%。综合考虑产品质量要求，根据钢铁工业协会的预测数据，我国每年“以热代冷”的需求量为 1000 万~1500 万吨。

3.3.3 薄带铸轧技术

近年来，在汽车、农业机械、工程机械、钢结构等领域都兴起了轻量化、节能化的发展趋势，对薄规格、高强度钢材的需求日益增大。如大型农用机械驾驶室及料仓、高强货架、货车厢体等，其关键部件已按要求采用高强度薄钢板进行制作，以减少自重、提高设备效率并降低能耗。传统热连轧工艺由于在生产规格上的局限性，因此对于薄规格产品，尤其是 1.5 mm 以下产品的供应一直无法满足市场需求，而且传统热轧生产工艺还存在流程长、制造工序多、能耗大、环境负荷大等问题。市场上厚度 1.5 mm 以下产品以冷轧产品为主，但冷轧生产工艺生产流程更长、能耗更高，同时价格较高，导致下游用户的原材料成本居高不下。薄带铸轧是一种新型的薄规格带钢生产工艺，是将快速凝固与轧制变形融为一体的短流程、近终形加工工艺。与传统热连轧及冷轧工艺相比，产线长度大大缩短，仅有 50 m 左右；工序明显减少，省去了加热炉，多机架轧机也简化为一个机架，由此也带来了能耗低及排放少等优势。薄带铸轧工艺已逐渐成为当今钢铁工业最具发展潜力的一项冶金前沿新技术。

3.3.3.1　薄带连铸连轧技术研发历程和主要类型

将钢水直接制成带钢的尝试，可以追溯到 19 世纪。1846 年，英国人亨利・贝塞麦（Sir Henry Bessemer，1813—1898 年）提出用处于同一水平面的一对轧辊连续铸造生产锡箔和薄铅板的专利。1856 年，他首次开始进行钢铁的双辊式薄带连铸试验，利用容量约 20 磅的转炉接入钢水，将钢水倒入两个水平布置的铸辊中间，成功实现了将液态钢水直接铸轧成薄带，如图 3-27（a）所示。1857 年，贝塞麦获得了世界上第一项双辊式薄带连铸钢带的技术发明专利（专利号 US49053，Twin Wheel Strip Caster），如图 3-27（b）所示。

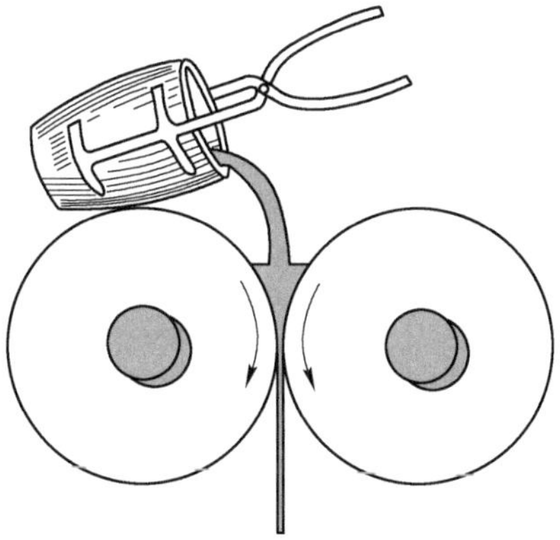

(a)

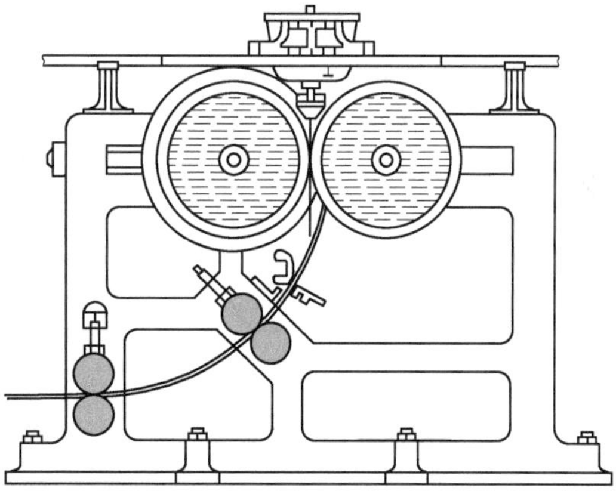

(b)

图 3-27　薄带连铸连轧技术
（a）贝塞麦薄带连铸概念示意图；（b）贝塞麦双辊式薄带连铸机专利示意图

薄带连铸技术由于制造技术和控制技术等发展不足，在钢铁工业的发展几乎停滞。20 世纪 80 年代，随着能源危机的加剧，薄带连铸又引起了国际上的广泛关注。以纽柯、澳大利亚 BHP 和日本 IHI 为代表，薄带连铸技术在钢铁制造领域取得突破，实现了薄带连铸连轧技术在钢铁工业的初步应用。

薄带连铸技术相比较板坯连铸和薄板坯连铸，更接近最终产品形状，主要用于制造超薄热轧带钢。在 160 多年的研究开发过程中，先行者众多，各大钢铁企业和知名高等院校、科研院所，如麻省理工学院、卡内基梅隆大学、牛津大学、亚琛大学、重庆大学、东北大学、日本材料研究所、上海钢铁研究所、德国马普所、意大利材料研究所等机构和企业都进行了研究开发。

由于研究者众多，技术发展路径不尽相同。针对不同的材料（铝、钢、铜等）及产品形式（板、管、线、异型等），薄带连铸技术方式五花八门，但区别主要还是集中在结晶器。根据结晶器的结构特征及布置方法，我们把薄带连铸技术分为三类，如图 3-28 所示：轮带式、单辊式和双辊式，其中研究最多、发展最快的是单辊和立式等径双辊式薄带连铸工艺。

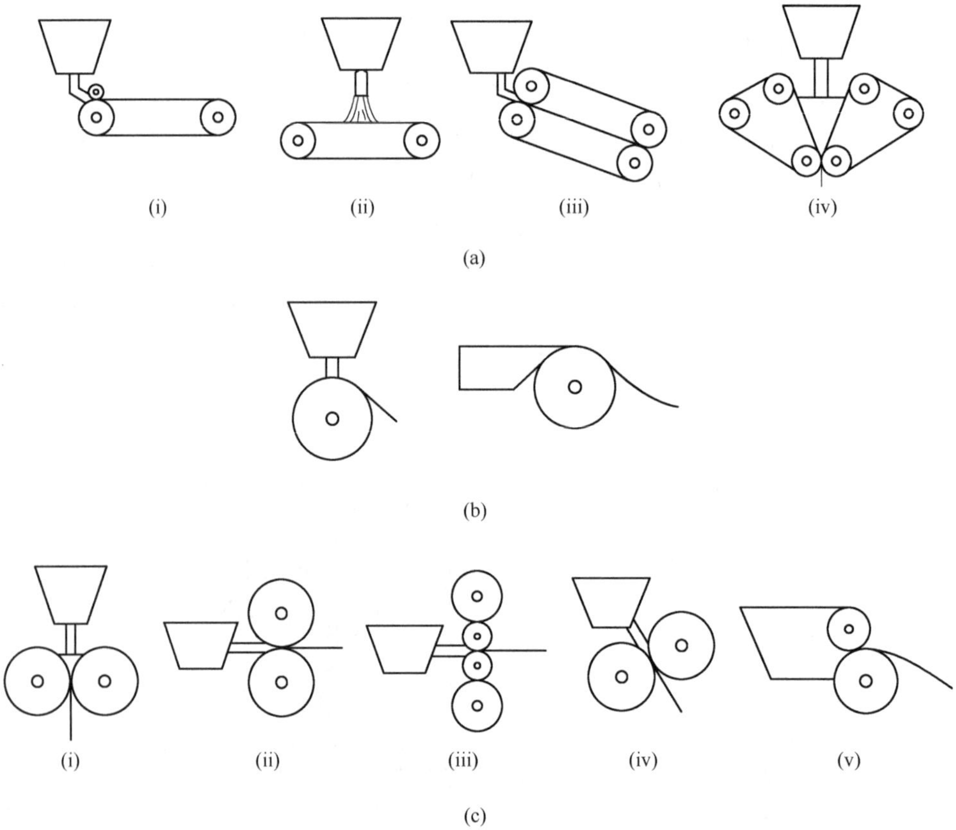

图 3-28　薄带连铸技术分类
（a）布置方法Ⅰ；（b）布置方法Ⅱ；（c）布置方法Ⅲ

（1）单辊式薄带连铸。单辊式薄带连铸机主要用于厚度比较薄的带材的生产。通常，单辊式薄带连铸过程是中间包钢水从侧面流至旋转结晶辊的表面，钢水在辊面上凝固，随着结晶辊的旋转牵引形成带钢，带钢厚度一般不超过 2 mm。这种浇铸方式对于厚规格来说由于是单向冷却，浇铸得到的带钢上、下表面质量差异明显，边部不规则，内部组织也不均匀，因此该种方法在钢的薄带连铸上的应用不多。

单辊式薄带连铸技术目前主要用于非晶合金带材制备，其原理如图 3-29 所示，将熔融的钢水通过一个狭缝的喷嘴喷铸到一个高速旋转的水冷铜辊圆周表面，在极短时间内凝固，并被剥离、抓取、收集，最后获得非晶带卷或非晶薄片的过程。过程中冷却速度大约为 10 K/s，熔融的钢水一次成型为厚度小于 50 μm（20~30 μm）的薄片。

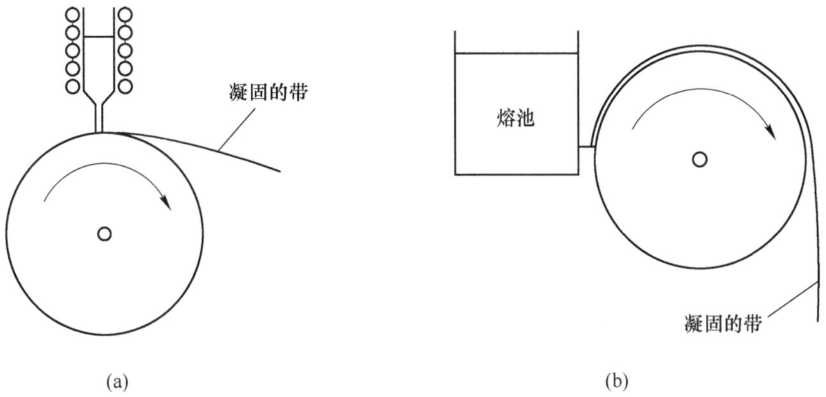

图 3-29 单辊式薄带连铸技术原理示意图

(a) 立式；(b) 水平

非晶合金带材是一种采用超高速凝固技术制备而成的新型功能材料，其特征是原子排列呈短程有序、长程无序结构凝聚态组织结构。由于它呈玻璃态的非晶特征而具有传统合金材料无法达到的综合优异性能，以其优异的铁磁性、抗腐蚀性、高耐磨性和高强度而成为一种新的功能材料，被广泛应用于电力、电子行业。

(2) 等径双辊式薄带连铸。双辊式薄带连铸技术是以转动的铸辊为结晶器，依靠双辊的表面冷却液态钢水并使之凝固生产薄带钢的技术。其特点是液态金属在结晶凝固的同时，承受力加工和塑性变形，在很短的时间内完成从液态到固态薄带的全过程。双辊式薄带连铸工艺，包括等径和异径等有多种形式，其中最常见的为等径双式带连铸工艺，也包括多种形式，而其中的主流为立式等径双辊式薄带连铸工艺。

立式等径双辊式薄带连铸机是由两支轴线平行放置、相向旋转的结晶辊与置于结晶辊两端面的陶瓷侧封板构成熔池，形成一个移动式的结晶器；结晶辊内部通冷却水冷却，液态钢水浇铸到熔池中，由液面开始钢水逐渐在结晶辊的表面凝固；随着结晶辊的转动，在结晶辊上凝固的还壳，在啮合点轧制成带。其主要特点是对称凝固，可以获得组织均匀、表面质量优良且厚度差相对较小的带钢。

等径双辊式薄带连铸技术的发展可以追溯至亨利·贝塞麦 1856 年提的设想，虽然该设想于 20 世纪 50 年代在铝加工领域取得了突破，但在钢铁制造领域一直发展缓慢。直到 20 世纪 90 年代，随着自动控制技术、设备技术、材料技术的进步，加之对薄带连铸基础研究的不断深入和国际合作的广泛展开，薄带连铸技术在钢铁制造领域也取得了快速的进展。其中最具代表性的进入工业化阶段工艺技术流派主要有：纽柯与 IHI、BHP 共同研发的 Castrip 工艺、POSCO 开发的 poStrip 工艺、新日铁与三菱重工合作开发的 DSC 工艺、蒂森克虏伯、奥钢联等合作开发的 Eurostrip 工艺。

3.3.3.2 薄带连铸连轧流程的工艺技术

薄带连铸技术的工业化目标是实现薄带连铸连轧，且能够稳定、批量生产，即在薄带连铸机后配置 1~2 台在线热轧机及相关设备，连续稳定地生产出与传统流程相同或更具竞争力的薄带钢产品，实现薄带连铸工序与在线热轧工序的一体化。经过冶金科技人员的不断努力，在黑色金属领域，截至 2020 年，形成了八大技术流派，共有七家单位所研发的薄带连铸技术进入了工业化阶段。

这些技术的产业化进程中，Castrip 专注于碳钢，并使用了 BHP 在 20 世纪 90 年代开发的结晶辊技术，选择较小的铸造结晶辊，相比其他技术在研发成本产品市场接受度等方面具有优势，率先进入工业化。而日本新日铁 DSC 项目和德国蒂森的 Eurostrip 项目由于选择不锈钢均已停止。韩国浦项的 poStrip 项目还在努力研发中。东北大学的 E2-Strip 则专注于高等级硅钢的技术开发和推广。武钢的中试示范线专门用于高硅钢极薄带的无酸洗冷轧技术开发，德国 SMS 与 Salzgitter 公司合作在 Salzgitter 建设了世界第一条轮带式薄带连铸连轧工业化生产线（BCT）。

随着中国钢铁工业的快速发展，薄带连铸连轧流程也得到快速发展，以宝钢为代表的钢铁企业经过 15 年的产业化攻关，逐渐形成了一个有中国特色的薄带连铸连轧流程技术路线——Baostrip，正步入商业化之路。

薄带铸轧工艺流程如图 3-30 所示。与常规热连轧生产工艺相比，薄带铸轧工艺少了加热炉、多道次粗轧等工序，多机架精轧只保留一个机架，冷却段长度也大大缩短，整条产线从钢水到卷取机长度仅有 50 m 左右。

以 Castrip 技术为例，钢包回转台、钢包和中间包采用了传统板坯连铸的设计方法。从冶炼车间运送来的钢水首先安置在钢包回转台上，然后中间包车把中间包移送至浇铸位置，安装钢包长水口、过渡包、水口和侧封板下游设备（导板、夹送辊、轧机、带钢冷却、飞剪和卷取机等）准备到位，进入浇铸模式。钢包开浇，钢水从钢包长水口进入中间包，中间包钢水通过过渡包、水口进入结晶辊和侧封板形成的熔池，钢水在两个结晶辊上凝固成壳后在出熔池时啮合成带。开浇时，铸机不用引锭杆，凝固好的薄带坯经过导板被送至出口处的夹送辊，夹送辊夹住带钢后，输送至轧机进行轧制。夹送辊与结晶辊之间通过速度差形成一个活套，用于带钢运行过程中的缓冲。从热轧机到地下卷取机的所有设备也均按常规设计。

与常规热连轧工艺不同，薄带铸轧工艺下没有“钢坯”的概念，冷却辊中通过的高速冷却水在瞬间带走大量热量，钢水可在不足 1 s 的时间内完成从液态到固态的转变，直接凝固成薄至 1.5 mm 厚的钢带，这与传统热轧工艺相比可实现更薄规格产品的制造。快速凝固过程带来的另一个直接优势，就是带钢中几乎不存在元素偏析，元素分布更均匀，因此也合适高合金元素钢种的生产，如高耐候钢产品、工具钢产品等。但是，薄带铸轧技术发展存在如何实现稳定高效生产的瓶颈。

3.3.3.3 薄带连铸连轧产品的组织和性能特点

（1）产品组织特点。薄带铸轧工艺下，钢水的凝固过程非常快，后续的冷却阶段时间也很短，其组织演变过程不同于常规的厚板坯连铸及薄板坯连铸，因此产品的组织形态相比常规工艺产品有明显区别。薄带铸轧产品，因为没有奥氏体的再结晶过程，组织仍保留铸带组织的一些特征，基本由铁素体构成，铁素体的晶粒形态比较多样，除少量呈等轴状外，多数为不规则的多边形。另外，还有部分针状铁素体，基体强度较高的针状铁素体的存在，可使薄带铸轧产品在很低的碳含量，且晶粒尺寸明显较大的情况下，仍可获得相对较高的强度。

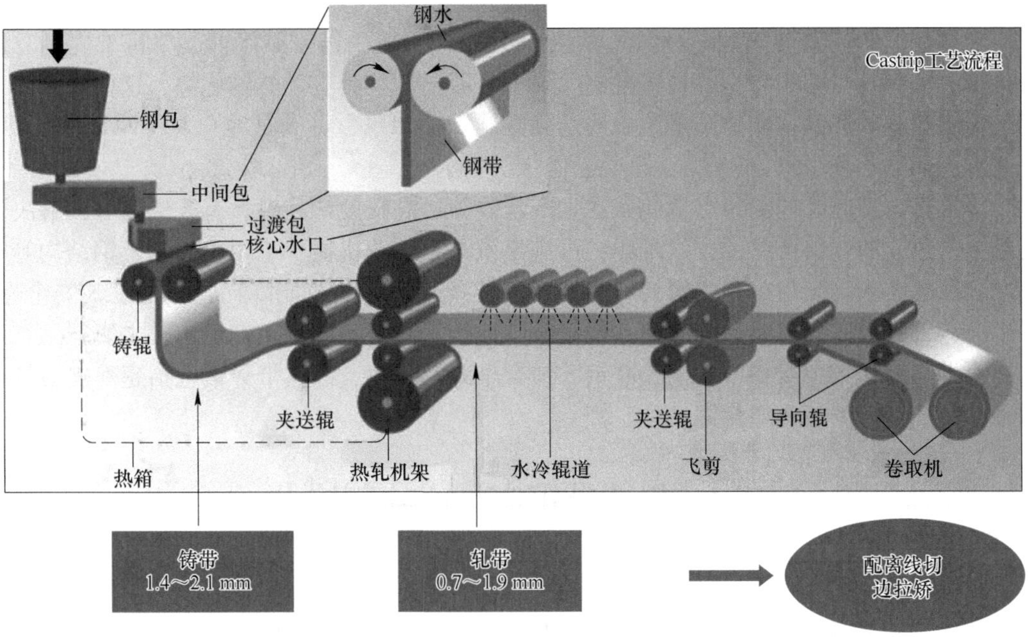

图 3-30 薄带铸轧工艺流程

彩图

薄带铸轧工艺的快速凝固及后续的快速冷却条件，可促进不规则的针状铁素体、棒状贝氏体等具有较高基体强度的低温相的形成，在较少的微合金元素添加量下（仅添加少量 Nb，不添加 V、Ti、Mo 等元素），即可获得相对较高的强度，与传统工艺生产的高强钢相比，大幅降低合金成本。另外，对于高强度钢的生产，由于不需要大压下量多道次的轧制，降低了对于轧制设备能力的要求，易于高强度薄规格产品的生产。

（2）产品性能特点。

1）无头轧制、连续生产，产品性能波动小薄带铸轧工艺属于无头轧制，在整个生产组织单元内（一般为 500～700 t），没有头尾的概念，不存在头尾不冷段的温度差异，因此一个生产单元内的产品性能几乎无波动，可保证产品使用性能的稳定，利于下游客户采用稳定的工艺对产品进行加工。

2）轧制压下量小，有各向同性好，有利于冲压。常规热轧薄板从板坯到成品需要较大压下量的轧制。一般进精轧机前的中间坯厚度一般为 35～40 mm，轧到 2.0 mm 就需要超过 94%的总压下率。在此期间金属流动主要沿轧制方向，最终轧向与横向的晶粒形态有较大区别，材料在冲压时各个方向的变形行为容易产生不一致的情况，出现制耳。而薄带铸轧产线仅配备单机架轧机，总压下量相对较小（一般为 15%～50%），与常规工艺产品相比，薄带铸轧产品横纵向组织差异很小，横向和轧向性能差别小。此外，薄带铸轧工艺凝固速度较快，在薄带钢中无明显的中心鳞偏析带和长条状的 MnS 夹杂带，也进一步提高了其韧性和成形性能。

3）碳含量低，有利于焊接。薄带铸轧产线的工艺特点，在快速凝固条件下可以获得含有针状铁素体、棒状贝氏体等不规则非等轴状的组织，可在很低的碳含量下（碳质量分数可低至0.01%）获得相对较高的强度。

4）尺寸公差精确，表面质量好。薄带铸轧工艺下凝固铸带厚度薄，单机架轧制总压下量小，这些特点对于带钢的板形控制、尺寸公差控制等具有天然的优势，这些指标明显优于传统热连轧产品，实物质量接近或达到冷轧产品水平，可满足客户对于“以热代冷”的需求。

薄带连铸连轧工艺的特点，使其在生产薄规格、高强度产品时具有天然优势，解决了批量生产热轧薄规格产品的技术难题，可满足汽车、农业机械、工程机械以及钢结构等行业的轻量化需求。高强度薄钢板的应用推动了装备轻量化与节能降耗，提高了其安全性，产生了显著的经济效益及社会效益。根据薄带连铸连轧流程的工艺特征，其主要产品有以热带冷钢、高强钢、双相不锈钢、硅钢、镁合金等。其中，以热带冷钢包括超薄规格低碳钢和超薄规格低碳微合金化钢。

3.4　极薄带钢高精度轧制技术

以超薄不锈钢精密带钢为代表的极薄带钢广泛应用于航空航天、石油化工、军工核电、新能源、高端电子、汽车、纺织、计算机、精密机加工等支柱行业和关键领域，并开始进入高端电子行业折叠显示屏、柔性太阳能组件、传感器和储能电池等高科技领域。

我国实现了一系列关键工艺和生产制造技术的突破，成功生产出厚度为0.02 mm、宽度为640 mm的不锈钢精密带材。开发出以复合性多曲线锥度辊系配置、高强韧钛合金轧辊设计和多轧程板形动态控制为核心的成套轧制技术，实现了宽幅超薄不锈精密带钢的高精度轧制；开发出多点转矩平衡补偿、螺旋芯轴型展平辊设计、非线性卷取张力动态调整的热处理线张力精准控制三大关键技术，解决了宽幅超薄不锈精密带钢长线退火过程中断带、折印及塌卷等难题，实现了大卷重（超过2 t）超薄带高效连续稳定生产；开发出超薄带钢高表面系列控制技术；开发出软态、高硬高弹、去应力等性能调控技术，形成20余种特殊功能系列产品，对国家战略安全行业的材料需求提供了有力的材料保障。

3.4.1　极薄带钢生产技术基础

3.4.1.1　轧机最小可轧厚度

在轧机上轧制板带最薄能轧到多薄是一个对生产有重大理论和实际意义的问题。实践表明，在同一轧机上轧制板带时，随着轧件变薄，变形抗力在增大，使压下越来越困难，当厚度薄到某一限度时，不管如何加大压力和反复轧制多少次，也不可能再使产品轧薄，这一极限厚度称为轧机最小可轧厚度。这是生产现场客观存在的现象。通常实际生产中工作辊径（D）与成品带材厚度（h）的比例关系为$D \leqslant 1000\,h$。

在理论上根据M. D. Some的平均单位压力公式及轧辊弹性压扁的变形区长度可找出最小可轧厚度的定量关系式：

$$h_{\min} = \frac{c \cdot D \cdot f(1.15R_{\mathrm{eL}} - \bar{q})}{E} \tag{3-1}$$

式中 h_{min}——最小可轧厚度，mm；

D——工作辊直径，mm；

E——轧辊弹性模量，MPa；

f——轧辊与带材间的摩擦系数；

$\bar{q}$——带材平均张应力，MPa；

R_{eL}——平均屈服强度，MPa；

c——比例常数，M. D. Stone 提出 $c=3.58$，也有人认为过大或过小。

此关系式明确指出，最小可轧厚度正比于工作辊直径、摩擦系数及轧件的变形抗力而反比于轧辊材质的弹性模量和前后张力。这是完全符合实际的。

3.4.1.2 极薄带材轧制的特点

根据式（3-1）分析，要想轧制更薄的带材，显然应从以下几方面入手，而这也就构成为极薄带材轧制的特点。

（1）大力减小工作辊直径。为此而常采用多辊轧机，多辊轧机工作辊与支撑辊直径之比可达 1∶10，而 4 辊轧机仅为 1∶5，从而可大大减小变形区长度，降低轧制力。

（2）极力选用高硬度、高刚性、高 E 值的轧辊材质。例如，采用碳化钨硬质合金的工作辊，其 E 值约为合金锻钢的三倍。因而大大减少轧辊的弹性压扁。实验证明，当轧制 0.05 mm 的钢带时，在轧制力一定的条件下，可使道次压下量增加 15%。最近国外发明，可采用高硬度的韧性陶瓷工作辊大大提高了轧薄效率。

（3）采用高效率的工艺冷却润滑剂，以降低咬入摩擦系数及轧辊温度。多辊轧机多采用低黏度的矿物油和乳化液。若所轧带材要求高的表面质量，就采用纯净的低黏度矿物油。当高速轧制（达 10 m/s）时为冷却排热，需采用乳化液做冷却润滑剂。

（4）适当对所轧带钢进行退火软化处理，以减少金属变形抗力和轧制力。

（5）采用大的张力轧制。实质上，多辊轧机轧制时，金属的变形是靠轧辊压下和张力拉拔共同进行的，实现稳定的轧制过程必须有较高的单位张力，因而要求在多辊轧机上安装有较大功率的卷取机，其功率值为轧机主传动功率的 70%~80%。

（6）采用高刚度的轧机。如短应力线轧机或六辊、十二辊、二十辊、三十辊、三十六辊多辊轧机及异步异径不对称轧机等，多辊轧机具有精确装配的支撑辊系、整体铸造机架、特殊的辊型调整系统等，故轧机的刚性很高，有利于提高带材厚度精度和获得良好的板形。并且轧机体积小、重量轻，减少设备及厂房的投资。但其加工制造、安装、调整的精度要求高，且轧辊冷却较困难，限制了轧制速度的提高。

（7）对坯料有严格的要求。极薄带钢在多辊轧机上轧制时，由于道次压下量大且采用大张力轧制，故对轧制时断带极为敏感，而轧制过程中穿带和接带又较困难，为了减少断带，确保轧制过程的稳定，在选用坯料时应保证坯料在长、宽方向均有最小的厚度差，有较高的边缘质量和组织的各向同性与性能的均匀性，并保证带钢表面在轧制前和轧制过程中的洁净清理。

3.4.1.3 极薄带材轧制生产工艺

极薄带材的轧制大多在多辊冷轧机上进行，其产品主要有冷轧硅钢、不锈钢、精密合金及高温合金等特种合金带材，故其生产工艺也有其独自的特点。其生产工艺过程一般也由原料准备、(退火）酸洗、冷轧、热处理、精整等几个基本工序组成。

（1）带坯准备。准备机组一般由开卷机、夹送矫直辊、液压剪、张力辊、焊机、圆盘剪、卷取机等设备组成，其任务是把几个热轧板卷拼成大的带卷坯，以提高生产率。在带坯的两端还要焊上引带，以提高成材率。硅钢板卷采用二氧化碳保护焊接，而不锈钢、精密合金、高温合金的焊接一般都采用氩弧焊。铬不锈钢的焊缝尚需进行退火，以消除焊接应力。

（2）带坯退火与酸洗。为了消除热轧残余应力，热轧带需进行预处理，为冷轧做好组织准备。一般奥氏体不锈钢通过连续淬火炉进行淬火软化，而铁素体和马氏体不锈钢则需在罩式炉内进行退火。但前者退火后要在空气中迅速冷却，以防脆化。退火后进行酸碱洗或中性盐电解和 HNO_3+HF 混合酸酸洗，然后冷轧。除高磁感取向硅钢外，现代热轧硅钢带多采用直接进行抛丸、酸洗和冷轧。精密合金带一般不再退火。

（3）冷轧。由于变形抗力大且需轧得极薄，故通常要在多辊轧机上进行冷轧，而且往往要进行多次冷轧。在每一次轧程后要进行中间退火（或淬火）和酸洗（或碱洗、混合酸洗)，以消除加工硬化及清理表面，然后再进行冷轧。中间退火常用保护性气体（如氢）保护以防表面氧化。为防止表面划伤，卷取时常须在每层间垫上塑料丝或纸带以防相互擦伤。

（4）退火。轧成成品后要进行最终热处理，一般在保护气氛下或真空中进行退火处理硅钢时，除要进行再结晶外，还要进行脱碳，故采用湿气氛，露点为+(30~50）℃。而硅钢最后的高温退火则是在干的保护气氛中进行的。

（5）精整。不锈钢带最后进行平整、抛光修磨，硅钢带则要经拉伸矫直及涂绝缘膜。最后，成卷或切成单张供应用户。

3.4.2 超薄带钢厚度控制宽幅超薄高强轧制工艺

超薄特殊合金钢强度高达 2000 MPa，最大宽度达到 1000 mm，宽厚比高达 52000 以上，要求厚度精度±0.001 mm，板形不平度 0.1 mm/m。由于材料强度高、变形抗力大，轧制过程工作辊存在严重的弹性压扁和辊端压靠现象，导致成品带钢存在厚度精度差、同板差大、板形不良、箔材断带等突出问题。

3.4.2.1 传统二十辊轧机控制技术的不足

传统二十辊轧机控制模型包括辊系弹性变形模型、轧制力模型、金属塑性变形模型等，大部分只适用于常规冷轧及精密带钢生产，应用于宽幅超薄带会出现四分之一浪、中间浪、边浪等复杂浪形，难以成材。

（1）未考虑超薄带轧制过程中出现的工作辊辊端压靠现象。如图 3-31 所示，辊端压靠指上下工作辊在带钢宽度以外发生相互接触压扁的现象。当工作辊发生辊端压靠现象时，轧制力会迅速增大，影响轧制力横向分布、轧辊挠曲变形、压扁变形等准确计算，导致板形控制、厚度精度控制误差增大，影响产品质量。

（2）未考虑超薄带轧制过程中工作辊的弹性压扁现象。如图 3-32 所示，传统的轧制力模型假设轧辊在接触变形区依然保持为圆弧形轮廓，但是实际上超薄带轧制过程中接触区轮廓已经变为非圆弧形轮廓，因此超薄带轧制时轧制力模型需耦合辊系变形。

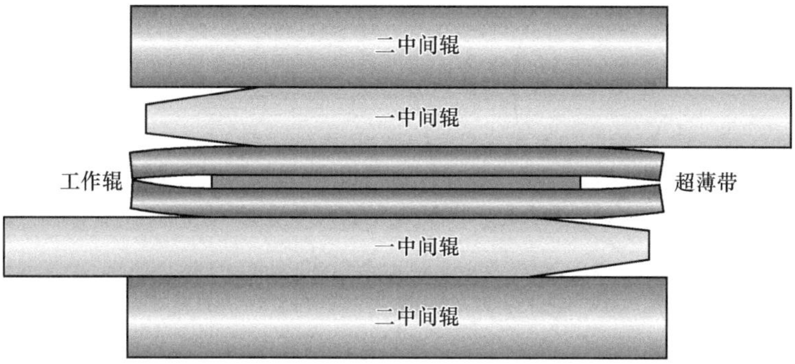

图 3-31 超薄带轧制过程的辊端压靠示意图

彩图

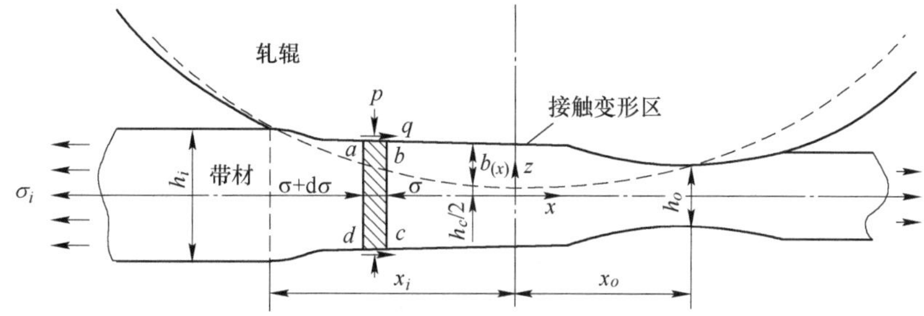

图 3-32 超薄带咬入区切片单元

彩图

3.4.2.2 超薄精密带材成套轧制技术

针对宽幅超薄带材轧制过程中的突出问题，开发出以辊系配置、轧辊材质选型和多轧程板形动态控制为核心的成套轧制技术。

（1）复合型多曲线锥度辊系配置技术。

1）辊系配置模型的建立。如图 3-33 所示，辊系的尺寸由 φ_a、φ_c、φ_d 决定，φ_a 决定整个辊系的横向刚度，直接影响轧机的横向变形；φ_c 的改变影响支撑辊偏移值 e 大小；φ_d 的改变直接影响传动辊的直径大小。下面分别对 φ_a、φ_c、φ_d 进行分析，找出各角度对轧机传动能力影响的大小，确定相对合理的辊系各角度调配方案。

通过对辊系稳定性的分析和板形质量分析，建立计算优化辊系尺寸的数学模型。

若 φ_a 增加 $\Delta\varphi_a$ 时，传动辊直径与 φ_c 保持不变，则相应的 φ'_d 为：

$$\varphi'_d = \varphi'_a + \arcsin\left[\sin\varphi_d + \frac{2\cdot(r_1 + r_2)}{r_2 + r_4}\sin\frac{\Delta\varphi_a}{2}\cdot\sin\left(\frac{\pi - \Delta\varphi_a}{2} - \varphi_a\right)\right] \tag{3-2}$$

若 φ_a 增加 $\Delta\varphi_a$ 时，其他角度保持不变，则传动辊直径为 $r + \Delta r$，即 r' 为：

$$r' = \frac{(r_2 + r_4)\cdot\sin(\varphi'_d - \varphi'_a)}{\sin(\varphi_d - \varphi'_a)} \tag{3-3}$$

若 φ_a 增加 $\Delta\varphi_a$ 与传动辊直径保持不变，即 φ_d 变为 φ'_d 时，φ_c 减小，即支撑辊偏移距 e 减小。e 值与 φ_c 的关系如下：

$$e = \frac{200}{(25\cdot\sin\varphi_c)^2 + (25\cdot\cos\varphi_c + 41)^2} \tag{3-4}$$

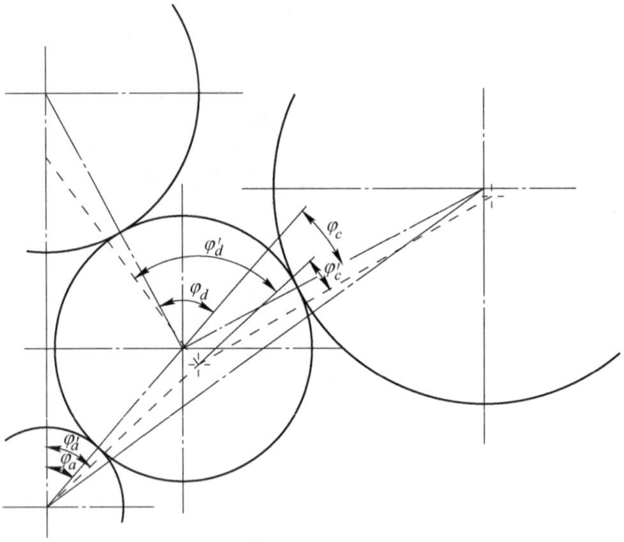

图 3-33 辊系布置调整示意图

2）高强韧钛合金轧辊辊系配置技术。如图 3-34 所示，辊系配置包括工作辊辊径选择、一中间锥度、二中间凸度配置等方面。根据模型计算、原料板凸度、工作辊辊径对轧机刚度的影响以及对应成品原料板凸度，最终选用工作辊辊径选择 23 mm≤D≤25 mm，硬度 63~65 HRC 的轧辊是该轧机最有利轧制状态。

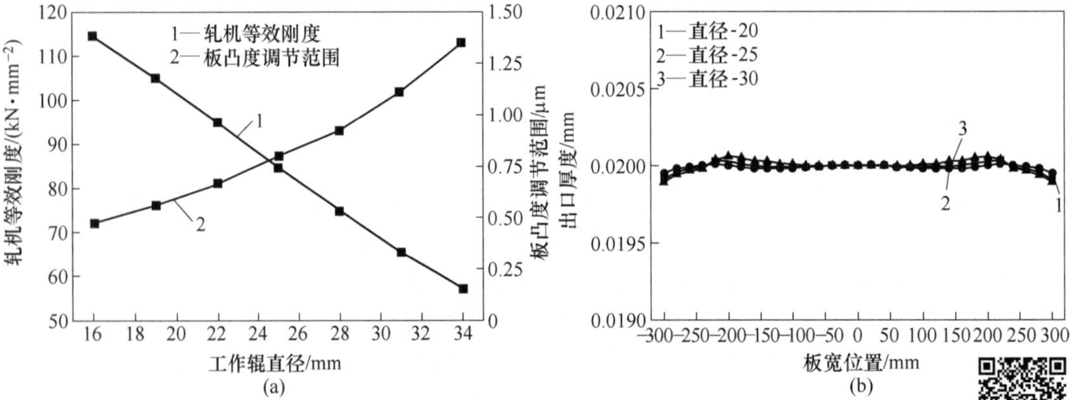

图 3-34 辊系配置

（a）工作辊优化尺寸；（b）不同直径工作辊对应的出口厚度

彩图

根据建立的二十辊轧机板形控制模型，设计出复合型一中间锥度，根据原料宽度选择为 640 mm，板凸度控制在 1%以内，为保证板形平直度，将带钢平面度控制在 95%，锥度长度为 810－0. 90×615≈256（mm），初步分析第一中间辊锥长分别 240 mm、250 mm、260 mm，为再根据板凸度和工作辊弯曲情况，将一中间锥度比选择为 0. 0015、0. 002、0. 0025 进行正交试验。如图 3-35 和图 3-36 所示。由分析结果发现当锥长为 250 mm 锥度为 0. 002 时计算得到的出口厚度比较均匀，而且前张力分布也比较好，说明轧制后板形板厚满足要求。

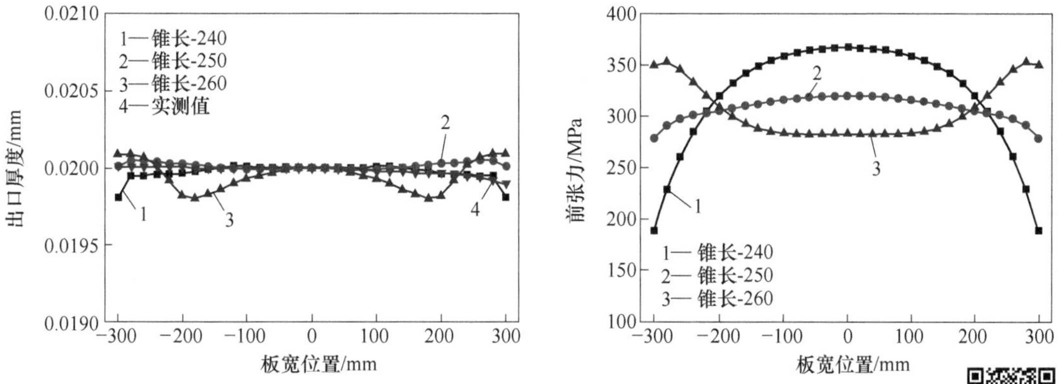

图 3-35 不同锥长分析结果

彩图

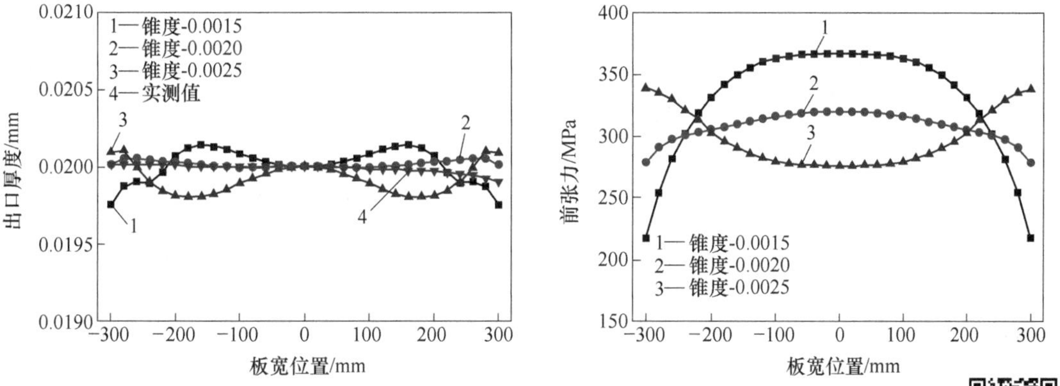

图 3-36 不同锥度分析结果

彩图

基于辊间压扁模型计算，通过原料宽度和轧制中钢带预受力状态分析，如图 3-37（a）所示。二中间凸度选用函数为 sin45°～sin60°的合适曲线作为磨削二中间凸度的曲线。通过重复试验，最终将凸度曲线确定为 sin60°，如图 3-37（b）所示。

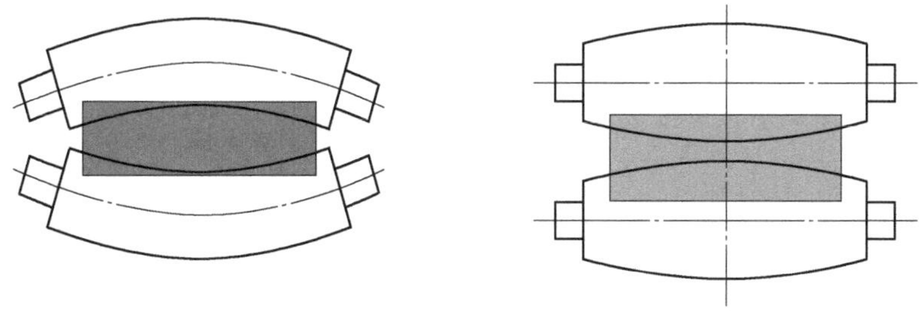

(a) (b)

图 3-37 状态分析和示意图

（a）预受力状态分析；（b）二中间凸度选用示意图

彩图

（2）轧辊材质选型技术。

基于轧辊的刚度分析及压扁分析计算确定轧辊材质的选择。根据辊心变化前后的坐标求出辊系的变形系数，基于此确定辊系的刚度系数，通过计算和试验最终决定轧辊材质。

通过对比不同材质、不同硬度的工作辊对宽幅超薄带表面质量、板形的影响测试结果如表 3-1 和图 3-38 所示。变形较大轧制后带钢表面较差，不同程度存在絮状物，轧辊变形较小板形难以控制，轧后平直度较差，最终选择钛化铁材质。

表 3-1　不同硬度轧辊试验选用

轧辊材料	轧辊硬度 HRC	轧制后表面	轧制后板形
陶瓷	68~70	良好	不良
钛化铁	65~68	良好	良好
M2	60~63	不良	良好

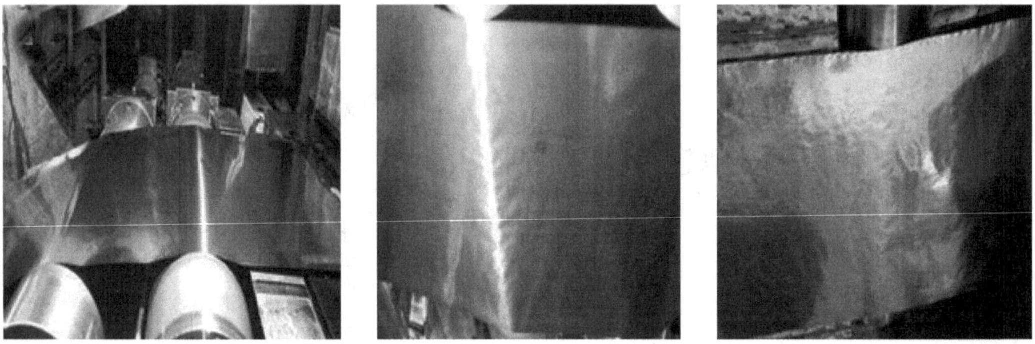

(a)　(b)　(c)

图 3-38　不同硬度轧辊轧后效果

(a) 68~70 HRC；(b) 65~68 HRC；(c) 60~63 HRC

彩图

(3) 多轧程板形动态控制技术。

如图 3-39 所示，输入静态配置的辊系参数、轧辊参数、带钢尺寸参数等；根据每个轧程和每个轧制道次静态和动态设定辊缝值；投入轧制板形动态控制模型计算。轧制中投入自动控制，控制模型自动调整一中间的位置及凸度大小，保持轧制过程每道次板形的平直。

3.4.2.3　宽幅超薄轧制流程和工艺设计

如图 3-40 所示，针对极薄规格厚度，开发了“轧制-退火”多循环多制程工艺，开发终轧程多道次小压下、变张力、控温轧制技术，研究建立了基于道次间板形的控制参数预设模型和过程调控技术，解决了高次浪、交叉浪等板形缺陷和厚度精度、轧制表面缺陷等难题，实现了薄带高平整度、高精度、高稳定性轧制。

3.4.3　宽幅极薄带生产过程微张力控制技术

超薄精密带材生产过程的断带、折印以及卷取塌卷等无根本性解决措施，难以实现连续稳定生产。

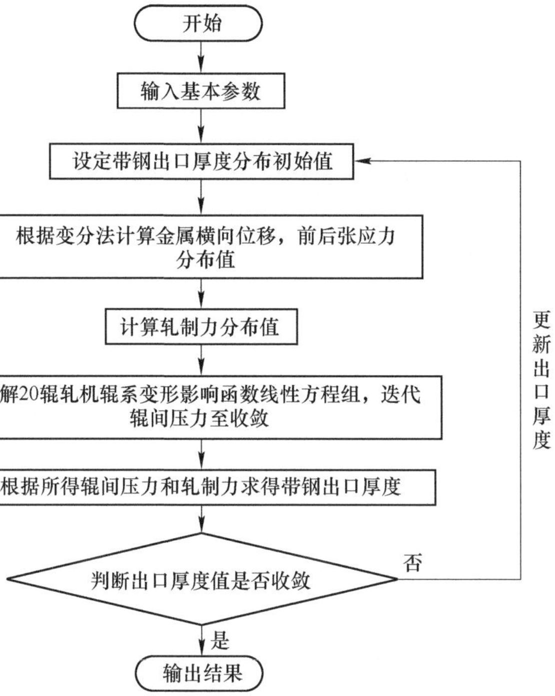

图 3-39　专用轧制模型计算图

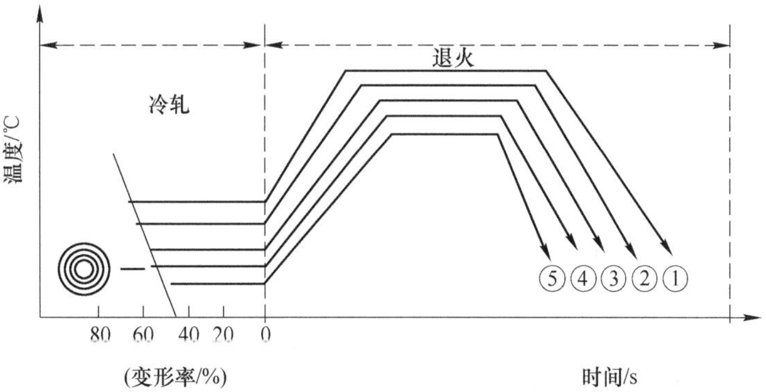

彩图

图 3-40　“轧制-退火”多循环多制程工艺

3.4.3.1　纵向多点转矩平衡补偿技术

厚度 0.05 mm 以下超薄精密不锈钢带钢由于厚度薄、钢带绝对强度低，特别是在退火热处理过程中，运行时加速和减速是发生断带频率最高的阶段。

在稳态运行和动态运行过程中电机输出转矩比较均衡，未出现某个电机转矩过大或过小的问题，但整个系统的动态过程转矩变化较大，不利于 0.05 mm 超薄带钢的生产，转矩瞬间变化过大，极易发生断带。

如图 3-41 所示，为解决输出转矩稳定性差这一问题，针对不同的速度区间，增加 CURVE1 功能块对电机的输出转矩进行补偿。同时在主动辊 4 辊的设定速度后增加

CURVE1 功能块对每一个从动辊电机进行动态补偿，提高电机输出转矩的稳定性和张力控制的精度。

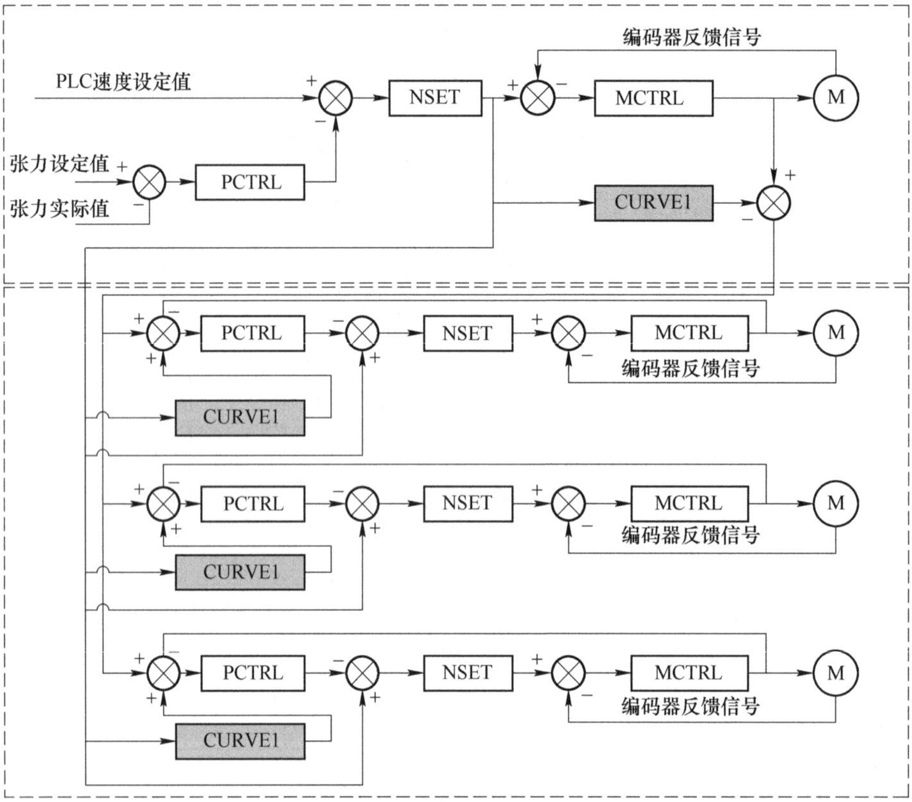

图 3-41 优化后主/从控制原理图

彩图

选取相同规格的钢带和工艺参数对优化后的控制系统进行测试分析，改善后稳态运行过程中，主动辊电机转矩稳定为-22%～-28%，较之前波动范围有所下降，其他从动辊电机转矩范围也在该范围内，没有出现转矩输出不均衡的现象。减速过程中，钢带和辊面之间的差速滑动明显降低，主动辊电机转矩出现峰值，最大值为10%，经过两个峰值后，稳定下来。从动辊电机输出转矩最大峰值也下降到10%左右，然后进入稳态。加速过程中，主动辊和从动辊电机峰值均在-50%左右，然后进入稳态。结果显示，优化后稳态运行过程中电机输出转矩波动范围缩小了，动态运行过程中电机输出转矩峰值均得到了降低，钢带和辊面之间没有出现明显的差速滑动。

3.4.3.2 横向螺旋芯轴型展平辊设计

超薄精密不锈钢带生产过程中张力辊组和钢卷收卷时容易在钢板表面产生折印缺陷，无法消除，如图 3-42 所示。该缺陷产生的主要原因：尺寸效应明显，集中在 0.05 mm 厚度以下，材料越宽越容易产生，600 mm 以上最为严重；钢带未经平整，板形存在不同程度的中间浪、1/4 浪或边浪。在光亮退火的收卷依靠炉外的一对夹送辊产生的张力，但由于各部位板形不平整问题，导致沿带钢宽度方向受力不均，如果产生横向压应力，就会产生折印缺陷。

彩图

图 3-42 折印缺陷照片

针对折印缺陷，改进思路是钢带出退火炉后施加横向拉伸力，同时增加钢带与夹送辊的摩擦力。通过以上分析，在容易产生折印的部位加装了一根螺旋芯轴型展平辊，带有一定的凸度，使带钢产生横向拉伸力，很好地解决了宽幅超薄带退火收卷时容易产生的折印缺陷。该展平辊有以下特点。

（1）展平辊外部由胶套包裹，由芯轴、轴承和胶套三部分组成。芯轴有一定弧度，在使用时，辊子的凸度方向朝向钢带位置，将钢带延展开。

（2）一般简单凸度的展平辊只能将钢带从中间延展开，而对于钢带波浪不在中间或者不止一个波浪的情况，这种展平辊无法应对。因此设计一种螺旋式展平辊，这种展平辊可以根据需要随时调整展平辊凸度的位置，从而应对各种复杂的波浪状况。

（3）螺旋式展平辊采用螺旋结构的芯轴设计，芯轴表面固定 6 套轴承，轴承与轴承之间固定尼龙套筒，外部包覆橡胶套。螺旋芯轴直径 50 mm，螺旋直径 150 mm，螺旋高度 850 mm，圈数 1。旋式展平辊安装在出口密封辊上方，并使钢带形成夹角，增大钢带与夹送辊之间的接触面积，减少横向张力的不平衡。该螺旋芯轴型展平辊的设计及安装，消除了超薄带钢光亮退火过程容易产生的折印缺陷。

3.4.4 超薄带钢残余应力控制技术

冷硬态钢板内存在分布不均的内应力，导致钢板发生翘曲变形，特别是在后续冲制、蚀刻高精度制品后发生变形，影响使用。采用热矫法来消除材料的内应力，在一定张力作用下进行连续低温热处理，降低并均匀材料的内应力。

如图 3-43 所示，对 304 薄带进行 550 ℃、600 ℃、650 ℃、700 ℃下保温 10 min 的退火实验。可以看到，当退火温度 600 ℃后，微观组织逐渐由长条状冷轧态转变为等轴晶粒，说明此温度下奥氏体发生了再结晶。因此，去应力退火温度应在650 ℃以下。

为了探索最佳的去应力退火工艺，对不同温度、张力及走带速度下的残余应力进行了测试，如图 3-44 所示。可以看出，退火温度对残余应力的消除作用非常显著，随着炉内张力的增加，残余应力值逐渐降低，表明温度虽然起主导作用，但张力的作用也是不可缺少的，它们之间是相辅相成、缺一不可的。退火速度控制是保证材料有充足的时间进行位错运动。在本小节退火速度范围内，速度对钢带的残余应力值的影响不明显。残余应力采用打孔法进行检测。

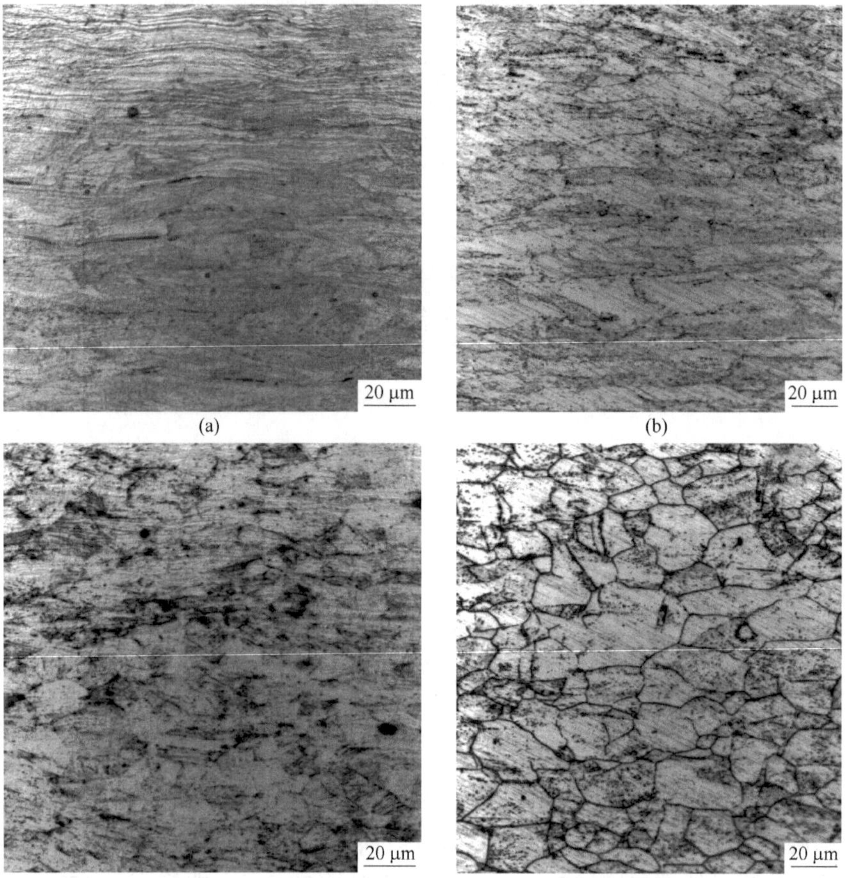

彩图

图 3-43 不同温度加热 10 min 时 304 微观组织照片

(a) 550 ℃；(b) 600 ℃；(c) 650 ℃；(d) 700 ℃

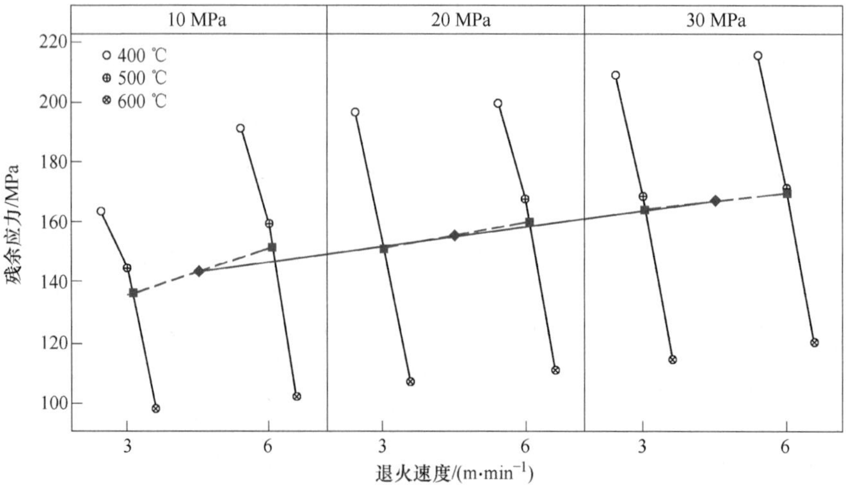

彩图

图 3-44 温度、速度、张力对 0.05 mm 厚 304 残余应力影响

张力对宽度方向残余应力分布的影响如图 3-45 所示。温度升高、张力增加残余的均匀分布作用明显。

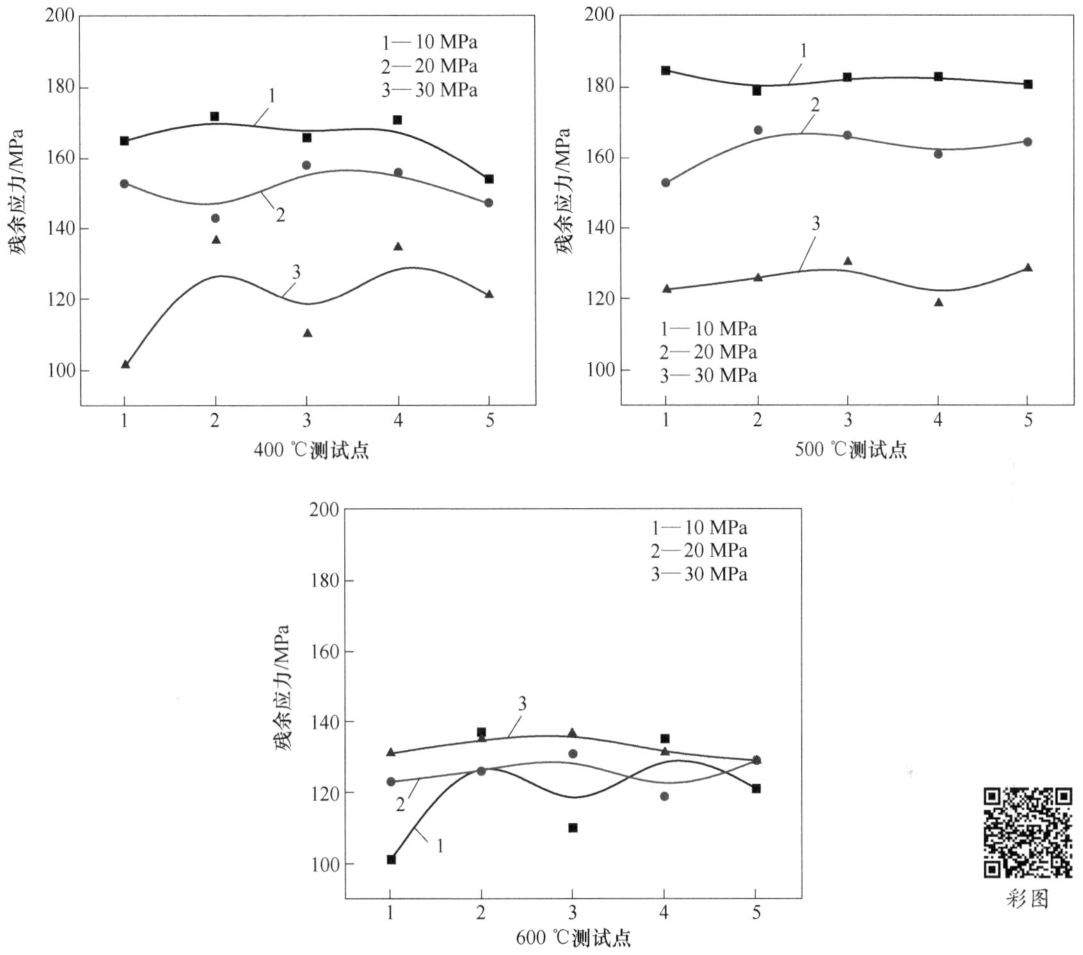

图 3-45　不同温度、张力的工艺下的残余应力宽度方向分布

彩图

因此，要在保持冷轧态力学性能基础上获得良好板形的精密带钢，完全消除残余应力是不可能的，只能尽量减少残余应力，改善其分布，提高应力分布的均匀性，从而获得良好板形的精密带钢。

练习与思考题

3-1　板带钢生产的基本工序和工艺特点有哪些？

3-2　板带钢轧制组织性能控制要点有哪些？

3-3　板带钢控轧控冷技术类型及典型产品的控制策略有哪些？

3-4　热轧近终形技术类型和各自工艺特点有哪些？

3-5　极薄带钢高精度轧制的控制要点有哪些？

4 无缝钢管生产原理与实践

课程思政——钢管与“能源强国”建设

钢管因其封闭中空的结构特点决定了其可以运输流体，因此与能源工业的发展密不可分。在1893年芝加哥世界博览会上，爱迪生看到利用曼内斯曼兄弟发明的斜轧穿孔工艺生产的穿孔坯样管的展品时，就倍加赞赏道：“人们应该对历史作出贡献，那无缝钢管是人类的杰作！”而正是这一“杰作”推动了能源工业的发展，对人类的发展和进步起到了深远意义。时至今日，钢管产品依然在国民经济的能源领域发挥了重要作用，各种形状和尺寸的钢管产品应用于在输油、输气管道等领域，为我国“能源强国”的建设起着举足轻重的作用。

（1）石油天然气输送。优异的耐腐蚀、耐高压和耐高温性能的钢管，在石油天然气的长距离输送中得到了广泛应用。此外，钢管较高的强度和刚度，还可以有效地保证管道的安全性和稳定性。中国石油集团渤海石油装备制造有限公司华油钢管公司研制的掺氢输送钢管应用于包头-临河输气管道工程，实现了螺旋埋弧焊管在国内输氢新能源管道领域的首次应用。该输气管道工程是我国首条具备掺氢功能的高压输气管道，不仅可以输送天然气，还可以为下游钢铁、化工等工业产业输送绿氢。

（2）核能领域。钢管在核能领域发挥着不可替代的作用。在核反应堆中，钢管可以用于制造核燃料棒的支撑结构和冷却水管等关键部件，确保核反应堆的正常运行和安全性。火力发电是我国主要的发电方式之一，而钢管在火力发电中也有着广泛的应用。例如，在锅炉的制造中，钢管可以用于制造蒸汽管道、水冷壁等关键部件，提高锅炉的效率和安全性。此外，钢管还可以用于制造燃气轮机的高压进气管道等关键部件，提高燃气轮机的效率和性能。

（3）石油钻探。钢管产品以其优异的综合性能助力多个国家石油钻探重大工程的建设。2023年，中国冶金报社和中国特钢企业协会就联合推出特钢行业十大影响力事件，其中之一就是天津钢管制造有限公司（简称天津钢管）自主研发的“深海”“深地”管线管和油井管产品助力国家重大能源工程建设。2023年6月22日，天津钢管成功研发出“深海”用高端管线管，助力我国“深海一号”二期工程顺利完成铺设。2023年8月23日，天津钢管自主研发的“深地”用高端油井管在深地塔科1井项目中发挥重要作用，助力该井成为我国首口万米科探井。2023年11月15日，天津钢管“深地”用高端油井管再次助力中国石化“深地一号”跃进3-3XC井获得高产油气流。

钢管作为一种高效、环保、节能的材料，与圆钢等实心钢材相比，在抗弯抗扭强度相同时，重量较轻，也是一种经济截面钢材。未来，将更广泛应用于石油、化工、电力、机械、汽车、造船、建筑、造纸、防腐等多个行业，其需求量不断增加。其广泛应用不仅可以提高能源利用的效率和质量，降低能耗和排放，而且还可以推动我国能源结构的优化和升级。随着我国经济的进步以及智能化和绿色化等技术的发展和应用，钢管在我国未来的能源事业中还将发挥更大的作用和贡献。

4.1 钢管概述

19世纪初期石油的开发，两次世界大战期间舰船、锅炉和飞机的制造，火电锅炉的制造、化学工业的发展以及石油天然气的钻采和运输，都推动了钢管生产技术的发展。钢管的生产发展迅速，各种工艺理论和技术不断涌现，为国民经济的发展以及人类生活品质的提高做出了重要的贡献。

4.1.1 钢管的特性及分类

钢管是一种两端开口并且具有封闭的中空断面，其长度与横截面周长之比较大的钢材。当该比值较小时，则可以成为管段；其直径也可以从直径很小的毛细管到直径达数米的大口径管。特殊的中空长条形状决定了其可以用作运输流体的管道，如石油、天然气、水、煤气、蒸汽甚至是绿氢等。此外，钢管与相同截面大小的圆钢和方钢相比，还具有抗弯能力大以及刚性好的特点，是一种经济型钢材。

钢管的分类方式很多，如按径壁比、用途、材质、横纵断面形状以及生产方式等，具体如下。

（1）按径壁比分类。衡量钢管产品尺寸主要有外径 D(mm)、壁厚 S(mm) 和内径 d(mm)，而外径与其壁厚之比值为径壁比。根据径壁比可将钢管分成四类：1）特厚壁管（$D/S<10$）；2）厚壁管（$D/S=10\sim20$）；3）薄壁管（$D/S=20\sim40$）；4）极薄壁管（$D/S\geqslant40$）。

（2）按用途分类。1）输送管（GB/T 8163—2018）：用来输送液体和一些固体，包括石油、天然气、水煤气输送管，以及煤炭、矿石、粮食的输送管体等，代表材质为10号钢、20号钢、Q345钢、Q420钢等。2）结构管（GB/T 8162—2018）：结构管用来制作各种机器零件以及构筑物架体，包括自行车管、管桩、各种结构件用管和轴承管等，其代表材质有碳素钢20号、45号钢和合金钢Q345、20Cr、40Cr、20CrMo、30～35CrMo、42CrMo等。3）石油管：指石油、天然气的钻采用管，包括钻杆、套管、油管等。4）热交换用管：包括低中压锅炉用无缝钢管（GB/T 3087—2022），代表材质为10号钢、20号钢；高压锅炉用无缝钢管（GB/T 5310—2017），代表钢种为20G、12Cr1MoVG、15CrMoG等。这种管道通过管壁进行热交换，包括锅炉管、热交换器用管等。5）其他用管：包括电缆管、高压容器用管、仪器仪表用管、手表壳用管、注射针头以及医疗器械用管等。目前无缝钢管主要用于石油管、锅炉管、热交换管、轴承管以及一部分高压输送管道等。

（3）按材质分类。钢管按材质可分为普通碳素钢管、碳素结构钢管、合金钢管、轴承钢管、不锈钢管、复合材料管、镀层管及涂层管等。

（4）按横断面形状分类。钢管按横断面形状可分为圆管和异形管。异形管是指各种非圆环形断面的钢管，包括等壁厚的和不等壁厚的。等壁厚的异形管是指环形横断面内外轮廓具有相同形状的非圆形；不等壁厚的异形管是指环形横断面内外轮廓具有不同形状的非圆形。等壁厚的异形管绝大多数是由冷拔法和专门的异形管生产线进行生产，不等壁厚的异形管多用挤压或冷拔的方法生产。异形管主要有方形管、矩形管、椭圆管、平椭圆管、半圆管、六角形管和等边三角形管等，图 4-1 所示为各种异形钢管断面形状图。

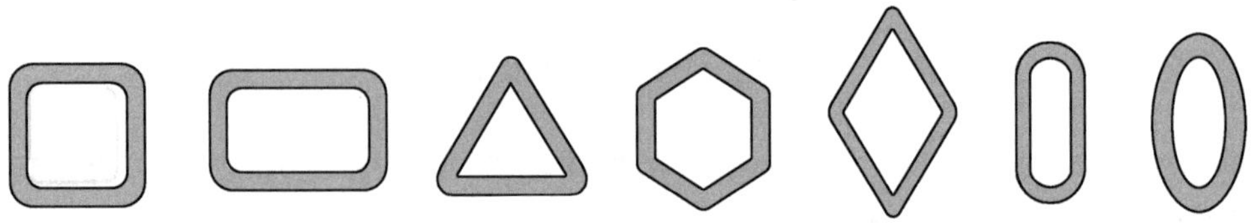

图 4-1 异形钢管断面形状
(a) 方形；(b) 矩形；(c) 三角形；(d) 六角形；(e) 菱形；
(f) 输电线用平椭圆形；(g) 航空工业用椭圆形

(5) 按纵断面形状分类。钢管按纵断面形状可分为等断面钢管和变断面钢管。钢管是指沿管长方向上的断面形状、内外直径及壁厚等发生周期性或非周期性变化的钢管。其中主要有外锥形钢管、外阶梯形钢管、内阶梯形钢管、周期断面钢管、波纹钢管、螺旋钢管以及带散热片的钢管等，如图 4-2 所示。

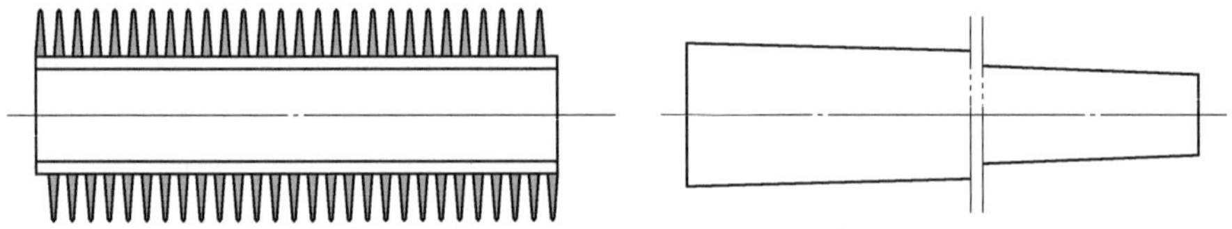

图 4-2 周期断面钢管
(a) 散热片钢管；(b) 外锥形钢管

(6) 按生产方式分类。钢管按生产方式可分为热轧、焊接和冷加工三类。1) 热轧无缝管是将实心的管坯或钢锭穿孔并轧制成空心断面的钢管，基本工序是穿孔和轧管。高合金难变形的钢种用挤压方式生产，有色金属无缝管以挤压方法生产为主。2) 焊接管（有缝管）是将钢板或钢带用各种成形方法弯卷成所要求的横断面形状，然后用不同的焊接方法将焊缝焊合而获得钢管的过程，基本工序是成形与焊接。3) 冷加工钢管是钢管的二次加工。冷加工是获得高精度、高表面光洁度、高性能管材的重要方法，包括冷轧、冷拔、冷张力减径和冷旋压等。

4.1.2 钢管的基本生产工艺

钢管生产主要方法有热轧（包括挤压）、焊接和冷加工三大类，其中冷加工是钢管的二次加工。

4.1.2.1 热轧无缝钢管

热轧无缝钢管因机组不同，产品技术要求不同，其工艺流程不同。一般来说，热轧无缝钢管的生产主要包括以下几个基本环节，即管坯轧前准备、轧制、精整、机械加工和检查包装等，如图 4-3 所示。

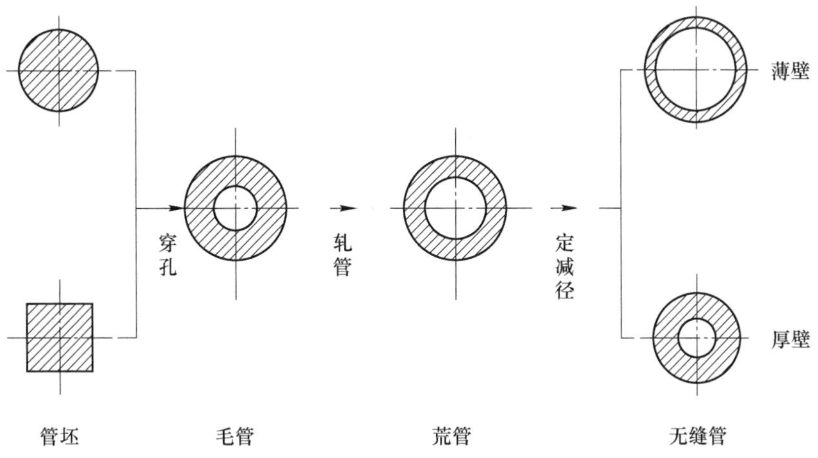

图 4-3 热轧无缝钢管的主要加工工序

(1) 管坯的穿孔。穿孔是将实心的管坯穿制成空心的毛管，是无缝钢管生产的重要工序之一，对无缝钢管的管坯成本、品种规格及成品质量有很大影响，穿孔之后的管子称为毛管，其设备被称为穿孔机，目前应用最广的是斜轧穿孔机。

对穿孔工艺的要求是：1）要保证穿出的毛管壁厚均匀，椭圆度小，几何尺寸精度高；2）毛管的内外表面较光滑，不得有结疤、折叠、裂纹等缺陷；3）要有相应的穿孔速度和轧制周期，以适应整个机组的生产节奏，使毛管的终轧温度能满足轧管机的要求。

(2) 毛管的轧制。轧管是将穿孔后的厚壁毛管轧成薄壁的荒管，以达到成品管所要求的热尺寸和均匀性，轧管后的管子成为荒管。根据后续工序减径量和经验公式确定荒管的壁厚值进行壁厚的加工，其设备被称为轧管机。

对轧管工艺的要求是：1）将厚壁毛管变成薄壁荒管（减壁延伸）时首先要保证荒管具有较高的壁厚均匀度；2）荒管具有良好的内外表面质量。轧管机的选型及其与穿孔工序之间变形量的合理匹配，是决定机组产品质量、产量和技术经济指标好坏的关键。

(3) 钢管的定减径。定减径主要作用是消除前道工序轧制过程中造成的荒管外径不一，以提高热轧成品管的外径精度和真圆度。减径是将大管径缩减到要求的规格尺寸和精度。张力减径是在前后机架张力的作用下进行减径，同时进行减壁，定减径使用的设备为定（减）径机。

对定减径工艺的要求是：1）在一定的总减径率和较小的单机架减径率条件下来达到定径目的；2）可实现使用一种规格管坯生产多种规格成品管的任务；3）进一步改善钢管的外表面质量。

(4) 钢管的精整。钢管按品种的不同精整工序也不同。一般包括矫直、切断、热处理、检查、试验、打印、称重和包装等工序。

4.1.2.2 焊接钢管

焊接钢管也称焊管，其生产方法是将管坯（钢板或钢带）用各种成形方法弯卷成要求的横断面形状，然后用不同的焊接方法将焊缝焊合的过程。成形和焊接是其基本工序，焊管生产方法就是按这两个工序的特点来分类的。焊接钢管生产工艺简单，生产效率高，品种规格多，设备投资少，但一般强度低于无缝钢管。随着优质带钢连轧生产的迅速发展以及焊接和检验技术的进步，焊缝质量不断提高，焊接钢管的品种规格日益增多，并在越来越多的领域替代了无缝钢管。

焊接钢管按焊缝的形式分为直焊管和螺旋管，直缝焊管生产工艺简单，生产效率高，成本低，发展较快。螺旋焊管的强度一般比直缝焊管高，能用较窄的坯料生产管径较大的焊管，还可以用同样宽度的坯料生产管径不同的焊管。但是与相同长度的直缝焊管相比，焊缝长度要增加 30%~100%，而且生产效率较低。因此，较小口径的焊管大都采用直缝焊，大口径焊管则大多采用螺旋焊。

4.1.2.3 冷加工钢管

钢管冷加工包括冷轧、冷拔、冷张力减径和旋压。因为旋压的生产效率低、成本高，主要用于生产外径与壁厚比在 2000 以上的特薄壁高精度管。冷轧、冷拔是目前管材加工的主要手段。冷轧的突出优点是减壁能力强，如二辊式周期冷轧机一道次可减壁 75%~85%，减径 65%，可显著地改善来料的性能、尺寸精度和表面质量。冷拔一道次的断面收缩率不超过 40%，但它与冷轧比，设备比较简单，工具费用少，生产灵活性大，产品的形状规格范围也较广。所以冷轧、冷拔连用被认为是合理的工艺方案。冷加工的基本工艺流程：原料准备→酸洗、润滑→冷加工→热处理→精整→检验→成品入库。在酸洗、润滑→冷加工→热处理之间可反复进行。

冷加工生产的基本特点如下：1）冷加工生产道次多，中间需要对管料进行热处理，消除加工硬化；2）多道次、反复进行；3）生产周期长，金属消耗大；4）设备大多为单体布置，不易实现连续化生产，生产是间断进行的。

4.1.3 钢管的主要技术要求

对钢管的技术要求主要包括以下几个方面。

（1）化学成分。规定各种钢的化学成分和杂质元素的最大含量等。

（2）几何尺寸精度。包括外径、壁厚、定尺管长度公差及弯曲度等；直径精度反映出来的是钢管的椭圆度，壁厚精度反映出钢管的壁厚均匀度。

直径精度包括：

1）正偏差为钢管横截面的最大外径 D_{max}(mm) 与名义直径 D_H(mm) 之差，即：

$$+\Delta D = D_{max} - D_H \tag{4-1}$$

2）负偏差为钢管横截面的最小外径 D_{min}(mm) 与名义直径 D_H(mm) 之差，即：

$$-\Delta D = D_{min} - D_H \tag{4-2}$$

3）正负偏差相对值为：

$$\frac{\pm\Delta D}{D_H} \times 100\% \tag{4-3}$$

4）外径椭圆度又包括绝对值和相对值，绝对值为：

$$D_{max} - D_{min} \tag{4-4}$$

相对值为：

$$\frac{D_{max} - D_{min}}{1/2(D_{max} + D_{min})} \tag{4-5}$$

椭圆度也可用 D_{max}/D_{min} 来表示。

壁厚精度包括：

1）正偏差为钢管横截面上测得的最大壁厚 S_{max}(mm) 与名义壁厚 S_H(mm) 之差，即：

$$+\Delta S = S_{max} - S_H \tag{4-6}$$

2）负偏差为钢管横截面上测得的最小壁厚 S(mm) 与名义壁厚 S_H(mm) 之差，即：

$$-\Delta S = S_{min} - S_H \tag{4-7}$$

3）正负偏差的相对值为：

$$\frac{\pm \Delta S}{S_H} \times 100\% \tag{4-8}$$

4）壁厚不均为：

$$\frac{S_{max} - S_{min}}{S_H} \times 100\% \tag{4-9}$$

（3）表面质量。规定钢管的内外表面状态和表面允许缺陷存在的程度等。

（4）物理化学性能。常温下的力学性能、一定温度下的力学性能和抗腐蚀性能（抗氧化、抗水蚀、抗酸碱等性能）。

（5）工艺性能。有压扁、扩口、卷边和焊接性能等，如图 4-4 所示。

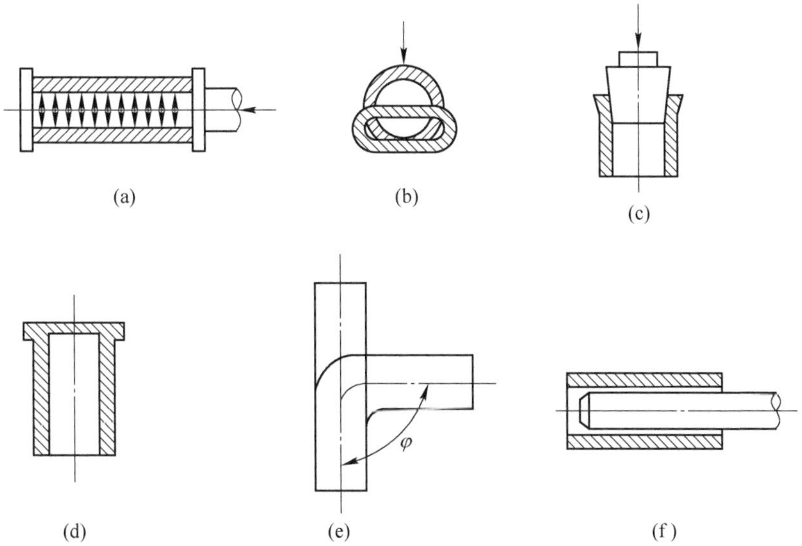

图 4-4　钢管的一些工艺性能试验方法

（a）水压试验；（b）压扁试验；（c）扩口试验；（d）卷边试验；（e）弯管试验；（f）通棒试验

（6）金相组织。包括低倍组织和高倍组织。

（7）对特殊用途的钢管提出的特殊要求。通常，按照钢管的用途及其工作条件的不同，应对钢管尺寸的允许偏差、表面质量、化学成分、力学性能、工艺性能及其他特殊性能等提出不同的技术条件。

1）一般无缝钢管用作输送水、气、油等各种流体管道和制造各种结构零件时，应对其力学性能（如抗拉强度、屈服强度和伸长率）做抽样试验。输送管一般在承压的条件下工作，还要求做水压试验和扩口、压扁、卷边等工艺性能试验。对于大型长输原油、成品油、天然气管线用钢管更是增加了碳当量、焊接性能、低温冲击韧性、苛刻腐蚀条件下应力腐蚀、腐蚀疲劳及腐蚀环境下强度等要求。

2）普通锅炉管用于制造各种结构锅炉的过热蒸汽管和沸水管，高压锅炉管用于高压或超高压锅炉的过热蒸汽管、热交换器和用于高压设备的管道。上述钢管都在不同的高温、高压的条件工作，应保证良好的表面状态、力学性能和工艺性能。一般均要检验其力学性能，做压扁和水压试验，高压锅炉管还要求做有关晶粒度的检验以及更严格的无损检测。机械用无缝钢管根据用途要求须有较高的尺寸精度、良好的力学性能和表面状态。如轴承管要求较高的耐磨性、组织均匀和严格的内、外径公差。除做一般的力学性能检验项目外，还要做低倍、断口、退火组织、非金属夹杂物、脱碳层及其硬度指标等试验。

3）化肥工业用高压无缝钢管常在高压和腐蚀性的环境下输送化工介质（如合成氨、甲醇、尿素等），因此除了耐高压外，还应具有较强的抗腐蚀性能、良好的表面状态和力学性能。除做力学性能、压扁和水压试验外，应根据不同的钢种做相应的晶间腐蚀试验、晶粒度和更严格的无损检测。

4）石油、地质钻探用钢管在高压、交变应力、腐蚀性的恶劣环境下工作，故应有高的强度级别，并具有抗磨、抗扭和耐腐蚀等性能。按照钢级的不同应做抗拉强度、屈服强度、伸长率、冲击韧性及硬度等试验。对于石油油井用的套管、油管和钻杆，更是详细划分了钢级、类别，以及适用于不同环境、地质情况由用户自己选择的较高要求的附加技术条件，满足不同的特殊需求。

5）化工、石油裂化、航空和其他机械行业用的各种不锈耐热耐酸管除做力学性能与水压试验外，还要专门做晶间腐蚀试验，压扁、扩口及无损检测等试验。

4.2 高精度高性能热轧无缝钢管在线控制全流程生产

无缝钢管主要由热轧方法生产，热轧管目前约占无缝钢管产量的 80%，现代热轧无缝钢管生产工艺流程中最基本的三个工序是穿孔、轧管和定减径。由于工序较为复杂，传统生产工艺对钢管性能开发已至其极限，最多可将强度提至 1000 MPa，而且韧性略显不足。如今采用新一代控轧控冷工艺，能够在不添加过多合金元素的条件下，通过在线热处理来获得良好的显微组织结构以及优异的高强韧性能，实现资源节约型高性能钢管生产，代表了今后无缝钢管生产的发展方向。

4.2.1 热轧无缝钢管的斜轧穿孔工艺与设计

4.2.1.1 斜轧穿孔工艺的原理及过程

穿孔是热轧管材成形的重要工序之一，它的作用是将实心的坯料穿制成空心毛管，是钢管成形的第一步，特别是对管坯的内壁质量起到决定性的作用，对无缝钢管管坯成本、尺寸精度、内壁成形质量有直接的影响。根据穿孔机的结构和穿孔过程变形特点的不同，穿孔工艺可分为两大类：一类是压力穿孔，另一类为斜轧穿孔。自 1885 年发明二辊斜轧穿孔机以来，斜轧穿孔至今仍是最广泛应用的穿孔方式。而压力穿孔机由于生产率低、成材率低、偏心率较大，已经逐步被淘汰。斜轧穿孔机是目前应用最广泛的穿孔设备，根据轧辊形状特点，主要有辊式、盘式、菌式三种形式，如图 4-5 所示。

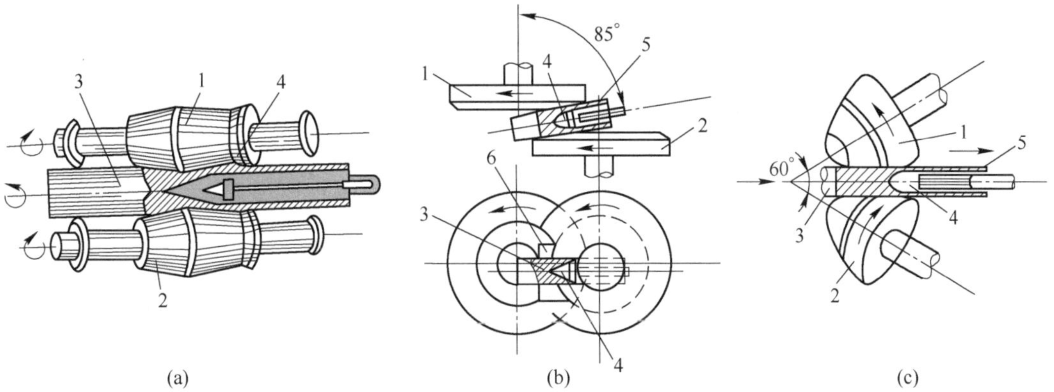

图 4-5 斜轧穿孔示意图
（a）辊式；（b）盘式；（c）菌式
1，2—轧辊；3—坯料；4—顶头；5—毛管；6—导板

斜轧穿孔工艺中运用的轧制方法为斜轧，需要注意的是，斜轧与横轧和纵轧有很大的区别，区别主要体现在轧件金属的流动方面。

（1）在横轧时，两个轧辊的轴线相互平行，转动方向也相同。轧件的轴线和轧辊的轴线相平行，轧件的转动方向与轧辊相反，主要用于加工车轮和齿轮等轴件、棒材。横轧时轧件金属的流动方向是垂直于轧辊的运动方向的。

（2）在纵轧时，两个轧辊的轴线相互平行，两个轧辊的转动方向相反。轧件的轴线与轧辊的轴线相垂直，轧件只做平动，主要用于加工型钢和板材。纵轧时轧件金属流动的主要方向是与变形工具表面的运动方向相同的。

（3）斜轧时，轧辊的轴线和轧制线在轧制面上投影成一定角度，轧辊的轴线彼此不平行也不互相垂直，轧辊的转动方向相同，轧件在加工时产生转动，而且是一边转动一边前进，即轧件做螺旋运动。无缝钢管的生产制造中大部分用到的方法都是斜轧方式。

斜轧穿孔目前广泛应用于无缝钢管生产中，它具有生产效率高、成材率高、成本低、易于自动化实现等特点。斜轧穿孔的穿孔过程示意图如图 4-6 所示，具体原理为：管坯在初始推板的推动下进入穿轧准备区，在这个区域内，管坯轮廓开始接触两个轧辊，管坯前进的力不再由推板提供，而是通过轧辊与管坯之间的摩擦力以及轧辊的旋转带动管坯旋转前进并进入变形区，在轧辊不断地旋转作用下，变形区内管坯中心与顶头接触并被轧辊压缩，管坯、轧辊以及垂直方向的导板就成了变形工具，管坯在变形区主要受到两个方向的变形载荷，即来自两个导板间的挤压载荷以及来自两个轧辊间的轧制载荷，这两个方向的载荷迫使管坯变长和变薄。管坯在顶头与轧辊的混合作用下，中心出现破裂并形成孔腔，孔腔的形成还有助于穿孔的进行，减小了顶头穿管时的前进阻力，随着管坯的继续前进，直到滚出穿孔机，空心毛管就加工完成。

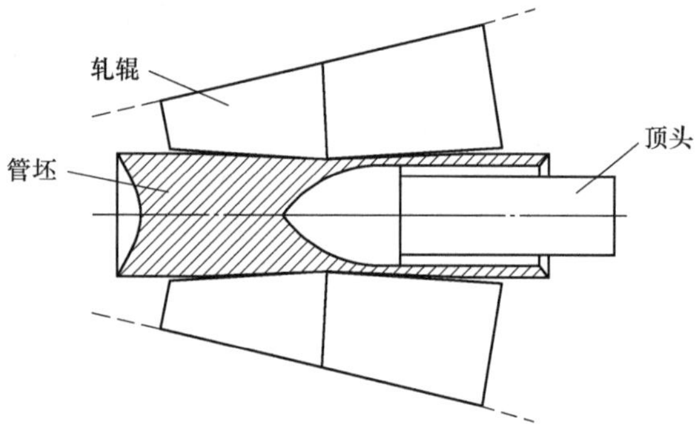

图 4-6 穿孔示意图

在具体生产过程中，无缝钢管斜轧穿孔的整个过程可以大概分为三个阶段，如下所述。

(1) 第一阶段为第一个不稳定轧制过程。这个阶段从坯料同轧辊接触开始到坯料前端出变形区结束，指的是坯料前端逐渐填满变形区的阶段。

(2) 第二阶段为中间稳定过程。这也是斜轧穿孔过程中最为关键的一个阶段，从坯料前端填变形区开始到坯料尾端开始离开变形区为止。

(3) 第三阶段为第二个不稳定轧制过程。从坯料末端开始离开变形区到整个坯料全部完全地离开轧辊为止，此阶段为坯料末端慢慢离开变形区的阶段。

4.2.1.2 无缝钢管轧制孔型设计的特点及发展趋势

(1) 无缝钢管轧制孔型设计的特点。孔型设计是轧机的核心，没有好的孔型，就没有可能生产出好的管材。一般而言，在进行孔型选取的时候需要符合一定的原则。对于薄壁管来说，由于其壁厚相对比较薄，所以在轧制过程中形成内多边形的概率比较小，然而会在钢管表面形成一些压折或者耳子，这种情况下比较适合选择椭圆孔型。针对厚壁管来说，因为壁厚比较大的缘故，在张力减径轧制过程中钢管大概率会出现内多边形，但是出现耳子的概率就降低了许多，这时候选择圆孔型更加合适，能够有效减小内多边形的程度，保证钢管的质量。

轧机的孔型设计向来都是按照轧制表严格进行的，在设计孔型形状前有关各个轧制道次的减径量、减壁量、延伸系数和面积、轧制速度等基本参数都已确定，以此为基础来进行设计，是设计轧管孔型的基本依据。

无论是哪种设计方法，都有其共同的特点。轧管的孔型设计特点如下。

1) 在孔型设计之前，首先应该确定下来各机架的延伸系数、插棒间隙、脱棒间隙、钢管的减径率和壁厚等参数，这是因为连轧管机的坯料都是一种或两种外径的荒管，经轧制以后才形成各种壁厚和内径的毛管，内径的不同主要是因为芯棒直径不同，所以壁厚也不同，一般设计连轧管机都是按功率最大，即照延伸系数最大、壁厚最薄的一种情况设计的，这样就能保证连轧管机在轧制其他壁厚的管材时能够满足负荷要求。

2) 设计的第一步工作就是减径量的分配，这不仅要考虑减径量，还要考虑到减壁量的分配，即当轧件轧过每个机架时，外径的减少量和壁厚的减少量都要事先计算好，刚开始轧制时先减径，当轧管内径和芯棒贴合到一起以后再减壁厚，当轧到最后的机架时，只需要圆整上一机架轧辊开口处的小突起或者是设计成接近于零的减径率，以保证轧辊的几何尺寸和整体质量。

3) 孔型系列选择的因素有脱棒方式和来料的外径波动情况，同时孔型也会影响到金属的宽展和延伸情况、钢管壁厚的均匀程度、尺寸精确度、脱棒时的难易程度、孔型的磨损情况等，因此，在选择孔型系列时也应该综合考虑上述各种因素后再做出最终决定，根据材料和现有装备的实际情况来展开操作，以保证节省成本和提高质量。

4）实际生产中，孔型的辊缝尺寸决定了金属的宽展量、横截面积的大小和金属的延伸系数，还决定了轧辊和金属之间的摩擦系数以及孔型开口角等众多因素，因此宽展量和侧壁角就是孔型设计的重点和难点。

5）设计完成以后要对所做的各种假设和设定的各种条件进行验算，尤其是计算轧管的面积来与原设定的延伸率和减径率相对应以及是否能够满足体积不变定律，各项参数和条件都验证过以后还要计算性能参数，确保性能参数值都在安全系数以内。

（2）无缝钢管轧制孔型设计的发展趋势。回看孔型设计虽然已有百余年历史，但曾长期采取经验法设计，这种方法不利于孔型设计效率的提升和周期的缩短，且精度难以保证。由于计算机技术的普及，孔型设计采用了计算机参数化设计，凭借计算机强大的精确运算和存储能力，极大解决了孔型设计难题，并且能够对多种方案下的孔型设计进行比较与选择，极大增强了孔型设计的可靠性。

现如今利用计算机进行孔型设计是将事先设计好了的基本的孔型系列组都输入计算机当中，然后再利用三维的有限元软件来计算每个机架的孔型中金属的变形情况和力能参数的大小，包括电机功率、轧制力矩和轧制力，然后再查看所轧的荒管是否在规定的几何尺寸公差之内，每个机架的力能参数是不是能够满足要求，假如计算的结果不符合工艺的具体要求，则就必须去修改孔型的各项参数，再进行有限元仿真模拟计算，这个过程经过多次的重复，一直调整到孔型系列能够满足所有的要求，然后才停止计算修改。很明显这种设计方法可以使孔型设计达到最佳化和最优化，而且它还能预先做出基本的孔型系列，用有限元软件来验算与修正，这样就确实保障了孔型的最佳化和最优化，设计出来的孔型基本符合工艺、性能参数的要求，最终轧制出来的管材的表面质量、壁厚偏差、应力的偏差等都在允许的范围之内。计算机孔型设计系统使过去主要依赖经验，且设计计算量庞大的经验设计法变得简单、高效，由此得到的孔型参数化数值也更加精确。

单俊祥等深入研究了二辊周期冷轧管机的轧辊孔型设计，依据孔型设计理论，推导得出关键公式，建立了孔型数学模型，并详细分析了周期轧制中管坯的受力与变形，如图 4-7 所示。可以看出，*AB* 截面之间的部分处于孔型的减径变形阶段，管坯内表面还未与芯棒接触，所以这部分管坯外表面的等效塑性应变略大于内表面的等效塑性应变，但差别不太明显；*CD* 段的管坯处于孔型的定径段，内外表面的等效塑性应变都较为均匀，且外表面的数值略低于内表面。为了验证所设计孔型的合理性及有效性，他利用 ABAQUS 有限元软件模拟分析了所设计孔型在不同工艺参数下的表现并进行对比分析，还设计了一种适用于周期冷轧管机的孔型设计软件，提高了设计效率与精度，为冷轧管机的智能化生产提供了技术支持。

杨帅等采用等效应变描述了钢管在轧制过程中的变形行为，然后从 316 L 材料本身的力学性能出发，以合理分散钢管在轧制过程中变形能的角度，对道次的壁厚压下量进行了创新设计，获得基于材料力学性能的孔型曲线，避免了要依据材料确定大量孔型计算系数的烦琐流程。同时，将充满角的概念引入到皮尔格轧辊的开口设计中，设计出了新的孔型开口形状。建立了相应的冷轧有限元模型，如图 4-8 所示，发现基于材料力学性能的孔型在轧制管材时避免了以往轧制过程中的载荷集中，实现平稳轧制，同时，轧制过程中的工

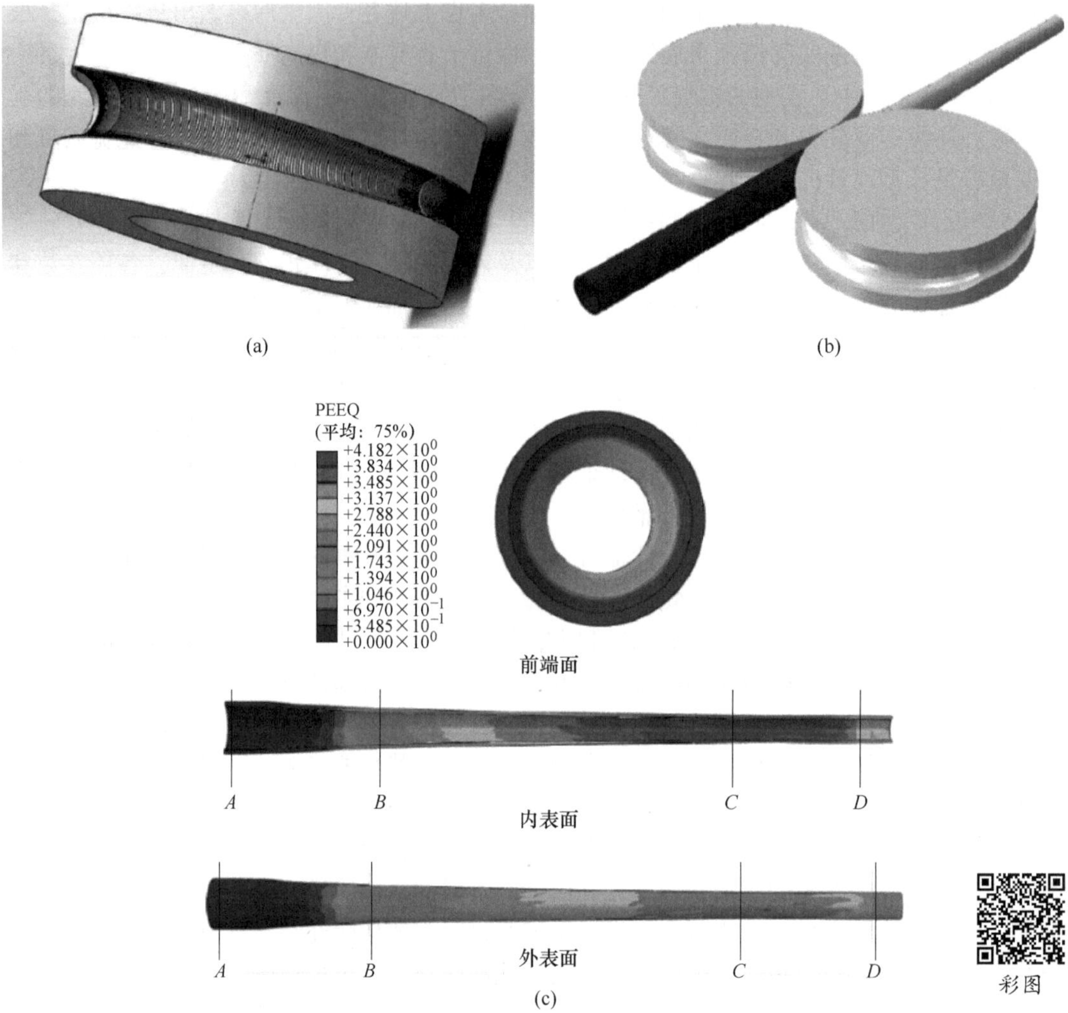

彩图

图 4-7 有限元模型与应变云图

（a）孔型模型；（b）装配体模型；（c）管坯塑性应变云图

作锥内壁与芯棒表面贴合紧密，大大减少了褶皱产生、延伸和重现的可能性，保证管材的成形质量。

李帅等以新型三辊皮尔格曲面构型孔型设计理论为研究内容，分析对应的成形机理，研究各区域金属塑性变形机制及变形特征，揭示各离散区域金属变形时应力状态和分布规律，建立了两辊锥形孔型和新型三辊皮尔格曲面构型孔型的轧制过程虚拟仿真模型，如图 4-9（a）所示。在此基础上，分别调整新型三辊皮尔格曲面构型孔型的孔型间隙和开口角大小，进行数字化仿真模拟轧制过程，对比不同孔型间隙和开口角对轧制效果的影响，得到该组轧制规格下的最优孔型参数，为孔型优化提供理论基础，不同位置测量点的选取如图 4-9（b）所示。其中，不同的孔型开口角下减径段的管坯内外壁等效应力数据曲线如图 4-9（c）所示，可见在减径段区域等效应力处于一个较低的水平，在内外壁的绝大多数区域，内壁的等效应力要略大于外壁。不同的孔型间隙下减径段的管坯内外壁等效应力数据曲线如图 4-9（d）所示，可见随着孔型间隙的增大，减径段管坯内外壁等效

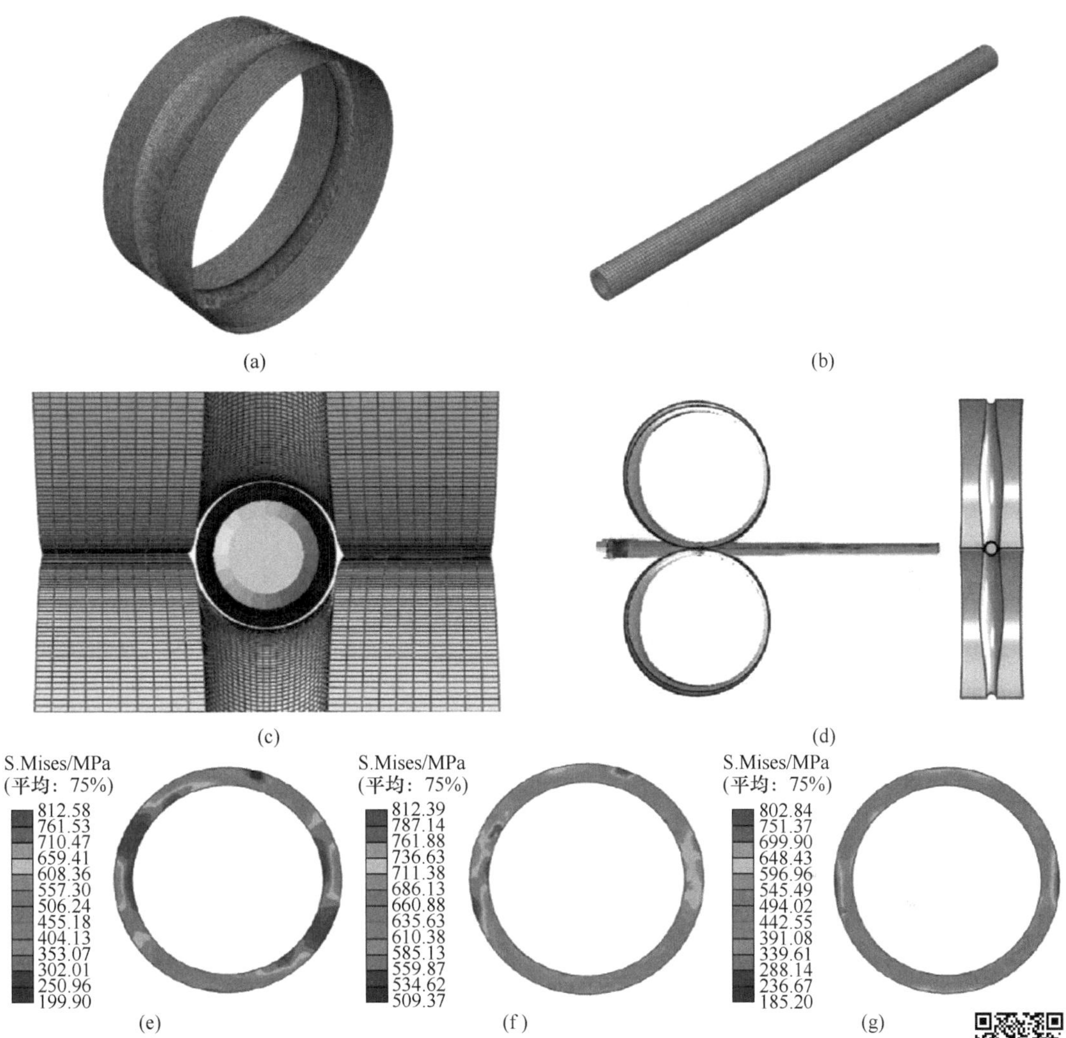

图 4-8 有限元模型与应力云图

（a）轧辊网格划分；（b）管坯网格划分；（c）孔型截面；（d）装配后的有限元模型；（e）轧前截面应力云图；（f）轧制中心截面；（g）轧后截面应力云图

彩图

应力减小，这与减径段应力变化规律相符合。由其影响规律结合综合力学参数与管材成形成性影响关系及实际生产影响，选出一组较为合理的关键设计参数：孔型开口角为 10°，孔型间隙值为 1.2 mm。

4.2.2 热轧无缝钢管的毛管轧制和定减径工艺与理论实践

4.2.2.1 毛管轧制的工艺与理论实践

毛管轧制是无缝钢管生产流程中的第二道变形工序，主要是将厚壁毛管在保证质量的前提下，达到成品要求（并要考虑后部工序的影响）的壁厚尺寸和精度。壁厚轧薄的变形主要是使钢管在长度方向延伸，并伴随着直径方向的缩小、扩大或变形，直径方向的变形与轧管机机型有关，但是荒管的外径一定要保证大于热成品管的外径。轧管的方法很

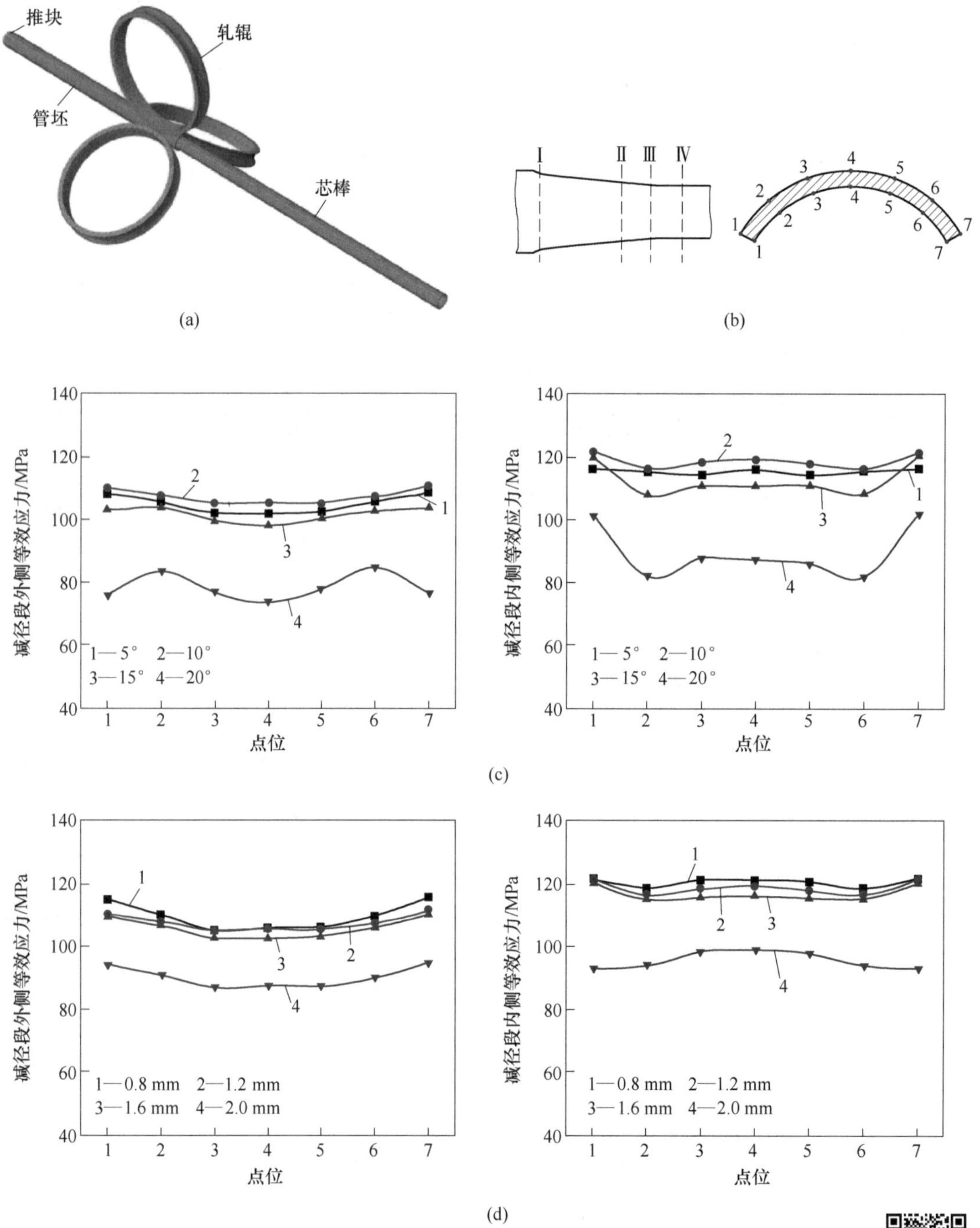

彩图

图 4-9 有限元模型与曲线图

(a) 轧辊网格划分；(b) 测量点选取图；(c) 不同的孔型开口角下的内外壁等效应力；(d) 不同的孔型间隙下的内外壁等效应力

多，轧管机的种类也繁多，主要有自动轧管机轧管、顶管机顶管、周期轧管机轧管、连续轧管机轧管、二辊斜轧管机轧管、三辊斜轧管机轧管等。

自动轧管机轧制荒管，因其减壁量较小（一般延伸系数≤2.1），则直径方向的变形量也较小。荒管外径由轧管机轧辊孔型决定，调整范围较小。这种轧管机后的钢管存在对称性壁厚不均，所以后续工序必须经过均整机均整，以消除厚壁不均。包钢无缝钢管厂与德国 Meer 公司合作，对 ϕ426 mm 自动轧管机组进行改造。在此次改造中增加了顶头自动更换装置；7 架二辊式定径机更换为 12 架三辊式；重新开发了轧制工具，使变形量前移；轧管机采用了 GC 辊缝在线控制技术，使机组的作业率、成材率、产量及产品的尺寸精度和表面质量都得到了很大的改善，使热轧线的整体装备水平也得到了很大的提高。

顶管机和周期轧管机轧制的减壁量大（最大延伸系数可达到 6~12），其直径方向的变形量也较大。外径由轧辊孔型决定，调整范围也不大。由于顶管机是三辊或四辊，周期轧管机虽是二辊，但其壁厚的重轧次数多，所以轧制后的壁厚不均程度比自动轧管机好，则不再需要均整工序。但是顶管后因荒管紧抱顶杆，并带有杯底，所以必须要松棒、脱棒和锯切杯底。为满足国内电站对大口径厚壁钢管的需求，国内一些企业加快建设大型周期轧管机，已投产如衡阳钢管厂的 ϕ720 mm、南通特钢 ϕ720 mm 周期式轧管机等。

由于斜轧管机轧制的方式是斜轧，所以在轧制过程中金属的流动方向是斜向，即分为纵向和横向，纵向是钢管的长度方向，横向是钢管的直径的方向。斜轧的主方向是横向，这对扩径轧制非常有利，而对等径和减径轧制则是极其不利的。

连轧是毛管套在芯棒上并一起顺次连续通过沿轧制线纵向排列的多个机架中轧制的过程。连轧管机轧制的减径量和减壁量大，外径及壁厚由轧辊孔型和芯棒直径决定，在同一孔型中通过一定量的径向调整或更换芯棒规格，可轧制出不同壁厚的钢管。与其他无缝钢管生产技术相比，连轧管机组由于有较高的生产效率、自动化程度高、产品内表面质量较理想、延伸系数大等优点，成为世界无缝钢管主要生产企业的首要选择。

根据芯棒运动方式连轧管机可以分为全浮动芯棒连轧管机、半浮动芯棒连轧管机和限动芯棒连轧管机三种。依据机架数量多少能够分为常规式（7~9 机架）和少机架式（3~5 机架）。按各机架轧辊孔型可分为二辊孔型和三辊孔型连轧管机两种类型，如图 4-10 所示，其中 1 为轧辊、2 为芯棒、3 为钢管、4 为辊缝处的凸缘部分。

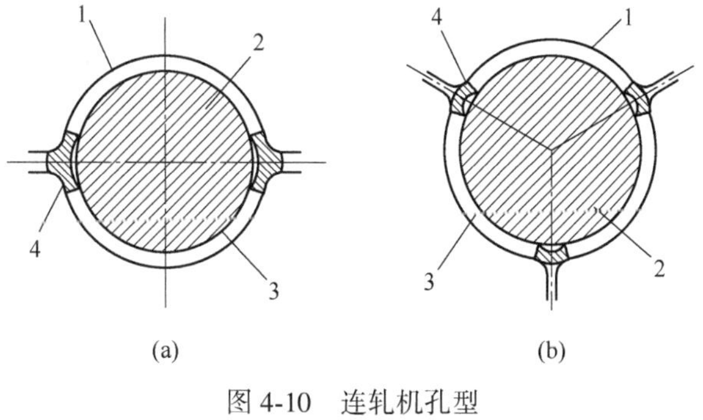

图 4-10　连轧机孔型
（a）二辊；（b）三辊

全浮动芯棒连轧管机生产节奏快、产量高，但受芯棒重量的限制，只适用于中小口径钢管生产领域，在轧制过程中会产生“竹节”现象，壁厚均匀性稍差。限动芯棒连轧管机芯棒速度恒定，轧制状态较平稳，荒管质量较好，能够达到更大的延伸率，生产更长、尺寸范围更广的钢管，降低了工具磨损和生产成本，但产量没有全浮动芯棒连轧管机高。半浮动芯棒连轧管机结合了全浮动芯棒连轧管机和限动芯棒连轧管机的特点，产能虽相较于全浮动芯棒连轧管机有所降低，但较好地解决了“竹节”的问题，不过保留了全浮动芯棒连轧管机的部分缺点，如只适合生产小规格钢管，脱棒时温降较大造成能耗的损失等。

为进一步提高钢管尺寸精度，改善金属在轧制过程中的不均匀变形，20 世纪 90 年代，又提出了三辊轧制工艺的设想，随着人们对三辊轧制工艺的研究，逐渐在常规限动芯棒连轧管机的基础上出现了高效、优质、精轧（Premium Quality Finishing，PQF）三辊连轧管机，使连轧工艺装备跃上了更高的台阶。PQF 三辊连轧管机以三辊孔型为工艺核心，采取芯棒循环前进的运动方式，是限动芯棒工艺的创新之举，轧机的效率和灵活性进一步提高，是连轧技术的一大创新，也是未来连轧工艺的发展趋势。

与二辊连轧管机相比，三辊连轧管机产品质量具有以下优势。

（1）荒管壁厚精度更高。三辊孔型的合理设计、连轧过程中应力分布与温度分布更加均匀等都使得金属流动条件更好、金属变形均匀，较好地提高了钢管的尺寸精度，另外辊缝调整技术的应用也使得荒管壁厚偏差得到有效改善。

（2）荒管内外表面质量得到了进一步的提高。三辊孔型减小了孔型各处金属流动的速度差，金属流动更加均匀、横向变形减小，从而能够有效抑制荒管表面的波纹状缺陷及因轧辊结瘤引起的压痕缺陷。

（3）金属成材率提高。三辊孔型设计包络性更好，流向辊缝处不受孔型约束的金属量比二辊减少近 30%，周向变形减小，这对不受外端约束且一直处于非稳态轧制的钢管尾端来说更为重要，可以大大改善尾端“燕尾”，减少切头尾损失，提高金属收得率。

（4）能够生产径壁比较大的产品。三辊轧制的轧制条件良好，轧制状态稳定，轧制力的峰值减小，金属流动均匀，大大降低了裂孔、拉凹等特征缺陷产生的概率，从而能够生产更薄、具有较大径壁比的荒管。

鞍钢股份有限公司无缝钢管厂 ϕ177 mm PQF 连轧管机组的 14 机架三辊微张力定（减）径机采用单独传动，目前使用 160 mm、194 mm 两套微张力定（减）径孔型系列。ϕ177 mm PQF 连轧管机组用 ϕ185 mm 管坯生产 ϕ108～146 mm 无缝钢管，用 ϕ210 mm 管坯生产 ϕ139.7～180 mm 无缝钢管，以 ϕ185 mm 管坯为主，存在管坯单个质量小、换工具频繁、设备调整多、故障率高等问题，限制了机组产能。2019 年，鞍钢无缝钢管厂在研究三辊微张力定（减）径工艺的基础上，优化了 ϕ177 mm PQF 连轧管机组的微张力定（减）径工艺，最终使用 ϕ210 mm 管坯成功轧制出满足《输送流体用无缝钢管》（GB/T 8163—2018）的 20 号钢 ϕ108～180 mm×4.5～16.0 mm 无缝钢管，释放了机组产能。此外，郭海明等人根据实际生产问题提出，需要优化 ϕ159 mm MPM 连轧管机组和 ϕ177 mm PQF 连轧管机组轧制厚壁管时微张力定（减）径的孔型为负宽展孔型（孔型系数为负数），以提高厚壁管产品壁厚精度，改善“内六方”。

4.2.2.2　定减径的工艺简介及理论实践

毛管轧制完成后，为了保证质量、扩大品种规格和提高机组生产率，还应对钢管做进一步的变形加工。为此发展了变形原理基本相似的两种加工方式及三种轧机形式，即定径和减径的加工方式，相应的有定径机、减径机和张力减径机。定径机的目的是将荒管轧成圆形及尺寸精确的成品管，钢管外径减小不显著。减径机的作用主要是减径，同时壁厚稍有增加。张力减径机则不但可以显著地减径，同时还可以显著地减壁。

定径是多机架的空心连续轧制过程，每架定径机轧辊上都车有一对断面顺轧制方向依次逐渐减小的圆孔型。各机架孔型中心线调整在同一水平线上，以保证获得直径准确、外表圆整平直的钢管。定径机配备 3~7 个机架，也有 12 个机架的。定径机常用二辊式，每架轧辊可单独传动，工作机架安装在同一台架上，轧辊轴线与地平线成 45°交角，如图 4-11 所示。相邻两对轧辊互相垂直，定径时轧互相交替，保证钢管横截面能在两个垂直方向受压。

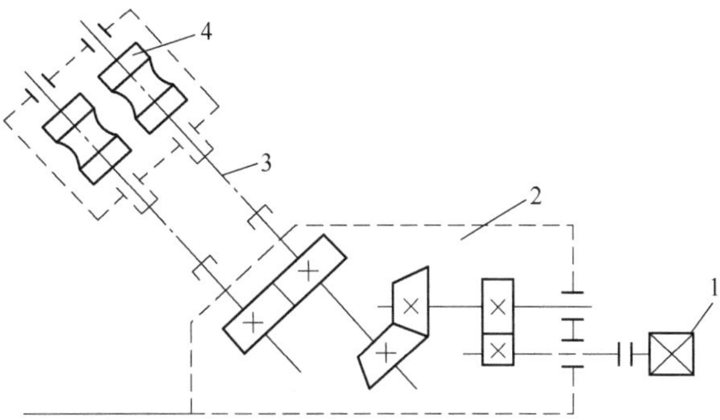

图 4-11　二辊定径机示意图

1—主电机；2—联合减速箱；3—连接轴；4—轧辊

减径是通过使钢管直径产生较大的压缩变形来实现的过程，减径机以机架数目随轧管机组形式和减径机组所需达到的总直径压缩量而定，一般为 9~24 架，为了便于轧件进入孔型，每架装有入口导管，中间机架和最后机架也装有导管。减径机按机座中工作辊的数目可分为二辊式、三辊式和四辊式。减径机机架每对轧辊上车有与定径机轧辊孔型形状相同的带有椭圆度的圆孔型，每架直径压缩量可达 1%~5%。其变形量的选择除考虑机组生产能力外，还要避免产生轧褶而成废品。

减径的生产方式通常分为无张力减径、推力减径和张力减径。无张力减径是在钢管直径缩小的过程中，和其他连轧机一样，机架之间要保持积流量相等。当管子通过一个机架时，管子既不受拉力也不受推力的情况下被减径，此时轧辊对管子的纯压缩作用所产生的管壁增厚就被认为是在无张力状态下发生的。推力减径是指如果将相邻机架轧辊的速度减小到无拉力状态所需要的相对速度之下，就会在管子上产生推力，造成管壁的额外加厚。如果推力过大，可能产生管子的弯曲。一般来说，减径机上处于推力的情况是很少见的。张力减径是指减径机组内每一机架的转速对前一机架而言，以较无拉力状态为高的速度旋转，从而对管子施加了拉力。这种方式不仅减小了管子直径，而且减薄了管壁。张力减径机上的张力是靠相邻机架轧辊间的一定速度差产生的，速度差越大，则张力也越大，反之则小，张力大小可通过改变轧辊速度差来调整。在无缝钢管的生产工艺过程中张力减径工艺起到了非常重要的作用，也正是因为张力减径工艺的出现，使无缝钢管的生产迈向了品种多样化和数量高产化的发展道路。尤其是在连轧管生产工艺技术被广泛应用之后，张力减径技术更是得到了快速发展，采用张力减径工艺能够使产品规格的生产范围得到极大的扩展，可以由少量的母管经过一系列张力减径轧制过程生产出大纲中要求的所有规格的钢管，很大程度上提高了机组的生产效率。

计算机技术的高速发展使得利用计算机进行有限元仿真模拟已经成为一种常态，在钢管的生产轧制过程中，采用计算机进行仿真和优化的重要性日益突出，通过有限元仿真可以模拟出整个张力减径的轧制过程，能够很直观地发现钢管在轧制过程中发生的变形情况，这样可以在生产之前了解轧制过程可能出现的情况，并及时进行改进优化，而且利用计算机模拟来替代试轧的过程，一定程度上避免了试轧造成的经济损失。除此之外，仿真模拟在优化轧制工艺方面发挥了巨大作用，可以通过对比不同工艺参数条件下钢管张力减径轧制过程的变形情况，应力应变以及温度分布情况的差异，找出模拟效果最好的情况下所对应的工艺参数即为最佳的一组工艺参数，也正是因为有限元模拟仿真具有如此多的优点，所以世界范围内的研究者都广泛利用有限元模拟仿真技术对张力减径过程进行研究。汪飞雪等人针对无缝钢管张力减径过程中出现的头尾增厚问题，提出了一种基于管端壁厚补偿策略与头尾削尖技术的连轧-张力减径多工序联合控制的削尖荒管补偿控制策略，开展了复杂工艺条件下连轧荒管壁厚对张减头尾端壁厚增厚缺陷的影响机制及补偿控制等关键问题的研究工作。他们针对不同规格的产品，预先设计了削尖荒管的削尖参数，并运用 ABAQUS 有限元软件构建了张力减径全过程仿真模型，并通过现场试验数据来验证该仿真模型的准确性，具体结果如图 4-12 所示。此研究不仅为优化无缝钢管生产工艺提供了理论支持，还对提高产品质量稳定性及成材率具有重要的指导意义，展现了显著的行业实用价值。

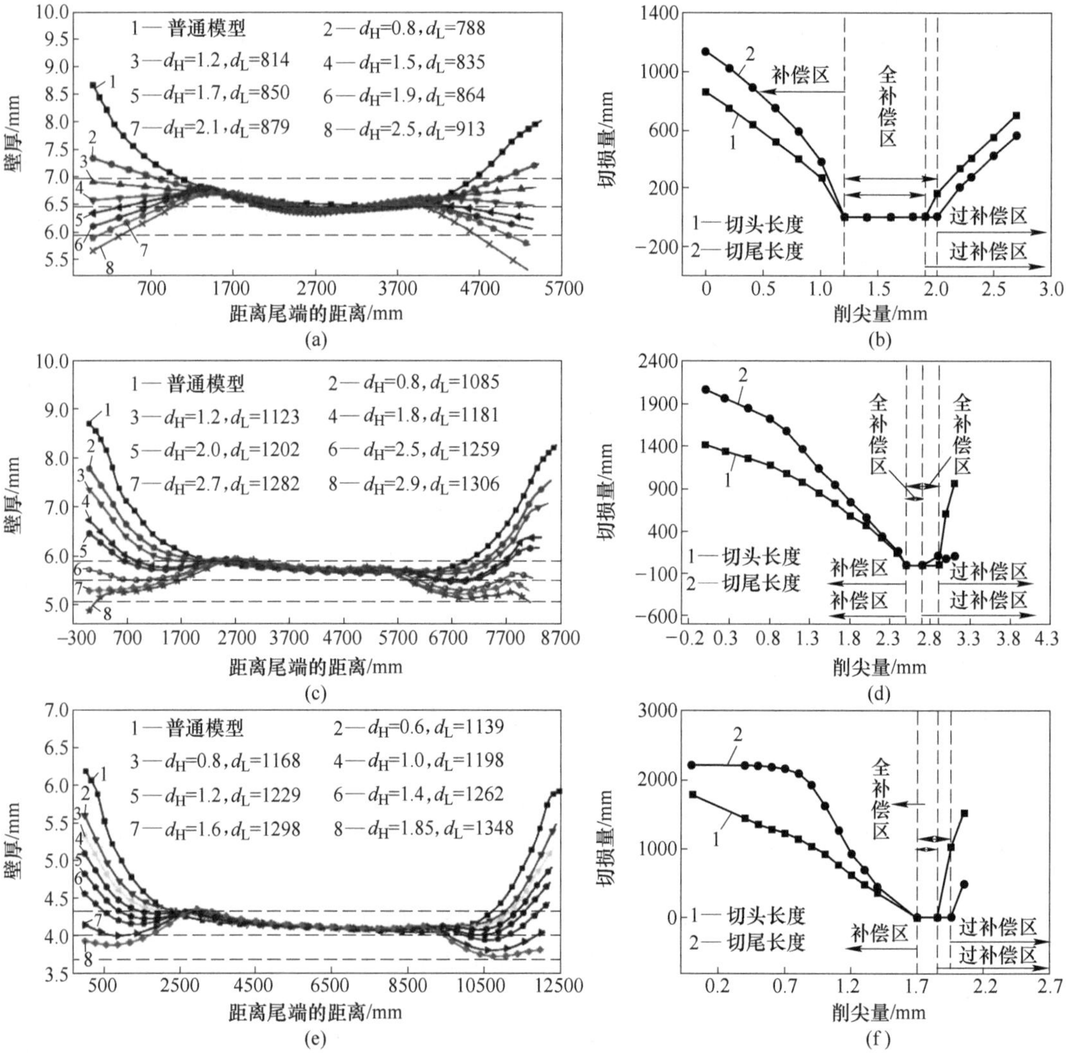

图 4-12 各规格产品补偿模型补偿效果

(a)(b) 88.9 mm 模型管端壁厚分布曲线和管端切损量分布曲线；
(c)(d) 73.02 mm；(e)(f) 51 mm

彩图

4.2.3 热轧无缝钢管的全流程组织性能调控关键技术

随着经济全球化和科技现代化的进行，各个地区和国家及其石油企业对油气资源的争夺日益激烈。随着供给侧改革的深入推行，无缝钢管的生产也暴露出一些不足，如传统的生产模式在热加工后要对材料进行离线热处理操作以使产品符合使用要求，这种模式不仅不符合国家节能、降耗的要求，也使产品不能充分利用材料的形变强化机制。在传统的生产模式下所生产的无缝钢管已经越发不能满足在当今恶劣的服役环境下的使用要求。在这种形势下，控制轧制和控制冷却技术 TMCP 也被越来越多地应用于无缝钢管的设计开发中。相关研究已经证实，不同成分的钢选取不同的控轧控冷工艺，其组织和力学性能会表现出明显的差异。

在过去的 40 年里，许多关于钢材的研究、开发和生产实践证明，在线加速冷却工艺是提高热轧钢材力学性能的重要手段。在线加速冷却设备广泛应用于厚板、带材、棒材、线材、H 型钢和钢轨的生产，为微合金化技术和 TMCP 的应用提供了可能。与上述产品不同，无缝钢管是中空结构产品，因此很难开发出能够同时对钢管内外表面进行冷却的设备。仅通过冷却钢管的外表面，很难获得较大的温降来提高钢管的力学性能。

TMCP 技术是通过控轧控冷相结合的方式将热轧钢材的强化机制叠加，进一步提高钢材的强韧性的重要技术，图 4-13 给出了控制轧制与控制冷却不同阶段的组织，实际生产中在不同的轧制阶段可以采用不同的控制轧制策略。控制轧制是在热轧过程中通过对加热保温制度、变形制度和温度控制制度的有效调节，令热变形与固态相变结合，以获得细小晶粒组织，使钢材具有优异性能的轧制方法。控制冷却是控制热加工后钢材的冷却制度达到改良微观结构的目的。因为热加工会使 A_{r3} 提高，相变后的晶粒容易长大，粗大的晶粒

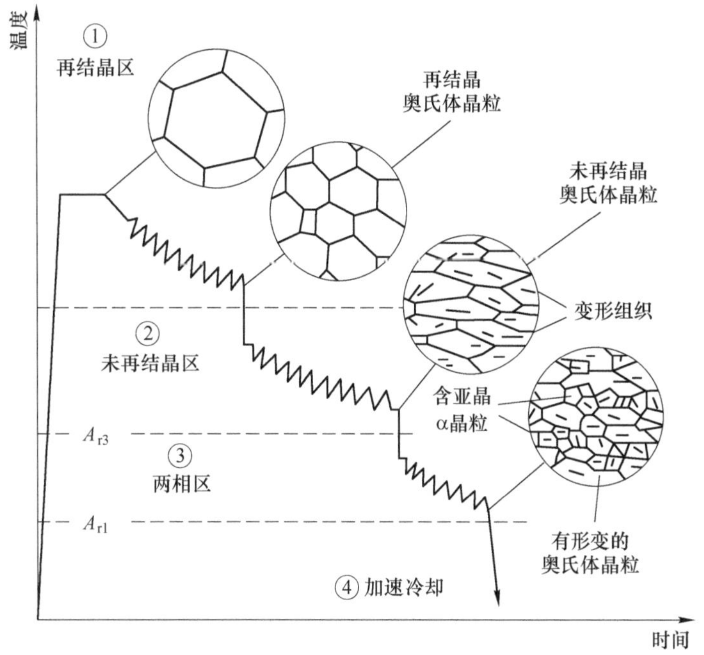

图 4-13 控制轧制与控制冷却中的不同阶段

会导致力学性能的降低。采用控冷工艺可以获得更细小的晶粒，阻止碳化物等第二相在高温下析出，提高弥散强化效应。目前以超快冷为代表的新一代 TMCP 技术已在热轧带钢、中厚板、棒线材及 H 型钢生产中成熟应用。由于钢管断面中空以及轧制、冷却条件复杂，TMCP 技术在无缝钢管生产中的开发及应用尚处于起步阶段。但正是由于钢管轧制变形的这种特殊性和复杂性，造就了其形变奥氏体相比于板带材和型线材具有更大的潜力。

对于无缝钢管生产工艺，管坯在斜轧穿孔中，同时存在剧烈的扭转、剪切、压缩和拉伸等多种变形，极易诱导发生完全再结晶，可大大细化管坯的原始晶粒。连续轧制和定减径过程中的连续多道次累积变形增加了位错密度和畸变能，为变形诱导相变提供了足够的驱动力。若能在线施加超快冷却，可将细小的变形奥氏体组织保持至动态相变点，以缺陷为形核核心，获得大量细小晶粒。在相变温度附近停止冷却后，由于储存了巨大的析出驱动力，第二相将以细小弥散的方式析出。通过控轧控冷工艺，获得相应的显微组织结构，实现了细晶、形变、析出和位错等多重强化作用，钢管的强韧性得到大幅提升。

自 2000 年起，宝钢集团便依托其 140 机组，积极探索热轧无缝钢管控制冷却技术的研究。进入 2010 年后，为增强高端产品的开发实力和热处理产能，并实现中低端管材生产的流程简化和品质升级，同时突破中高端管材工艺技术的研发壁垒，宝钢集团多次将热轧钢管在线组织调控技术的研发列为战略发展的核心议程。自 2006 年起，东北大学针对该行业普遍存在的技术挑战，投入科研力量展开深入研究，基于以超快冷为核心的新一代控轧控冷工艺技术，在高强度均匀化冷却机理及相关技术方面取得突破，并进一步围绕热轧无缝钢管先进冷却机理及技术开发与应用开展研究工作。学者们基于多年来在热轧高温钢材冷却过程热交换机理方面的研究工作基础，针对钢管环形断面特点开展了热轧无缝钢管高冷却速率、高冷却均匀性热交换机制及控制冷却关键技术的研发工作，先后揭示并掌握了圆形断面特征的热轧无缝钢管高强度均匀化冷却机理以及非对称冷却条件下的温度场演变行为，开发出钢管周向与轴向均匀性冷却技术，并相继突破了管材高强度均匀化冷却关键喷嘴结构设计、自动化精准控制、成套工艺装备技术开发等难题。自 2014 年起，宝钢集团与东北大学合作，通过产学研的深度融合和协同创新，深入探索并提炼出环形断面均匀化冷却机制、约束断面温控-相变耦合与协调机制、高温形变细晶组织调控机制等核心科学问题，聚焦于六大关键技术瓶颈和五大创新与技术突破，最终实现了理论、装备、工艺、产品的一体化创新，为行业的技术进步和产业升级做出了重要贡献。另外，依托宝钢集团的 ϕ460 mm PQF 热轧无缝钢管生产线，工程技术人员又历经中试实验装置开发以及万吨级热轧无缝钢管产品控制冷却工业中试试验，突破关键核心技术，成功开发出我国首台（套）兼具终冷温度精准控制、内外壁快速均匀冷却和直接淬火功能的热轧无缝钢管在线控制冷却成套技术装备，为成分节约型、工艺减量化的热轧无缝钢管以及更高品质要求的钢管产品，在组织性能调控及高效生产工艺的开发方面提供了关键技术手段及生产支撑，对我国实现热轧无缝钢管短流程绿色化制造工艺具有重要意义。

此外，国内外研究者基于在线热处理工艺实现对无缝钢管热轧后冷却路径的控制，进而通过控制相变过程改变组织构成及亚结构特征。在线热处理是指通过对钢中相及其形态、尺度的控制，以达到细晶强化、位错强化、相变强化等强化机制效果，提高钢管的综合性能。基于在线热处理灵活的冷却路径控制，针对热轧无缝钢管“成分高+无控轧”特点，开发出热轧无缝钢管 TMCP-F/B/M 工艺技术，通过快速冷却实现对钢管轧后相变组织的调控，目前依托该工艺技术的产品强度级别已达 GPa 级以上，并实现了批量稳定生产，如图 4-14 所示。同时还可针对热轧无缝钢管品种及规格多样化特点，开发出适于不同工艺的高强度均匀化控制冷却策略。研究者们还将钛微合金化技术引入热轧无缝钢管领域，并结合在线冷却工艺，实现典型品种“成分-高温变形-控制冷却”的协同调控，最终获得了高温终轧条件下类似“控轧控冷”的组织细化效果，显著改善低温韧性，突破了无缝钢管以往过度依赖于合金化和离线热处理的传统工艺瓶颈，为高性能先进管材产品的开发生产提供了新技术、新方法。

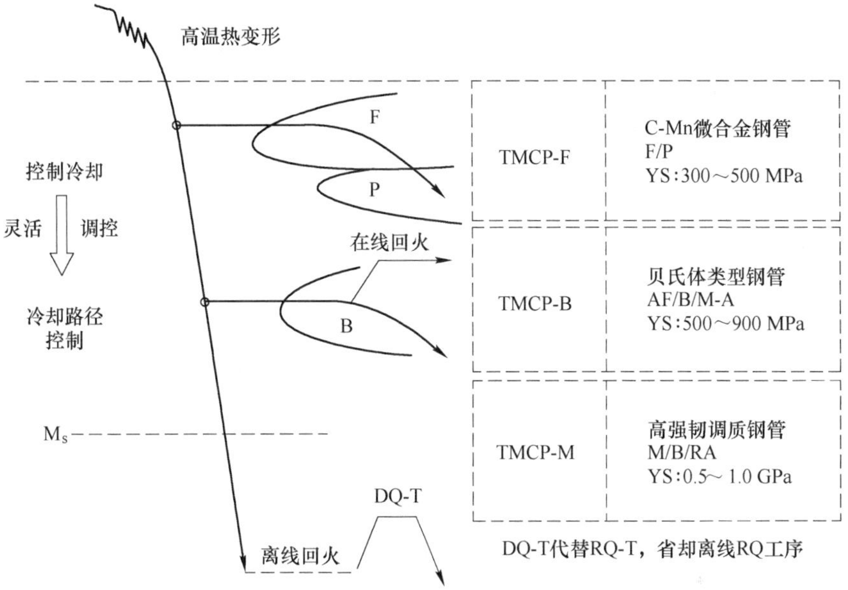

图 4-14 基于控制冷却技术的热轧无缝钢管组织调控工艺

钢铁研究总院、江苏武进不锈钢股份有限公司与山西太钢不锈钢股份有限公司联合组成的研发团队，依托国家转型升级强基工程项目，历经长达 12 年的科研攻坚，针对双相不锈钢进行了系列化的钢种设计与开发，并深入探索了冶炼、热穿孔荒管制备以及成品管材轧制热处理等关键工艺。同时基于高端装备用双相不锈钢无缝管在耐点腐蚀性能、低温冲击韧性等方面的严苛要求，以及国内高性能大口径双相不锈钢冷轧管材生产能力的不足，研发团队成功突破了高端装备用双相不锈钢“两相平衡设计-高纯净度冶炼及浇注-热穿孔-冷轧-均温快冷热处理”的全流程组织控制技术，集成了大规格管坯、大口径荒管和成品管制造的核心装备，不仅填补了国内该领域的空白，还为高品质双相不锈钢系列无缝钢管的规模化生产及应用奠定了坚实基础。

目前，还有人提出了系列双相不锈钢钢种的相比例与点蚀因子的平衡设计准则，开发了双相不锈钢高质量管坯制备技术，包括低氧控制（[O]≤0.0025%）、中心缩孔消除及窄温度区间锻造。还发现了典型双相不锈钢热穿孔敏感温度区间，开发了变形温度-转速协同控制技术，自主集成了系列组距热穿孔装备，能够生产最大规格为 ϕ720 mm 双相不锈钢荒管，一次穿孔的 ϕ610 mm 双相不锈钢荒管属世界最大并实现批量稳定生产。同时开发了“保温-均匀加热-快速冷却”双相不锈钢窄窗口冷轧工艺技术，利用独创的大口径管材固溶、冷却装备，生产了世界最大规格 ϕ610 mm 双相不锈钢冷轧管材，全系列双相不锈钢无缝管的点腐蚀率≤3.5 mdd（指标为≤10 mdd）、-46 ℃冲击功≥100 J（指标为≥45 J）。

除了在线快速冷却工艺外，控轧控冷技术在国内无缝钢管生产中的应用情况还包括在线常化工艺和在线淬火等多种工艺，呈多样化发展。在线常化也被称为在线正火，是一种在热轧生产线轧管工序之后将热处理与轧制变形过程紧密结合的现代化控轧新工艺。该工艺通过在奥氏体相区内进行空冷或强制冷却，使钢管获得均匀的金相组织，融合了相变与轧制变形的双重工艺特点，可以通过优化钢材组织、细化晶粒为后续的热处理过程奠定坚实的基础，而且还能显著提升无缝钢管的综合力学性能，从而使其在工业应用中更具优势。国内企业在生产 API 标准规定的 N80 钢级 1 类油井管时，已采用在线工艺路线，来满足对组织结构和力学性能的要求，并进行了大量的试验研究。无缝钢管的在线淬火热处理是指利用轧制后余热直接进行水淬，再在线外进行有效回火热处理的调质热处理生产过程。采用在线淬火工艺可节省大量能源，而国内生产厂家也对该工艺进行了研究。如天津市某无缝钢管厂对 37Mn5 材质 N80 钢级 ϕ139.7 mm×7.72 mm、ϕ127 mm×7.52 mm 套管进行了大量生产试验，经检测和统计分析，生产的 N80 钢级套管的力学性能指标较稳定，满足实际使用要求。

控轧控冷技术在我国无缝钢管生产中积累了丰富的成功经验，但也面临着诸多尚待探索的领域。作为一种具有显著节能效果的应用技术，控轧控冷技术已经受到国内无缝钢管生产企业的广泛关注。其应用主要体现在两个方面：一方面，通过对现有生产线的改造，合理利用并持续优化已成功应用的在线常化、在线固溶以及在线快速冷却工艺，提升生产效率与产品质量；另一方面，针对尚未实现大规模工业化生产的在线淬火工艺，持续进行深入研究与试验，以期将其最终应用于实际工业生产中。展望未来，控轧控冷技术有望成为无缝钢管生产技术发展的重要支撑，为我国无缝钢管产业的可持续发展注入新的活力，推动行业向更加高效、环保、智能化的方向革新升级。

4.3 无缝钢管生产的发展趋势

无缝钢管在国民经济发展中占据着很重要的地位，据中国钢结构协会钢管分会统计，截至 2023 年年底，我国无缝钢管产能约 4543 万吨（有效产能，含在建产能，但不包括已停产而没有被清除的产能），产量为 2915.4 万吨，产能利用率约为 64.2%，是世界上钢管产量最大的国家，也是世界上无缝钢管净出口量最大的国家。在当前全球经济持续增长、科技进步日新月异、低碳转型迫在眉睫的背景下，钢管作为重要的建筑材料和工业原料，其生产技术也在不断创新和发展，钢管生产行业正面临着前所未有的发展机遇和挑战。

4.3.1 钢管斜轧穿孔技术的发展趋势

钢管斜轧穿孔技术的发展是一个不断进步和革新的过程，其历史可以追溯到 1885 年，德国曼内斯曼兄弟发明了斜轧穿孔法，也称为桶（鼓）形二辊斜轧穿孔法。这种方法的出现为钢管生产带来了革命性的变革，有效提高生产效率，降低生产成本。随着科技的进步和制造工艺的改进，钢管斜轧穿孔技术正在不断地完善和升级，在提高产品质量、降低成本、提升生产效率等方面都发挥着重要作用。钢管斜轧穿孔技术的发展是一个持续不断的过程，需要不断地进行技术创新和工艺改进，以适应市场需求的变化和钢管生产行业的发展趋势。近年来，随着科技的飞速发展和制造工艺的不断革新，钢管斜轧穿孔技术也取得了显著的研究成果。

(1) 在材料研究方面：科研人员针对不同类型的钢材进行了深入研究，通过优化材料成分和加工工艺，提高了钢管的性能和质量。例如，针对高温合金和奥氏体合金钢等材料，研究者通过电子探针显微分析技术进行成分分析，建立了更为精确的材料模型，为斜轧穿孔过程的数值模拟提供了基础数据。

(2) 在数值模拟和仿真方面：随着计算机技术的飞速发展，三维有限元软件等先进工具被广泛应用于斜轧穿孔过程的模拟分析中。这些模拟软件能够更准确地预测钢管在斜轧穿孔过程中的形变规律、应力分布以及金属流动情况，为工艺参数的优化提供了重要依据。

(3) 在工艺创新方面：研究者们针对现有斜轧穿孔工艺中存在的问题和不足，提出了一系列改进措施。例如，通过改进轧辊设计、优化轧制速度、调整顶头形状和材质等方式，提高了钢管的成形质量和生产效率。同时，新型的斜轧穿孔系统，如旋转穿孔工艺，也在实验中取得了显著成果。该工艺通过优化轧制参数和工艺条件，实现了对镍基高温合金厚壁管的高效制备，获得了具有优良性能的钢管产品。

(4) 在智能化制造方面：随着智能化制造技术的兴起，钢管斜轧穿孔技术也开始向智能化、自动化方向发展。通过引入传感器、机器视觉等技术，可以实现对钢管生产过程的实时监测和自动控制，提高了生产效率和产品质量稳定性。

(5) 在可持续发展方面：研究者们通过优化钢管斜轧穿孔的生产工艺以及改进冷却系统和废气处理系统，减少能源消耗和废料产生，有效降低对环境的污染，同时也提高了资源的使用效率，符合可持续发展的理念，有助于推动钢管行业的绿色转型，实现经济效益和社会效益的双赢，促进整个产业链的可持续发展。

钢管斜轧穿孔技术的发展在材料研究、数值模拟、工艺创新、智能化制造以及环保和可持续发展等方面都取得了显著进展。这些成果不仅提高了钢管生产的效率和质量，也为钢管制造业的绿色发展提供了有力支持。未来，随着科技的不断进步和市场需求的不断变化，钢管斜轧穿孔技术将继续迎来新的挑战和机遇。

为实现我国钢铁制造业的高质量发展，必须从传统生产方式向智能化生产方式转变。近些年，各国研究学者在钢管生产方面开展了大量的性能预测和控制研究，并建立了多种相关模型。在斜轧穿孔过程中，许多专家学者将机器学习算法模型应用到热轧钢领域的研究。

4.3.1.1 具体实例：计算机神经网络算法在钢管斜轧穿孔中的应用

孙继芸等人针对无缝钢管二辊斜轧穿孔工艺中轧机调整参数对钢管质量产生显著影响但参数设定值精度不足的问题，创新性地提出了基于鸽群算法（Pigeon-Inspired Optimization，PIO）优化后的径向基函数（Radial Basis Function，RBF）神经网络模型，用于预测斜轧穿孔机的调整参数。通过分析实际生产过程以及现场采集的详细数据选取了影响穿孔机性能的关键调整参数，包括轧辊间距、导板间距以及顶头前伸量。同时，他们结合传统的数学模型，分析出了与这些调整参数密切相关的工艺参数，如毛管直径、管坯直径、顶头直径、壁厚、送进角和轧辊出口锥角。为了进一步提高预测精度，孙继芸等人建立了基于鸽群算法优化的 RBF 神经网络多输入多输出模型，通过不断优化网络模型的精度来获取最佳的预测模型，并设计了一系列改进的算法流程，最终实现了仿真试验。通过实例验证和仿真分析，对比结果如图 4-15 所示，发现相较于传统的 RBF 神经网络模型，这种基于鸽群算法优化的新模型在预测穿孔机调整参数方面展现出了更高的精度和效率。这一创新性的研究成果能够在生产前精准预测穿孔机设备的调整参数，从而为无缝钢管的高效、高质量生产提供了有力的技术支持，有助于提升无缝钢管生产行业的自动化和智能化水平。

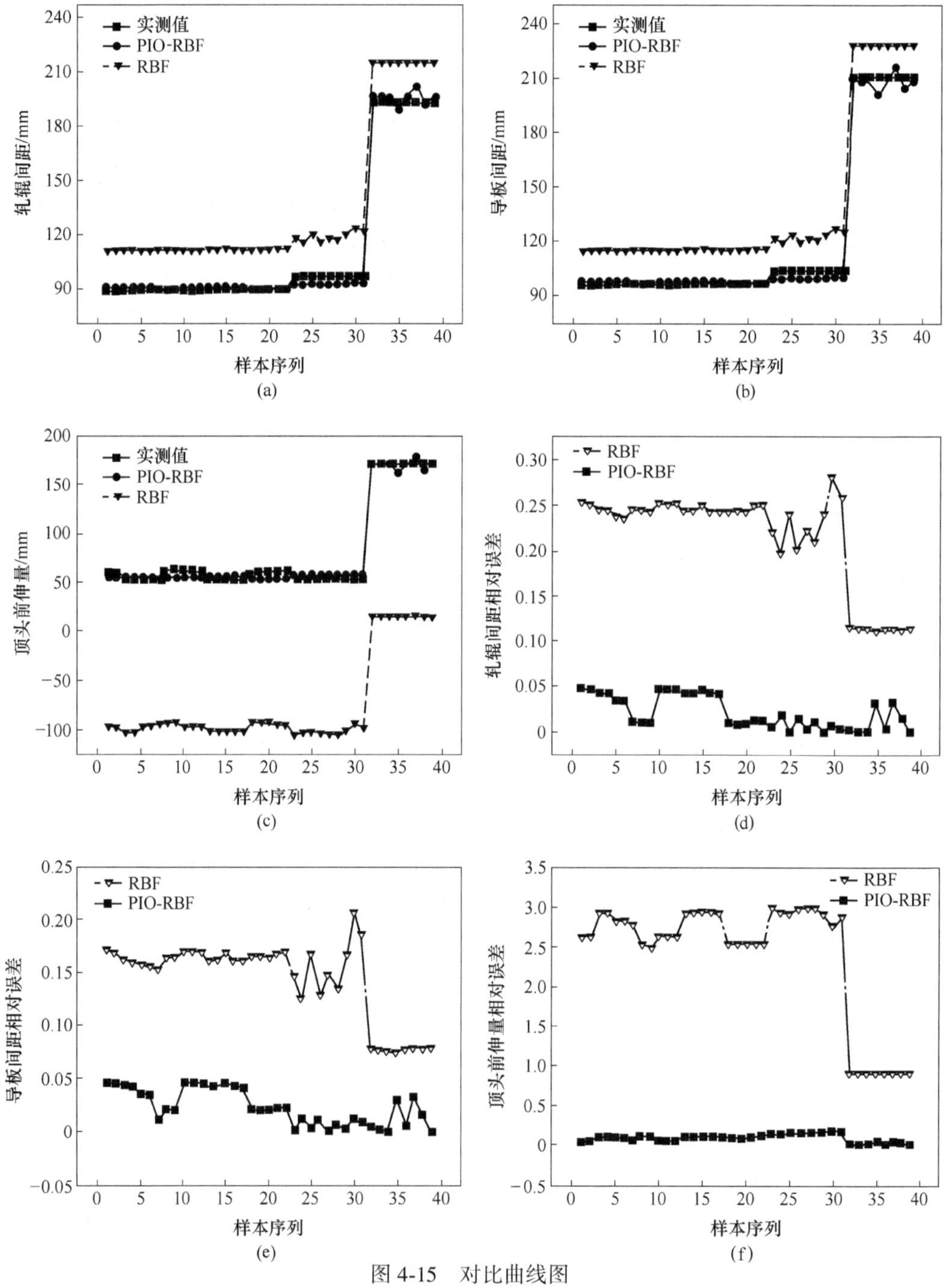

图 4-15 对比曲线图

(a) 轧辊间距预测曲线；(b) 导板间距预测曲线；(c) 顶头前伸量预测曲线；
(d) 轧辊间距相对误差曲线；(e) 导板间距相对误差曲线；(f) 顶头前伸量相对误差曲线

4.3.1.2 具体实例：计算机模拟仿真技术在钢管斜轧穿孔中的应用

李怀欣针对 X80 钢大口径无缝管的斜轧穿孔工艺，首先对斜轧穿孔的模型进行了简化和假设，在 ABAQUS 软件定义了管坯的属性，确定了各个部件在穿孔过程中的内在联系，对各个关键部件之间的接触相关参数（如摩擦系数等）进行了设置，对模型整体进行了合理的网格划分，得到模型如图 4-16 所示。其次利用正交试验方法制定了以轧辊转速、轧辊辗轧角、轧送进角、顶头前伸量和轧制温度等工艺参数为基础的数值模拟方案。在 ABAQUS 软件中根据确定的不同穿孔方案对模型参数进行调整并进行数值模拟，得到了 16 组不同方案下的模拟结果，分别对不同组提取了毛管外径、内径、壁厚和轴向延伸率等尺寸参数，并计算了模拟毛管尺寸参数与目标尺寸参数的误差。最后利用极差分析法分析了轧辊转速、轧辊辗轧角、轧送进角、顶头前伸量和轧制温度等工艺参数分别对毛管外径、内径、壁厚和轴向延伸率等参数的影响，通过分析各个工艺参数对目标参数的综合影响程度并与目标参数对比，对各个穿孔工艺参数进行了优选，最终得到了一组满足目标条件的工艺参数：辗轧角 9.5°、送进角 8.6°、顶头前伸量 450 mm 和轧制温度 1200 ℃，对优选后的工艺参数组进行了数值模拟，模拟结果如图 4-16（d）所示，分析了其与目标毛管参数的误差，发现综合误差最大仅为 0.58%，证明了其合理性与适用性，为实际生产提供参考。

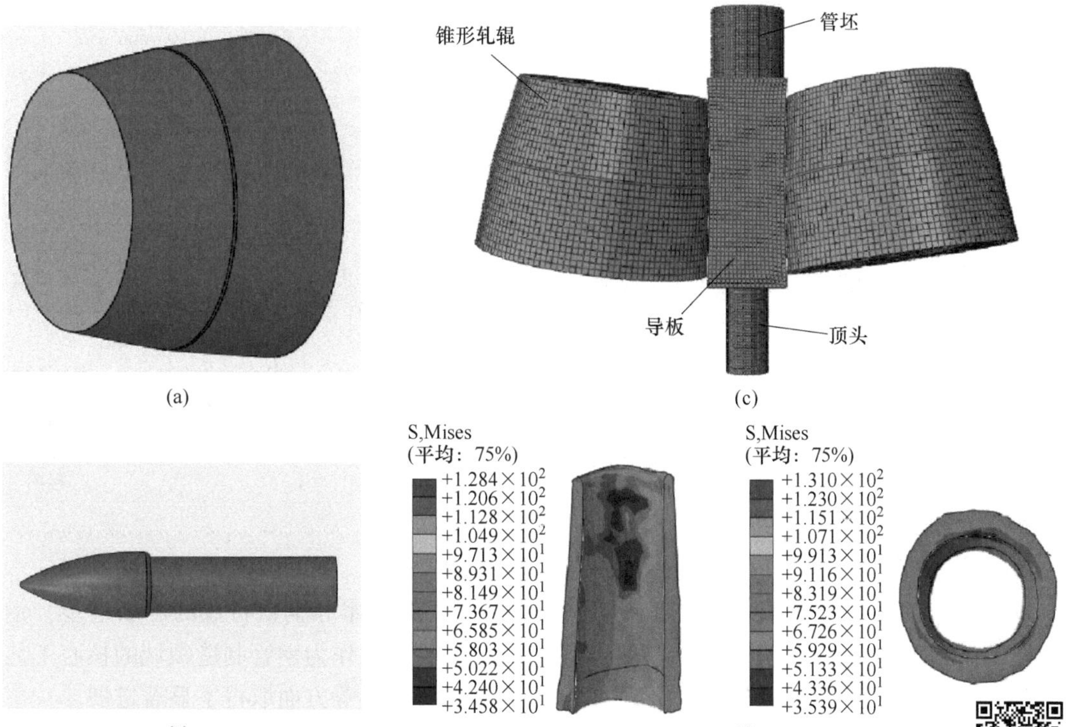

图 4-16 有限元模型与应力云图

（a）锥形辊的三维模型图；（b）顶头的三维模型图；（c）模型网格划分装配图；（d）优化后的模拟结果云图

彩图

贾鹏钰通过对 Incoloy825 无缝钢管的斜轧穿孔仿真模型在不同轧制温度、不同轧制速度下产生的应力应变、材料流动行为、温度场等模拟结果进行分析，研究损伤发生机理，对不同轧制速度下的缺陷进行预测。如图 4-17（a）所示，管坯内部与最外侧温度较低，最内侧温度变化最为剧烈；随着轧辊速度的增大，管坯接近外表面点的温升逐渐增大，而管坯最内部点的温度曲线变化并不明显，管坯最高温度呈上升趋势。如图 4-17（b）所示，管坯最内侧与最外侧应力变化较为明显，多出现于咬入段；随着轧制速度的增加，应力曲线变化趋势基本保持一致，呈现先迅速增大，到达峰值后缓慢减小的特点，但应力峰值也随之增大，并出现较为剧烈的波动。如图 4-17（c）所示，等效塑性应变的分布不均匀的，呈现两头大中间小的分布趋势，随着速度的逐渐增大，管坯的等效塑性应变越大，而管坯变形强度越大就越容易产生缺陷。如图 4-17（d）所示，质点的应力三轴度曲线变化规律并没有明显区别，整体趋势保持一致；随着轧制速度的增加，应力三轴度的峰值变化越来越大，变化幅度也越来越剧烈，使得管坯的塑性变形加速，材料内部微缩空洞生长变快，更容易产生缺陷。

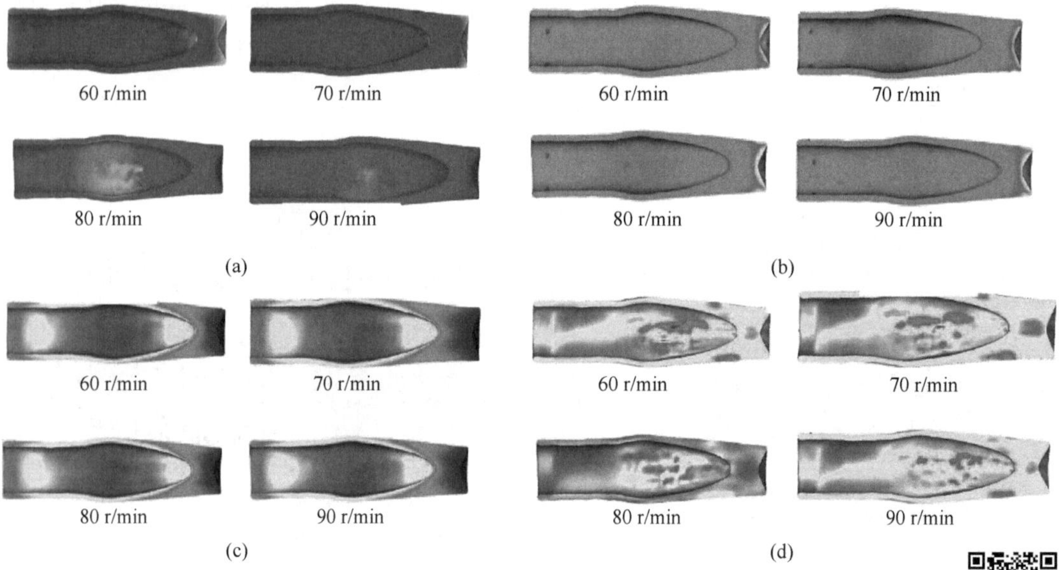

图 4-17　不同轧制速度下的云图

（a）温度场云图；（b）等效应力云图；（c）等效塑性应变云图；（d）应力三轴度云图

彩图

4.3.2　钢管高精度轧制控制技术

从 20 世纪初自动轧管技术崭露头角开始，随着工业技术和钢铁行业的不断进步，钢管轧管技术也在持续地优化和创新。近年来，钢管轧管技术作为钢管制造领域的核心工艺之一，在技术创新、设备升级、材料研究以及环保和可持续等方面取得了显著进展。

在技术创新方面，研究者们致力于提高轧管过程的效率和质量。通过优化轧制参数、改进轧辊设计和调整轧制速度等措施，实现了对钢管尺寸和形状的精确控制。同时，采用先进的数值模拟和仿真技术，对轧制过程进行预测和优化，进一步提高了钢管的质量和性能。

在设备升级方面，随着智能化、自动化技术的快速发展，钢管轧管设备也实现了显著的升级。智能化轧管机组配备了先进的传感器、控制系统和自动化装置，能够实现对轧制过程的实时监测和精确控制。这不仅提高了生产效率，还降低了人工成本，使得轧管过程更加稳定可靠。

在材料研究方面，研究者们针对不同类型的钢管材料进行了深入研究。通过优化材料的成分和工艺，提高了钢管的强度、韧性、耐腐蚀性等性能。同时，开发出了新型的高性能钢管材料，如高强度、高韧性、耐高温等特性的钢管，满足了不同领域对钢管性能的需求。

4.3.2.1 具体实例：三辊连轧管技术的创新与改进

多年的深入研究和丰富的实践经验表明，连轧管特别是先进的三辊连轧管技术将成为推动无缝钢管行业淘汰落后产能、实现转型升级的关键力量，具有无比广阔的市场前景。三辊连轧管技术的不断创新与改进，不仅提升了无缝钢管的制造效率和精度，还进一步提高了产品的质量和性能。这种技术的持续进步为无缝钢管行业注入新的活力，推动钢管行业的快速发展，为工业发展和社会进步提供有力的支撑。李菲菲以三辊限动芯棒连轧管机作为研究对象，运用理论分析、有限元仿真、数据验证等多种方法，深入探讨了连轧过程中金属的变形特性及场分布规律。为改善管端增厚这一缺陷，并考虑到时间轴下“连轧-张减”工序之间的信息传递，创新性地提出了锥度荒管补偿控制策略，并构建了连轧头尾削尖控制模型，如图 4-18 所示。同时研究了压下工艺参数对荒管削尖尺寸及连轧变形的影响，为优化连轧工艺、提高产品质量提供了重要的理论依据和实践指导。

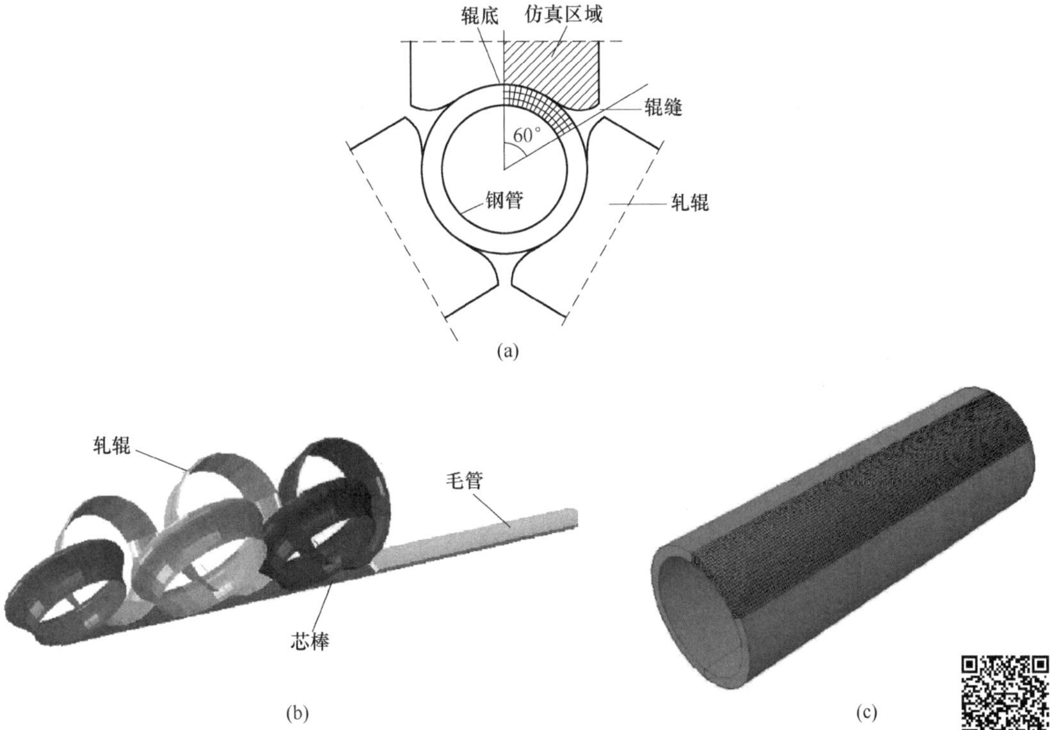

彩图

图 4-18 三辊连轧管机有限元模型

(a) 仿真区域；(b) 简化模型；(c) 离散模型

4.3.2.2 具体实例：自动控制技术和智能预测控制技术在钢管轧制中的应用

随着经济的稳定持续增长和经济结构的不断优化，无缝钢管的目标客户群体对无缝钢管质量提出了更高的要求，与此同时，先进的自动控制技术和智能预测技术在不同的领域大放异彩，跨学科研究和学科交叉应用已然成为工业和制造业研究和发展的重要课题。对无缝钢管热轧制过程中的数学解析模型的和智能预测模型进行建立，然后根据智能预测模型建立控制模型来指导现场生产以及对生产异常做出调整，形成可靠的智能生产系统已成为一种趋势。张坚等人对无缝钢管生产的连轧过程的轧制力控制模型进行了探索研究，建立了连轧无缝钢管轧制力控制模型，模型框架具体如图 4-19 所示，通过实际轧制力的检测和智能预测模型对轧制力的预测的偏差，对无缝钢管轧制过程中轧制力的优化和控制，进而保证无缝钢管生产处于稳定过程中，最终保证无缝钢管生产质量。并且在比例-积分-微分（Proportion Integration Differentiation，PID）控制器参数的选择中加入了反向传播（Back Propagation，BP）神经网络，对控制器的 3 个参数的选择进行了探索性研究，仿真结果如图 4-19 所示，结果表明，轧制力控制模型对控制和优化轧制力具有显著的作用，并且也保证了连轧过程中的稳定轧制，而且精度很高，符合工业生产要求。

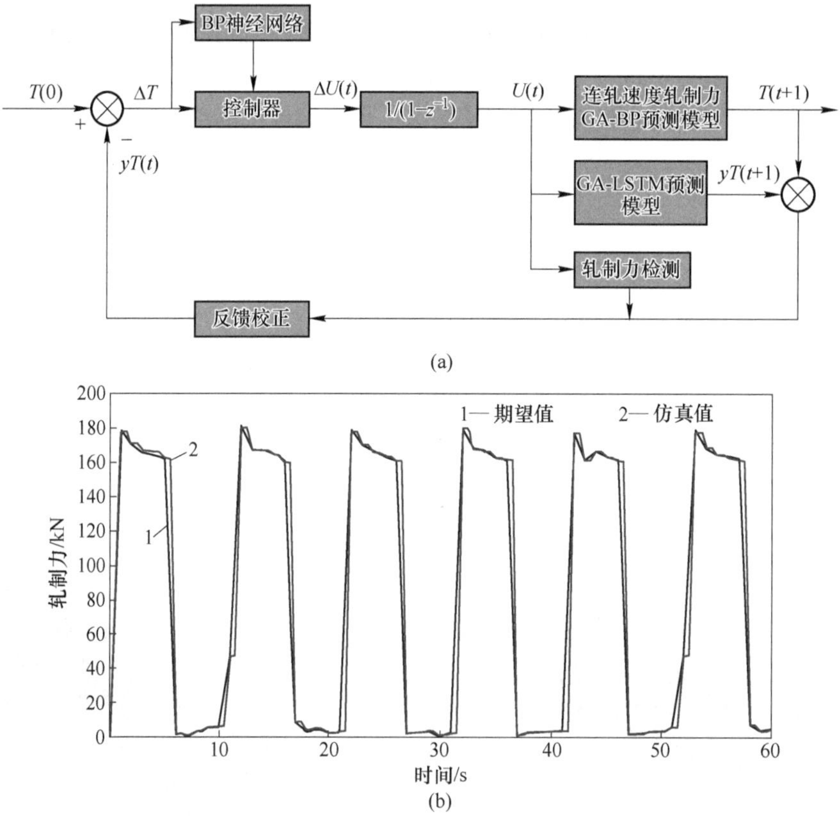

图 4-19 无缝钢管连轧
（a）轧制力控制框图；（b）轧制力仿真曲线

彩图

近年来，钢管轧管技术在技术创新、设备升级、材料研究以及环保和可持续等方面取得了显著的进展。这些成果不仅提高了钢管的精度、质量和性能，也推动了钢管制造业的可持续发展。未来，随着科技的不断进步和市场需求的不断变化，钢管轧管技术将继续迎来新的挑战和机遇，为钢管制造业的进一步发展注入新的动力。

4.3.3 钢管张力减径技术的发展趋势

钢管的张力减径技术自 1932 年诞生以来，已经取得了显著的进步与发展，并且在钢管制造领域发挥着至关重要的作用。随着科技的不断进步，该技术也在持续创新，以满足日益增长的市场需求。近年来，钢管的张力减径技术在多个方面取得了重要的研究进展。

在基础理论方面，研究者们针对张力减径过程中的金属变形机制进行了深入探究，特别是高温下材料的晶界扩散速率和原子活动度的变化，以及这些变化如何影响钢管的塑性变形能力。这些研究为优化张力减径工艺参数提供了重要的理论依据。

在数值模拟方面，随着计算机技术的飞速发展，数值模拟和仿真技术在钢管张力减径过程中得到了广泛应用。研究者们利用这些工具对张力减径过程进行精确模拟，预测钢管的变形规律、应力分布以及壁厚变化等关键参数，进而优化轧辊设计和轧制工艺，提前发现和解决潜在的生产问题。此外，通过精确控制机架间的速度差所形成的张力，可以实现大变形量的加工，大幅提高钢管生产的效率。

在材料研究方面，新材料的探索也为钢管张力减径技术的发展注入了新的活力。研究者们通过调整材料的成分和微观结构，开发出了具有更高强度、更好耐腐蚀性能和更低成本的钢管材料。这些新材料的应用，进一步提升了张力减径钢管的性能和市场竞争力。

在环保和可持续发展方面，钢管的张力减径技术也取得了重要进展。研究者们通过优化工艺参数和设备设计，降低了生产过程中的能耗和排放，提高了资源利用效率。同时积极探索利用可再生能源和循环材料的方法，以实现钢管制造的绿色化发展。

张力减径工艺作为无缝钢管生产过程中的关键一环，其效率和质量对于提升钢管的整体性能至关重要。随着科学技术的不断进步和市场需求的不断升级，对于张力减径工艺的精度和可靠性要求也日益提高。计算机数值模拟仿真与神经网络预测技术作为一种先进的计算机辅助分析方法，近年来逐渐应用于张力减径工艺中，能够更高效、更准确地研究和优化张力减径工艺，为无缝钢管行业的可持续发展提供有力的技术支持和创新思路。

4.3.3.1 具体实例：计算机神经网络算法在钢管张力减径中的应用

黄宇龙以无缝钢管生产中的张力减径工艺主要研究对象，结合生产经验数据并通过理论解析方法对该工艺进行深入分析，建立了张力减径过程的数学解析模型，为实际生产和轧制表制定提供了可靠的理论依据。针对无缝钢管张力减径工艺生产过程中各机架的钢管壁厚参数，建立 BP 神经网络智能预测模型、遗传算法优化 BP 神经网络（Genetic Algorithm Back Propagation，GA-BP）的智能预测模型和麻雀搜索算法优化 BP 神经网络（Sparrow Search Algorithm Back Propagation，SSA-BP）的智能预测模型，并对各模型进行训练及预测，预测值与实际结果的对比如图 4-20（a）~（c）所示。在此基础上，将三种模型进行横向对比，其绝对误差如图 4-20（d）所示，其中 SSA-BP 智能预测网络无论是在最大正、负误差值，还是数据分布和中位数 0.0091 均优于其余两种智能预测模型，这正是基于麻雀搜索算法的寻优速度快与收敛精确度准的特点，结果表明，SSA-BP 神经网络智能预测模型预测精度最高，误差精度较其他两种智能预测模型有一定提升，解决了

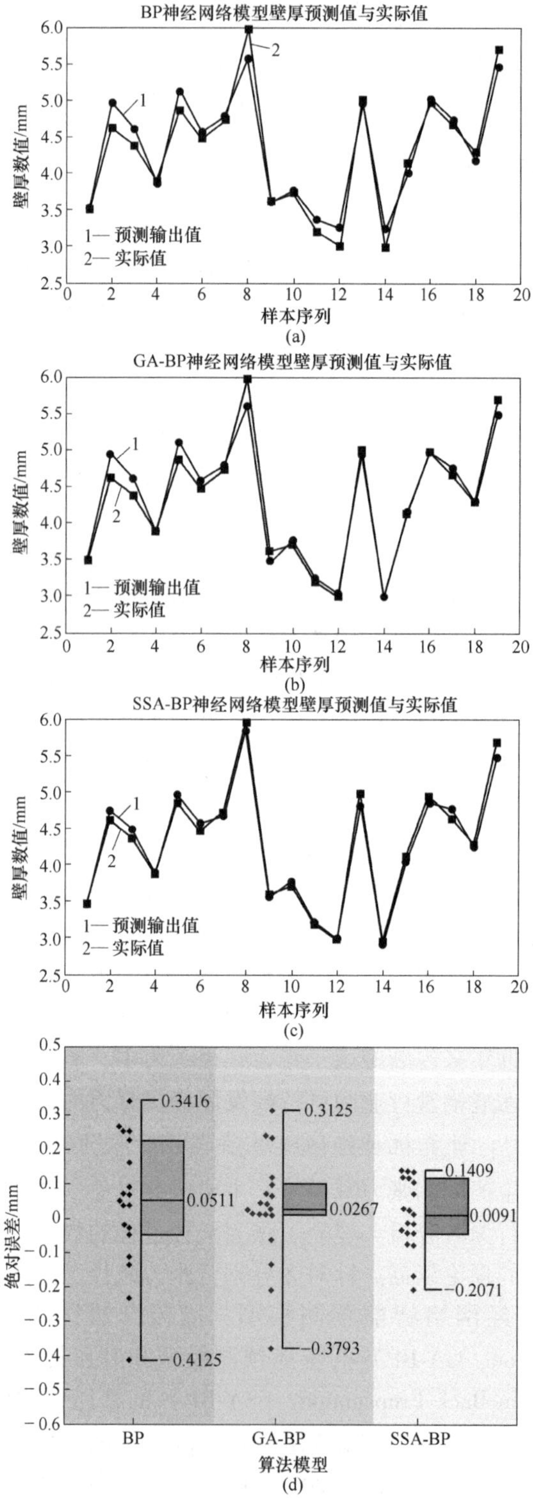

彩图

图 4-20 计算机神经网络算法在钢管张力减径中的应用

（a）BP 预测模型结果；（b）GA-BP 预测模型结果与分析；（c）预测模型结果与分析；（d）壁厚智能预测模型各算法对比箱线图

传统 BP 神经网络对于张力减径过程中各机架壁厚值的预测存在模型稳定性差和准确性低等问题，为张力减径钢管预测提供新思路，并且满足工业应用要求。

4.3.3.2 具体实例：计算机模拟仿真技术在钢管张力减径中的应用

王超针对大口径无缝钢管的张力减径轧制过程进行了深入探究，首先基于金属的塑性变形理论和国内外先进的张力减径技术，研究分析了 18 机架张力减径机组的轧制过程；然后利用张力减径机孔型设计方法，设计出了一套适用于大口径无缝钢管生产的张力减径机孔型，三维实体模型如图 4-21 所示；为了验证这一孔型模型的合理性，王超等人利用先进的有限元仿真软件 ABAQUS 对整个张力减径过程进行了有限元仿真模拟，验证了孔型模型的有效性和可行性，为大口径无缝钢管张力减径机的孔型设计和工艺参数的确定奠定了相关理论基础；最后，为了进一步简化孔型设计的复杂过程，提高设计的自动化程度，王超等人还基于 MATLAB 开发出了一套针对大口径钢管张力减径机的孔型设计及工艺参数计算软件，显著缩短了大口径钢管的研发周期，极大提高了孔型设计的效率和精度。

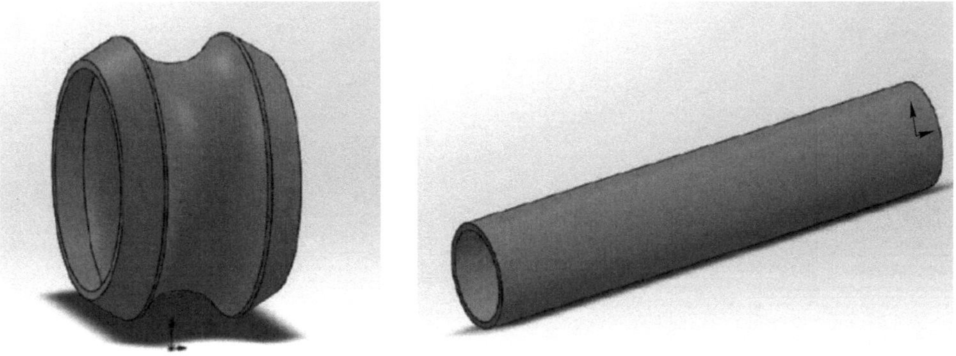

(a) (b)

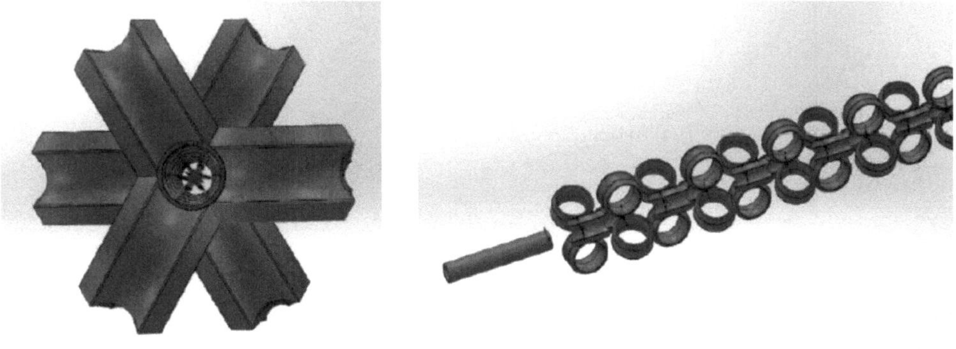

(c) (d)

图 4-21 有限元模型
(a) 轧辊的三维实体模型；(b) 钢管的三维实体模型；(c) 张力减径机装配体俯视图；(d) 张力减径机装配体主视图

彩图

综上所述，钢管的张力减径技术在基础理论、数值模拟、环保可持续发展等方面都取得了最新的研究进展。这些成果不仅提升了钢管的质量和性能，也推动了钢管制造业的持续进步。未来，随着科技的不断进步和市场需求的不断变化，钢管的张力减径技术将继续迎来新的挑战和机遇，为钢管制造业的繁荣发展做出更大的贡献。

练习与思考题

4-1 简述钢管的特性及典型应用。

4-2 对比热轧无缝钢管和焊管的生产工艺和钢管性能方面的异同。

4-3 阐述影响热轧无缝钢管精度的关键生产工艺及特点。

4-4 论述控轧控冷技术在热轧无缝钢管方面的应用。

4-5 分析未来无缝钢管生产技术的发展趋势。

5 型钢生产原理与实践

课程思政——型钢与“交通强国”建设

钢铁工业的发展支撑着交通运输业的高质量发展，为建设更便捷、更可靠的交通基础设施提供强有力的保障。作为钢铁工业的主要应用领域之一，交通运输业的发展推动着钢铁工业的不断探索和突破，带动钢铁相关产业的持续提升，为钢铁行业的高速发展提供广泛的应用和强大的需求动力。

型钢作为钢材的四大品种之一，在钢铁行业中有着重要作用。大、中、小型型钢广泛应用于铁路、公路、工业建筑、船舶桥梁、航空飞机、输电铁塔等领域，在推动“交通强国”建设材料中发挥着不可替代的作用。

（1）水运。船用钢材在船舶原材料造价中占70%以上，其中型钢是主要的船用钢材。角钢、H型钢、工字钢、T型钢、球扁钢等型钢广泛应用于船用钢材，其需求量占板材用量的15%～18%。优质低合金钢和优质碳素钢是常见船舶用钢，并具备良好的耐蚀性、耐低温性、焊接性、强度和韧性。船用型钢随着使用性能的提高得以不断发展，由低强度级别向高强度级别、超高强度级别发展；由高碳单元素、低碳多元素向微合金化、复合微合金化发展。此外，桥梁用结构型钢是桥梁常用钢材之一。桥梁用钢由最初的低碳钢、Q345钢材，发展到包含Q500系列强度等级的高强度钢。伴随钢铁工业发展，桥梁用钢逐步向兼顾强度、冲击韧性、可焊性、耐蚀性等要求的高性能钢材发展，桥梁用钢种从低碳钢向低合金钢、高强度钢、高性能钢的方向不断发展。

（2）公路。型钢是隔离栅、标志牌、护栏以及护坡等公路建设用钢的主要品种。此外，型钢作为汽车制造用钢的主要品种之一，约占6%。依据不同的消费观念与技术水平，演化出了一系列汽车用钢材料，在现如今全球汽车轻量化的趋势下，又对汽车用钢提出了新要求。公路隧道、铁路隧道基本是采用钢拱架建设，钢拱架采用L、U和I字型钢和钢轨、钢管等型钢加工而成。

（3）铁路。铁路货车机车几乎全是由钢铁材料制成，型钢与钢板的重量合计占车重的60%左右。铁路车体用钢的高强度、耐蚀性、耐接性以及轻型化需要，促进了铁路车辆用钢的飞速发展，实现了从低强度普碳钢到低强度耐候钢，再到高强度耐候钢的更新。此外，钢轨需要使用强度极高的钢材，尤其是对于高速铁路轨道的“四高”标准：高洁净度、高尺寸精度、高平直度、高表面质量，需要更为先进的技术与严苛的要求。

（4）航空。大型机场航站楼建设以及其他配套建筑物建设用钢包括了热轧H型钢、冷弯型钢在内的多个钢材品种。如北京大兴国际机场，其航站楼是世界上最大的单体航站楼工程，主体为现浇钢筋混凝土框架结构，局部为型钢混凝土结构，屋面及其支撑为钢结构。

因此，对于建设现代化、高质量的交通基础设施网和交通运输工具体系的创新驱动发展，需要包括型钢在内的钢铁工业作为支撑保障。面向未来，钢铁工业应当大力提高自主创新能力，不断满足铁路、公路、水运、航空的发展需求，为实现交通强国这一国家战略目标提供坚实强大的材料基础。

5.1 型钢轧制的工艺概述

轧制作为金属塑性加工成形的主要方法，使得金属材料在发生旋转的轧辊之间产生连续的塑性变形，改变材料的形状，进而控制或改善材料的组织及性能。虽然不同型钢的生产工艺有特殊性，但基本的生产工序相差不大。此外，型钢较其他钢材的轧制工艺有其独特性。

随着型钢轧制技术的发展，自动化、高效率、尺寸形状与组织性能的高精度控制成为型钢轧制的新特点。目前，型钢轧制技术正沿着绿色化、智能化、数字化方向发展。

5.1.1 型钢生产的基本工艺

型钢的种类繁多，但其基本的生产工艺较为类似，大致可分为以下流程。

（1）开坯。型钢的开坯工艺如图 5-1 所示。

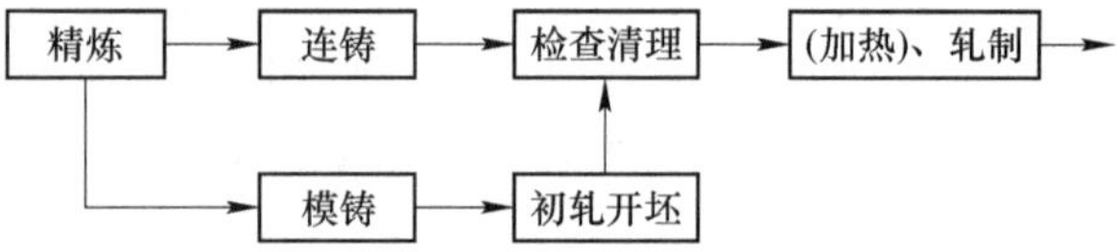

图 5-1 型钢轧制的开坯工艺

（2）加热、轧制。型钢的轧制工艺一般可以分为粗轧、中轧和精轧。粗轧过程将坯料轧制成适用的雏形中间坯，此时的轧件温度较高，因此尽量把不均匀变形在此过程完成；中轧是将轧件轧制成接近成品尺寸；精轧是保证轧件的尺寸精度，延伸量较小。型钢一般轧制过程如图 5-2 所示。

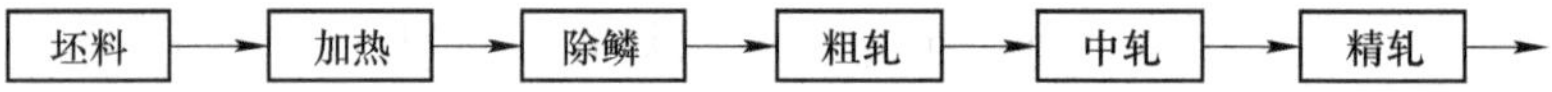

图 5-2 型钢加热、轧制工艺

如今，在型钢生产过程中对轧制过程通常有以下要求。

1）一种规格的坯料在粗轧阶段轧成多种尺寸规格的中间坯。随着对型钢需求量的不断增多，型钢尺寸规格越来越多，这就要求粗轧具有将一种坯料轧成多种规格坯料的能力。粗轧不仅可以对异型坯进行扩腰扩边轧制，还可以进行缩腰缩边轧制，如采取板坯轧制 H 型钢。

2）对异型坯在中轧和精轧阶段尽可能使用万能孔型和多辊孔型。这是因为万能孔型和多辊孔型易于轧制薄而高的边，通过调整压下量，能够减少轧辊的不均匀磨损，提高尺寸精度。

3）在型钢连轧过程中，由于轧件的断面系数大，不能使用活套。机架间的张力一般采取驱动主电机的电流记忆法或者力矩记忆法进行控制。

4）对于要求具备一定的低温韧性和可焊接性的型钢，一般要求其碳当量低，采取低温加热和低温轧制的方式。在精轧之后采取水冷，可以提高材料的性能以及降低在冷床上的冷却时间。

（3）精整。型钢的精整一般有两种方法：一种是热锯切定尺、定尺矫直；另一种是长尺冷却、长尺矫直、冷锯切工艺。型钢的精整过程如图 5-3 所示。

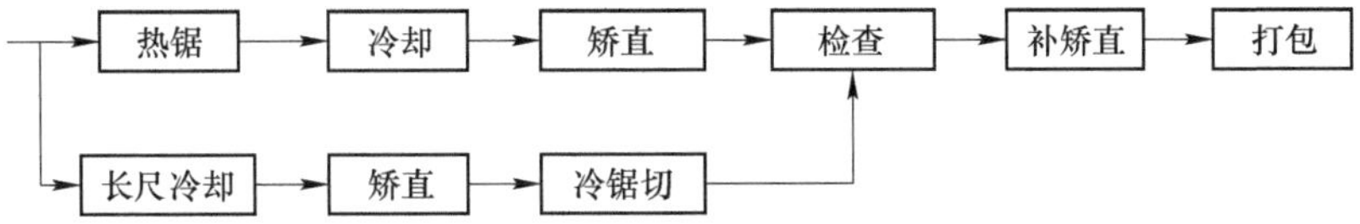

图 5-3 型钢精整工艺

矫直工艺是精整阶段的主要部分。由于型钢的断面系数较大，所需的矫直力较大，以及在冷却阶段由于断面不对称温度不均匀造成的弯曲大，因此型钢的矫直难度较大。此外，由于轧件的断面较大，矫直机的辊距大，矫直盲区增大，在某些条件下会对型钢产生较大影响。

5.1.2 型钢生产的工艺特点

型钢的生产较其他钢材具有以下工艺特点。

（1）型钢的品种规格繁多。随着社会发展，对型钢的需求量逐年增多，目前已经有上万种型钢产品。在生产过程中，除了少部分使用专用轧机生产外，绝大部分型钢都是在进行多品种多规格生产。

（2）型钢的断面形状差异较大。方钢、圆钢和扁钢的断面形状简单且差异性不大，但是如 H 型钢、工字钢、槽钢、Z 字钢和钢轨等型钢，断面形状复杂且差异性大，这些型钢的孔型设计和轧制生产都有其独特性。断面形状复杂的型钢，其轧制过程中的变形、温度分布以及轧辊磨损等都是不均匀的，导卫装置的安装也更为复杂。

（3）型钢的轧机结构和轧机布置形式较多。二辊轧机、三辊轧机、四辊万能孔型轧机、多辊孔型轧机、Y 型轧机以及悬臂式轧机等多样的轧机结构。顺列式轧机、横列式轧机、半连续式轧机、连续式轧机以及棋盘式轧机等多样的轧机布置形式。

5.1.3 型钢的分类与特征

型钢作为钢材的四大品种之一，是具有一定截面尺寸和形状的条形钢材。型钢具有悠久的生产历史，其种类和规格繁多，型钢常见的分类有以下 5 种。

（1）按照型钢的断面形状分类。可以将其分为简单断面型钢和复杂断面型钢。简单断面型钢的外形简单、形状均匀，如方钢、圆钢、扁钢和六角钢等。复杂断面型钢的横截面有明显的凹凸分枝，包括了凸缘型钢、多台阶型钢、复合型钢和周期断面型钢等。

（2）按照型钢的生产方法分类。可以将其分为热轧型钢、冷弯型钢、焊接型钢、冷拔型钢、挤压型钢、锻压型钢和特殊轧制型钢等。其中，热轧型钢的生产规模大、能耗和生产成本低的优势，成为现如今型钢的主要生产方法。

（3）按照型钢的断面尺寸大小分类。可以根据规格分为大型型钢、中型型钢和小型型钢。此外，还有采取根据单重来进行分类，一般认为，单重大于 20 kg/m 的为大型型钢，单重为 5~20 kg/m 的为中型型钢，单重小于 5 kg/m 的为小型型钢。

（4）按照型钢的使用部门分类。可以将其分为汽车用型钢（轮胎挡圈和锁圈）、铁路用型钢（钢轨、车轮、道岔用轨）、造船用型钢（球扁钢、L 型钢、Z 字钢）、结构和建筑用型钢（H 型钢、工字钢、角钢、槽钢、吊车钢轨等）、矿山用钢（U 型钢、矿用工字钢）等。

（5）按照型钢的使用范围分类。可以将其分为专用型钢、通用型钢和精密型钢。

5.2　型钢设计制造全流程的数字化与可视化

随着材料表征、建模和仿真技术的进步，以及大数据分析活动的活跃性，应当给予这些新兴技术源源不断的支持。在“中国制造 2025”和德国“工业 4.0”计划中，都充分重视了数字化技术。

近年来，国内外多位学者专家致力于冶金材料加工制造技术、材料数据库开发、数字化平台建设、数值模拟分析、材料组织性能预报等数字化相关研究。许多工程技术人员应用仿真建模、数值模拟、数据分析等数字化技术在开发新品种、新工艺、新技术等领域取得显著成就。可见一斑，数字化技术与钢铁工业紧密结合并大力推动钢铁工业的蓬勃发展。

从数字化技术在钢铁制造业的应用成效来看，数字化技术在大幅度提升产品开发效率、减少试制成本、提高工艺优化命中率与成材率、节能降耗等方面具备显著优势。因此，数字化技术是钢铁工业重要的技术方法，也是钢铁绿色化智能制造、节能降耗的关键手段。

型钢作为四大钢材品种之一，在多个领域得到广泛应用，尤其是对于复杂断面型钢的需求量逐年攀升。为了提升型钢产品的市场竞争力与经济效益，型钢制造技术在向着高性能、高精度、复杂断面、低成本以及高效率方向发展。

但是，对于我国高精度型钢的设计、工艺和控制等方面与国际先进水平相比仍存在一定的差距：

（1）孔型设计系统以及轧辊配辊和辊形加工，目前仍主要依靠传统经验进行设计、试轧、再加工、再试制，这就导致了开发周期长、效率低、成本高等一系列问题。

（2）对于特殊用途的复杂断面型钢孔型设计与工艺控制开发，依据经验法难以确定复杂的金属三维流动规律，新产品的开发难度极大，反复的尝试导致开发成本的增加与周期的延长。

（3）针对轧制的数值模拟分析，虽然采用了通用软件完成，但仍具有一定的局限性。

因此，对于型钢的全流程数字化设计制造就显得尤为迫切。将型钢的轧制孔型参数化设计系统与有限元数值模拟系统集成一体，从而实现孔型设计与有限元数值模拟的无缝衔接，这种耦合的参数化设计能够有效完成高精度型钢产品的设计开发。

5.2.1　孔型参数化设计

孔型设计虽然已有百余年历史，但曾长期采取经验法设计，这种方法不利于孔型设计效率的提升和周期的缩短，且精度难以保证。由于计算机技术的普及，孔型设计采用了计算机参数化设计，凭借计算机强大的精确运算和存储能力，极大解决了孔型设计难题，并且能够对多种方案下的孔型设计进行比较与选择，极大增强了孔型设计的可靠性。

对于主要型钢产品，如H型钢、钢轨、工字钢、角钢等，在确定型钢产品之后，根据现场不同的工艺布局和生产装备，进行不同型钢的孔型系统的参数化分析，这样可以大幅度减少型钢设计的工作量。针对可以完成各种型钢生产的万能轧机产线，需要设置两个立辊轧机和两个水平轧机，完成万能轧机系列产品的孔型参数化设计，同时根据各条线不同的开坯工艺设置系列产品的开坯轧制孔型系统，包括箱形孔、开坯孔型及斜轧孔型等。

在孔型系统的参数化分析基础上，建立孔型参数化数据库。通过高级计算机语言程序开发，完成可视化的孔型参数数据库的读取，并具备孔型尺寸的修改、优化和保存功能，完成新产品参数化数据库的建立。通过读取数据库中不同规格产品的孔型尺寸，完成全部孔型的参数化CAD二次开发程序，系统调用商业CAD软件进行孔型图的直接绘制。对不同型钢产品各孔型系统的结构进行具体计算分析并实现参数化，主要孔型包括钢轨孔型系统、大中小型H型钢系列孔型系统、角钢孔型系统及槽钢孔型系统等。程序不仅能够调用底层参数化数据库自动生成孔型CAD图形，还能够生成中心线、辅助线和标注等；另外，可以根据生成的孔型CAD图计算孔型面积。

孔型参数化设计系统使过去主要依赖经验且设计计算量庞大的复杂断面型钢孔型系统设计变得简单、高效与可靠，由此得到的孔型参数化数值也更加精确。

5.2.2 型钢全轧程三维数值模拟

数值模拟前处理主要包含结构网格、流体网格处理，其中网格质量能够影响最终的计算分析结果。在孔型参数化设计与有限元数值模拟一体化的程序开发过程中，为便于工程技术人员使用，结合复杂断面型钢孔型参数化CAD二次开发模块，CAE模块通过底层调用有限元软件前处理，实现了无需人工处理的三维CAD模型的构建；同时针对各道次轧辊和轧件等网格划分的参数化，通过底层调用有限元软件前处理，实现无需人工操作的后台分网，快速完成各道次轧制过程模型的网格划分；开发完成各孔型的相关GUI界面及程序，实现了各几何参数及网格尺寸的输入、修改、数值模拟前处理的底层调用、网格划分和模型输出，从而完成了不同规格尺寸孔型有限元网格的划分及相关边界条件的建立及修改。最终通过CAE模块功能，实现对型钢数值模拟的计算目标。

结合实际生产线的工艺布局及生产装备，需要将型钢全轧程进行切割、分段组合，分段后针对典型工艺特点建立了相应的数值模拟模块，将各模块整合到统一的GUI界面下，形成万能生产线全轧程热力耦合数值模拟系统。主要型钢数值模拟模块有二辊及多辊孔型轧制模块、三辊斜轧孔型模块、万能/半万能轧制模块、U-E二机架连轧模块、U-E-U三机架连轧模块、除鳞辊道、道次时间间隔、控制冷却等模块。同时，为了完成全轧程热力耦合数值模拟，针对轧制过程中轧件网格畸变的情况，开发了逆向软件构件数字化及温度映射模块，从而实现型钢结构几何形状与温度场的继承与传递。全轧程热力耦合数值模拟系统中，主要包括小型线、中型线和大型线三个部分，该系统能够完成对多辊孔型高精度型钢的轧制工作。使用者可通过图形界面，查看相应的轧件尺寸、轧辊与轧件温度、辐射系数、水平辊与立辊等生产数据信息。

应用此开发系统实现了准确快捷地完成复杂断面型钢多规格产品的轧制过程数值计算模型的建立，并高效获得了型钢轧制全流程中轧件尺寸形状及物理场、力学性能参数等设备与工艺控制的关键技术数据与规律。

5.2.2.1 典型型钢-球扁钢的热轧全流程三维数值模拟案例

基于ABAQUS大型商用有限元软件对大型球扁钢进行了全轧程的有限元模拟，对球扁钢各道次的变形情况及温度场进行了相关分析。球扁钢的轧制模拟流程示意图如图5-4所示。

粗轧　　中轧　　精轧

彩图

图5-4 球扁钢的轧制模拟流程示意图

通过对变形参数的计算，可以发现，模拟计算出来的面缩率与依据孔型估算出的面缩率结果相近，这就实现了对模型可靠性的验证。

（1）粗轧模拟结果。粗轧过程共包括5个道次：K10～K6。K10和K6道次下坯料的应力、应变、温度云图和充型情况如图5-5和图5-6所示。

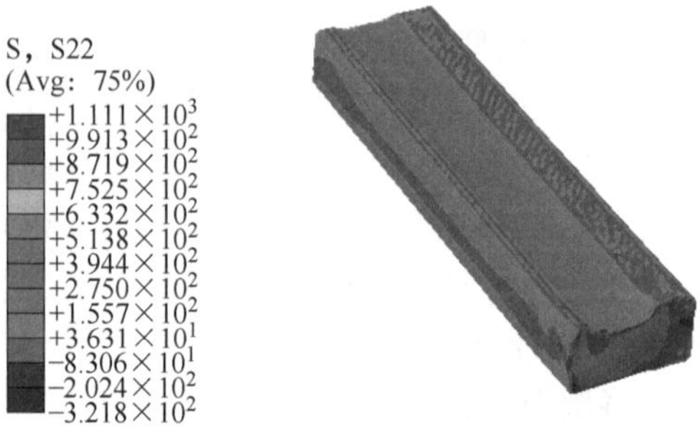

应力云图

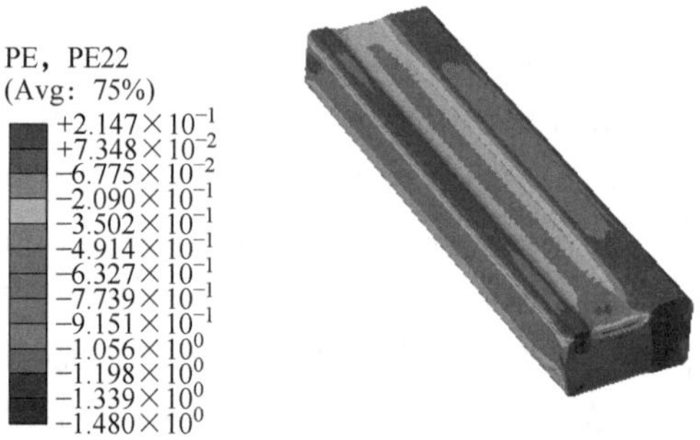

应变云图

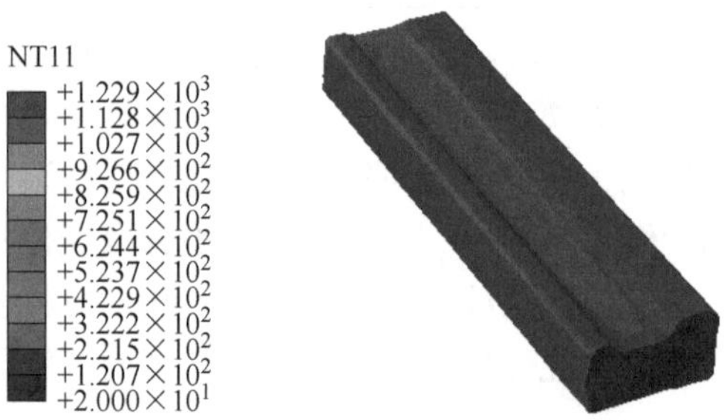

温度云图

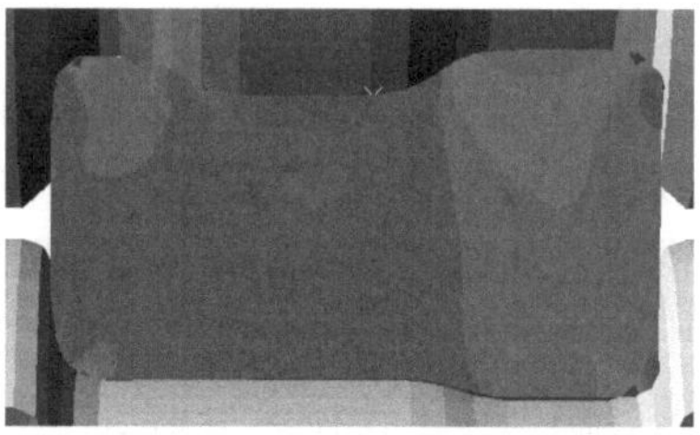

充型情况

彩图

图5-5 K10道次模拟结果

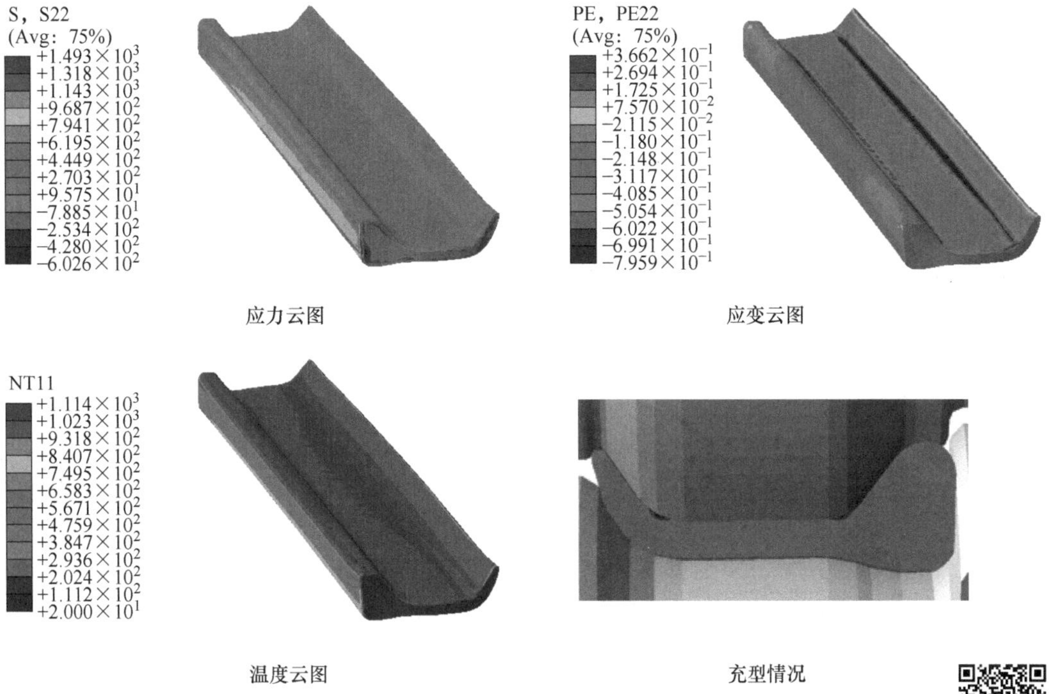

图 5-6　K6 道次模拟结果

彩图

K6 道次轧制过程中关键点的应变变化情况如图 5-7 所示。可以看出，在 Q850 轧机粗轧过程中，腹板位置的压下量较大，球头位置变形量小，腹板在轧件厚度方向上的塑性应变量要远远大于球头处。K6 道次下腹板 1/3 处的应变量最大（4 号位置）。

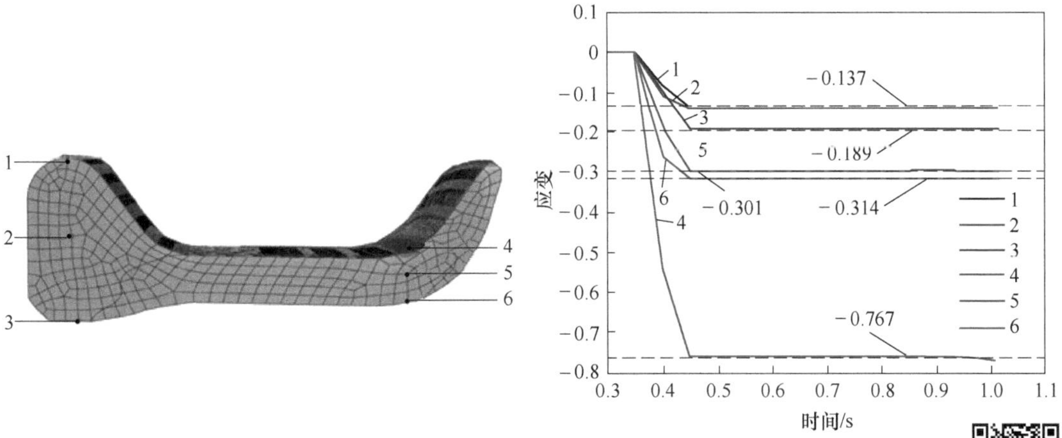

图 5-7　K6 道次应变变化结果

彩图

K6 道次轧制过程中关键点的温度变化情况如图 5-8 所示。通过提取 K6 道次结束时 4 个关键点位置的温度随时间变化的曲线可以看出，在轧制过程中，轧件的表面温降很大，而轧件心部温度保持较高水平，还存在温度小幅度的提升。

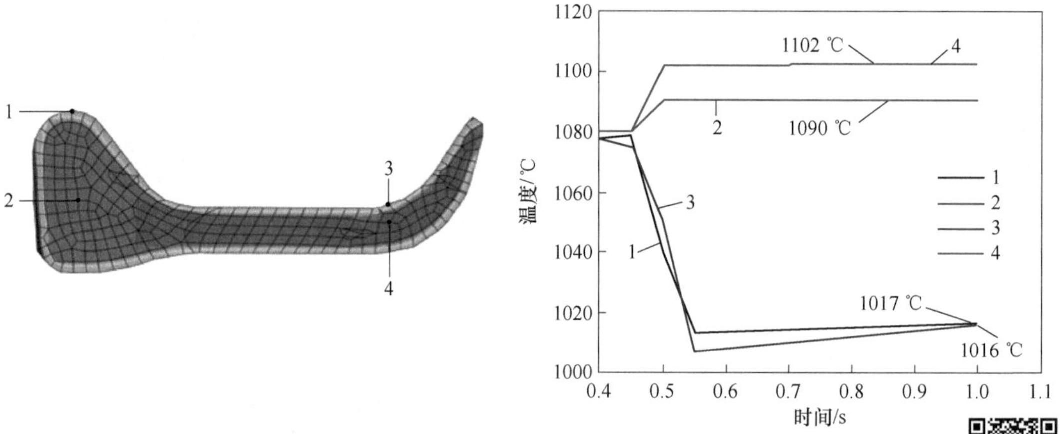

图 5-8　K6 道次温度变化结果

彩图

（2）中轧模拟结果。中轧过程共包括 K5～K3 3 个道次。K5 和 K3 道次下坯料的应力、应变、温度云图和充型情况分别如图 5-9 和图 5-10 所示。

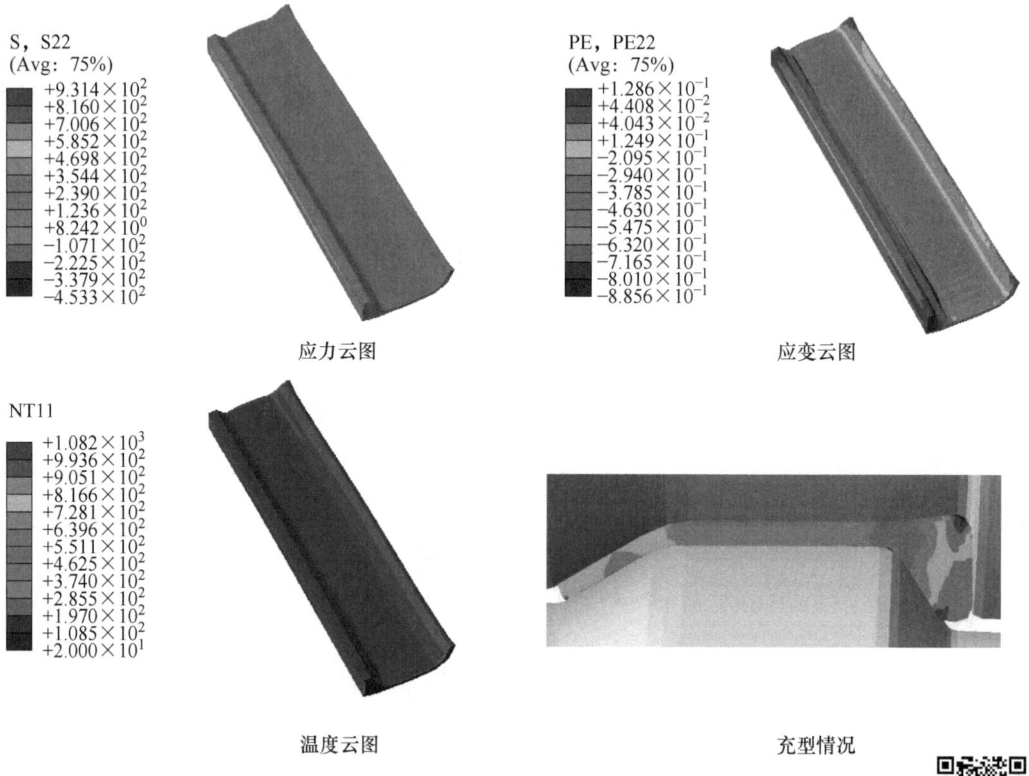

图 5-9　K5 道次模拟结果

彩图

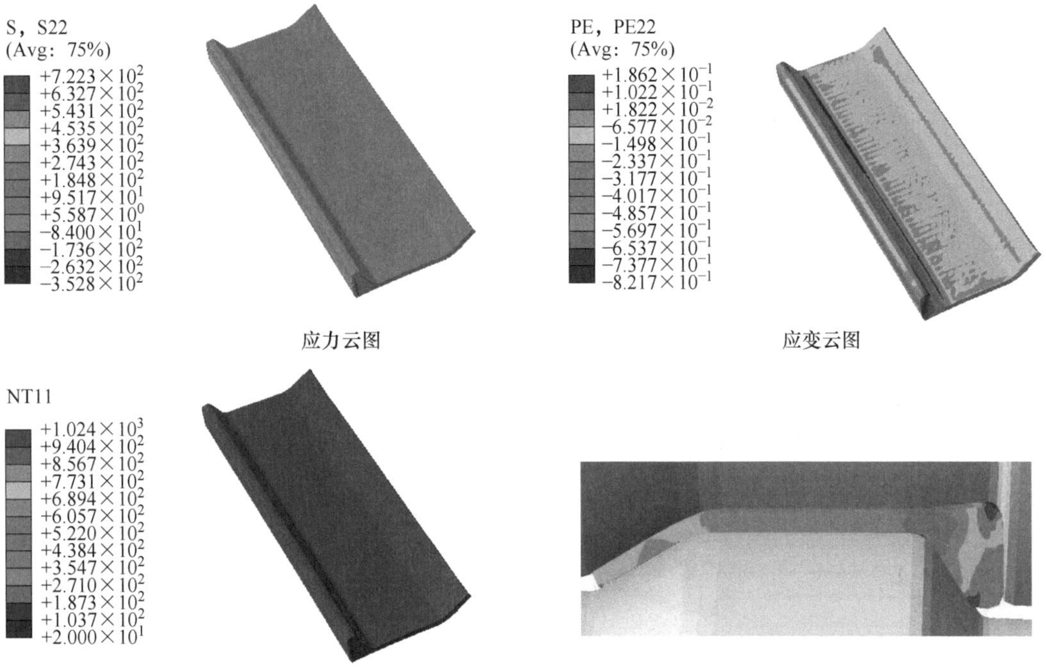

图 5-10　K3 道次模拟结果

彩图

K5 道次轧制过程中关键点的应变变化情况如图 5-11 所示。通过提取 K5 道次结束时 6 个关键点位置的应变随时间变化的曲线可以看出，在 K5 道次轧制的过程中球头处的应变量均处于较低水平，其心部和上边面的应变量只有 0.029 和 0.017，因此可以说明，轧件球头部位在 K6 道次结束时已基本成形，后续道次的变形量相对较小。

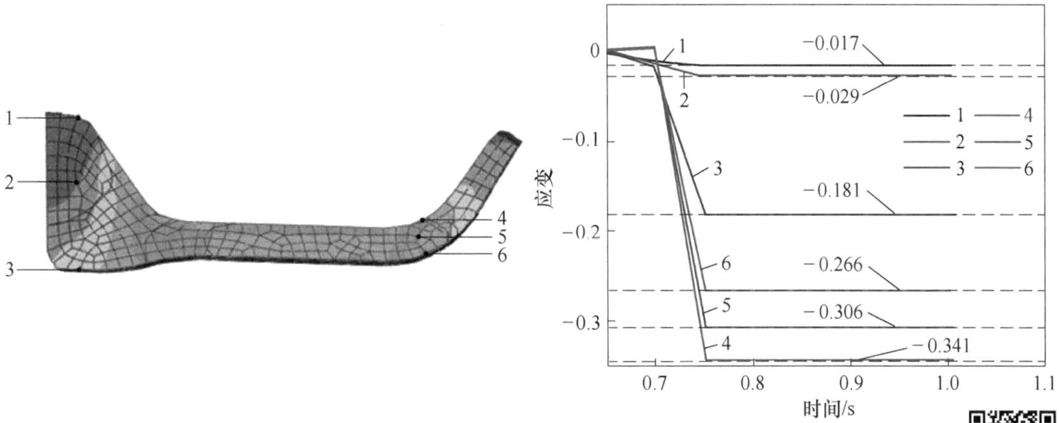

图 5-11　K5 道次应变变化结果

彩图

（3）精轧模拟结果。精轧过程共包括两个道次：K2 和 K1 为两道次热连轧。K1 道次下坯料的应力、应变、温度云图和充型情况如图 5-12 所示。

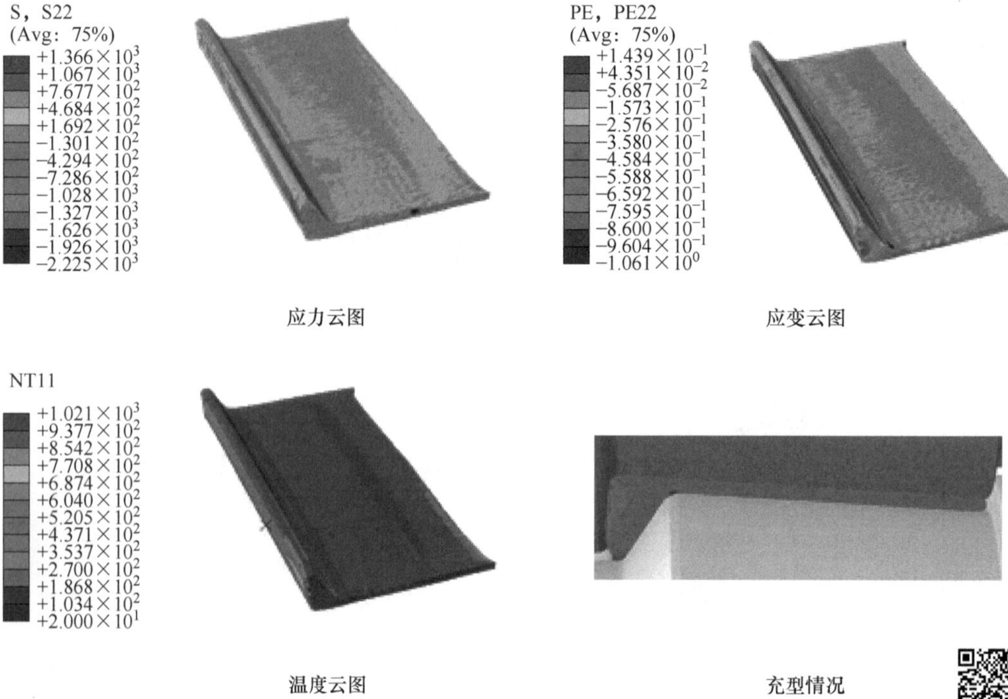

图 5-12　K1 道次模拟结果

彩图

K1 和 K2 道次轧制过程中关键点的温度变化情况如图 5-13 所示。通过提取 K2 和 K1 道次温度随时间变化曲线，可以看出球头和腹板心部的温度都有一定程度的升高，而表面温降很大，最大时达到了 144 ℃（4 号位置），K1 结束时，球扁钢心部最大温差约为 32 ℃（2 号位置与 3 号位置），表面最大温差约为 75 ℃（4 号位置和 6 号位置）。

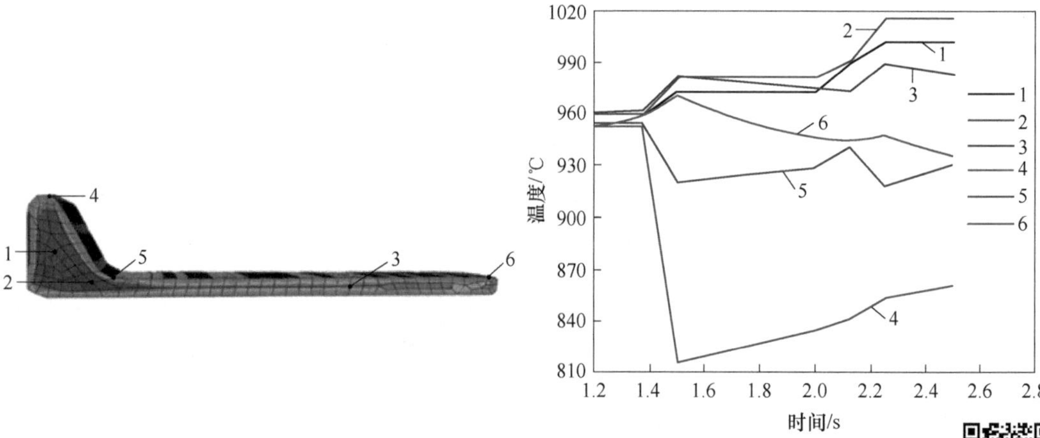

图 5-13　K1 和 K2 道次温度变化结果

彩图

轧制过程中轧件截面温度变化情况如图 5-14 所示，通过各道次温度截面变化云图可以发现球扁钢轧制过程中的温度并不是一开始就是球头处高，腹板处低，而是从 K4 道次开始球头与腹板交界的过渡区的温度开始逐渐高于腹板处，到精轧出口时，球头处的温度整体高于腹板温度，球头与腹板交界的过渡区的温度最高。

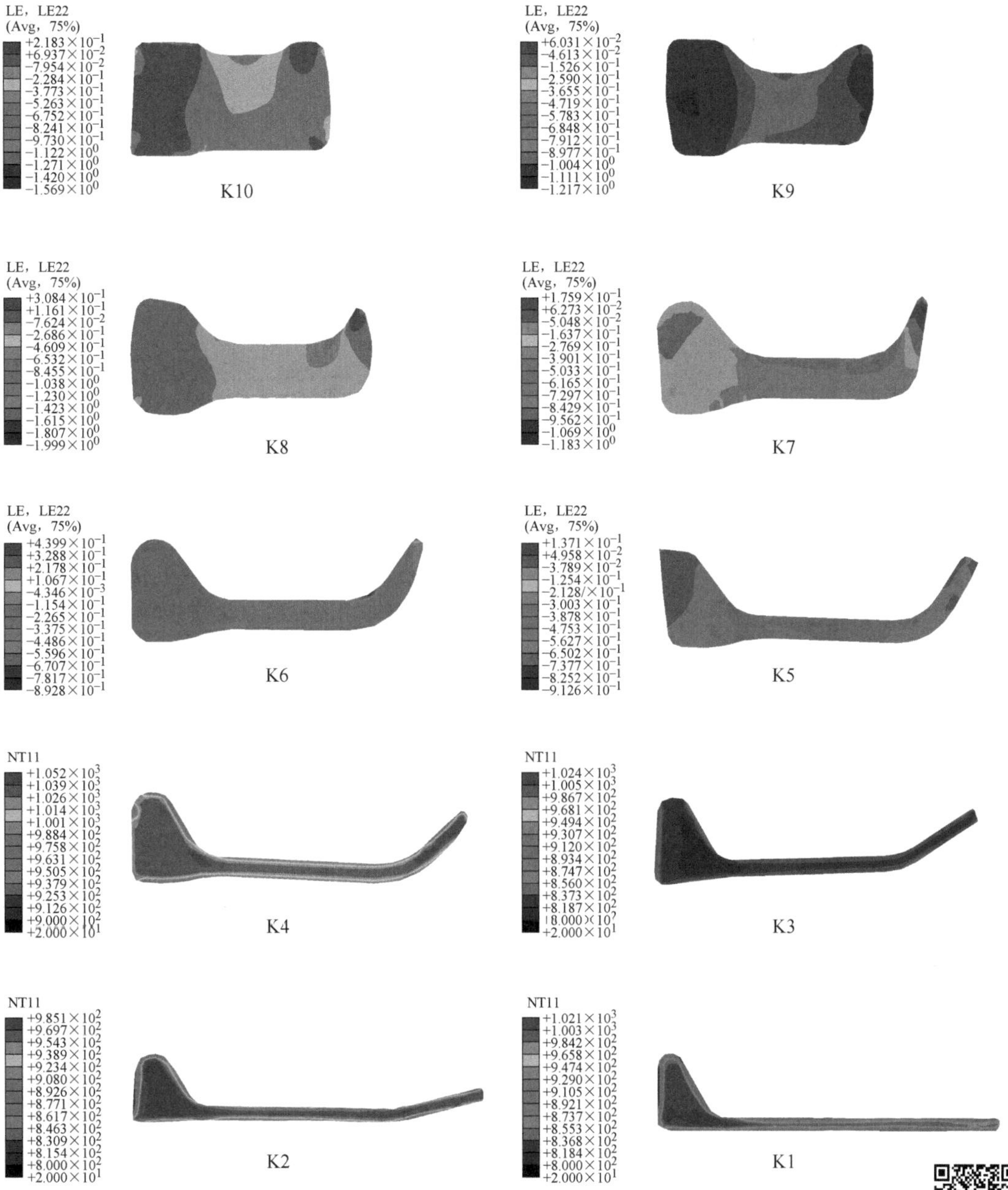

图 5-14　轧件截面温度变化情况

彩图

轧制过程中轧件截面真应变变化情况如图 5-15 所示，通过各道次截面真应变云图可以发现，球扁钢轧制 K9 道次时球头和腹板真应变差别最大，K6 道次时，球头和腹板的真应变最接近，且该道次下球头和腹板均满足发生再结晶的条件，在该道次结束后停留 5 ~10 s，使轧件发生完全再结晶，此时球头和腹板处的晶粒大小更接近。整个截面的组织也更均匀。

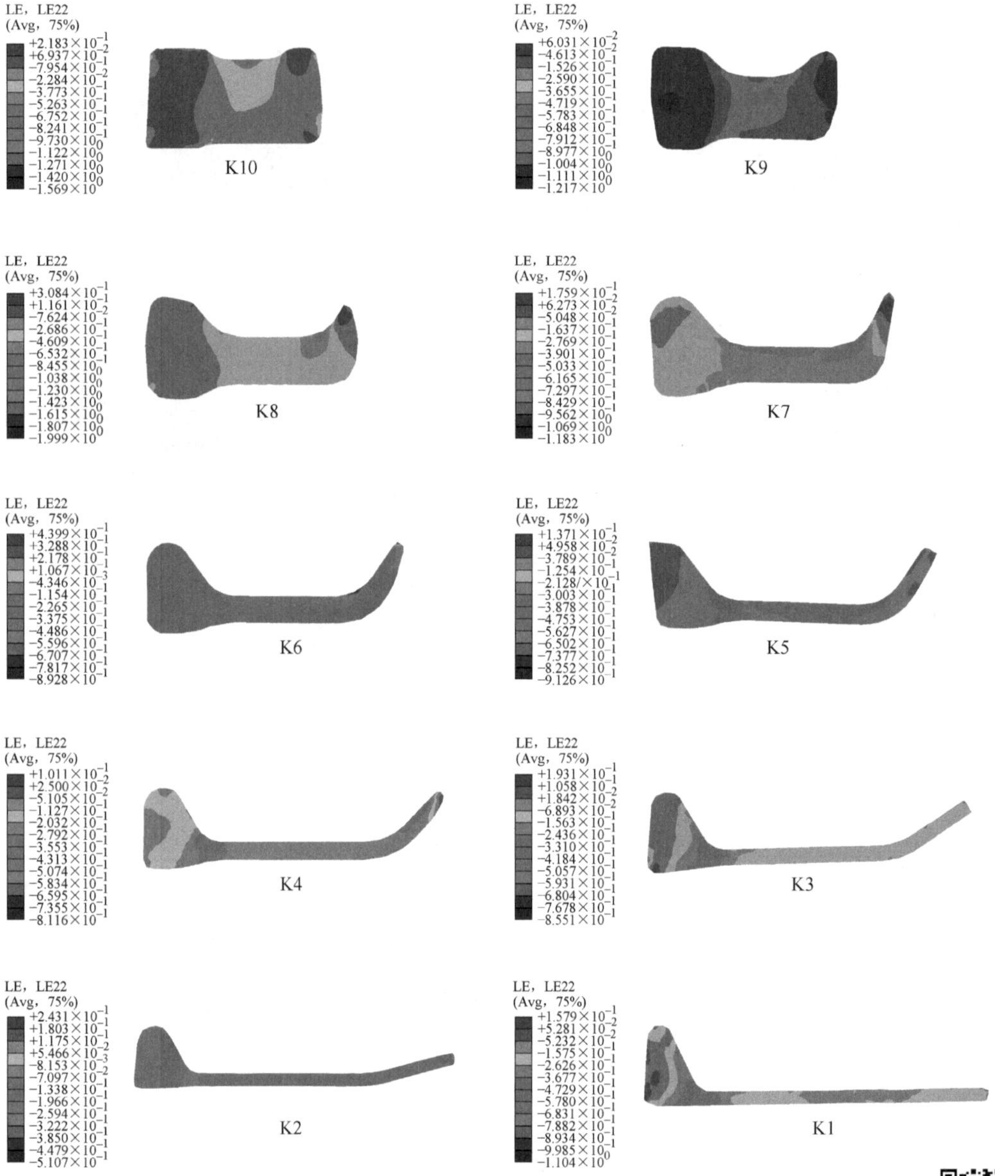

图 5-15 轧件截面真应变变化情况

彩图

5.2.2.2 典型型钢-球扁钢的轧后冷却过程三维数值模拟案例

利用 Abaqus 中的 Heat transfer 进行了球扁钢冷却过程的有限元模拟。球扁钢冷却过程中主要存在热辐射、热传导和热对流 3 种换热方式。由于热轧结束时，球扁钢的球头和腹板已经存在温差，因此，在热轧最后一道次的出口温度的基础上进行冷却模拟，其结果考虑了热轧结束时的温差，更符合实际情况。球扁钢冷却 5 min 和 10 min 的截面温度分布云图如图 5-16 所示。

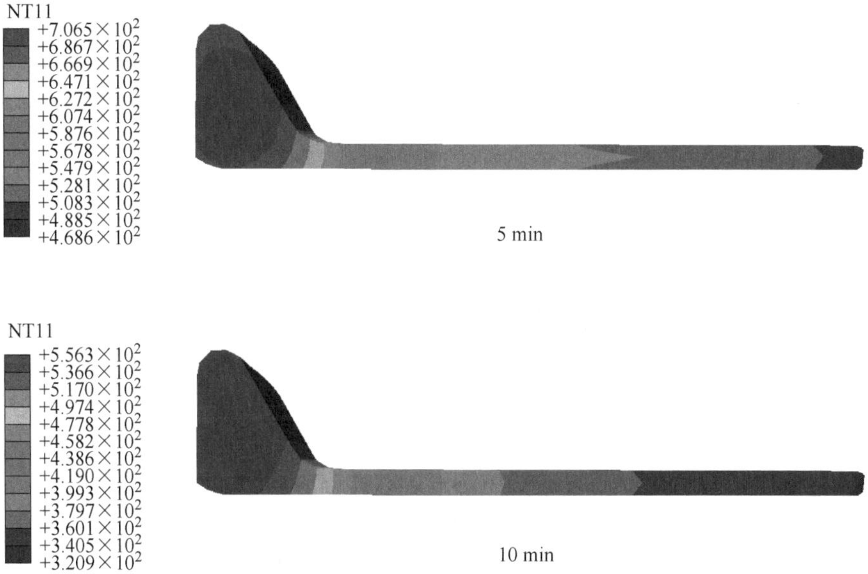

图 5-16　球扁钢冷却过程截面温度分布云图

彩图

提取球扁钢冷却过程中 4 个关键位置的温度随时间变化曲线如图 5-17 所示。由图可知，腹板和球头由出口温度冷却到 200 ℃所需要的时间不同。因此，球扁钢在轧后冷却过程中，整体呈现出球头散热慢，腹板散热快的规律。

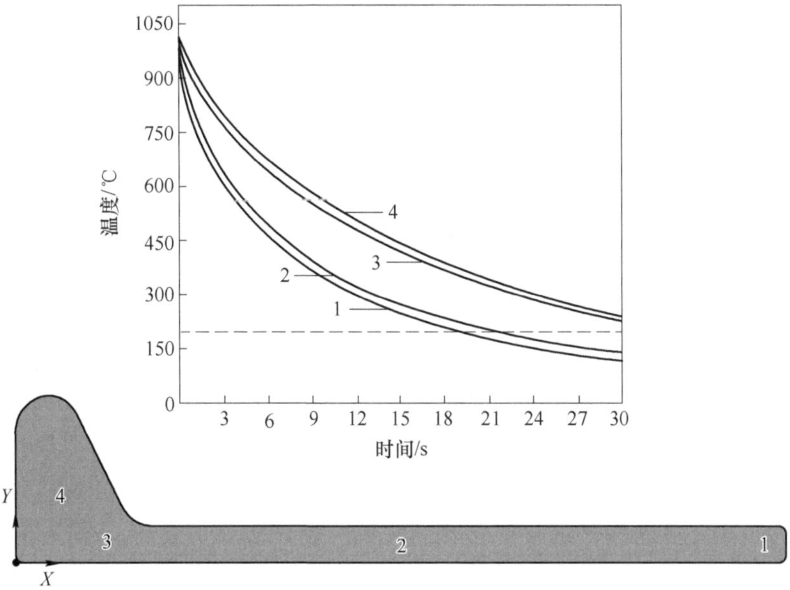

图 5-17　扁球钢冷却过程中温度随时间的变化曲线

彩图

5.2.3 型钢的计算机辅助制造技术

随着计算机技术的飞速发展，计算机辅助技术开始运用于钢铁制造业，数字技术的创新性发展成为全球新一轮产业竞争的制高点。我国钢铁产业应将数字技术与钢铁行业深度融合，依靠计算机数字化技术，赋予钢铁行业新动力。在型钢生产中较为常见的计算机辅助制造技术有机器学习、专家系统、模式识别等。通过运用计算机辅助技术，使得型钢产业的自动化能力、生产效率和企业效益显著提高。

机器学习算法是钢铁产业智能化模型的主要技术。机器学习算法对于钢铁行业可以实现对数据规律的挖掘、机理模型的建立与参数优化、对特定指标的预测等方面。常用的机器学习算法有人工神经网络、模糊神经网络、支持向量机、随机森林以及智能优化算法等。机器学习在钢铁产业研究中已有几十年，从单一算法到协同多种算法解决复杂工况下的问题。机器学习在钢铁行业中能够解决板形预测、缺陷预测、生产过程控制优化、采购和库存管理、调度及生产优化等问题。

专家系统指的是在计算机内部含有大量一个或多个领域具有专家水平的专门知识和经验，凭借这些知识和经验，通过计算机模拟专家决策过程，进行推理和判断。专家系统的应用领域逐渐增加，甚至在某些领域的诊断准确率高于人类专家。专家系统已运用在加热炉燃烧控制、钢板矫直、连铸数据管理、带钢颈缩预防、热风炉燃烧控制等多个钢铁产业环节。

模糊理论属于不确定性推理，基于模糊集合的基本概念或连续隶属度函数理论，运用数学的手段，效仿人脑思维，对复杂问题进行模糊处理。其中，隶属度函数区别于数学中函数表达“完全属于”或“完全不属于”的概念，表达了一种新兴的“不完全属于”的概念。在钢铁领域中，可以很好地解决板形控制问题，板形控制过程复杂，考虑因素较多，传统 PID 控制不能满足控制要求，因此在控制系统中融入模糊理论后诸多难题便可迎刃而解。另外，模糊理论在钢板缺陷控制中同样能够发挥巨大作用。钢铁行业中许多钢铁工艺特征的描述不能够十分精准，这时候加入模糊理论的概念，无疑可以解决大量工业过程中的模糊不确定问题，从而提高工业生产效率。

模式识别指的是对表征事物或现象的信息进行处理和分析，以对事物或现象进行描述、辨别、分类和解释。模式识别主要应用于图像分析和处理、数据挖掘、计算机辅助诊断等领域。在钢铁产业领域，模式识别实现了对型钢产品表面缺陷的检测和分类、对入库钢板喷号码的自动识别等方面。

在这个新技术飞速发展的时代，传统的人工方法显然已经不能满足社会生产和企业的需求，甚至在许多方面，人工也不能够达到机器的准确率和速度。随着计算机辅助技术与钢铁行业的相互渗透融合，以及对人工智能研究的深入，钢铁行业中能用到的人工智能技术也越来越多，神经网络、支持向量机、专家系统、模式识别等方法都可以在不同待解决的问题上发挥各自的功用，从而提高生产效益，减少生产损耗。科技创新改变行业命运，相信在不久的将来，计算机辅助技术在钢铁领域将发挥更大的作用。典型型钢-角钢的计算机辅助技术案例如下。

5.2.3.1 Pearson 分析对元素与性能进行相关性测试

以某钢铁企业的角钢现场调研数据进行建模分析，通过借助大数据相关性分析中的皮尔森相关系数对各元素与各性能之间进行相关性分析。

首先进行数据筛选统计，以角钢的坯料规格作为分类标准，筛选出可用数据，基于 Python 语言进行编程，同时调用 Pandas 中的相关性分析函数，进行成分与性能相关性分析。

各元素与力学性能的相关性如图 5-18 所示。从图中可以清晰看出各元素与力学性能的相关性强弱。

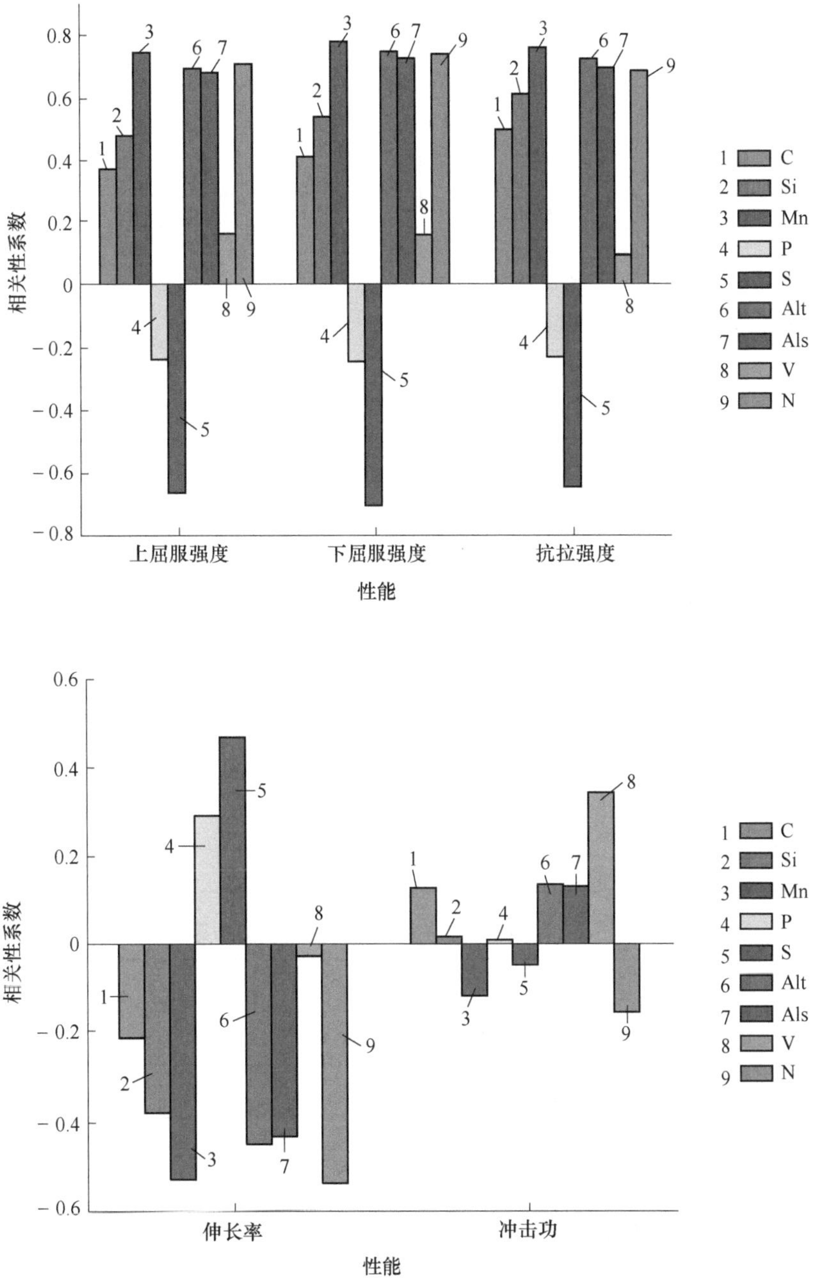

图 5-18 各元素与力学性能相关性分析图

彩图

5.2.3.2 角钢 BP 神经网络模型搭建

通过对各元素与力学性能相关性分析，可以分别得出影响强度和冲击功的主要元素。

输入为 C、Mn、Si 等元素含量，输出为力学性能（如屈服强度、抗拉强度等）。对选择的数据以 3∶7 进行测试集和训练集的划分，随后进行模型的创建和测试，采用 MSE 误差和 R^2 对模型进行评价。

屈服强度模型的结果展示如图 5-19 所示，评价结果见表 5-1。屈服强度的预测结果见表 5-2。

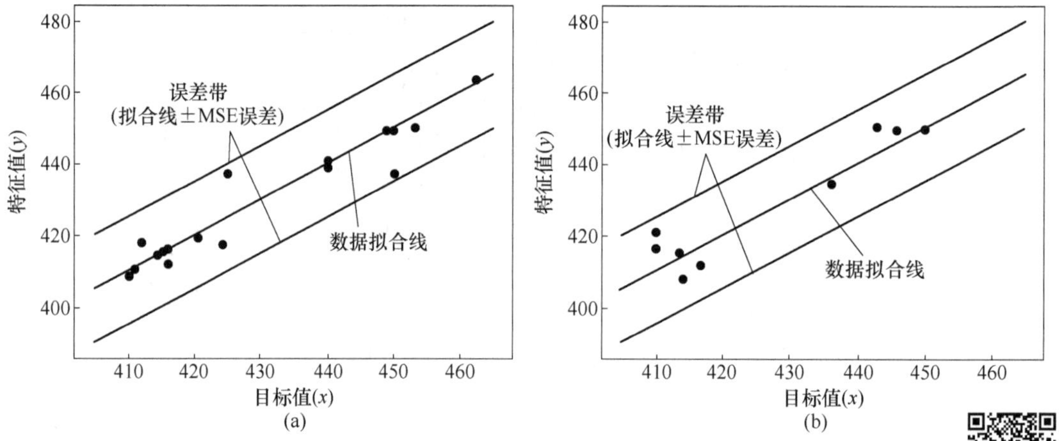

图 5-19 BP 神经网络屈服强度模型
（a）训练集；（b）测试集

彩图

表 5-1 BP 神经网络屈服强度模型评价结果

数据集	评价标准	结果
训练集	MSE 误差	22.05
	R^2	0.923
测试集	MSE 误差	34.35
	R^2	0.863

表 5-2 BP 神经网络屈服强度模型预测结果

预测值/MPa	417	414	411	415	415
真实值/MPa	414	410	416	416	416

该模型测试集和训练集的结果如图 5-19 所示。设置阈值为±15 MPa，可以发现，无论是训练集还是测试集，其准确率均为 100%。从表 5-1 的评价结果可以发现，该模型在训练集和测试集的表现均较为良好，其测试集 MSE 误差可以达到 34，R^2 达到 0.86。为了进一步验证该模型对于实际生产数据的准确性。可以发现该模型对于该组数据表现较为良好，预测差值控制在±5 MPa 以内，证明了该模型的准确性。抗拉强度模型的结果展示如图 5-20 所示，评价结果见表 5-3。抗拉强度的预测结果见表 5-4。

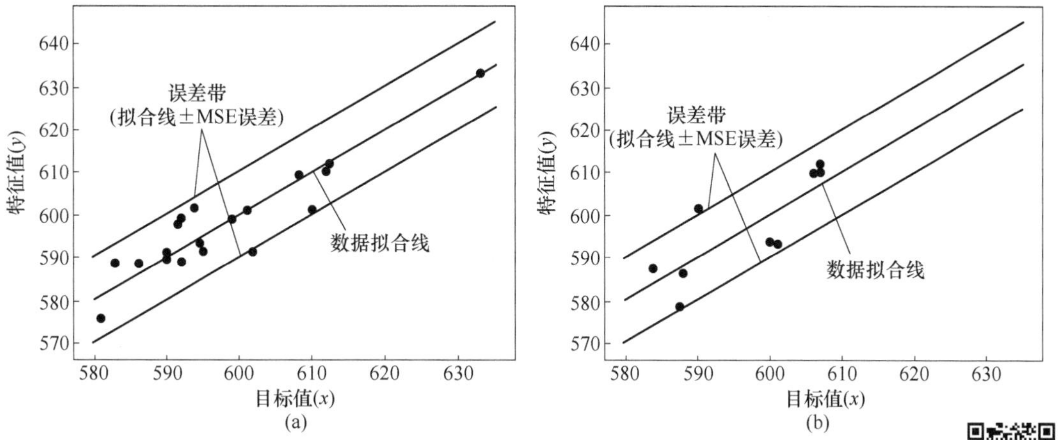

图 5-20 BP 神经网络抗拉强度模型

（a）训练集；（b）测试集

彩图

表 5-3 BP 神经网络抗拉强度模型评价结果

数据集	评价标准	结果
训练集	MSE 误差	23.30
	R^2	0.844
测试集	MSE 误差	41.98
	R^2	0.456

表 5-4 BP 神经网络抗拉强度模型预测结果

预测值/MPa	583	598	586	596
真实值/MPa	579	604	586	592

BP 神经网络抗拉强度模型测试集和训练集的结果如图 5-20 所示。设置阈值为 ±15 MPa，可以发现，相对于屈服强度而言，其抗拉强度表现稍差，虽然测试集 R^2 仅为 0.456，但是其测试集的 MSE 误差才 41.98，这属于在可接受的范围内。从表 5-4 数据的预测来看，抗拉强度模型在该组数据中表现较为良好，预测值与真实值的误差均在 ±6 MPa 以内。这也证明了该模型的准确性。

5.3 集成计算材料工程在高品质型钢开发设计中的应用

集成计算材料工程（Integrated Computational Materials Engineering，ICME）是美国在新的开发智能制造技术而提出的新思想，其主体思想是将计算手段所获得的材料信息与产品性能分析和制造工艺模拟相结合，目的是把计算材料科学工具集成型成一个计算分析系统以加速材料开发，改造工程设计的优化过程，目标是将材料选择、产品设计和制造生产相统一，从而在材料与构件实际生产制备之前就实现材料成分、制造过程和构件结构的设计最优化，有效提高先进材料的发现、开发、制造和应用的速度。

5.3.1　集成计算材料工程简介

近年来，材料基因组工程计划开始在世界范围内兴起，Allison 等人 2006 年首次提出“集成计算材料工程”这一概念，其后这一概念成为金属材料领域的热点。2008 年，美国国家研究理事会发表“集成计算材料工程”的报告，2011 年 6 月，又提出“材料基因组计划”（Materials Genome Initiative，MGI），2011 年 12 月，中国召开了“材料科学系统工程”为主题的香山会议，旨在开发集成计算工具、实验工具和数据库来加速材料的设计与应用，成为当前先进材料研发的新方向。

集成计算材料工程是材料基因组计划的关键要素，不同于以“试错法”为基础的材料的传统研发模式，材料计算、模拟是实现“材料按需设计”的基础，以第一性原理、相图计算（CALPHAD）、有限元分析等为理论基础，用合适的材料计算软件平台进行原子、微观、介观和宏观尺度分析计算，完成材料设计、工艺优化、环境响应测试，从而快速建立起成分工艺-组织结构性能之间的定量关系，以材料集成计算理论为基础的材料研发模式为实现新型材料的更新换代提供了可靠的设计依据和研发途径。美国 QuesTek 创新公司开展“加速材料应用”（Accelerated Insertion of Materials，AIM）在 Ferrium S53 高强耐蚀飞机起落架用齿轮钢的研发，通过计算材料工程建立起材料设计方案并得到成功应用。在材料纳米技术应用方面，(Ti,Mo)C 纳米尺度第二相粒子对于材料强度的提升效果可以达到 450~780 MPa，通过第一性原理计算分析发现 Mo 元素并不参与形成第二相粒子，而是起到增加析出相粒子与基体的结合强度的作用，计算还发现 W 具有类似的效果相图计算分析还发现了贝氏体中存在过饱和碳原子的原因不是基体组织中缺陷部位对碳原子的吸引，而是由于体心立方结构铁素体晶格向正方结构的转变提高了碳固溶度。因此，充分挖掘利用材料数据库信息，通过材料计算理论开发新型材料，是今后高性能钢铁材料发展和研究的重要方向。

2015 年，西安交通大学王栋等人基于集成计算材料工程思想（Integrated Computational Materials Engineering，ICME），研究了集成计算材料工程在钛合金材料微观组织结构设计中的应用，阐述了集成 CALPHAD 方法和相场动力学模拟的模拟计算方法与关键实验测量手段，以及钛合金研究中最新发现的固-固相变机制和近年来新的相变机制，揭示了热力学数据库与相场动力学模拟相结合的重要性以及其指导实验设计的重要作用，确认了集成计算材料工程方法是先进钛合金研发和设计的有效途径和思路；通过集成计算材料工程在合金设计开发中的应用将为功能材料、生物材料等先进材料的设计开发展现新可能。

2015 年，上海交通大学顾剑锋等人研究了集成计算材料工程思想在材料热处理上的应用，其研究方法是将热处理工艺与集成计算材料工程相结合，以实验、模拟计算基础数据三大要素为基础，研究热处理过程中的建模、模型验证及优化、基础数据测试方法的优化和标准化、基础数据的计算获得、数据库建设等内容，实现热处理工艺优化、设备优化、智能控制，进而构建产品创新设计平台。

2017 年，中南大学杜勇等人在研发新型硬质铝合金时，提出了铝合金集成计算工程材料研发的基本思想，其主体思想通过将第一性原理方法计算材料性质，CALPHAD 相图计算法构建各相的热力学和动力学模型，相场法微观组织模拟，有限元数值分析法等多种跨尺度模拟计算方法和关键实验技术（各种微观结构表征和性能检测的试验方法）相结合：构建成分-工艺-结构-性能集成化分析体系，实现快速合理地确定实验制备的合金成分和工艺参数，并再利用关键实验对材料进行结构性能进行验证，把探索新型铝合金的研发由传统经验法上升至科学设计研发，大大加快硬质铝合金的研发和应用周期，降低研发成本，为新型硬质合金的设计和开发提供了新型模式。

5.3.2 型钢设计中的热/动力学计算

随着材料热力学和动力学计算模型的发展，人们越来越注重以材料热力学和动力学为指导，来研究型钢制备过程存在的科学与工程问题。运用多组，多相复杂体系热力学及动力学研究方法进行材料学研究可以减少或避免许多实验工作的盲目性，优化解决存在问题的途径，显著地减少材料研究开发的人力和物力。

研发高性能球扁钢过程中，为进一步探究 Nb 在球扁钢中的作用，从理论上计算其析出热力学、动力学相关数据，结合 Gleeble 再结晶分析，对 Nb 在球扁钢中析出作用进行理论分析，综合理论分析第二相析出在球扁钢中的作用，理论分析如下。球扁钢设计成分见表 5-5。

表 5-5 化学成分设计方案

元 素	C	Si	Mn	P	S	Cr	Al	Nb	Ti	N
含量（质量分数）/%	0.15	0.32	1.50	0.014	0.004	0.036	0.027	0.014	0.0045	0.0067

5.3.2.1 球扁钢析出热力学

首先，针对实际生产球扁钢理论析出数据进行相关计算，考虑析出作用之间的协同作用，充分考虑 Nb(C,N)、Ti(C,N) 析出之间的影响，对两种三元第二相的析出进行分析研究，探究第二相之间的相互作用规律。

对于 M(C,N) 析出，其化学式为 MC_xN_{1-x}，化学反应过程如下：

$$MC_xN_{1-x} = [M] + x[C] + (1-x)[N] \tag{5-1}$$

其反应平衡常数为：

$$K^{\Theta} = \frac{[M]\cdot[C]^x\cdot[N]^{1-x}}{MC_xN_{1-x}} = [M]\cdot[C]^x\cdot[N]^{1-x} \tag{5-2}$$

此时，NbC、NbN 以及 TiC、TiN 在奥氏体中的固溶度积公式如下所示。

$$K_{NbC} = 10^{3.31-7970/T} \tag{5-3}$$

$$K_{TiC} = 10^{5.33-10475/T} \tag{5-4}$$

$$K_{TiN} = 10^{3.94-15190/T} \tag{5-5}$$

二相固溶度积公式在三元第二相中依旧可以适用，其规律如下：

$$K_1 = (K_{MC})^x = \left(\frac{[M]\cdot[C]}{x}\right)^x \tag{5-6}$$

$$K_2 = (K_{MN})^{1-x} = \left(\frac{[M]\cdot[N]}{1-x}\right)^{1-x} \tag{5-7}$$

处于固溶状态的 NbC_xN_{1-x} 保持理想化学配比，其公式如下。

$$\frac{M - [M]}{C - [C]} = \frac{A_M}{xA_C} \tag{5-8}$$

$$\frac{M - [M]}{N - [N]} = \frac{A_M}{(1 - x)A_N} \tag{5-9}$$

其计算结果如图 5-21 所示，随着温度的降低，823 ℃时奥氏体开始转变为铁素体，683 ℃时转变完成。在 695 ℃时，发生共析转变，析出渗碳体，从而形成珠光体。如图 5-22 所示，随着温度的下降，第二相逐渐析出，析出顺序为 MN、M(C,N)。当有 M(C,N) 析出时，MN 相逐渐转换成 M(C,N)，因此 MN 析出相总含量逐渐降低。

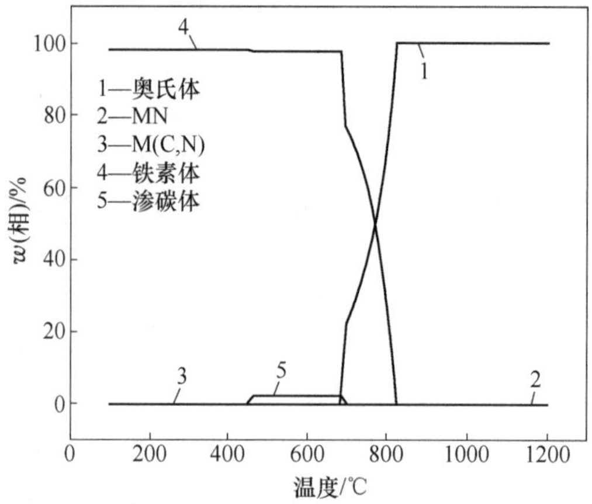

彩图

图 5-21 随温度降低相转变

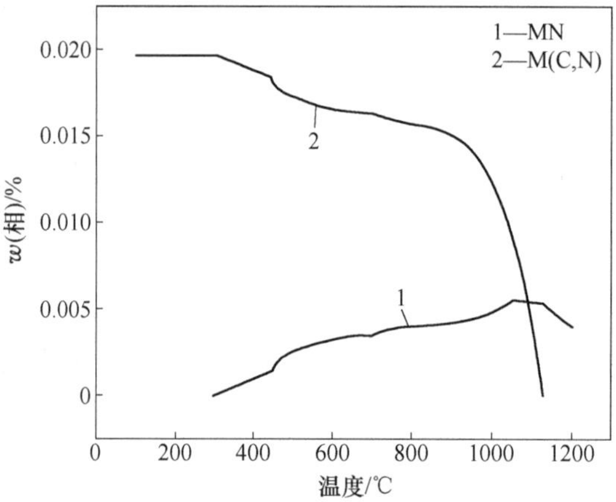

彩图

图 5-22 析出相转变

针对实际生产的球扁钢，进行热力学析出计算，其在平衡状态下，MN、M(C,N) 中的析出元素如图 5-23 所示，均为 Nb、Ti 的第二相析出，由于最终主要以 M(C,N) 进行析出，其中 Nb(C,N) 占比远高于 Ti(C,N) 的析出。如图 5-24 所示，在 950 ℃以上时，Nb(C,N) 已析出完全。在 1060 ℃，Nb(C,N) 处于析出平衡态时，析出占总析出（质量分数）的 56%。在 1000 ℃，Nb(C,N) 处于析出平衡态时，此时析出占总析出（质量分数）的 79%。

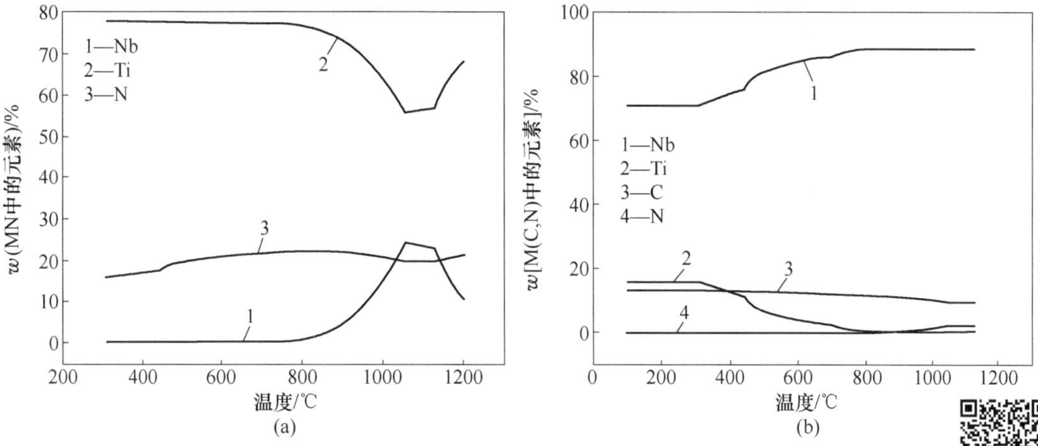

彩图

图 5-23 析出元素

（a）MN 中的；（b）M(C,N) 中的

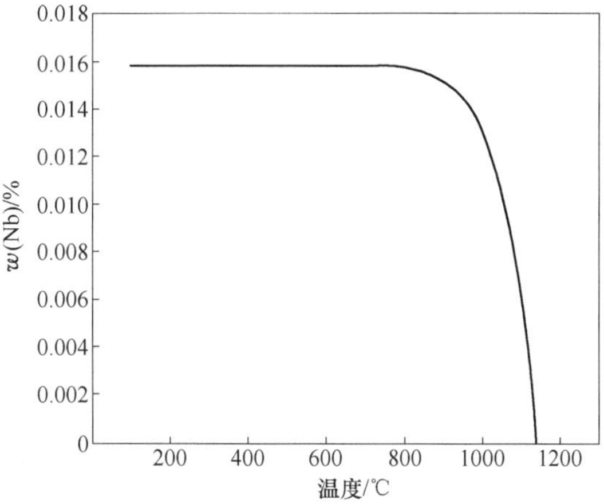

彩图

图 5-24 Nb 在 M(C,N) 中的析出变化

通过热力学计算，得出了球扁钢在热力学中的析出规律以及析出相之间的相互作用规律，为进一步探究第二相析出在动力学中的析出规律，需对其进行析出动力学计算。

5.3.2.2 球扁钢析出动力学

对于碳氮化物的析出热力学研究相对较为成熟，为了详细研究碳氮化物析出在球扁钢中的形核及长大规律，绘制球扁钢的 PTT 曲线，研究其最佳的析出温度与时间，结合球扁钢实际生产中的再结晶规律，实现第二相析出 Nb(C,N) 阻止再结晶晶粒长大，并细化球扁钢再结晶晶粒尺寸的目的，达到在较低成本下，实现材料力学性能的提升。

（1）第二相形核理论。

1）均匀形核。对于形核长大型相变，形核是相变的必要过程。若新相晶核在母相中无择优地均匀形成，则称为均匀形核。相变过程中母相中通过能量涨落导致的化学成分涨落和晶体结构涨落可形成新相的核胚，但大多数核胚在热力学上均是不稳定的，很容易消散而回归为母相，只有少量超过临界核心尺寸的核胚才会发展成较为稳定的新相晶核。

新相在母相中均匀形核时，新相与母相之间将形成新的相界面，需要消耗一定的能量。此时，形成的直径为 d 的球形胚的自由能变化 ΔG 为：

$$\Delta G = \frac{1}{6}\pi d^3 \cdot \Delta G_{\mathrm{v}} + \frac{1}{6}\pi d^3 \cdot \Delta G_{\mathrm{Ev}} + \pi d^2 \cdot \sigma \tag{5-10}$$

式中 ΔG_{v}——单位体积的相变自由能，J；

ΔG_{Ev}——新相形成时造成的单位体积弹性应变能，J；

σ——新相与母相截面的比截面能，J。

此时，新相的临界核心尺寸 d^*、临界形核功为 ΔG^*：

$$d^* = -\frac{4\sigma}{\Delta G_{\mathrm{v}} + \Delta G_{\mathrm{Ev}}} \tag{5-11}$$

$$\Delta G^* = \frac{16\pi\sigma^3}{3(\Delta G_{\mathrm{v}} + \Delta G_{\mathrm{Ev}})^2} \tag{5-12}$$

单位体积内的均匀形核率 I 为：

$$I = n_{\mathrm{v}} a^* p v \exp\left(-\frac{\Delta G^* + Q}{kT}\right) \tag{5-13}$$

式中 n_{v}——单位体积内的形核位置数目，个；

a^*——临界核心的表面原子数目，个；

Q——控制性原子迁移激活能，J；

v——控制性原子振动频率常数；

p——母相原子跳动到临界核心的概率与核心中原子不跳回母相的概率乘积。

现令 $a = a \cdot d^{*2}$，而引入参数 $K = n_{\mathrm{v}} a p v$，则形核率可表达为：

$$I = K \cdot d^{*2} \cdot \exp\left(-\frac{\Delta G^* + Q}{kT}\right) \tag{5-14}$$

当过冷度较小时，临界形核功的影响占主导地位，故随着过冷度的增大形核率将明显增大；而过冷度很大（即相变温度很低）时，原子迁移能力的影响占主导地位，故随着过冷度的继续增大，形核率将显著减小；其间存在合适的温度可获得最大的形核率，该温度称为最大形核率温度，在该温度保温使第二相沉淀析出，可获得最小的第二相尺寸。

2）位错线形核。在位错线上形核可以松弛一部分位错的畸变能，使形核功减小；此外，位错管道作为快速扩散通道对形成富溶质的核心提供了有利条件。Cahn 最早提出了位错线上形核的理论，雍岐龙等人又在此基础上对该模型进行了修正。各向同性的微合金碳氮化物晶核在位错线上形核时，考虑新相核坯形状为球形，单位长度的位错能量为 A，对于刃型位错，通常 $A = Gb^2/[4\pi(1-\upsilon)]$。相应的临界形核功 ΔG_d^* 为：

$$\Delta G_d^* = \frac{16\pi}{3} \cdot \frac{\sigma^3}{\Delta G_{\mathrm{v}}^2}(1+\beta)^{3/2} \tag{5-15}$$

$$\beta = \frac{A|\Delta G_{\mathrm{v}}|}{2\pi\sigma^2} = \frac{Gb^2|\Delta G_{\mathrm{v}}|}{8\pi^2\sigma^2(1-\upsilon)} \tag{5-16}$$

令母相中的位错密度为 ρ，位错核心管道的直径为 $2r_0 \approx 2b$，b 位错柏格斯矢量的绝对值，位错在母相中所占的体积分数大致为 $\pi\rho b^2$，由此得到位错线形核的形核率 I_d 为：

$$I_d = \frac{c_d}{c_0}\pi\sigma b^2 \cdot K \cdot d_d^{*2} \cdot \exp\left(-\frac{\Delta G_d^* + Q_d}{kT}\right) \tag{5-17}$$

式中 G——基体的切变弹性模量，MPa；

σ——基体的泊松比；

c_d/c_0——溶质原子在位错线上的偏聚系数；

Q_d——溶质原子沿位错线的扩散激活能，J。

3）界面形核。对于化学稳定性较高的微合金碳氮化物在相变过冷度较小，因而相变自由能数值不太大时，在晶界或相界非均匀形核成为主要的形核方式。为了减少新相核心表面积以降低界面能，非共格形核时，新相界面应呈球冠形，晶界面形核、晶棱形核和晶隅形核的非共格核心形状分别为双凸透镜、两端尖的曲面三棱柱和球面四面体等形状；共格形核时，只能有个别界面与母相共格配合，共格配合面一般为平面，而其他界面则仍为球冠形。

如图 5-25 所示，当新相以双凸透镜的形状在母相晶界面形核时，其临界核心尺寸仍由上述公式表示，只是 d^* 代表的是球冠的临界直径。

晶界面形核时，临界形核功将明显降低，其与均匀临界形核功之比值为：

$$A_1 = \frac{1}{2}(2 - 3\cos\theta + \cos^3\theta) \tag{5-18}$$

$$\cos\theta = \frac{1}{2} \times \frac{\sigma_B}{\sigma} \tag{5-19}$$

式中 θ——双凸透镜球冠与母相晶界的接触角，(°)；

σ_B——母相晶界的比晶界能；

σ——新相与母相的比截面能。

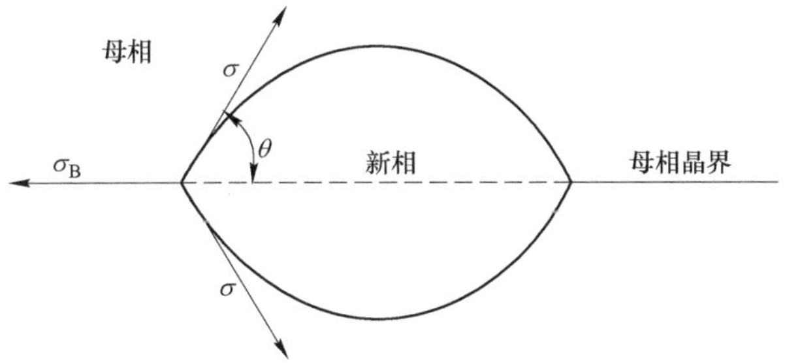

图 5-25 晶界面形核示意图

(2) 第二相析出相变 PTT 曲线理论计算。析出动力学表述的是析出进行程度与析出温度以及析出时间的关系，因而主要取决于新相的形核率和长大速率。实际的析出过程中，新相形核率与长大速度都与时间有关。因此本书采用 Avrami 方程对相变动力学进行描述：

$$X = 1 - \exp(-Bt^n) \tag{5-20}$$

式中 B，n——相应的系数，主要与形核率、控制元素的扩散系数等因素有关，取决于相变温度、相变自由能、界面能等参量的大小。

由上述关系式经简单运算得到的沉淀开始（$X_t = 5\%$）至沉淀完成（$X_t = 95\%$）所需的时间数量级 $t_{0.95}/t_{0.05}$ 仅与上述各式中时间的指数 n 有关，即：

$$\lg \frac{t_{0.95}}{t_{0.05}} = \frac{1}{n} \lg \frac{\ln(1 - 0.95)}{\ln(1 - 0.05)} = \frac{1.7664}{n} \tag{5-21}$$

由此可以计算并绘制出沉淀开始时间 $t_{0.05}/t_0$（相对时间）随着沉淀温度变化的曲线，及沉淀开始曲线。将该曲线向右平移 1.76644/n 个时间的数量级，即可得到沉淀完成时间曲线。

1）均匀形核。对于第二相在基体中均匀形核且形核率恒定的情况，$n=2.5$，有

$$B = \frac{15\pi}{8} I\lambda^3 D^{3/2} = \frac{8\pi}{15} K D_0^{3/2} \left[\frac{2(c_0 - c_M)}{c_N - c_M}\right]^{3/2} d^{*2} \exp\left(-\frac{\Delta G^* + 2.5Q}{kT}\right) \tag{5-22}$$

式中 D_0——双凸透镜球冠与母相晶界的接触角，(°)。

形核时与长大时均为控制性元素原子在基体中扩散，因此扩散激活能相同。由此

$$\lg t_{0.05} = \frac{2}{5}\left(-1.28994 - \lg c - 2\lg d^* + \frac{1}{\ln 10} \times \frac{\Delta G^* + 2.5Q}{kT}\right) \tag{5-23}$$

式中 c——与温度基本无关的各项常数的乘积。令

$$\lg t_0 = -\frac{2}{5} \lg c \tag{5-24}$$

则

$$\lg \frac{t_{0.05}}{t_0} = -\frac{2}{5}\left(-1.28994 - 2\lg d^* + \frac{1}{\ln 10} \times \frac{\Delta G^* + 2.5Q}{kT}\right) \tag{5-25}$$

2）位错线形核。针对第二相在位错线上形核且形核率迅速衰减为零的情况，$n = 1$，且有：

$$B = \pi I \tau_1 l \lambda^2 D$$

由此可以得到

$$\lg t_{0.05} = -1.28994 - \lg c - \lg \frac{15\pi\tau_1 \rho b^2 l \lambda^2}{8D_0^{1/2}\left[\frac{2(c_0 - c_M)}{c_N - c_M}\right]^{3/2}} - 2\lg d_d^* + \frac{1}{\ln 10} \times \frac{(1+\beta)^{3/2}\Delta G^* + \frac{5}{3}Q}{kT} \tag{5-26}$$

式中 τ_1——有效形核时间；

l——位错线长度；

D——扩散系数。

$$c = \frac{8\pi}{15} K D_0^{3/2} \left[\frac{2(c_0 - c_M)}{c_N - c_M}\right]^{3/2} \tag{5-27}$$

因此，令

$$\lg t_0 = -\left(\lg c + \lg \frac{15\pi\tau_1 \rho b^2 l \lambda^2}{8D_0^{1/2}\left[\frac{2(c_0 - c_M)}{c_N - c_M}\right]^{3/2}}\right) \tag{5-28}$$

则可以得到

$$\lg\frac{t_{0.05}}{t_0} = -1.28994 - 2\lg d_d^* + \frac{1}{\ln 10}\times\frac{(1+\beta)^{3/2}\Delta G^* + \frac{5}{3}Q}{kT} \tag{5-29}$$

3）晶界形核。第二相在晶界形核且形核率迅速衰减为零的情况，$n=0.5$，而：

$$B = 2I_g\tau_1 A\lambda D^{1/2} = 2K\tau_{1g}AD_0^{1/2}\left[\frac{2(c_0-c_M)}{\pi_1/2(c_N-c_M)}\right]\frac{\delta}{L}d^{*2}\exp\left(-\frac{A_1\Delta G^*+Q}{kT}\right) \tag{5-30}$$

由此可以得到：

$$\lg t_{0.05} = 2\left\{-1.28994 - \lg c - \lg\frac{15A\delta\tau_{1g}}{4\pi^{3/2}LD_0\left[\frac{2(c_0-c_M)}{c_N-c_M}\right]^{1/2}} - 2\lg d_d^* + \frac{1}{\ln 10}\cdot\frac{A_1\Delta G^*+Q}{kT}\right\} \tag{5-31}$$

同样，τ_{1g}为有效形核时间，且与均匀形核与位错线形核的时间有明显差别，目前也不能准确计算。

令

$$\lg t_{0.05} = -\left\{2\lg c + 2\lg\frac{15A\delta\tau_{1g}}{4\pi^{3/2}LD_0\left[\frac{2(c_0-c_M)}{c_N-c_M}\right]^{1/2}}\right\} \tag{5-32}$$

则可以得到：

$$\lg\frac{t_{0.05}}{t_0} = 2\left(-1.28994 - 2\lg d_d^* + \frac{1}{\ln 10}\times\frac{A_1\Delta G^*+Q}{kT}\right) \tag{5-33}$$

（3）第二相析出完成时析出粒子尺寸。新相晶核一旦形成，就将发生晶核的长大过程，且将一直持续到相变完成（即相转变量达到平衡），这一过程的驱动能是相变自由能，故仍属于相变过程。在微合金碳氮化物从基体中沉淀析出的相变中，脱溶析出的微合金碳氮化物与母相的化学成分明显不同，析出相的长大将依靠溶质原子的长程扩散，而新相晶核长大的速度主要取决于原子扩散速率大小的过程。

如图 5-26 所示，平均溶质原子浓度为 c_0的母相冷却至温度 T 时，将有析出相脱溶析出，相界面处溶质原子在母相和析出相中的浓度分别为 c_M和 c_N。设溶质原子在母相中的扩散系数为 D，由扩散理论得：

$$(c_N - c_M)\mathrm{d}r = D\left(\frac{\partial c}{\partial r}\right)_{r-R}\mathrm{d}t \tag{5-34}$$

在涉及长程传质的任何过程中，必须满足扩散方程：

$$\frac{\partial c}{\partial t} = D\nabla^2 c \tag{5-35}$$

相界面附近溶质原子的浓度 $c=c(r,t)$ 是时间和距离的函数，其初始条件和边界条件为：

$$c(r,t=0) = c_0 \quad r \geqslant R \tag{5-36}$$

$$c(r=R,t) = c_M \quad 0 < t \leqslant \infty \tag{5-37}$$

$$c(r=\infty,t) = c_0 \quad 0 \leqslant t \leqslant \infty \tag{5-38}$$

因此，对于球形析出相，即三维长大过程，析出相半径 R 随时间的变化规律可表

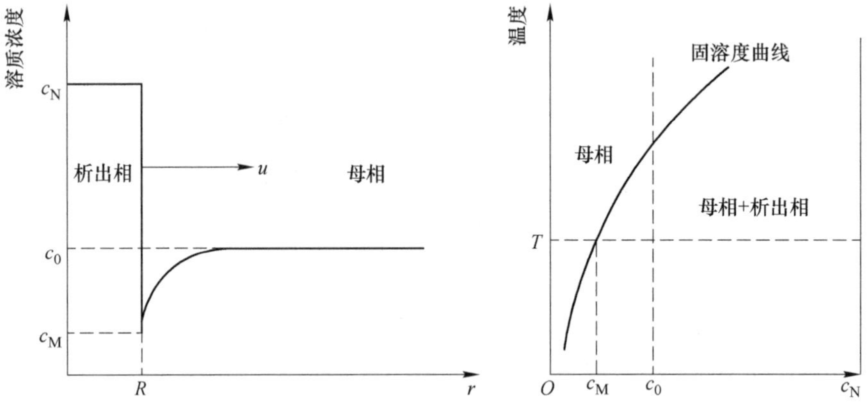

图 5-26　析出相长大过程中溶质原子的浓度分布

示为：

$$R = \lambda (Dt)^{1/2} \tag{5-39}$$

其中，λ 与过饱和度函数 k 有关，过饱和度函数 k 定义为：

$$k = -\frac{2(c_0 - c_M)}{c_N - c_M} \tag{5-40}$$

其中，λ 的准确解析解相当复杂，实际应用不方便，对于沉淀长大过程，通常采用不变扩散场近似和不变尺寸近似。

不变扩散场近似解为：

$$\lambda = (-k)^{1/2} \tag{5-41}$$

对于形核率恒定的第二相沉淀析出相变过程而言，在整个相变过程 t_s 至 t_f 时间进程中某一时间，的微小时间段 d_t 内形成的核心数目为 $N\mathrm{d}t/(t_f - t_s)$ 个（N 为整个相变进行过程中形成的总的核心数目），它们将在随后的时间间隔 t_f~t 内发生长大，至相变完成时得到的第二相颗粒尺寸为 $\lambda D^{1/2}(t_f - t)^{1/2}$ 不同时间形成的核心由于长大时间的不同因而至相变完成时得到的颗粒尺寸将不同。而对于形核率迅速衰减为零的第二相沉淀析出相变过程而言，所有核心均基本在 t_s 时间时形成，相变完成时系统内新相颗粒平均尺寸 $\overline{R}_f$ 将为：

$$\overline{R}_f = \lambda D^{1/2}\ (t_f - t_s)^{1/2} \tag{5-42}$$

从而可以得出：

$$\overline{R}_f = \lambda D^{1/2} \cdot t_{0.05}^{1/2} \cdot (10^{\frac{1.76644}{n}} - 1)^{1/2} \tag{5-43}$$

在实际的沉淀析出过程中，晶界和位错线上能量较高，均匀形核很难实现，形核率并不是一直不变的。

不同位置形核计算结果如图 5-27 所示，对比不同位置鼻尖温度，其晶界处形核温度相对较高，而位错线以及基体形核的鼻尖温度相对较低，同时其开始析出时间也相对比晶界析出较长。在实际轧制过程中，期望在较高的温度下析出，以达到第二相析出细化再结晶晶粒尺寸的目的，实现析出与再结晶之间的协同作用。同时，由于粗轧这阶段，温度较高，发生动态再结晶进一步会消耗位错，形成新的再结晶晶粒，因此在粗轧结束后，主要以晶界形核为主，因此针对晶界形核进行进一步探究。

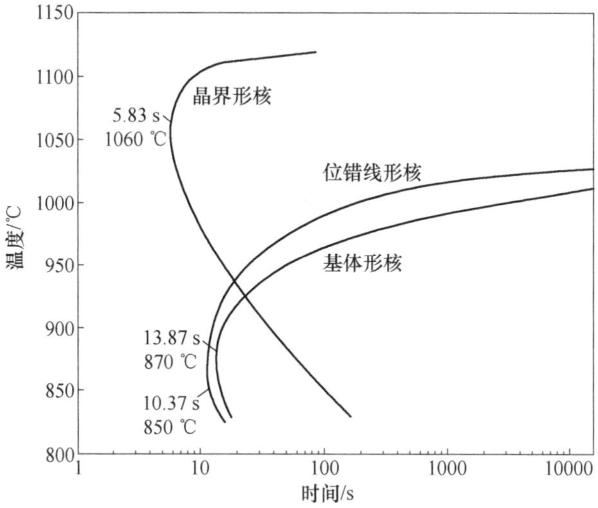

彩图

图 5-27　不同位置形核 PTT 曲线对比

M(C,N) 的析出曲线如图 5-28 所示。当工程应变为 0.63，应变速率为 4 s^{-1}时，晶界析出对应的 PTT 曲线如图所示。

当其析出时，M(C,N) 析出鼻尖位置所对应的温度为 1060 ℃，析出需要 5.83 s 的孕育期。M(C,N) 由开始析出到析出结束共需要 14.62 s。

K6 道次结束后，所处温度为析出的最佳温度左右，轧件由粗轧轧机到中轧轧机需要约 15 s 以上的时间，因此从理论上计算，在轧件的传输过程中，根据 PTT 曲线，在 1060 ℃，待温过程可达到析出平衡态。

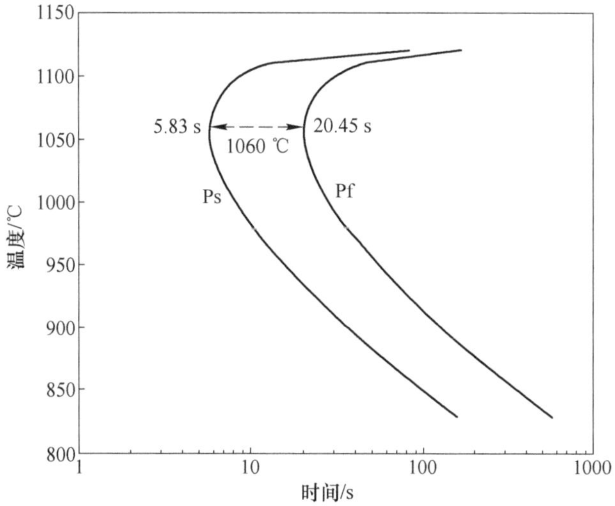

彩图

图 5-28　Nb(C,N) 析出 PTT 曲线

5.3.3　型钢全截面的多尺度表征及性能测试

材料的微结构特征与服役过程中的性能演化表征是研究重点，其决定了材料在特定

服役条件下的功能完整性及服役安全性。对型钢全截面的多尺度表征和性能测试尤为重要。

研发高性能 H 型钢时，通过多次试验轧制，调整试轧参数，最终开发出高性能 H 型钢。研发阶段，通过金相显微镜、SEM 对 H 型钢显微组织进行多尺度观察，并测定 H 型钢的屈服强度、抗拉强度、伸长率和冲击性能、结合 SEM 手段分析冲击断口形貌总结 Nb、V、Ti 等微合金元素对 H 型钢的合金化作用。

（1）力学性能测试。在 H 型钢处取标准拉伸样，测定型钢的抗拉性能、屈服强度和伸长率，拉伸试样如图 5-29 所示，各板取三个试样，计算性能平均值，试样送至钢研进行拉伸检测；取标准 V 型缺口冲击试样，进行夏比冲击测试，测定其冲击韧性。

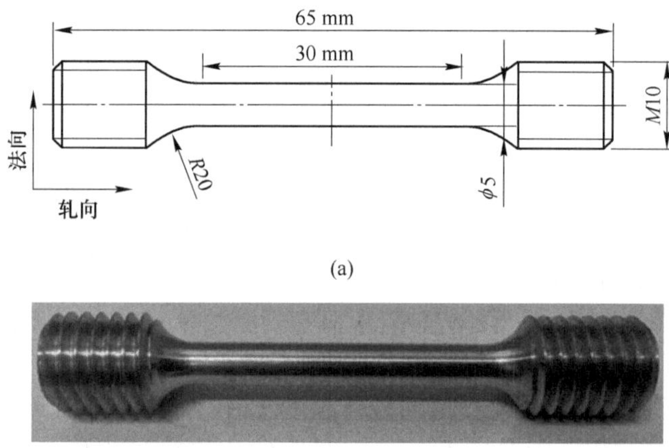

(a)

(b)

彩图

图 5-29　拉伸试样

（a）示意图；（b）实物图

（2）组织观察。组织通常采用金相显微镜、扫描电子显微镜对组织进行观察，结合 EDS 手段，可对组织中的夹杂物成分进行分析。除此之外，可通过扫描电子显微镜对冲击缺口形貌进行观察。

结合多尺度表征和性能测试，可准确探究 Nb、V、Ti 等合金元素对 H 型钢影响规律，寻求最优优化 H 型钢屈服强度性能的成分，开发新型高强度 H 型钢。

5.4　高品质型钢形性一体化控制技术及装备

热轧-冷却-热处理一体化组织性能控制技术是通过对加热、轧制、冷却以及热处理工序中的关键工艺进行技术创新，充分发挥细晶、析出、相变的综合强化作用，在不添加或少添加合金元素的前提下提升钢材综合力学性能，满足钢材不同使用性能的要求。开发热轧钢材新一代控制轧制和控制冷却（Thermo Mechanical Control Process，TMCP）组织调控理论关键装备与工艺技术并且协同高品质连铸坯生产工艺与装备技术，实施凝固—热轧—冷却—热处理一体化组织性能控制技术是型钢绿色制造技术的新突破，对型钢的循环利用具有重要意义。

5.4.1 柔性控轧控冷技术

柔性控轧控冷技术是对于某种特定成分的钢种，通过计算以及实验测得其再结晶温度、A_{c1}、A_{c3}、M_s、M_f、B_s、B_f等相变点，精确调整加热温度、轧制温度、变形制度、轧后的冷却条件进而控制钢奥氏体状态和相变产物的组织状态以及相变后钢的组织和性能，从而达到控制钢材组织性能的目的。

控轧控冷技术为20世纪钢铁行业最伟大的成就之一，控轧过程中分为再结晶区轧制和非再结晶区轧制部分。在再结晶区轧制时，轧机多道次的大压下变形，使再结晶奥氏体产生大量的变形带和位错带，在奥氏体基体造成大量缺陷。缺陷处能量较大，析出物形核能较低，析出物在此处大量形核并长大，产生第二相强化。除在变形带和位错带析出，弥散析出的第二相会在晶界处大量聚集，从而对晶界产生钉扎作用，拖拽晶界，形成细晶强化。在非再结晶区轧制时，通过控制轧件总变形量，奥氏体晶粒内产生大量变形带、位错带和亚晶，增加单位体积内的晶界面积，在做形核点的同时分割奥氏体，起到析出强化和细晶强化作用其过程示意图如图5-30所示。

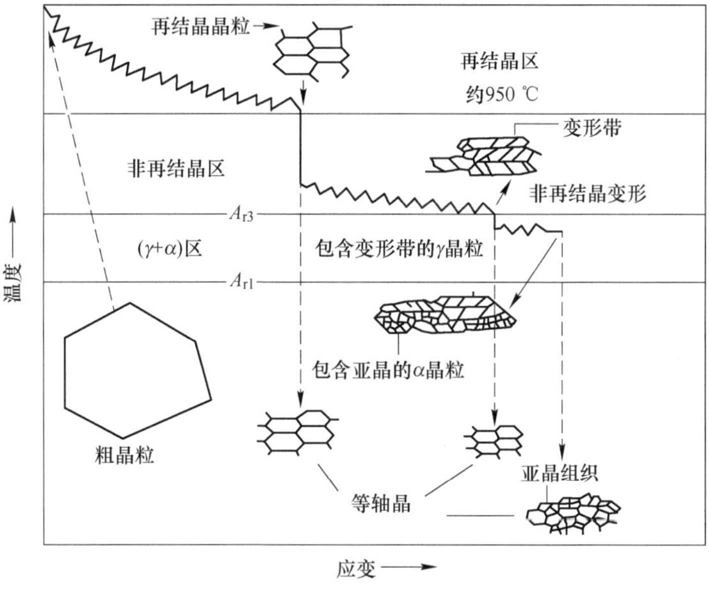

图5-30 控轧阶段不同组织特征

对钢材的控制冷却是通过热交换减少高温钢中热量的过程，采用不同的冷却方法和冷却速度冷却至室温，如空冷、快冷和缓冷对热轧后的钢材处理，从而获得目标组织性能钢材。根据冷却水的流动状态等的不同，可以将冷却方式概括起来分为喷射冷却、管层流冷却、水幕层流冷却、雾化冷却、喷淋冷却、水—气雾加速冷却以及直接淬火等。采用哪种冷却方式应根据具体工艺环境和限定条件来定。

5.4.1.1 H型钢的柔性控轧控冷技术发展

(1) 控温轧制。按目前H型钢生产技术水平，控温轧制有两种。一种是利用连轧机轧件温降很小或升温的特点，降低开轧温度，使终轧温度与开轧温度相差不大，主要目的是节能，即低温轧制；另一种卢森堡阿尔贝德 Differdange 厂开发的 TM-SC 工艺（控轧—局部冷却工艺），不仅降低开轧温度，并且将终轧温度降至再结晶温度以下，除节能外，还能提高产品的力学性能。

低温轧制就是将钢坯加热到低于常规加热温度，在低于常规热轧温度下进行的轧制。该技术是降低轧钢系统工序能耗的重要节能措施，可减少燃料消耗；另外降低加热温度，钢坯加热时奥氏体晶粒尺寸大大减小，低温轧制钢材的晶粒较细小，提高了产品力学性能。

从提高性能和减少能耗的角度来讲，降低开轧温度对 H 型钢生产有利。但目前大、中小型热轧 H 型钢生产工艺普遍采用半连轧，异型坯和矩形坯需要开坯机经过 5~9 道次轧制后送入万能精轧机。由于开坯机轧制时为可逆轧制，虽然塑性变形功会转变为热而使轧件升温，但由于轧件散热面积大，可逆轧制时间长，散热较快，轧制过程中随着温度的降低，变形抗力和轧制功率增加，若轧制力不能满足要求，则对轧件宽展和延伸影响很大，同时也增加了下游万能轧机的负担。因此开坯温度与普通热轧型钢温度相同，定在 1100~1200 ℃，低温轧制可行性不大。

大型生产线万能轧机也为可逆轧机，通常需要 5~7 道往复轧制。随着轧件长度增加，头尾部温度下降快，尤其腹板中存在轧辊冷却水，使得腹板温度较翼缘温度低。TM-SC 工艺通过在轧机上安装水冷装置，对翼缘和腹板的过渡区实行优先局部冷却，消除温差，使 H 型钢横截面温度均匀，为轧后冷却提供条件。马钢大 H 型钢生产线根据自身工艺特点，率先在控温轧制工作方面做了一些研究，通过实践摸索，对温度控制掌握了一些规程，为保证万能轧制顺利进行，进入万能轧机温度需要控制在 950 ℃以上。

与大型生产线相比，中小型生产线对实现控温轧制有优越性。中小型生产线精轧机组为连轧布置，H 型钢轧制和长材控温轧理论相同，90%以上的塑性变形功都会转变为热而使轧件升温。低温轧制时，变形功及形变热随变形温度的降低而增加，轧件的温升比高温时显著，加之一般精轧时的轧制速度都比较高，来不及散热，变形热导致的温升将更加突出。故为在 H 型钢连轧机上实现控温轧制提供了条件。

(2) 变形量控制。H 型钢轧制变形量控制分为开坯和万能轧制的变形量控制。万能轧制变形量控制又包括腹板和翼缘的变形量控制。

开坯轧制与万能轧制变形量分配，从性能方面考虑希望万能轧制变形量增加，但为了保证开坯机能轧出合格的万能轧制坯料，又必须保证开坯机有一定的变形量。所以在保证万能轧制的总变形量达到 60%以上的前提下，综合考虑二辊轧制的变形规律、待温时间和万能轧机的连轧次数等因素来分配万能轧机和开坯轧机的变形量。

万能轧制各道次的变形量分配主要考虑温度逐步降低以及道次变形量逐步减少，确定万能轧制各道次的变形量分配原则是保证单道次压下率不小于 10%。

H 型钢万能轧制过程中，轧件翼缘和腹板的压下量不同，其变形过程不像板带一样采用单一的压下量，轧制时内部金属从翼缘流向腹板。压下量大的部位受到压下量小的部位牵制，若腹板压下量过大，则易出现腹板波纹质量缺陷，若翼缘压下量过大，则会出现轧卡事故。从现场生产情况来看，翼缘相对压下率为腹板相对压下率的 1.02~1.04 倍较合适。

关于对变形量的控制，结果并不是唯一的，是否合理与温度、轧制力等条件有关，也与现场生产经验有关。

与棒线材控制冷却原理相同，对轧后的 H 型钢进行快速冷却使表面生成马氏体组织，在轧件中心冷却之前停止冷却，表面马氏体组织利用中心余热进行自回火。由于 H 型钢断面复杂，冷却工艺要求很高，需要保证终轧断面温度均匀并且冷却过程中冷却均匀。

H 型钢万能精轧机终轧后轧件温度在 850~900 ℃，若生产厂家提高产量，加快生产节奏，则终轧温度更高，现场通常采用空冷，由于无法快速冷却，残余应力得不到消除，上冷床后会出现腹板波纹、翼缘波纹、腹板偏心等缺陷，轧件的力学性能也偏低。且轧件下冷床后温度高于 100 ℃，不能满足矫直工艺要求，即使高温矫直后，轧件在冷却过程中产生的内应力会使轧件重新发生弯曲。为了降低轧件温度，有些生产线在初建时考虑了冷却设施，如水冷和风冷，但实践证明这两种方法得不到预期效果。目前国内厂家已通过自主创新，不断摸索研究和实践，取得了一定成效。

莱钢中型厂 H 型钢生产线通过在成品孔型后设置在线控制冷却装置，对成品孔型轧出的轧件立即进行控制冷却。该装置分为摆动辊道和输出辊道，在 H 型钢腹板上下以及翼缘两边设立喷嘴，由高压水箱和高压风机将冷却水打散成水雾喷射到轧件上，加快冷却效果，冷速最大可达 100 ℃/s，使轧件在精轧机后短时间内大幅度降温，降低了上冷床温度，提高了冷床的生产能力，并且提高了产品性能。

日照 H 型钢厂在冷床下采用喷雾冷却设施，达到了生产效果。该喷嘴通过气腔和水腔将水气输送到水气混合腔后由顶针向外散开成水雾均匀喷射在轧件上，轧件冷却时间短，能保证所有规格下冷床温度下降到 100 ℃，彻底解决冷床冷却能力不足的问题。

与国外技术相比，我国研究和实践已显落后。国外已出现轧后超快速冷却技术，得到均匀的铁素体+珠光体组织，且晶粒较细，提高了产品的屈服强度。

5.4.1.2 钢轨的柔性控轧控冷技术发展

现通常采用轨头全长淬火提高钢轨的力学性能和轨头的耐磨性，钢轨热处理工艺经历了由淬火回火工艺到欠速火工艺的过程。欠速淬火工艺分为整体加热淬火、离线轨头淬火和在线余热淬火三种基本类型。整体加热淬火后变形加大，残余应力加大，离线轨头淬火方法有感应加热淬火。在钢轨冷却后，离线用高频感应方法将轨端快速加热至 880~920 ℃，然后喷水急冷，至 450~480 ℃后利用余热自身回火；及采用中频感应加热，然后水淬。但离线热处理设备占地面积大，热能消耗增加，工艺复杂。因而 20 世纪 80 年代开始研究钢轨在线热处理工艺，并在生产中加以采用，取得很好效果。钢轨在线热处理生产工艺的优点如下。

（1）生产效率高。充分利用高温钢轨的热量，节省热能，可与钢轨轧机生产节奏同步。25 m 长的钢轨在 1~5 min 内通过淬火设备，而离线淬火需要 15~30 min。

（2）生产成本低。尽管在线淬火设备投资比离线淬火高，但其生产成本却低得多。一般在线轨头余热淬火生产成本仅为 10~15 美元/吨，而离线火则高达 50~100 美元/吨。

（3）钢轨综合质量好。轨头硬度分布均匀，淬硬层深度可达 35 mm 以上，能满足钢轨各部位的性能要求，不仅轨头得到强化，轨腰、轨底也得到适当强化，因此钢轨整体强度高。由于可以通过对轨头、轨底部位的控制冷却，有效减小钢轨的变形，所以钢轨离开淬火设备时平直度较好。

卢森堡罗丹日厂在横列式轧机的热锯后面安装钢轨在线余热淬火装置，该轧钢厂的生产流程及主要设备布置如图 5-31 所示。

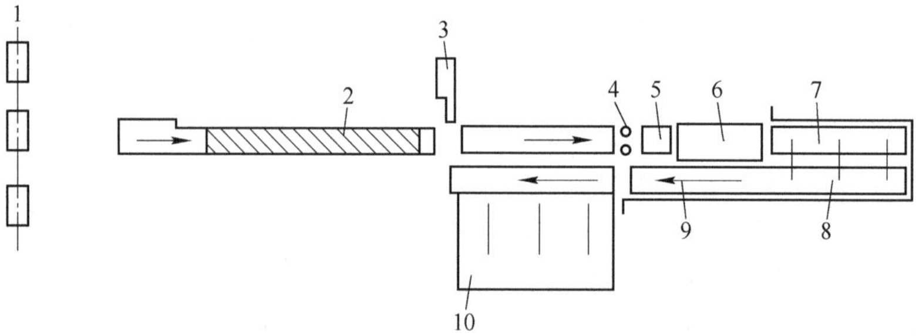

图 5-31 罗丹日轧钢厂的设备布置及生产流程

1—轧机；2—隔热装置；3—热锯；4—夹送辊；5—测入口处的钢轨温度；6—冷却装置；7—运输机；8—根式运输机；9—测回火温度；10—冷床

冷却装置由水嘴和导辊组成，下驱动水平辊保证钢轨按所要求的速度朝前移动，其他辊子在冷却期间引导钢轨。钢轨的移动速度和辊子的停止时间，均由计算机程序来控制，并且根据钢轨温度的输入来控制钢轨的移动速度和冷却水量。钢轨通过热锯后面的热打印机加以识别，并将这个数据传送给计算机。为了保持轧后钢轨的温度，在热锯前安装有隔热装置。根据钢轨形状和各部位的冷却要求，水冷装置有四个独立的水冷系统：主供水系统供应上部水嘴，用于冷却轨头部分；腰部冷却系统；轨底冷却系统和轨头侧面冷却系统。轨腰和轨底的冷却除保证钢轨组织性能要求外，还有保持热处理期间和热处理后钢轨平直度的作用。所用冷却水是不经任何化学处理，只经过过滤（孔眼为 500 μm）的河水。

5.4.2 纳米相层次化析出理论

纳米级析出相 M(C,N) 相对于调控型钢的组织和性能具有重要作用，弥散分布的纳米析出相相对于位错和晶界有着强烈的钉扎效应，可起到细晶强化和析出强化的作用，它可以确保钢基体同时拥有较高的力学性能和耐腐蚀性能。

型钢中，Nb、Ti、V 为代表的微合金化元素以固溶形式或碳氮化物方式存在于钢基体中，产生细晶强化、相变强化、沉淀强化等强化作用，从而获得高强度、高低温韧性，以及良好的冷加工成形性和可焊性的微合金化钢。其中，微合金元素中的 Nb 对晶界钉扎作用极强，Ti 次之，V 最小，Nb 元素在高温区（大于临界温度）对晶界钉扎作用主要是溶质拖曳机制，而在低于临界温度的时候，主要是析出钉扎作用。V 元素在奥氏体中的溶解度特别大，因此在高温时，其基本上固溶在奥氏体中，强化效果不明显，但是当温度降低的时候，奥氏体相变成铁素体，V 元素在铁素体的溶解度远远小于奥氏体的溶解度，就会以 VC 或者 VN 等形式析出，起到明显的析出强化作用。

钢中的微合金元素 Nb、V、Ti 与 C、N 元素结合能力和在奥氏体基体的溶解能力有很大的差别，这就从根本上导致不同的析出物在不同的温度下对基体强度和韧性的贡献值的差别。Nb、Ti、V 元素与 C、N、O、S 的亲和力之间的关系见表 5-6。

表 5-6 Nb、Ti、V 微合金元素与 C、N、O、S 的亲和力效果

微合金元素	残余元素			
	C	N	O	S
Nb	* * *	*	*	—
V	* *	* * *	*	—
Ti	* *	* * * *	* * *	* *

N 元素与 Ti 元素的结合力最强，形成细小弥散方块状的 TiN 颗粒，尺寸在 10 nm 左右，且 TiN 在超过 1300 ℃下不会发生明显溶解，可以阻碍奥氏体的粗化，从而细化晶粒。在控制轧制阶段，在奥氏体晶粒边界、亚结构、位错和变形带上析出的沉淀物以及应变诱导析出的沉淀物尺寸大约为 100 nm，主要是 NbC 和 TiC，这两种析出物因在 1000 ℃以上即可形核析出或者在原 TiN 粒子表面成核长大，因此随着温度的降低，析出物略有粗化。在接下来的奥氏体铁素体转变阶段，会在奥氏体和铁素体界面析出列状细小 FCC 沉淀物，如 Nb(C,N)、Ti(C,N) 和 V(C,N)，其中 NbC、TiC 的平均质点尺寸为 1.5~5 nm，V(C,N)平均质点尺寸为 5~10 nm，当微观组织全部为铁素体时，随着温度的降低，铁素体基体会析出极细小的半共格状沉淀物（<10 nm），产生显著的析出强化效果。

研发低合金高强度 H 型钢时，通过适合的合金配比精准控制微合金元素的加入量，使微合金元素尽可能以碳氮化物的形式弥散析出，减少在基体中的固溶量。通过提高较低温奥氏体铁素体相间析出和低温铁素体析出的比例，尺寸小于 10 nm 的析出物数量增多，减少 100 nm 大小的析出物，使细小析出物遍布铁素体基体，增强基体的强度和韧性。除此之外，优化控轧控冷工艺，精确控制两阶段的开轧和终轧温度以及轧机道次间隔时间，产生足够的变形带、位错带和亚晶界，从而保证有一定量的析出物析出，强化基体。

研发高强度角钢时，开发 7V、5V2Ti、3V2Ti 系列角钢。7V 角钢中主要发现了 M_3C 和 M(C,N) 两种析出相，VN 析出相形成析出强化，据研究，含 V 钢中每增加 10×10^{-6}的 N，可提高强度 6MPa 以上。在 5V2Ti 角钢中 Ti 元素全部析出，自由 N 含量为36×10^{-6}，V 元素析出 30%左右，析出率较低，这是因为 Ti 与 N 首先结合生成 TiN，假设随着温度的降低全部的 Ti 和 N 以 TiN 优先析出，消耗 N 含量较大，剩余 N 含量较少，N 含量的降低减少了 V 的析出，同时 V 也无足够的形核位置，满足不了 V 析出的动力学条件。

5.4.3 复杂断面型钢形性一体化控制的先进装备

世界上第一套万能轧机建于 1902 年卢森堡的 Arbed（阿尔贝德）厂，但当时轧出的较宽翼缘的工字钢内侧仍有斜度。1908 年，按照格林轧制法（必须有一架轧边机和一架万能轧机配合使用）在美国伯利恒公司建成了第一个宽翼缘 H 型钢厂；1914 年，德国培因公司也采用同样的方法建成了培因 H 型钢厂；1955 年，欧洲煤钢联营开发了 IPE 钢梁系列，1957 年，德国的培因 H 型钢厂生产了第一批 IPE 钢梁，但直到 1970 年，工字钢的生产仍占较大比例。

20 世纪 80 年代以来，型钢生产装备相对板带轧机而言，发展较为缓慢。轧机结构虽有较大改进，如开发了悬臂式 CL 轧机、短应力线高刚度 HS 轧机、短应力线万能轧机等，但无完全新型的型钢轧机，轧速提高也不大。

型钢生产装备的新发展主要在于：1）连铸坯直接热装；2）近终形连铸坯的应用；3）柔性轧制设备的发展，目前已投产多种具有柔性轧制能力的新型型钢轧机机组，开发了H型钢自由尺寸轧制、延伸道次无孔型轧制、多辊万能孔型轧制等柔性轧制新技术；4）切分轧制技术的推广应用，广泛采用切分辊和切分轮设备，具有提高产量、减少道次、降低能耗和轧辊消耗等优点；5）紧公差精密轧制设备，其产品公差范围可控制在国际通用标准的1/10~1/4，采用小辊径、短辊身和单孔型轧辊，高刚度、紧凑式轧机，平立交替布置2~3个孔型，小压下量，这是精密轧制设备的基本特点；6）低温轧制、温控轧制及在线热处理的应用，综合节能可达20%，并大大提高钢材性能；7）现代化精整设备，精整设备实现连续化、自动化，如步进式齿条冷床、连续定尺剪切机组、悬臂结构的单根矫直设备等；8）设备状态诊断技术，监视设备运行状况，进行适时维护。

2014年，中重科技为鞍山紫竹公司研制特大型钢CMA万能轧机生产线。CMA万能轧机实现了：1）高度上可在线调整的换辊小车，解决了由于小车高度上弹性变形较大引起的立辊换装辊困难的难题。2）机架液压张紧、机械锁紧的预应力拉杆机构，解决了锁紧缸长期保压造成液压系统温升过高、密封、胶管老化严重，易失效的老大难问题。3）万能轧机传动侧立辊横梁可拆解升降结构，解决了水平辊直径利用率过低、消耗高的问题，二辊轧辊利用率提高近一倍。4）独创CMA轧机分步式换辊流程，解决了CMA轧机换辊时换辊横移车移动距离过远的问题。精轧区设备布置简化，投资减少。

近年来，西马克集团加大了型钢TMCP技术的研发力度，开发出针对型钢的热机轧制TMCP技术，主要通过Beam Cool冷却模块设备和QST冷却设备两部分设备辅助实现。

（1）TMCP-Beam Cool冷却模块设备。在万能轧机机组前后对中导板中安装集成Beam Cool冷却模块，在高度匹配万能轧机的工艺参数（如温度、道次、压下量、速度）的基础上，设置冷却模块的工艺参数，延缓轧制材料在高温状态下奥氏体的再结晶化，使轧件在奥氏体或亚奥氏体状态温度范围内被最终轧制，从而获取更细、更均匀的奥氏体晶粒，优化了轧件的材料性能。

Beam Cool冷却模块采用控制模型深度契合轧机系统，冷却速度高效、冷却范围精准、操作灵活、采用模块化设计，操作和维护方便、安全性高。

（2）TMCP-QST冷却设备。在冷床入口的辊道中安装QST冷却设备，此设备为气，水混合冷却模式，可以使轧件表面温度更快地降至马氏体相变点温度650 ℃以下，从而使轧件表面快速形成一层均匀的淬火层，从而提高了轧件的表面硬度和耐磨性。轧件送入冷床后，芯部和表面发生热量交换，表面再次受热回火转变为回火马氏体，进一步提高轧件芯部的强度、硬度、耐磨性和韧性。

QST冷却设备气、水混合冷却，强化冷却效果、分段组合式控制冷却模块，更灵活多变，冷却范围大，最长可接受150 m的轧件。

（3）CRS双支撑式矫直机。型钢矫直机领域的最新发展之一，是引入了双支撑矫直机，该矫直机提供了液压调节的矫直辊和自动快速换辊功能。众所周知，CRS矫直机是可用于矫直钢轨和型钢。主要功能包括：1）提高产品质量、降低残余应力、矫直时“两侧支撑和矫直”、均匀施加矫直力；2）20 min内自动供货矫直辊；3）矫直辊节距恒定，扩大了产品范围；4）自动更换矫直辊，减少人力操作。

矫直辊为组合式结构，两侧由轴承支撑。所有9个矫直辊都是独立驱动的，而液压缸允许在负载情况下调节矫直辊。CRS矫直机能够实现过载保护，实现校直辊的无间隙安装以及矫直辊的最大同心度，同时可根据矫直数据，自动设置所有调节机构和驱动装置。

练习与思考题

5-1　型钢生产过程中，其工艺特点通常包括哪些方面？请列举并简要说明。

5-2　在型钢生产中，数值模拟技术具有哪些主要优势？请详细阐述。

5-3　型钢的计算机辅助制造技术有哪些？请分别介绍这些技术的特点及应用场景。

5-4　请解释集成计算材料工程的概念，并结合实例说明其在型钢生产中的应用。

5-5　柔性控轧控冷技术在型钢生产中的应用有哪些主要优势？请详细说明。

6 棒线材生产原理与实践

课程思政——棒线材与“基建强国”建设

棒线材广泛应用于国民经济的各个行业中。在机械加工行业中，棒材常被用于制造各种零件，如轴、齿轮、螺栓等。在建筑行业中，棒材被用于制作钢筋混凝土结构，如柱子、梁、桥梁等。在电子行业中，线材常被用于制造电路板、电子元器件等。在电力行业中，线材被用于输电线路和电力设备的连接。在汽车制造行业中，棒和线材被用于制造汽车零部件，如车架、发动机零件等。而随着国家对“新基建”七大产业领域（5G 基建、特高压、城际高速铁路和城市轨道交通、新能源汽车充电桩、大数据中心、人工智能、工业互联网）以及相关产业链投入的不断增长，棒线材产品也将迎来良好的发展机遇。

（1）城际高速铁路与城际轨道交通领域。近年来，我国铁路建设总体保持良好态势，每年固定资产投资完成额保持在 7500 亿元左右，新的铁路线陆续投入运营。截至 2023 年年底，我国铁路营业里程达到 15.9 万千米，其中高铁达 4.5 万千米。根据国务院印发的《“十四五”现代综合交通运输体系发展规划》，我国将推进高速铁路主通道建设，提升沿江、沿海、呼南、京昆等重要通道以及京沪高铁辅助通道运输能力，到 2025 年，高速铁路营业里程将达到 5 万千米。城际高速铁路与城际轨道交通的大规模建设以及与之相配套的车站建设、车辆制造，将需要棒线材钢铁产品的供应，如线路建设用高强钢筋、预应力钢绞线、车站建设用钢筋以及机车车辆制造用轴承钢、车轴钢、弹簧钢等。

（2）特高压领域。特高压是指电压等级在交流 1000 kV 及以上和直流±800 kV 及以上的输电技术，具有输送容量大、距离远、效率高和损耗低等技术优势。截至 2022 年年底，国家电网已建成 30 项特高压输电工程，已投运特高压工程累计线路长度超 4 万千米。特高压项目建设用钢主要体现在变电设备、电力铁塔以及工程基建 3 个方面，基建用钢筋与电力铁塔冷镦钢线材和镀锌钢丝钢绞线等棒线材产品需求量较大。

（3）新能源汽车充电桩领域。我国新能源汽车产业发展已经进入了规模化快速发展的新阶段。2020 年 10 月，国务院办公厅印发《新能源汽车产业发展规划（2021—2035 年)》提出，2025 年，新能源汽车新车销量占汽车新车总销量的比例达到 20%左右。预计 2025 年，我国新能源汽车销量将在 1000 万辆左右，新能源汽车保有量将超过 3000 万辆，其中电动汽车有望超过 2500 万辆。新能源汽车产销明显增加的情况下，充电桩面临巨大的缺口。作为新能源汽车配套的基础设施，电动汽车充电桩包括充电设备、配电设备、管理辅助设备三部分，充电桩的建设将需要大量建筑用钢筋棒线材的支撑。

（4）5G 基站、大数据中心、工业互联网、人工智能等领域。5G 宏基站建设涉及的棒线材品种主要包括通信铁塔用冷镦钢线材。大数据中心、工业互联网、人工智能也将面向制造业的数字化、智能化、网络化需求，构建基于海量数据采集、汇聚、分析的服务体系，助力制造业技术改造和设备升级。在工业互联网加快建设的背景下，自动化程度低的工业产线亟待自动化改造升级，将推动工控核心产品需求增长。工信部印发的《“十四五”信息通信行业发展规划》明确将“积极发展工业互联网和车联网等融合基础设施”列为重点任务之一。大数据中心建设将带来机房建设及电工电器产品的需求增长。人工智能则是以工业物联网和数据中心处理为基础，构建智能化服务，其核心内容仍是计算处理。基础站房建设及配套设施、电工电器及工控产品用棒线材可以有效支撑大数据中心、工业互联网、人工智能等“新基建”的建设。

6.1 棒线材轧制的工艺概述

棒线材作为钢铁工业的关键轧制产品，长期以来在基础设施建设领域发挥着举足轻重的作用。我国棒线材轧制生产的总体产量一直稳定在钢铁产品总产量的40%~50%，这充分证明了其在国民经济建设中的不可替代性。在“十三五”和“十四五”规划期间，随着机械、建筑、交通和能源等行业的蓬勃发展，棒线材的应用领域在进一步拓宽。同时，在信息技术、数字化、互联网、大数据与智能制造等先进技术的推动下，棒线材生产技术也实现了跨越式的发展。科技的进步和市场的扩大不仅拓宽了棒线材的用途，也促使其轧制生产工艺不断地进行优化和创新。

6.1.1 棒线材的定义及分类

6.1.1.1 棒材的定义及分类

棒材是一种长条状的金属材料，其横截面形状可以是圆形、方形、六边形等。这种材料通常由钢厂的轧机加工而成，长度在几米至几十米不等。棒材是其中应用最为广泛的一种钢材，它以优质的成分和严格的加工工艺生产，常用于制造机械零部件、轴承、工具和冷作模具等领域。棒材的材质主要分为碳素钢、合金钢和不锈钢等，具有高强度、耐磨、韧性好等特点。碳素钢棒具有优异的强度和韧性，适用于制造各种机械零部件；合金钢棒通过添加合金元素提高了材料的特定性能，如耐腐蚀性能或高温强度；不锈钢棒则以其卓越的抗腐蚀性能在化工、医疗等领域得到了广泛应用。

根据生产方式的不同，棒材可以分为连铸棒材、热轧棒材和冷拔棒材。连铸是将金属液态物质在连续铸造机中快速凝固成类似铸锭的半成品，再通过连铸机组将其切割成符合要求的长度；而热轧则是将金属坯料加热至一定温度，通过轧辊的挤压和拉伸，使其形成所需的棒材形状和尺寸；冷拔是在常温下采用冷拔生产工艺，进而获得较高的尺寸精度和表面光洁度的棒材。

棒材的种类繁多，每种棒材都有其独特的物理和化学性质，适用于不同的应用场景，对棒材的使用要求也有很多，首先，如棒材的尺寸应符合相关标准或合同规定，无论是直径、长度、直线度还是圆度等尺寸参数，都应准确无误；其次，棒材的元素含量、杂质含量等必须符合相关标准或合同要求，以确保其质量和性能的稳定性和可靠性；再次棒材的力学性能也是交货时需要考虑的关键因素，包括拉伸强度、屈服强度、延伸率等，这些指标直接反映了棒材的强度和韧性，对于确保其在使用过程中的安全性和稳定性至关重要；最后，棒材的表面质量也是不容忽视的，棒材表面应平整、光滑，无裂纹、夹杂、氧化皮等缺陷，以确保其美观性和使用性能。

6.1.1.2 线材的定义及分类

线材是热轧材中断面尺寸最小的一种，由于轧钢厂须将线材在热轧状态下圈成盘卷并以此交货，故又称为盘条。一些带有盘条作业线的高速轧机生产直径的范围为 5.5～60 mm，一般高速轧机产品规格的范围为 5.5～30 mm。线材的用途概括起来可分为两大类：一类是线材产品直接被使用，主要用在钢筋混凝土的配筋和焊接结构件方面；另一类是将线材作为原料，经再加工后使用。深加工用工业线材主要品种的成分、组织、性能和用途等特征见表 6-1，主要是通过拉拔成为各种钢丝，再经过捻制成为钢丝绳，或再经编制成钢丝网；经过热锻或冷锻成铆钉；经过冷锻及滚压成螺栓，以及经过各种切削加工及热处理制成机器零件或工具；经过缠绕成形及热处理制成弹簧等。

表 6-1 深加工用工业线材主要品种的成分、组织、性能和用途等特征

序号	钢种	代表钢号	碳质量分数/%	组织	相变控制	轧态抗拉强度/MPa	用　　途
1	焊丝钢	ER70S-6、ER50G	≤0.15	F+少量 P	缓冷	400～800	焊丝
2	冷镦钢	ML08Al、10B21、22A、35K、ML40Cr、SCM440、50K	≤0.56	F+P	缓冷	300～800	紧固件、异形件等
3	弹簧钢	38Si7、50CrVA、55SiCrA、60Si2MnA	0.26～0.90	P+少量 F	P 相变前快冷	900～1150	汽车悬架、铁路扣件等弹簧
4	轴承钢	GCr15	0.95～1.05	全 P+极少量 Fe_3C_{II}	P 相变前快冷	1150～1500	轴承滚动体、套圈等
5	制丝用非合金钢	45、55、60、70、72A、82B、92Si	0.42～0.97	P+少量 F 或全 P	P 相变前快冷	800～1700	钢丝、绳，胎圈帘线，预应力钢丝、钢绞线，桥梁缆索等

注：F、P、Fe_3C_{II} 分别指铁素体、珠光体、二次渗碳体。

随着工业的发展，线材的应用领域越来越广，对线材品种质量的要求越来越严格，也越来越专门化，这促进了线材轧机的发展。线材产品不论是规格还是钢种都越来越多：线材的直径通常为 5～13 mm，由于制造标准件的需要，许多冷拉坯料直接使用盘条，盘条比直条拉拔头少，连续性强，拉拔效率高。因此，盘条直径在不断扩大。国外一些轧机已生产直径为 36 mm 的盘条，甚至生产直径大到 60 mm 的盘条，这些大直径盘条有的在小型轧机上生产，有的在线材轧机上生产，所以有些标准将线材的直径范围规定得很大。我国已把线材轧机产品的最大直径由 9 mm 扩大到了 22 mm。

线材的钢种非常广泛，有碳素结构钢、优质碳素结构钢、弹簧钢、碳素工具钢、合金结构钢、轴承钢、合金工具钢、不锈钢和电热合金钢等，凡是需要加工成丝的钢种大都经过热轧线材轧机生产成盘条再拉拔成丝。因为钢种、钢号繁多，所以在线材生产中通常将线材分成以下四大类。

（1）软线。系指普通低碳钢热轧圆盘条，现用的牌号主要是碳素结构钢标准中所规定的 Q195、Q215、Q235 和优质碳素结构钢中所规定的 10 号钢、15 号钢、20 号钢等。

（2）硬线。系指优质碳素结构钢类的盘条，如制绳钢丝用盘条，针织布钢丝用盘条轮胎钢丝、琴钢丝等专用盘条，硬线一般碳含量偏高，泛指45号以上的优质碳素结构钢。包括40Mn～70Mn、T8 MnA、T9A、T10钢等。

（3）焊线。系指焊条用盘条，包括碳素焊条钢和合金焊条钢的盘条。

（4）合金钢线材。它系指各种合金钢和合金含量高的专用钢盘条。如轴承钢、弹簧钢、合金结构钢、不锈钢、合金工具钢盘条等。低合金钢线材一般划归为硬线，如有特殊性能也可划入合金钢类。

对线材质量要求更多的是必须满足后部工序的使用性能，一般线材交货技术条件规定的质量内容有：外形及尺寸精度、表面质量及氧化铁皮、截面质量及金相组织（截面是指垂直于线材中心线的断面）、化学成分及力学性能（包括深加工的工艺性能）、盘重、包装及标志。线材用途不同，其质量要求也各有侧重，如冷镦材除对力学性能有严格要求外，最主要的是要求冷镦不开裂，而要想保证不开裂就要严格控制夹杂及表面裂纹、折叠、划伤等会造成开裂的缺陷。焊条钢盘条的质量要求最主要的是对化学成分及偏析要严格控制。

6.1.2 棒线材的基本生产工艺

对于棒线材产品，通常一条半连轧生产线年产量为30万～60万吨，一条全连轧生产线年产量为50万～120万吨。高线单线年产量最高为75万吨，双线年产量为120万吨。棒材一般采用单线生产，普钢企业以钢筋生产为主的棒材生产线通过采用多线切分工艺将轧机能力提高到120万吨/年，采用高速精轧机组的单线棒材生产能力最高达到75万吨/年，以优特钢生产为主的生产线年产量取下限。

棒线材生产线根据轧机数量不同，通常分为几个机组进行描述，包括以下三类。（1）大型棒材：粗轧和精轧；（2）中、小型棒材：粗轧、中轧、精轧；（3）高速线材：粗轧、中轧、预精轧、精轧。对于中、小型棒材和高速线材生产线，可能还有减定径机组。对特殊钢棒线材，由于轧机数量较多，可能将中轧机组分为一中轧和二中轧，采用切头飞剪位置区分各机组。热轧棒线材都是由三大工序完成的，即原料加热、轧制、成品精整收集。下面分别对不同类别的生产线典型实例进行工艺流程描述。

6.1.2.1 大型棒材

以某钢厂大型轧机为例，大型轧机由于生产能力较大，一般都肩负部分开坯能力，主要产品为优特钢棒材和用于小型棒线材生产线的120～150 mm方坯。具体工艺流程如图6-1所示，坯料供应采用热送和冷装两种方式。炼钢厂提供的热坯由热送，经移钢台架送至入炉辊道；冷装料由汽车运输至原料跨，采用吊车吊至冷坯上料台架上，逐根移送至入炉辊道上，经人工目视检查、不合格钢坯剔除，合格连铸坯经称重、测长后由托钢机构送入步进梁式加热炉内进行加热。为适应坯料的冷热温度不同和钢种的多样，便于灵活管理，轧钢车间设计了两座加热炉，钢坯单排布料，在炉内加热到1050～1250 ℃，加热好的钢坯由出料机逐根移出炉外快速经过高压水除鳞后进入开坯轧机轧制。

轧件在如ϕ1100 mm/950 mm的二辊可逆式开坯轧机上往复轧制，并借助轧机前后推床和翻钢机完成翻移，根据坯料尺寸、钢种和温度的不同，经5～13道次轧成所需规格的中间坯。轧出的中间坯由热剪机切头或分段，需要轧成圆钢成品的由辊道输送到精轧机组轧制。由开坯轧机轧出的方坯上翻转冷床冷却至 200 ℃以下收集，保证其平直度。

轧件在精轧机组共 6 个机架中进行连续轧制，根据规格不同，选择合适的轧制道次和机架，最终成品为 ϕ120～ϕ280 mm 圆钢，成品机架最大轧制速度为 1.0 m/s。轧制成品件出开坯机组经液压热剪切头后，再进入六架精轧机轧制，为获得良好的产品表面质量和尺寸精度，精轧机组采用立、平交替布置，实现无扭轧制，并在精轧机组后预留测径仪在线连续监控产品尺寸精度。

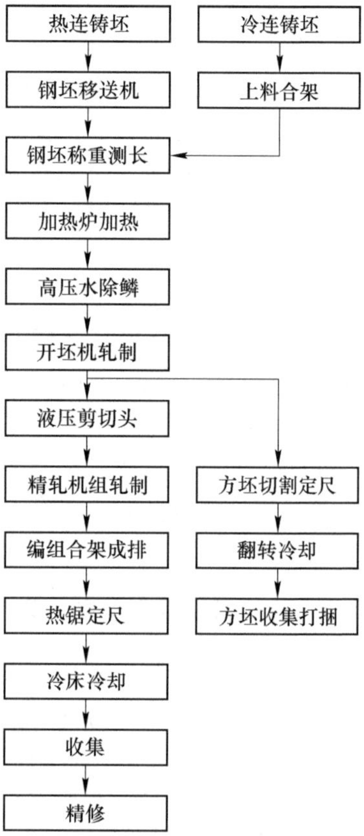

图 6-1　大型棒材生产工艺流程图

6.1.2.2　中型棒材

以某钢厂中型轧机为例，该轧机为全连续布置，具体流程如图 6-2 所示。坯料供应采用热送和冷装两种方式，炼钢厂提供的热坯由热送，经移钢台架及提升机送至入炉辊道；冷装料由汽车运输至原料跨，采用吊车吊至冷坯上料台架上，逐根移送至入炉辊道上，经人工目视检查、不合格钢坯剔除，合格连铸坯经称重、测长后由辊道送入步进梁式加热炉内进行加热。

全连轧生产线，钢坯在加热炉内单排料布置，在炉内加热到 1050～1250 ℃，出炉道把加热好的钢坯逐根送出炉外，快速经过高压水除鳞后进入粗轧机轧制。对半连轧生产线，由于坯料长度较短，通常钢坯在加热炉内双排布料。轧件在粗轧机上轧制 5～7 道次，在粗轧和中轧之间实现脱头轧制。视轧件断面大小，可采用固定式剪切头，也可采用飞剪切头。轧件在中轧机组和精轧机组共 10～12 个机架中进行连续轧制，根据规格不同，选择合适的轧制道次和机架，最终成品为 ϕ40～ϕ150 mm 的圆钢，成品机架最大轧制速度为 5.0 m/s。

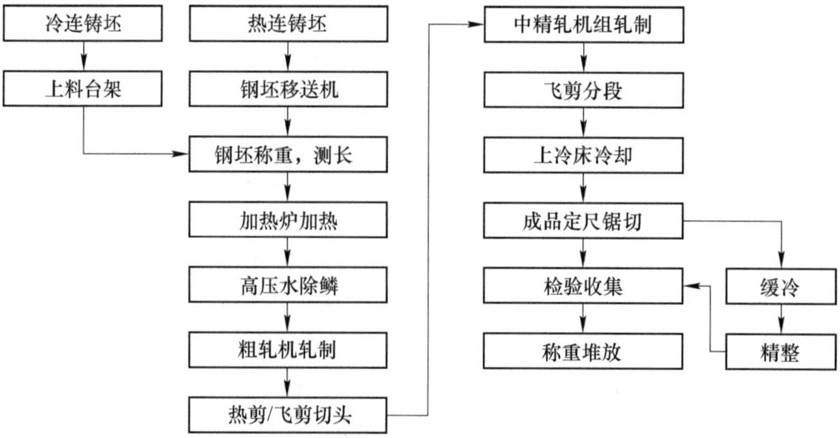

图 6-2　中型棒材生产工艺流程图

为获得良好的产品表面质量和尺寸精度，轧机均采用立、平交替布置，实现无扭轧制。并在精轧机组后预留减定径机组，同时设置测径仪在线连续监控产品尺寸精度。轧制后进入冷床进行冷却。小规格轧件可在精轧机组后进行倍尺剪切，切成倍尺长度的轧件以及长度不大于 70 m 的整根轧件由辊道送入冷床，特殊钢种需要高温缓冷可将冷床输入侧的保温罩放平盖住棒材，需要中温缓冷的话，则使用冷床上的快移装置将成组棒材快速移至输出侧进行定尺锯切收集，在 400~600 ℃范围入坑。

6.1.2.3 小型棒材

以某钢厂小型轧机为例，该轧机为全连续布置，年产能力为 100 万~120 万吨，具体流程如图 6-3 所示。连铸坯出连铸机后，经火焰切割成 12 m 长定尺，一机六流。钢坯从炼钢连铸车间经热送辊道运至加热炉炉尾的上料辊道上，当轧机处理事故时间较长时，道及热坯台架上的钢坯需作为冷坯处理，由天车从辊道和热坯台架上吊下，按炉号、钢号在原料跨内分批堆放。轧制冷坯或热坯均需保证一定的数量，便于控制加热温度。冷坯由天车吊至冷坯上料台架上，单根送至上料辊道。

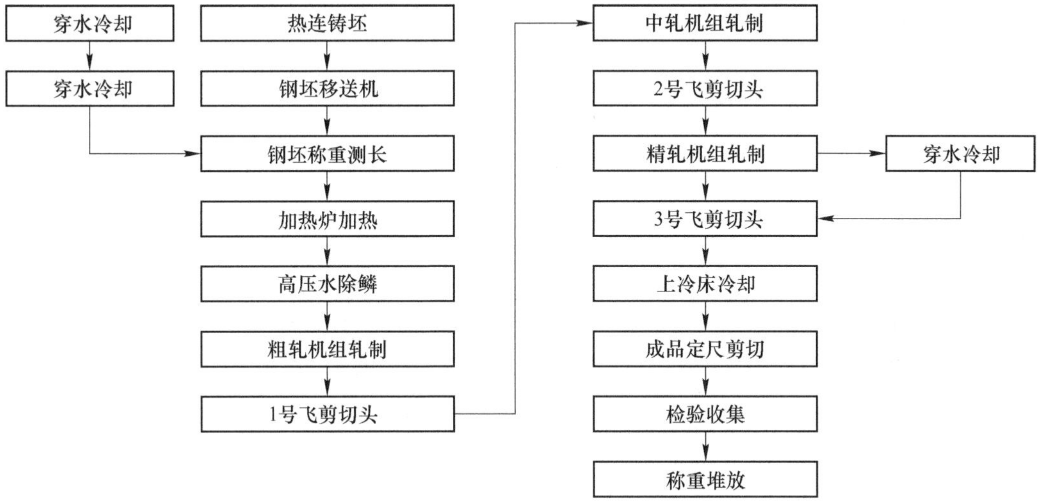

图 6-3 小型棒材生产工艺流程图

连续生产时，钢坯经辊道送入蓄热式加热炉内进行加热。待钢温加热至 900~1250 ℃（低温轧制开轧温度 900~950 ℃）时，由出炉道送出，钢坯被送入高压水除鳞箱中，进行除鳞，然后由辊道送往如 ϕ550 mm × 4 + ϕ450 mm × 2 六机架闭口式平、立交替粗轧机组轧制 6 道。在第一架 550 粗轧机入口处有一气动卡断剪，粗轧机组内部出现堆钢事故时，卡断剪快速压下，将钢坯卡住，在轧机的轧制作用下将钢坯卡断。轧件出粗轧机组后，经曲柄式飞剪切头，送往中轧机组，曲柄式飞剪可根据生产的需要对轧件进行碎断。轧件经如 ϕ450 mm × 4 + ϕ350 mm × 2 中轧机组轧制 4~6 道后，经回转式飞剪切头进入如 ϕ350 mm×6精轧机组，回转式飞剪可根据生产的需要对轧件进行碎断。轧件在精轧机组内轧制 2~6 道出不同断面成品。生产 ϕ12 mm 螺纹钢筋时采用四切分轧制工艺，生产 ϕ14~ϕ16 mm 螺纹钢筋时采用三切分轧制工艺，生产 ϕ18~ϕ22 mm 螺纹钢筋时采用两切分轧制工艺，生产 ϕ10 mm 螺纹钢筋时采用五切分轧制工艺。当轧制完成后，成品分段飞剪需要启用前面的夹送辊将轧件尾段从水箱中拉出，其中成品分段上冷床的长度取决于冷床长度、用户要求的成品定尺长度、坯料及成品规格。成品在冷床上冷却到200 ℃左右下冷床，通过步进机构将成品一步一步从冷床输入侧移到输出侧，由道送入冷剪机进行定尺剪切。剪切后的成品由人工检验、短尺剔除、计数、对齐装置装齐、预抱紧装置收紧、气动打捆机打捆、挂牌。采用电子秤称重，最后由天车将成捆的棒材吊入堆放场或直接吊至汽车上往外发运。

6.1.2.4 高速线材

以某钢厂普碳钢高线轧机为例，该轧机为单线全连续布置，年产能力为60万~70万吨，具体流程如图6-4所示。连铸坯由辊道从炼钢厂运送到本车间的原料跨内，根据生产工艺要求，如冷装炉，可由天车卸下堆放或者运至上料台架上，每吊4~6根150 mm×150 mm×12000 mm连铸坯；如热送热装，则可根据热送辊道和加热炉入炉辊道高度差，采用提升机或者横移台架将钢坯逐根输送到入炉辊道，然后送入炉内加热。

图6-4 高速线材生产工艺流程图

根据不同钢种的加热制度要求，钢坯在加热炉内加热到950~1250 ℃。再根据轧制节奏的要求，由出炉辊道将加热好的钢坯逐根送出炉外。钢坯通过钢坯夹送辊夹送和高压水除鳞装置，以除去钢坯表面氧化铁皮。然后钢坯由机前工作道再送入粗轧机机组轧制。

主轧线轧机共28架，为连续布置，分为粗轧机组、中轧机组、预精轧机组、精轧机组。其中粗轧机6架、中轧机6架、预精轧机6架、精轧机10架，全线共28个轧制道次。轧件依次进入各机组，形成连轧关系。全轧线为无扭轧制，在预精轧机组前、精轧机组前及预精轧机组各机架间设活套装置，用于保证轧件的无张力轧制，以提高产品的尺寸精度。根据轧制程序表要求，ϕ5.5~ϕ6.5 mm轧制28道次，其他规格则相应减少轧制道次。精轧机最高设计速度为113.26 m/s，保证速度为90 m/s，轧制ϕ5.5~ϕ6.5 mm。

在粗轧机组后、中轧机组后及精轧机组前设飞剪，用于轧件切头切尾和事故碎断；在粗轧机组前、预精轧机组前、精轧机组前设气动卡断剪用于设备故障时卡断轧件，以保护设备。在精轧机组前后分别设有水冷段对轧件进行控制冷却，将进入精轧机组的轧件温度控制在 850~950 ℃，以实现低温高速控温轧制。轧出的高速线材，首先通过水冷段，根据生产要求将高速线材冷却至 800~900 ℃，然后再通过夹送辊送入吐丝机，形成螺旋状线圈，并落至散卷冷却线的辊道上进行冷却。

散冷线为辊式延迟型，共分 11 段，设有保温罩和 11 台大风量冷却风机。可根据所生产线材钢种、规格以及对性能要求的不同，调节冷却风机的开启台数和风量，调节保温罩开闭的数量，对散卷线材进行缓冷或自然风冷，以获得符合力学性能要求的线材。冷却风机中有 10 台带有佳灵装置，可以调节沿道宽度方向的风量分布；散冷线设有 3~5 个跌落段，以消除线圈搭接热点，保证整根线材力学性能均匀性。线材冷却到不高于 400 ℃时，落入带有双芯棒的集卷筒内。集卷筒带有布圈器，使线卷在芯棒上均匀分布。当一卷线材收集完成后，分离爪闭合将浮动芯棒托起，承卷芯棒即旋转至水平位置，由运卷小车将盘卷运送至 PF 线的钩子上，同时另一芯棒旋转至垂直承卷位置，到位后分离爪打开继续收集下一卷线材。

盘卷在 PF 线上继续冷却，并在运输过程中人工取样、修剪、检查。当盘卷运行至打捆机位置时，对盘卷进行压实、打捆。然后盘卷在电子秤处称重、挂牌。最后在卸卷站卸下，由吊车吊运，同时根据钢种、炉号及规格等按要求堆放在成品库内。

马钢高速线材厂是我国第一家全套引进高速线材轧机的生产厂，也是引进高速线材轧机技术、装备比较成功的一例。1987 年 5 月，该厂热试轧一举成功，并很快就轧出了符合国际先进标准的多种规格、多种钢种的优质线材。在试轧的第二个月就达到设计的最大轧制速度 100 m/s，第三个月就创造了双线轧制达 120 m/s 的速度，成为当时世界上较高轧制速度的线材轧机。该厂主要设备及工艺平面布置图如图 6-5 所示。

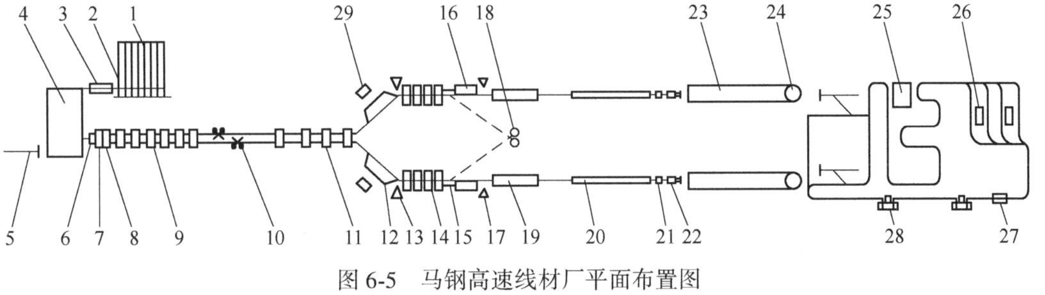

图 6-5　马钢高速线材厂平面布置图

1—步进式上料台架；2—钢坯剔废装置；3—钢坯秤；4—组合式步进加热炉；5—钢坯推出机；6—钢坯夹送辊；7—分钢器；8—钢坯卡断剪；9—七架水平二辊式粗轧机；10—飞剪；11—四架水平二辊式中轧机；12—侧活套；13—卡断剪；14—四架平立紧凑式预精轧机；15—飞剪及转辙器；16—侧活套；17—卡断剪；18—碎断剪；19—十架 45°无扭精轧机组；20—水冷段；21—夹送辊；22—吐丝机；23—斯太尔摩运输机；24—集卷筒；25—成品检验室；26—打捆机；27—电子秤；28—卸卷机；29—废品卷取机

6.1.3　棒线材产品的应用及发展

因棒线材是由拉拔或轧制等塑性成形方法加工而成，其加工工序不同，则成品性能各异。棒线材的应用广泛，主要产品有普通结构用钢材、建筑钢筋、优质碳素结构钢、合金结构钢、工具钢和轴承钢等。棒线材必须具有良好的性能才能在工程实际中使用，因此市场上对于不同棒线材产品的质量有不同的要求。例如，建筑用钢筋，与房屋安全息息相关，因此要求其有良好的可焊接性能，有较好的耐腐蚀性，还要求内部组织成分均匀，力学性能良好。而对于轴承钢，则要求具有良好的耐疲劳性能，表面淬透性好，心部的组织尽可能索氏体化，表层渗碳处理具有较高的硬度，心部碳含量较低具有良好的塑韧性。棒材生产后可以使用无损探伤进行检验，而线材交货状态常为卷状，无法进行检验，所以对于线材生产提出更高的要求。

棒线材的生产过程是从钢坯到成品，这需要经历多道工序，一般情况下的生产流程是坯料—加热—粗轧—中轧—精轧—冷却—精整—卷取。棒线材的尺寸精度以及成品性能主要是由精轧机决定。为提高生产效率，增加盘条重量，则坯料增加，若产品尺寸变化不大，线材长度变长，越接近成品工艺，轧制速率越快，温度和尺寸控制难度增加，因此对轧机的要求也更高，为了提高产品质量，相继开发并完善了减定径机组。目前市场对棒线材生产的需求是轧制速率高，盘条重量大，产品性能、质量优良以及尺寸精度高。为此，目前国内外开发了多种先进轧制技术，如无头轧制技术、减定径技术、控制冷却技术、低温轧制技术、无相变轧后控冷技术、轧后强制风冷相变控制技术、单一孔型轧制技术等。未来，围绕这些高效高精度轧制技术，各企业将结合自身产线情况进行应用和发展，实现产品的低成本、高精度和高性能生产。

6.2 高精度短流程棒材的形性一体控制技术

棒材以其独特的形状和优良的力学性能，广泛应用于机械制造、建筑、交通、结构工程、化学设备、石油和天然气开采等多个领域，成为现代工业生产中不可或缺的重要材料之一。随着科技的不断发展和市场的日益繁荣，棒材生产工艺的棒材生产工艺也迎来了前所未有的发展机遇，展现出广阔的发展前景。棒材生产工艺的研究，不仅涉及原料的选取与预处理、轧制过程的控制、轧机的类型与布局，更涉及轧后处理与产品性能的优化等多个层面。近年来，随着科技的快速发展，棒材轧制新技术层出不穷，为棒材生产工艺的创新发展注入了新的活力，也为钢铁行业的转型升级和可持续发展提供了有力的支撑。然而，棒材生产工艺的发展仍面临着诸多挑战，需持续探索创新技术与工艺，以适应市场变化，满足社会需求，进而推动钢铁行业的蓬勃发展。

6.2.1 高效率与高精度轧制技术

（1）双线轧制机技术。双线轧制技术通过多线切分轧制可以实现 180 万~220 万吨/年的产量。而单线棒材生产线，虽然设计轧制速度达到 50 m/s，实际生产速度达到 42 m/s，但是年产量只有 80 万~100 万吨，采用传统棒材生产线，在预精轧切后采用双线高速精轧的工艺布置，可以大幅度提高棒材生产线的产量，如图 6-6 所示。

（2）模块化轧机技术。模块化轧机是以 2 架轧机作为一个模块，每个模块由 1 台电机集中驱动或者由 2 台电机独立驱动。生产车间可根据需求灵活布置，同时可选择参与工作的模块，其余模块可停止工作。模块化轧机布置图如图 6-7 所示，模块化轧机的优点：

1）工艺布置灵活，车间适应性强；2）模块可标准化互换；3）承载力大，可实现低温轧制；4）配合水冷装置可实现控温控轧；5）备件量少；6）独立驱动，降低设备空转率，节能减排。在近年的新建和改建项目中模块化轧机已逐渐取代传统的集中传动精轧机组。国内高速棒材模块化轧机已经实现了系列化，如 ϕ230、ϕ265、ϕ320 mm 高刚度模块轧机或单传减定径机组。结合机组间控冷和轧后控冷设备，可实现柔性控制冷却和大规格低温轧制，降低了生产成本。

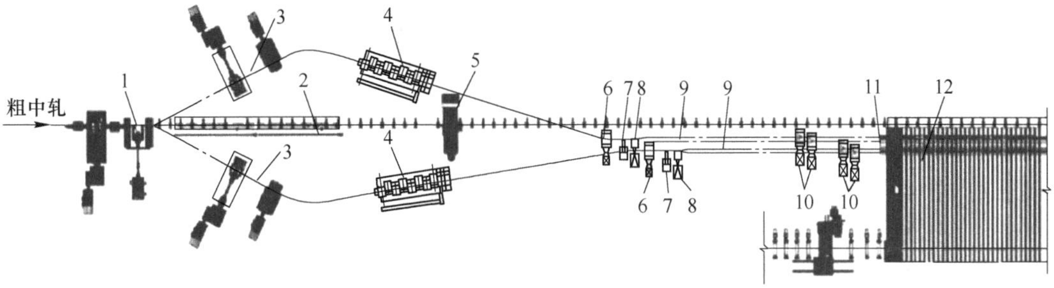

图 6-6　双线轧制机

1—飞剪；2—预穿水冷却系统；3—新增高速轧机；4—终穿水冷却系统；5—分段飞剪；
6—夹送辊；7—转辙器；8—高速圆盘飞剪；9—制动裙板上钢辊道；
10—夹尾制动器；11—高速上钢装置；12—冷床

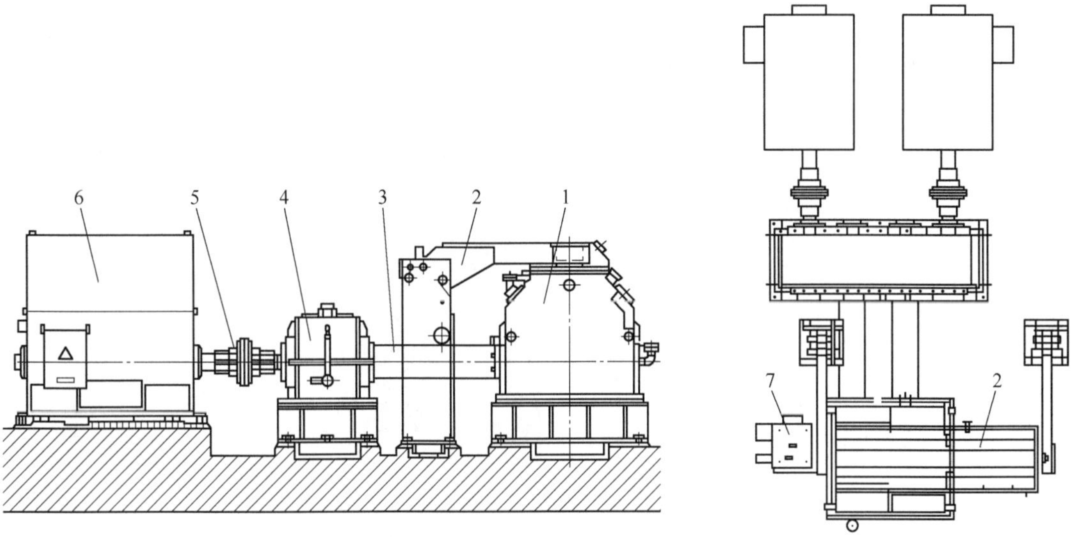

图 6-7　典型 RVM330 模块机组

1—锥齿轮箱（含辊箱）；2—保护罩；3—接轴；
4—换挡变速箱；5—联轴器；6—主电机；7—卡断剪

（3）无头轧制技术。达涅利公司研发的钢坯无头焊接 EWR 技术应用得较多，适合老生产线升级换代改造。无头轧制焊接区域设备布置如图 6-8 所示。其技术优势是：1）把连铸坯焊接形成了一根不间断的钢坯，轧机可不承受重复冲击，设备可保持稳定运行；

2）减少了轧件的切头、切尾，避免了出现短尺产品；3）在相同能量介质的消耗下，可减少非必要停产；4）设备与轧制线可以友好融合，在出现故障时可随时离线，保证生产不间断。可以使吨钢成本显著降低。近几年，钢坯无头焊接 EWR 技术在国内棒材生产线得到应用。

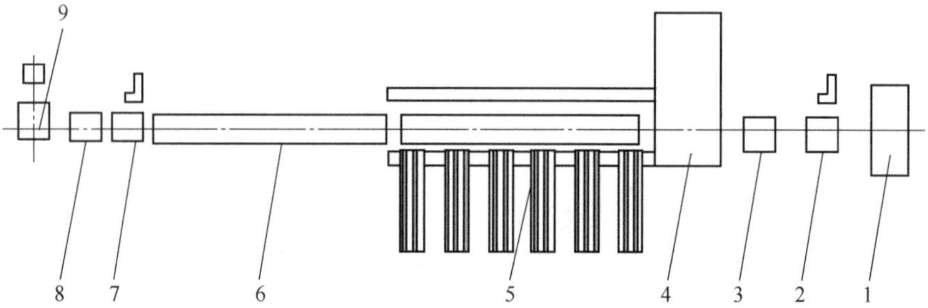

图 6-8 无头轧制焊接区域设备布置

1—加热炉；2—夹送辊；3—除鳞机；4—焊接装置；
5—升降辊道；6—保温辊道；7—夹送辊；8—剪切机；9—轧机

彩图

（4）在线轮廓、直径检测技术。采用轧辊孔型和辊缝检测仪，可以精确测量精轧机轧辊的辊缝值，同时存储轧辊孔型的宽度、深度，该仪表属非接触测量，简单快捷，可精准控制轧件公差。国内已经引进了海克斯康（Hexagon）轧件轮廓检测设备；此外，北科工研开发的棒材成品表面质量检测和轮廓检测仪，如图 6-9 所示，具备了检测成品运行速度 50 m/s 高速棒材的能力，可以实现在线表面的 2D 缺陷、3D 缺陷和轧件轮廓同时检测，取代了人工抽检。

(a)　　(b)

图 6-9 带肋钢筋轮廓与 3D 表面缺陷联合检测

（a）双线切分检测装置布置；（b）检测的轮廓

彩图

（5）全定尺分段剪切技术。首钢长治轧钢厂通过对分规格的钢材实施钢坯定重和优化轧钢工艺结构，实现了棒材生产线全定尺生产。通尺材产生量由 1.40%降至 0.39%，成材率指标提高 0.68%，进一步提高了棒材生产线综合成材率指标，降低了轧钢工序消耗。国内某公司通过智能运算优化倍尺飞剪分段剪切，获得了全定尺成品棒材，为智能制造棒材精整区无人化提供了基础条件。

（6）单一孔型轧制技术。随着国外棒线材生产线增设减定径机组，出现了单一孔型轧制技术，经过国内消化移植，粗轧至精轧只使用一套孔型，开发了只需更换少量孔型、导卫即可轧制不同规格产品的 4 机架减定径机组，导卫可在某个规格范围内调整后轧制出规定的所有产品，优点是减少了换辊、换导卫的时间，也减少了导卫备件量。

（7）无孔型轧制技术。无孔型轧制技术是一种新兴的棒材轧制方法，也称无槽轧制、圆边矩形轧制或平辊轧制。在生产方钢、圆钢、螺纹钢筋等简单断面棒材时，无孔型轧制技术是应用在粗轧道次、中轧道次和预精轧道次中，用没有轧槽的平辊代替孔型轧辊开坯和延伸轧制的一种新工艺方法。传统棒线材生产在成品孔前都有一定数量的延伸孔型和开坯孔型。由于轧辊带孔型，车削轧辊消耗多、工序时间长、准备成本高，金属在孔型中流动速度不均匀，轧辊磨损量大，在成形过程中容易产生耳子、充不满和孔型错位等缺陷。生产工艺流程如图 6-10 所示。

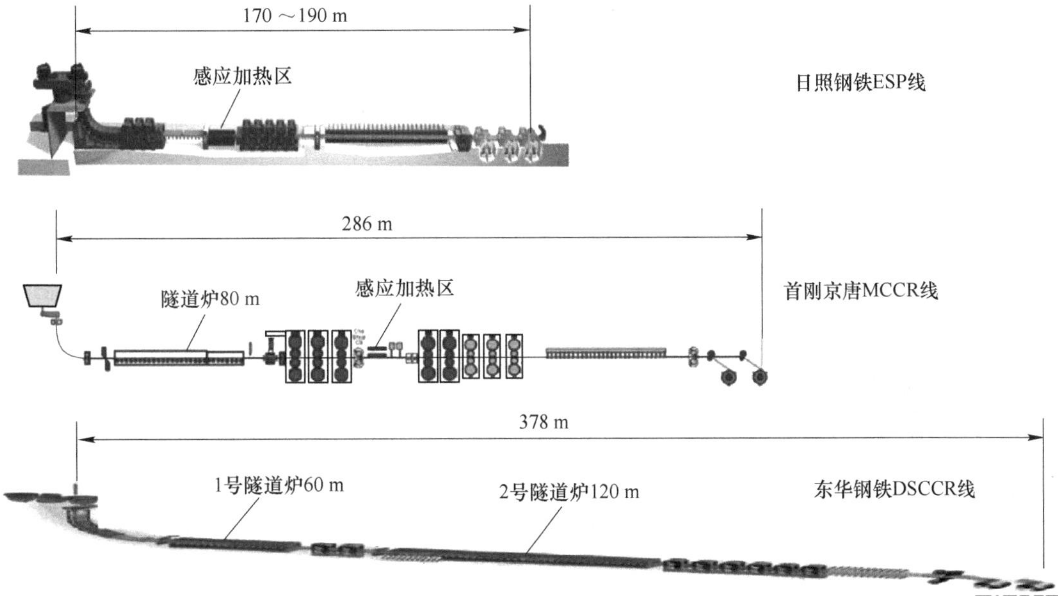

图 6-10 无孔型轧制生产工艺流程图

彩图

与传统工艺相比，无孔型轧制技术的优点主要表现在：无孔型轧制负荷比孔型轧制负荷减少 8%，无孔型轧制轧件受力简单，附加应力小，金属变形均匀，没有轧槽侧壁对轧件的作用力和轧槽周边辊径差对轧件引起的摩擦力的作用，因此轧制力比用常规孔型轧制减小 8%。而且，无孔型轧制产品品种和规格更加广泛，生产高端产品优势明显。此外，无孔型轧制技术节约了大量换轧机换导卫时间，机加工所需的车床、刀具等备件和材料也大大减少，简单高效，能够有效减少车床的投资和工人的劳动强度，提高有效作业率。同时，轧件的表面质量优秀，产品性能提高，能够充分利用工作层，节能减耗，减少轧制和轧件的质量事故，提高成材率。无孔型轧制技术不仅可以用于轧制碳钢，而且可以用于轧制合金钢；不仅可以用于钢坯生产，也可用于轧制方钢、圆钢和线材；目前已在初轧机、开坯机以及紧凑式轧机、半连续轧机、横列式轧机和连续式轧机等各种棒材和线材轧机上得到广泛应用。

（8）智能化轧制技术。随着工业 4.0 和智能制造的推进，智能化轧制技术也逐渐成为棒材轧制领域的新趋势。通过引入人工智能、大数据、物联网等先进技术以及智能化设备和系统，智能化轧制技术能够实现对轧制过程的实时监控、优化和调整，从而提高轧制效率，降低生产成本和能耗，提升产品质量和市场竞争力。例如，通过智能传感器和数据分析技术，可以实时监测轧制过程中的温度、压力、速度等参数，并根据数据进行调整和优化，能够有效降低能源消耗、减少污染物排放，实现轧制过程的绿色化。

2017 年起，珠海粤裕丰棒材智能库、马钢特钢高线智能库、河北物流棒线材物流库均实现了长材全无人自动吊运及高效稳定智能协同调度库管系统的稳定运行，在 2021 年年底全部进入了生产阶段，可以全天候进行无人化自动下线转运、汽车装运、火车装运等作业，每个库区仅需要两人在集控室进行远程监控，解决了原来库区的一系列人员安全和设备维修等问题，提高了库区运行效率，降低了成本，是棒材生产线智能化建设的重要构成。

2022 年，由中冶京诚承建的昆钢 4580 棒线材项目按照“两线一室”进行布置，高棒和高线生产线共用一个智能集控中心。该项目应用了机器视觉、数据分析、机器人等先进技术，高棒、高线最高运行速度分别达到 45 m/s 和 115 m/s，建成了一个新一代高速棒线材车间智能化模式。

2022 年，中钢设备有限公司承建了建龙西钢双高棒项目，设计最高轧制速度 45 m/s，产能 160 万吨/年，生产 $\phi12 \sim \phi16$ mm 热轧带肋钢筋和圆钢。该项目步进式加热炉采用智能燃烧新技术，在精轧机组前配置了测径仪，在预切分轧机上配置了进口横梁以保证精密轧制，配合使用控轧控冷技术和装备，使吨钢工序成本降低了 60 元。在智能制造方面，使用了结合人工智能和大数据分析技术，完成了三维工厂可视化、设备在线监测、一线一室、堆钢自动视觉识别、无人行车、智能库管、智能火车装载等目标。

近几年的棒材轧制技术发展呈现出多元化、高效化、智能化的趋势。这些新技术的出现和应用，不仅提高了棒材产品的质量和性能，还推动了钢铁工业的转型升级和可持续发展。然而，新技术的推广和应用目前还面临着一些挑战和困难。例如，新技术的研发成本较高，需要投入大量的人力、物力和财力；新技术的应用需要改变传统的生产方式和工艺流程，需要进行相应的技术改造和升级；同时，新技术的普及和推广还需要得到市场和用户的认可和接受。因此，需要进一步加强技术研发和创新，提高新技术的适用性和可靠性；同时，还需要加强市场宣传和推广，提高新技术的认知度和接受度。

未来，随着科技的不断进步和市场需求的不断变化，棒材轧制技术还将继续创新和发展，为工业生产提供更多优质、高效、环保的棒材产品，为钢铁工业的可持续发展注入新的活力和动力。

6.2.2 显微组织与性能精确调控技术

棒材轧制生产是一个涉及多个环节和步骤的复杂过程，需要严格控制各个环节的参数和质量，以确保最终产品的质量和性能达到要求。随着科技的不断进步和工艺的不断创新，棒材轧制生产技术也在不断发展和完善，为钢材加工行业的发展提供了有力支持。

在传统棒材轧制过程中，轧件进入精轧机组时，基本处于奥氏体单相区，在实现轧制之后再进行空冷。在终轧期间，因为温度会急剧提高，所以留给碳原子扩散时间十分充足，与此同时热轧过程所导致的形变也会使其中二次碳化物提前析出，轧件在经过冷却之后的网状碳化物和粗片状珠光体组织现象也会十分明显。所以，要想有效提高轧制产品的使用性能，就必须要在确保钢材原有成分的基础上对轧件温度和轧制过程进行合理控制，以此来全面提升产品质量。

6.2.2.1　控制轧制技术及应用

控制轧制是在保持整钢原本的化学特性或者将其化学特性适当调整的条件下，对其变形制度、加热温度和轧制温度等参数合理控制的同时，对相变产物和奥氏体状况等各种状态进行控制，以此来满足实际轧制需求的一种轧制加工工艺。其在热轧过程中将金属的范性形变和固态形变结合起来，能够有效改善棒材的强韧性，对其低温韧性有明显的提升。同时，控制轧制在一定程度上能够节省能源消耗，实现绿色生产，工艺的简单化也省去了繁杂的工作内容，提高了工作效率，为企业带来更多的经济效益，达到大规模快速生产的社会效益。但是控制轧制对轧机的设备要求较高，对其强度、动力及控制水平都有不同程度的要求。

棒材的控制轧制主要体现在两个方面：一方面主要为轧制规程（变形量的分配、变形速率等参数）的控制，另一方面为轧制温度的控制。如针对大尺寸的棒材，控制轧制的主要目的之一就是实现轧制的均匀，即如何将变形渗透到心部，从而实现心部冶金缺陷的消除和组织的细化。北科大研究团队就曾针对 ϕ160 mm 的汽车曲轴用钢轧材心部存在疏松和组织粗大的问题，开展了粗轧轧制规程优化研究，设定了高温大压下的变形方案。该方案不仅有效地消除了心部的疏松缺陷，细化了心部组织，还缩小了中心等轴晶区的面积并减小等轴晶区长边和短边之比（由之前的 1.3 降低到≤1.1，如图 6-11 所示）。更重要的是，高温大压下的方案仅仅需要 9 道次，而原方案则需要 13 道次，因此大大提高了生产效率。

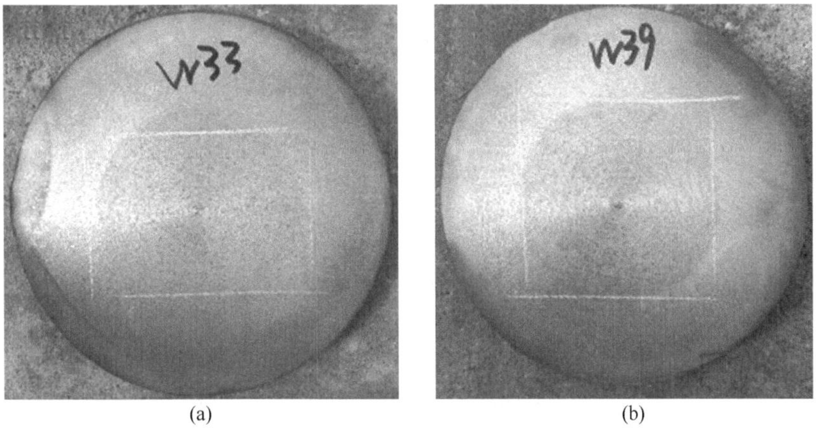

(a)　(b)

彩图

图 6-11　不同粗轧方案生产曲轴用钢轧材低倍照片

（a）原方案；（b）高温大压下方案

而针对轧制温度的控制主要体现在加热温度、开轧温度以及终轧温度等的控制。如低的终轧温度一般有利于显微组织的细化，但需要考虑设备的载荷，过低的终轧温度可能导致轧制超载。肖心萍等研究了不同终轧温度对 120N 钢棒材组织和性能的影响，结果表明，120N 钢在 800~950 ℃的终轧温度范围内，均形成了由多边形铁素体、针状铁素体和粒状贝氏体组成的混合组织，并且在铁素体基体上分布着孤岛状的 M-A 组元。随终轧温度的升高，粒状贝氏体与针状铁素体逐渐减少，多边形铁素体逐渐增多，晶粒尺寸逐渐增大，试验钢的强度逐渐降低，M-A 组元的数目减少，尺寸减小，形状从条状向不规则的块状变化，分布变得集中，如图 6-12 所示。在此工艺范围内，试验钢的屈服强度为 411~461 MPa，抗拉强度为 610~652 MPa，延伸率≥23%，屈强比为 0.67~0.71。北科大研发团队也曾针对 42CrMo 钢直径为 ϕ39 mm 的小型棒材硬度超标的问题开展了控制轧制工艺研究，研究通过控制小棒的终轧温度由 780 ℃降低到 760 ℃，发现 42CrMo 轧材表面、1/2 半径、心部由以贝氏体为主的显微组织变为以珠光体+铁素体为主的组织，如图 6-13 所示，其硬度大大降低，实现了下游客户的供货要求。

图 6-12 试验钢不同终轧温度样品的 M-A 组元
(a) 800 ℃; (b) 850 ℃; (c) 900 ℃; (d) 950 ℃

彩图

6.2.2.2 控制冷却技术及应用

控制冷却则是在对钢材热轧处理之后，对冷却条件加以利用，在相应条件控制的基础上，对相变条件和相变之后的钢材性能等实际析出情况进行把控的一种工艺。控制冷却能够提升钢材力学性能，与控制轧制相互作用结合后，还能将热轧钢材的两种强化效果统一，进一步提升钢材坚韧程度和综合力学性能。通过一定的控制手段可以实现对钢材的合理控制，达到预期控制效果。在控制冷却工艺中，钢材的化学成分、表面淬火阶段的速度及时间、终轧温度等都会成为影响钢材性能的主要因素之一。除了化学元素对自回火温度的影响较小外，其他因素均对自回火温度具有决定性作用，进而影响到钢材的力学性能。

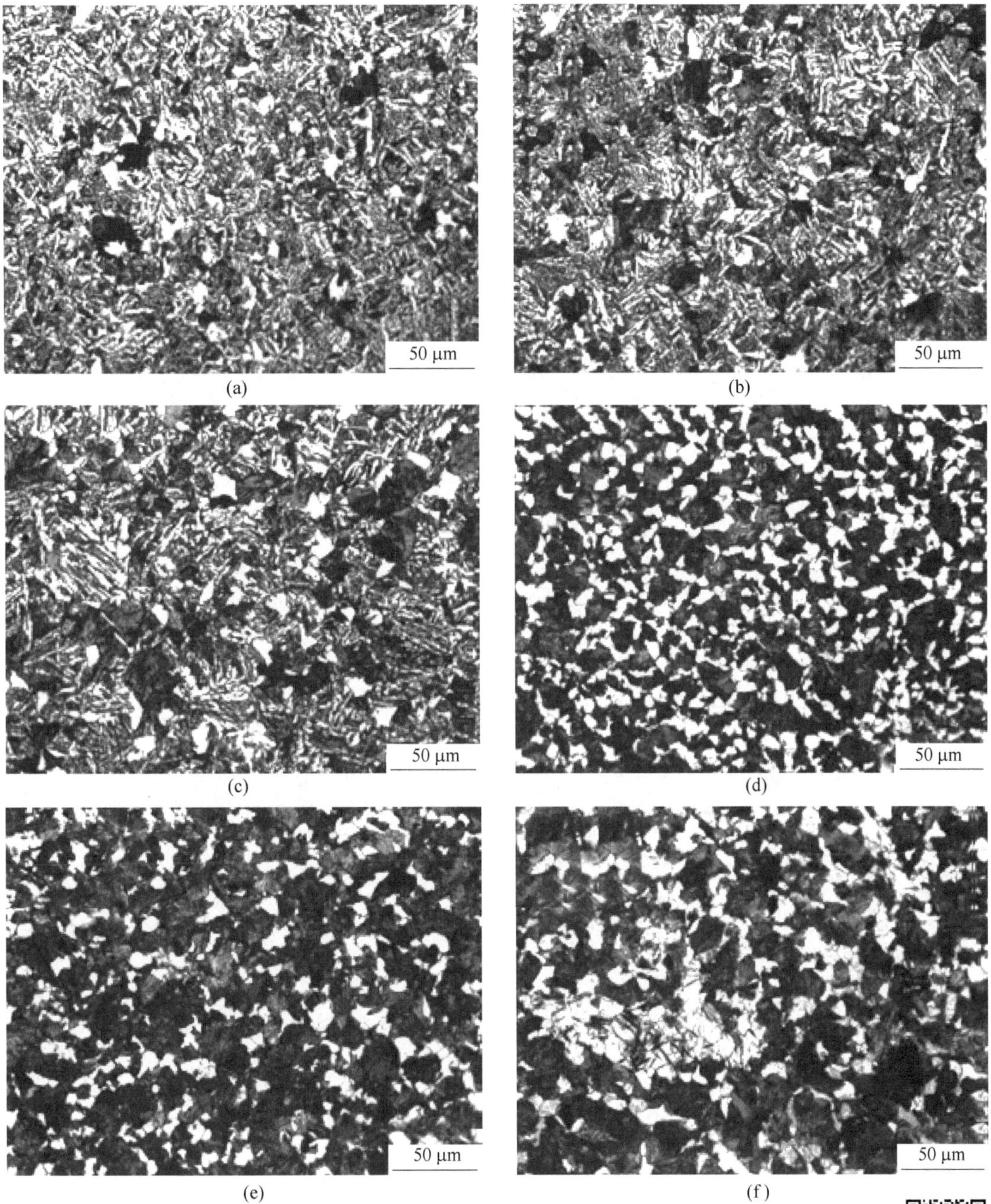

图 6-13　ϕ39 mm 的 42CrMo 棒材不同终轧温度显微组织

780 ℃终轧：(a) 边部；(b) 1/2 半径；(c) 心部；

760 ℃终轧：(d) 边部；(e) 1/2 半径；(f) 心部

彩图

对于棒材而言，一般来说控制冷却主要是通过控制轧后不同温度下的冷速来实现组织的调控。在轧后至相变前，通过控制冷却速度可以实现该温度范围内脱碳层厚度和晶粒长大的控制。在相变区控制冷速，则可以实现显微组织的调控。王玉玮等人就研究了不同冷速对耐候钢棒材组织和性能的影响，试验钢在 1~15 ℃/s 冷速范围内冷却时，冷速不同试验钢组织变化明显。以 1 ℃/s 冷速冷却时，得到的组织为准多边形铁素体、针状铁素体和少量珠光体。随冷速增加，准多边形铁素体基本消失，在 5~15 ℃/s 冷速范围内组织类型以粒状贝氏体为主。铁素体有效晶粒尺寸和 M/A 岛尺寸随冷速增加而减小，如图 6-14 所示，因此对改善试验钢的强韧性十分有利。又如对于一些特殊钢棒材，往往需要进行深加工处理，因此对原料棒材下游一般会对硬度提出一定的要求。如对于前轴用棒材，其需要经过下游下料→加热→锻造→冷却→机加工来获得前轴毛坯，因此，为了实现下料，下游客户往往要求硬度≤300 HB。通过材料的基础特性规律 CCT 曲线研究发现，贝氏体相变区开始温度范围为 500~550 ℃，控制该温度区平均冷速为 0.2 ℃/s，可以保证硬度的控制。

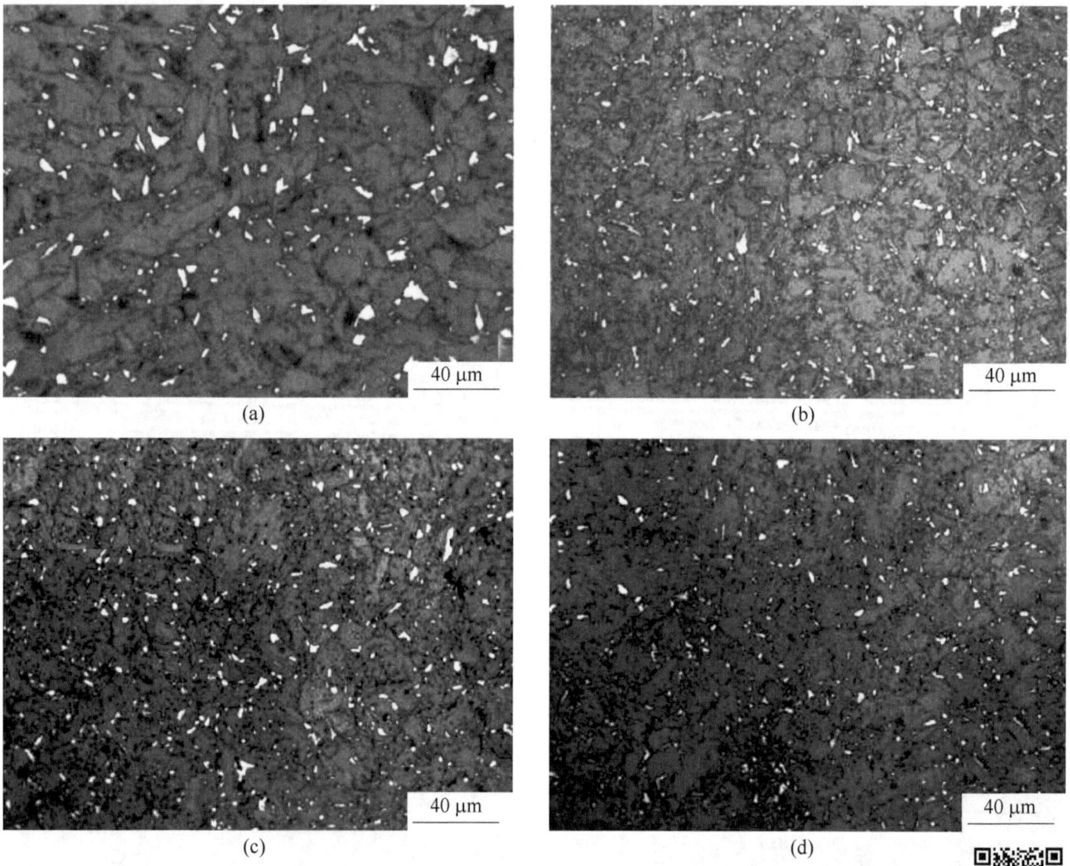

图 6-14　试验钢不同冷却速度的 M-A 组元

(a) 1 ℃/s；(b) 5 ℃/s；(c) 10 ℃/s；(d) 15 ℃/s

彩图

一般来说，相变区后冷却主要采用空冷而不作控制，但对于一些大截面的特殊钢棒材，必须对冷速有所控制，否则会出现应力开裂等现象。北科大研究团队曾针对企业生产的直径为 275 mm 的 27SiMn 棒材变形后出现内裂的问题，如图 6-15 所示，裂纹穿过片层状珠光体，裂纹的形成时间应在珠光体转变完成后，分析了其主要原因为钢锭中原始成分偏析导致的脆性组织在变形后内部应力作用下而开裂。为了解决这一问题，北科大团队分析内裂控制的关键是一方面减轻钢锭原始偏析，另一方面就需要加强变形后缓冷，因此，采用新的缓冷技术使内裂缺陷大大减少，四级探伤合格率由 21%提高到 95%。

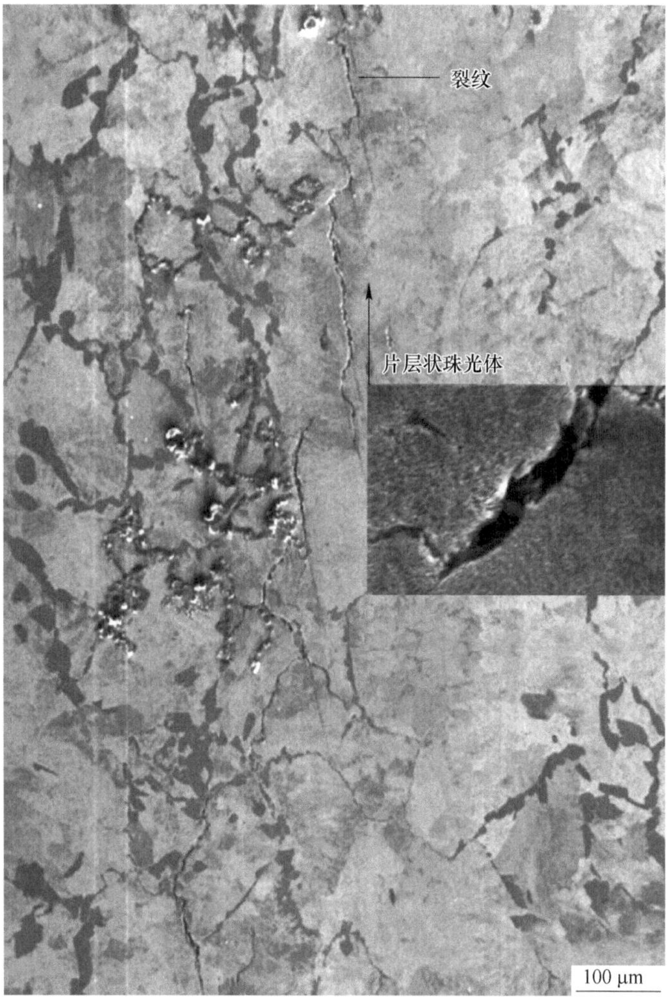

彩图

图 6-15　27SiMn 内裂缺陷纵截面裂纹分布特征（竖直方向为轧向）

随着现代工业的发展，棒材不仅被广泛应用于建筑、机械、能源等传统领域，还逐渐拓展到航空、航天、新能源等高科技领域，这些领域对棒材的性能和质量要求更为苛刻，特别是在高强度、高精度、高耐磨性等方面的需求越发凸显。因此，在这样的背景下，控轧控冷技术在棒材生产中的创新与发展是现代工业发展的必然趋势，对于满足市场的需求、推动棒材的产业升级、实现钢材行业的低碳转型具有重要意义，未来将为现代工业的繁荣和发展做出更大的贡献。

6.2.3　棒材轧制计算机模拟仿真技术

在技术迅猛发展的今天，人们对于棒材产品的需求趋于多样化、个性化，虽然我国在棒材产品的轧制生产方面取得了很大的进步，但是在一些高端产品的质量方面与发达国家还存在一定的差距，这是因为轧制生产线的工艺和技术设备等比较落后。另外，实际轧制环境复杂，轧件内部温度和应变等变量分布具有不均匀性等也常常会给产品的生产造成一定的困难，因此掌握钢材轧制过程中的规律对优化产品生产工艺，提高产品质量有重大意义。通过试错法或经验法等传统方法来制定轧制工艺的成本较高，周期较长，很难在提高产品质量的同时降低成本和缩短研发周期，也不利于节能环保。而随着计算机的应用广泛渗透到科学技术的各个领域，人们挣脱传统思维束缚，越来越多的研究者利用计算机数值模拟技术来模拟实际轧制环境，从而实现超前轧钢，进而解决实际工程问题。

计算机数值模拟技术模拟轧制的优点在于：(1) 整个轧制模型都是依托实际生产线而建立的，计算结果可靠；(2) 成本低。整个轧制过程都是在计算机上完成，不存在大量的人力物力财力的浪费；(3) 周期短。依赖于计算机强大的计算能力，现如今可以在短短数日实现对一条生产线的轧制模拟；(4) 可视化、可控性好。只需要修改部分工艺参数即可操控整个轧制过程，并且可以很直观地看到各变量在轧件中的分布，从而有目的地适当调整相应工艺参数来进行优化，提高产品质量。轧件内部的应力应变分布最直接反映变形的均匀性和变形是否有效渗透，北科大研发团队为了验证棒材高温大压下工艺对内部变形的影响，采用了数值模拟的办法对不同工艺参数下棒材内部的应力应变分布进行了分析，如图 6-16 所示，由截面等效应变云图可以看出，轧件截面等效应变最大值在轧件的角部，这与轧件存在孔型有关，最小值在轧件的心部，大压下开坯方案的心部等效应变较大，为现场工艺的制定奠定了基础。棒材在热轧过程中的温度，应变等变量不均匀分布

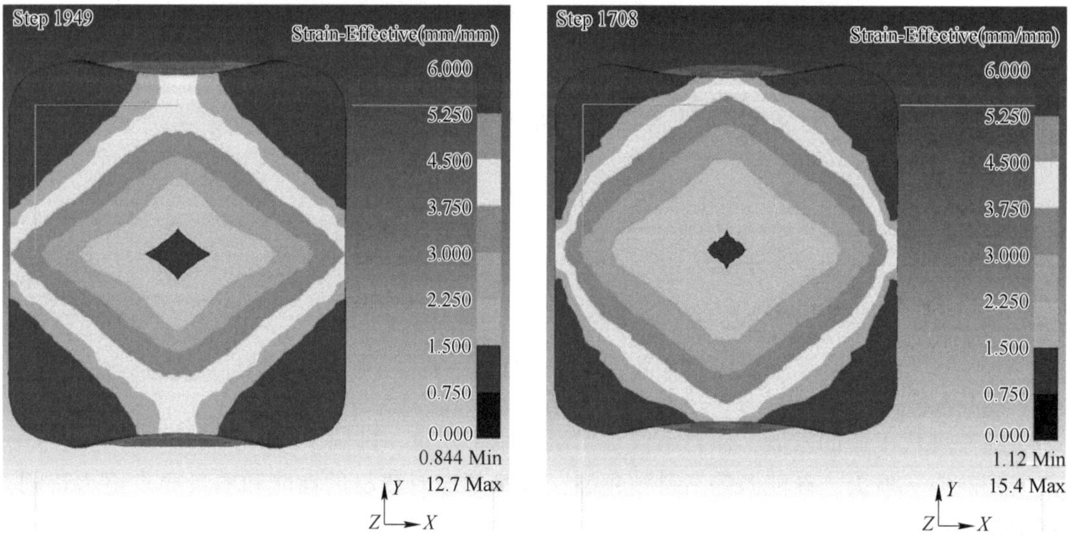

(a)　(b)

图 6-16　棒材不同粗轧方案截面等效应变云图
(a) 原工艺；(b) 大变形工艺

彩图

会影响微观组织演化行为，进而影响到产品质量，故对轧制过程中的轧件温度和晶粒尺寸等演变行为的研究是非常有必要的。早在 20 世纪 60 年代，一些学者就开始探索用有限差分的方法研究传热学问题，早期的研究大多集中在简化三维模型，用二维模型来模拟三维轧制过程，而随着计算机技术尤其是并行技术的发展，国内外的学者对钢材轧制过程模拟的研究开始从二维到三维进行转变。由于棒材热轧制备过程中应力应变分配不均，导致相变过程复杂，组织结构演变和性能调控困难。叶沐曦等人以热轧 2209 双相不锈钢棒材为研究对象，采用有限元仿真技术对 ϕ43 mm 棒材 6 道次热连轧过程进行三维热力耦合模拟，结果表明，棒材横截面上特征区域的应变与温度变化分布极不均匀，中心金属温度最高且塑性应变最大，如图 6-17 所示。对棒材不同特征区域的微观分析表明，在棒材表面和内部，两相体积占比不均匀且晶粒动态再结晶不协调，棒材表面 δ→γ 相变占据主导；然而在棒材内部区域，在高温高应变速率工况下，发生 γ→δ 逆相变。因此通过控制轧制工艺改善不锈钢两相协调变形行为，从而全面提升棒材力学性能。

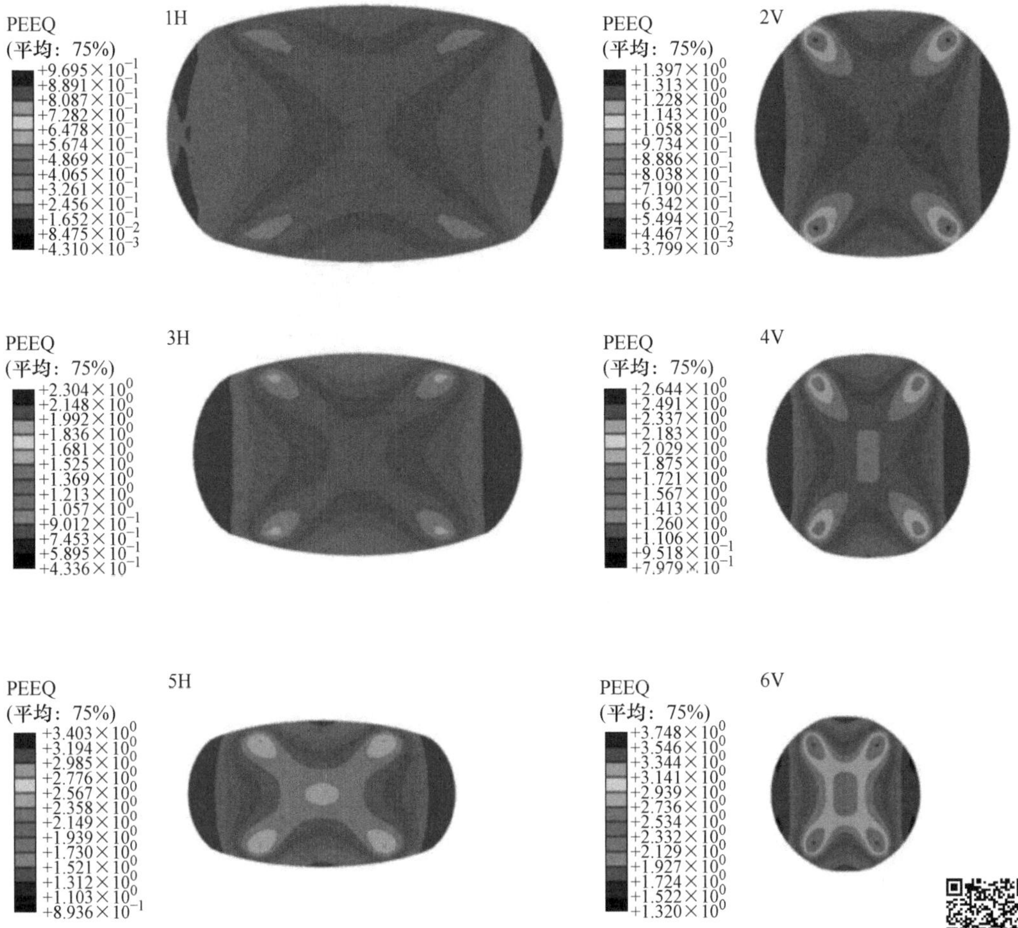

彩图

图 6-17 热轧棒材 6 道次等效应变场

合金钢棒材的在线淬火-回火工艺，有缩短生产流程，节约能源，提高生产效率，降低生产成本的显著优势。陈志强等人针对典型的 45 号钢棒材，采用热处理试验、组织性能检测、有限元模拟等方法，进行了相关研究。如图 6-18 所示，有限元仿真表明不同合金钢和规格棒材淬火中热应力变化情况相似，由于表面冷速和材料内部热阻的共同影响，受力状态表层先拉后压，心部与此相反，仿真结果与实际生产结果相似，可以为工厂的生产提供有价值的建议。

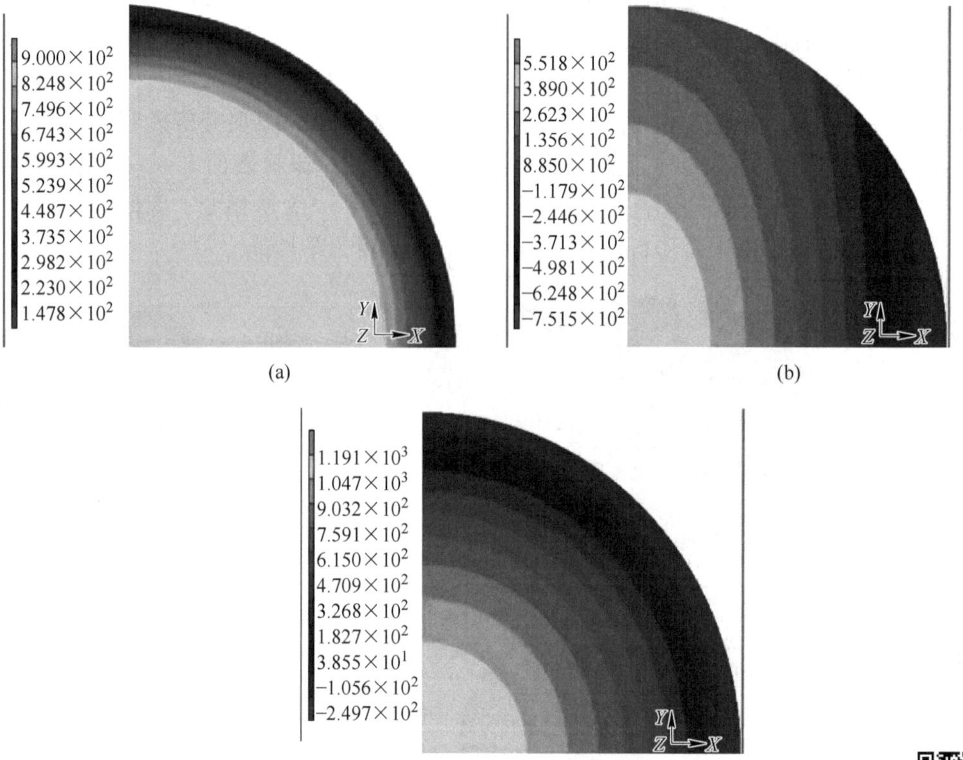

图 6-18 45 号钢有限元仿真

（a）淬火中温度云图；（b）切向残余应力云图；（c）轴向残余应力云图

彩图

6.3 高速线材在线组织性能精确控制生产技术

线材是钢铁产品的重要品种之一，广泛应用于建筑和制造领域，目前世界范围内线材年产量占世界钢材总产量的 10%左右。世界主要产钢国家普遍采用全连续高速无扭线材精轧机组和控制冷却技术，作为线材生产的主要工艺装备手段。随着科学技术的发展，越来越多的新技术和新设备应用到高速线材生产中，不断地提高着工厂的生产效率和产品质量。如今我国的线材产量较多，产量的领先意味着新生产工艺研发的势在必行，高速线材产品的主要发展方向则是对线材轧机孔型系统进行改造并优化控制工艺。一般高速线材具有连续、高速、无扭和控制冷却等技术特点，其中高的轧制速度是各生产单位的一致追求。在确保产品质量的情况下，轧制速度的提高意味着产量得以提升。为了提高轧制速度，精轧机、夹送辊、吐丝机和导卫等设备不断升级，同时轧制工艺也在不断优化。

6.3.1 基于显微组织与性能调控的控冷工艺与设备开发

由于高速线材轧机以高速连续的方式生产大盘重的线材产品，终轧温度比普通线材轧机更高，采用传统的成盘自然冷却将使产品质量恶化。为避免传统成盘自然冷却造成的二次氧化严重、轧后线材的力学性能低并严重不均匀，高速轧机生产线材采用轧后控制冷却工艺。控制冷却是分阶段控制自精轧机轧出的成品轧件的冷却速度，尽量降低轧件的二次化量，可根据钢的化学成分和使用性能要求，使散卷状态下的轧件从高温奥氏体组织转变成与所要求性能相对应的常温金相组织。

尽管早在20世纪40年代轧后控制冷却工艺已在某些线材轧机的生产中应用，但由于当时老式线材轧机的产品盘重都不大，自然成盘冷却问题尚不突出，且用户对产品要求也不太高，线材轧后控制冷却未被广泛采用，轧后控冷技术也没有得以完善。高速线材轧机问世后，大盘重自然冷却使产品质量恶化的问题极为突出，这就使轧后控制冷却工艺被广泛采用，并随用户对产品日益提高的要求而逐渐完善。轧后控制冷却工艺已成为高速线材轧机不可分割的组成部分，是高速线材轧机区别于老式线材轧机的特点之一。

随着高速线材轧机的发展，众多钢厂出现过各式各样的轧后控制冷却工艺与设备，如图6-19所示。20世纪70年代末，轧后水冷加吐丝成圈后辊道散冷成为主流，辊道散冷的标准型、延迟型及缓慢型的三种设备中，标准型散冷由于控制温降速度的手段较少，适于生产高中碳钢等少数钢种。缓慢型散冷设备过于庞杂，投资昂贵，并不能适应一种钢种的生产。20世纪80年代，辊道散冷也多归一为可在不同温度阶段能大范围控制线圈冷却速率而较完善的延迟型，其冷却速度为0.3~17 ℃/s。为了使线圈各处冷却速度均匀一致，除在辊道两侧交替设置侧导板使线圈在前行过程中左右摆动错开搭接点外，辊道底板进风孔布置也使线圈搭接点处风量较大。为适应各钢种和性能线材的生产，轧后控制冷却的工艺与设备不断完善，目前几乎所有钢种可能达到的性能都能通过控冷或控轧控冷实现。

6.3.1.1 斯太尔摩冷却工艺的发展与应用

斯太尔摩控制冷却法是由加拿大斯太尔柯钢铁公司和美国摩根设计公司于1964年联合提出的。目前已成为应用最普遍、发展最成熟、使用最为稳妥可靠的一种控制冷却法。这种方法的工艺布置特点是使热轧后的线材经两种不同的冷却介质进行两次冷却（即一次水冷，二次风冷）。其中第水冷部分主要用来控制盘条的吐丝温度，盘条的吐丝温度一般在850 ℃以上，而风冷段主要来控制盘条相变前冷速以及相变温度。重点是在风冷段实现对冷却速度的控制。斯太尔摩冷却法的冷速可以调节，在水冷段可通过调节水量和水压的大小来控制冷却速度，在风冷段可以靠改变运输机速度（即改变线圈的重叠密度）和改变风机风量来控制冷却速度。随着斯太尔摩冷却法的发展，目前斯太尔摩冷却法包括标准型冷却、缓慢型冷却和延迟型冷却。

相比于水冷段，风冷段对于钢绞线用盘条更为重要。其中盘条在风冷线上呈散卷分布，大致可分为三个阶段。其中第一个阶段为相变前段，即从奥氏体化温度冷却至相变点，如盘条为过共析钢，一般此阶段往往要求快速冷却至相变温度以抑制网状渗碳体的产生；第二阶段为相变段，即盘条在此段发生相变，如盘条由奥氏体转变为珠光体，此时通过调控风机风量、辊道辊速来调整相变温度，以获得片层间距较细的索氏体组织；第三阶段为保温阶段，针对其他线材，例如，弹簧钢等，或许要求此阶段快速冷却以减少氧化铁

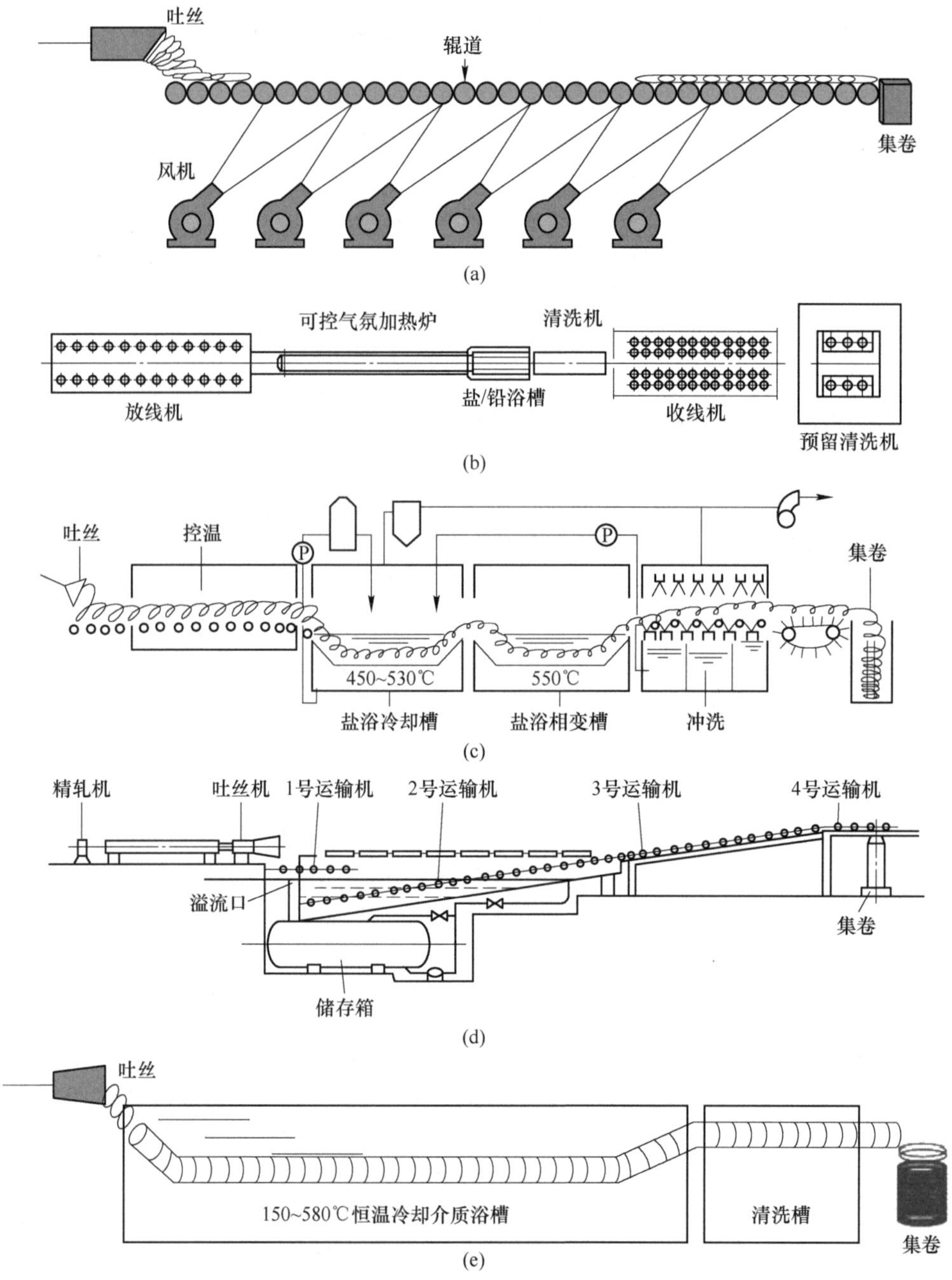

图 6-19 高速线材热处理工艺对比

(a) 传统的风机冷却工艺；(b) 离线盐/铅浴处理工艺；(c) 日本 DLP 工艺；
(d) 意大利 EDC 在线水浴处理工艺；(e) 青钢在线等温热处理（QM）工艺

皮的损失。但针对如钢绞线用盘条，由于其要求具有较高的强度及塑性，为防止氢脆现象的产生，往往要求在第三阶段进行缓冷以达到人工时效的目的。

（1）标准型斯太尔摩冷却法：这种控制冷却的工艺布置是线材从精轧机出来后首先

进入水冷导管通水快速冷却。根据不同的钢种和用途将线材冷到接近相变开始温度（750~900 ℃）。冷却后的线材经吐丝机成圈散布在链式运输机上，盘卷在运输机运输过程中由布置在运输机下方的风机吹风进行冷却，如图 6-20 所示。标准型斯太尔摩冷却的运输速度为 0.25~1.3 m/s，冷却速度为 4~10 ℃/s。

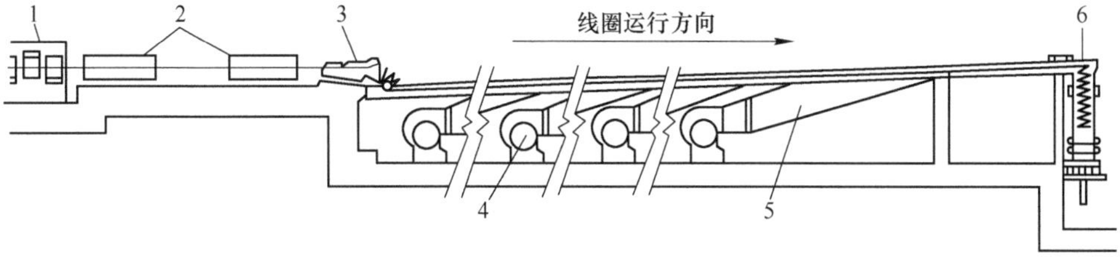

图 6-20 标准斯太尔摩冷却线示意图

1—精轧机组；2—冷却水箱；3—吐丝机；4—风机；5—送风室；6—集卷器

（2）缓慢型斯太尔摩冷却法：缓慢型与标准型的不同之处是在运输机的前部加了可移动的带有加热烧嘴的保温炉罩。有些厂还将运输机的输送链改成输送辊，运输机的速度也可设定得更低些。由于采用了烧嘴加热保温和慢速运输，如图 6-21 所示，所以可使盘卷在这阶段以很缓慢的冷却速度冷却，故称之为缓慢型斯太尔摩冷却法。缓慢型斯太尔摩冷却的运输速度为 0.05~1.3 m/s，冷却速度为 0.25~10 ℃/s。

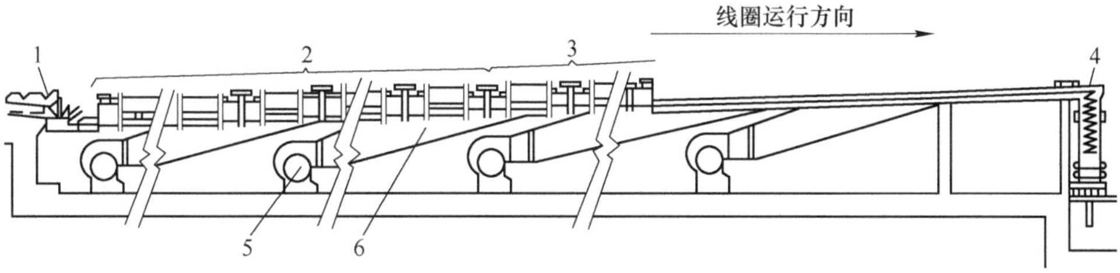

图 6-21 缓慢冷却斯太尔摩冷却示意图

1—吐丝机；2—加热和保温罩；3—保温罩；4—集卷器；5—风机；6—送风室

（3）延迟型斯太尔摩冷却法：此种冷却法是在标准型的基础上，结合缓慢型冷却的工艺特点加以改进而成。它是在运输机的两侧装上隔热的保温层（侧墙），并在两侧保温墙的上方装有可灵活开闭的保温罩盖，如图 6-22 所示。当保温罩打开时，可进行标准型冷却，若关闭保温罩盖，降低运输机速度，又能达到缓慢型冷却效果。它比缓慢型冷却法简单而经济。由于它在设备构造上不同于缓慢型，但又能减慢冷却速度，故称其为延迟型冷却。延迟型斯太尔摩冷却的运输速度为 0.05~1.3 m/s，冷却速度为 1~10 ℃/s。

标准型斯太尔摩冷却法适用于高碳钢线材，缓慢型斯太尔摩冷却适用于低碳及低合金钢线材。由于缓慢型冷却需要附加燃烧加热设备，投资大，能耗高，所以没有得到发展而被延迟型冷却所代替。延迟型控制冷却法适应性广，工艺灵活，所以近几十年来所建的斯太尔摩冷却线大多采用延迟型。斯太尔摩控制冷却法具有以下优点：1）斯太尔摩控制冷却法可适应于所有大规模生产的钢种，可得到控制金属组织，提高综合性能、减少氧化铁皮的综合效果。2）经过斯太尔摩控制冷却法处理的线材，其氧化铁皮的生成量可控制到 0.2%，比常规集卷冷却法少 1%左右。由于氧化铁皮生成量少，且 FeO 的比重大，便于

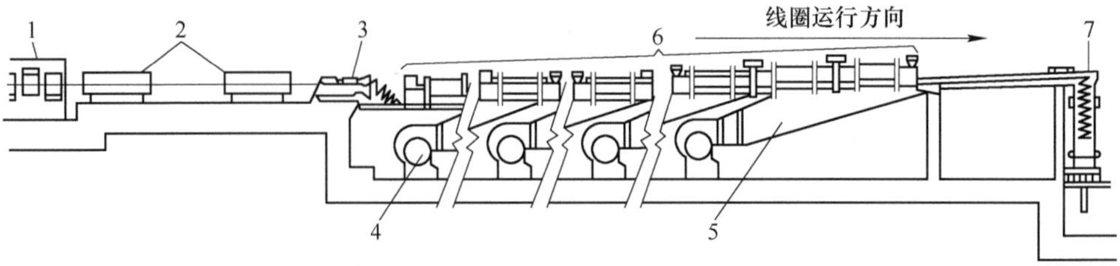

图 6-22 延迟冷却斯太尔摩运输机示意图

1—精轧机组；2—水冷段；3—吐丝机；4—风机；5—送风室；6—保温罩；7—集卷器

酸洗，故酸洗时间较常规冷却法可省 40%左右。3）就显微组织来说，斯太尔摩控制冷却法减少了组织中片状珠光体的含量。按常规冷却法所得到的片状珠光体含量为 20%～30%，而按斯太尔摩控制冷却法所得到的片状珠光体含量则仅为 10%～20%。4）斯太尔摩控制冷却法尚可控制铁素体的平均晶粒度，因此机械性能波动很小，强度波动值一般不超过 20Pa，断面收缩率波动一般也不大于 2%，这就提高了线材经受冷加工的能力，而接近了铅浴处理的效果。

斯太尔摩冷却工艺对线材的最终力学性能具有非常重要的影响，线材的连续冷却转变是非常复杂的转变过程，冷却过程发生相变反应，直接影响产品最终的组织组成以及综合性能。因此，对斯太尔摩冷却的相变及显微组织的研究是十分有必要的。王雷等人研究了 SWRH82B 盘条在斯太尔摩线上各阶段的相变过程，采用图 6-23 所示装置将盘条加热至 950 ℃并保温 10 min，随后将盘条在某一特定风速下进行冷却并测量盘条的冷却温度曲线，如图 6-23（a）所示。之后取相同成分的盘条重复上述试验过程，并在盘条冷却至不同温度时将盘条迅速淬火。在此取 3 个位置温度点，分别对应珠光体相变的不同阶段，不同位置的显微组织如图 6-23 所示，在盘条表面温度出现明显升温前的位置 1，珠光体相变还未开始发生，盘条全部为马氏体组织。而位置 2，盘条中开始发生珠光体相变，可以发现，从盘条表面至心部珠光体比例相差不大，说明盘条中表面与心部同时开始发生相变。这也与风冷试验中盘条表面与心部温度曲线变化趋势相吻合。在进行至位置 3 过程中，盘条表层的珠光体相变速度明显加快，表层珠光体比例显著高于盘条内层。这与盘条表层温度低于心部（更接近于相变鼻尖温度）、珠光体相变速度较快有关。

北京科技大学研究团队研究了不同斯太尔摩冷却工艺对弹簧钢 38Si7 组织及性能的影响，为了避开完全脱碳层敏感温度区间（775～875 ℃），同时细化奥氏体晶粒尺寸，吐丝至珠光体转变前采用快冷工艺，根据相变规律，冷速≥10 ℃/s 时，珠光体开始转变温度为 645～655 ℃。因此，880～900 ℃吐丝后采用≥10 ℃/s 的冷速冷却至 645～655 ℃，快速通过完全脱碳层敏感区间。此外，为了获得细化的显微组织并减少铁素体含量，同时避免出现异常组织，珠光体开始转变温度为 645～655 ℃至珠光体结束转变温度 530～540 ℃，采用≤5 ℃/s 的快速冷却工艺，风冷和相变潜热相抵进而达到近似等温转变的效果，有利于组织均匀化。结果显示，斯太尔摩冷却工艺优化后，如图 6-24 所示，表面完全脱碳层深度由原工艺的 39.7 μm 降低到 16.5 μm；此外，显微组织明显细化，使得优化后的 38Si7 轧材较原工艺生产轧材抗拉强度上提升了 69 MPa、屈服强度提升 42～51 MPa，伸长率升高 1.1%～1.6%，断面收缩率提高 5.2%～5.9%，综合力学性能得到提高。

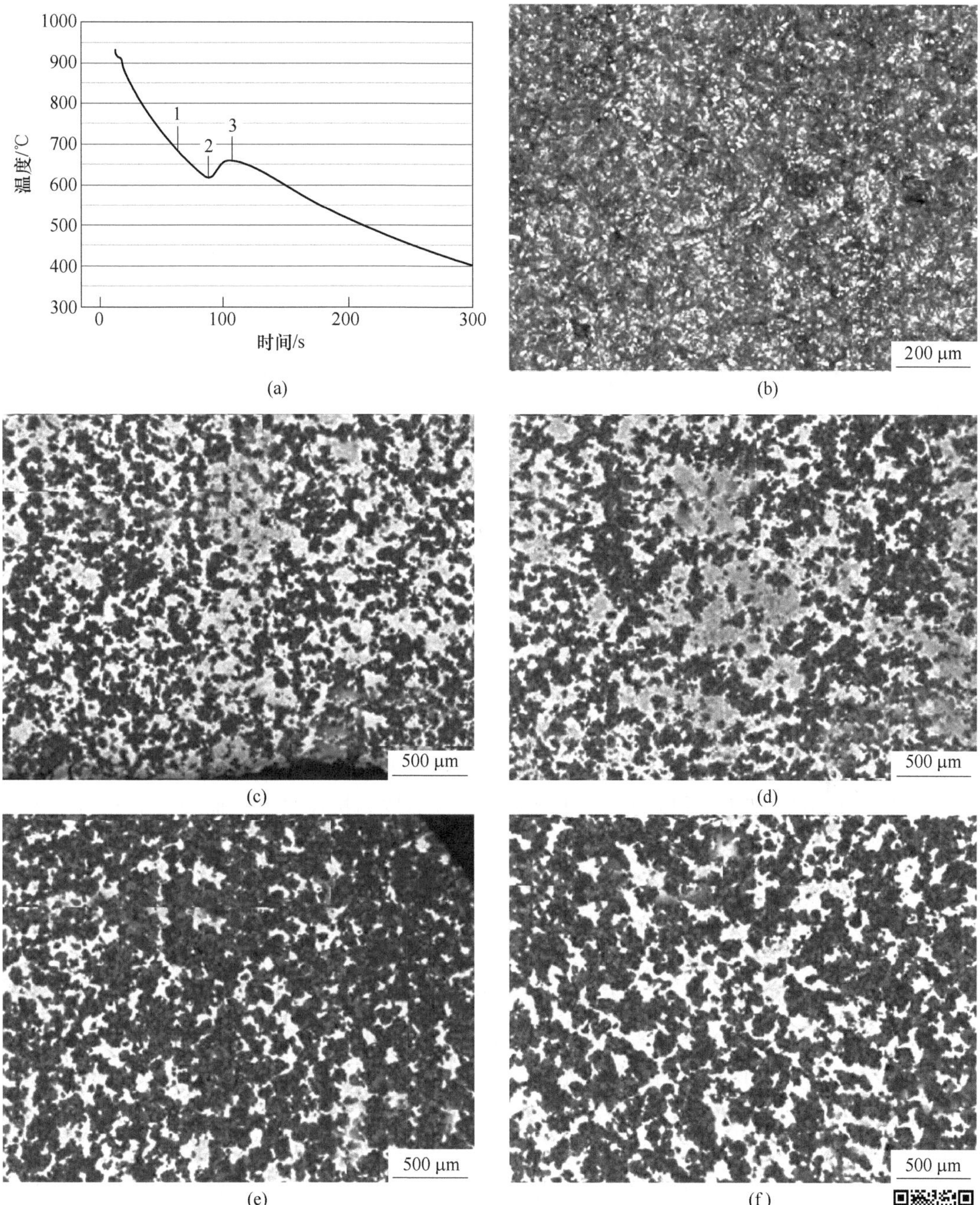

图 6-23 盘条的冷却曲线及显微组织图

（a）冷却曲线；（b）位置 1；（c）位置 2 边部；（d）位置 2 心部；（e）位置 3 边部；（f）位置 3 心部

彩图

6.3.1.2 在线水浴冷却工艺的发展与应用

水浴冷却工艺（又名 EDC 冷却工艺）产生于 20 世纪 40 年代，70 年代，在实际生产中得到应用。其冷却原理是利用汽化的热水所吸收的蒸发热以带走线材或钢丝表面的热能，从而达到冷却的目的。水浴冷却最初应用于钢丝的热处理，此后国外一些高速线材厂

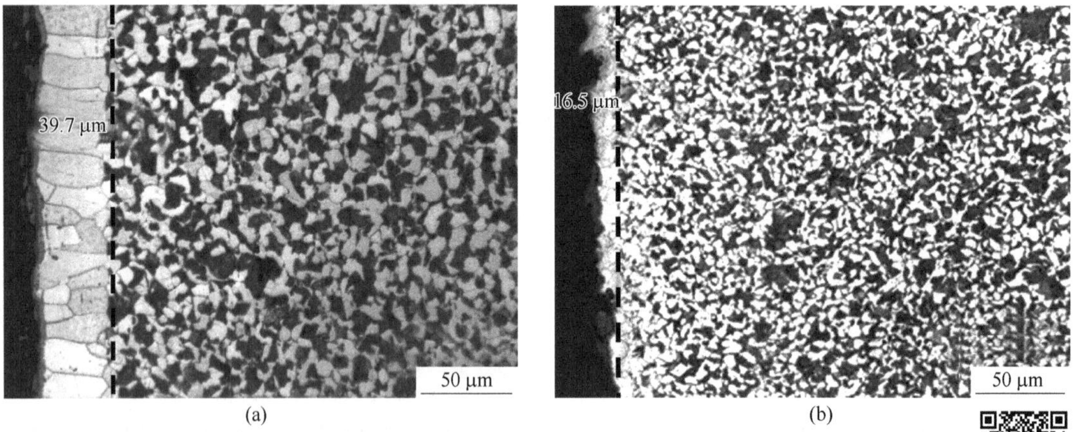

图 6-24 38Si7 显微组织光学显微镜照片
（a）原工艺；（b）优化工艺

彩图

也采用水浴冷却技术。鞍钢线材厂开发了高速线材水浴冷却工艺，使线材的控制冷却通常在吐丝后进行，奥氏体化的线材迅速进入控制冷却阶段，防止吐丝后出现先析出相。鞍钢线材 EDC 设备安装在吐丝机后，EDC 设备与风冷风机并列布置，可实现快速的风冷和水冷。鞍钢成功解决了小尺寸线材冷却速度过快、大尺寸线材冷却速度较慢的问题。该工艺成功已成功应用于帘线钢、预应力钢和钢丝绳的生产中，EDC 产品得到了市场用户的广泛认可。鞍钢线材与其客户一起开发的 EDC 产品，以小规格为主，比较典型的 EDC 产品有 SWRH72A 盘条制成的钢丝绳和 YL82B-1 盘条制成的钢绞绳。用户试验表明，风冷条件下的盘条不能满足钢绞线强度设计要求，需要提高其原始抗拉强度，而经过 EDC 工艺后，盘条的力学性能得到很大的提高，满足了钢绞线的强设计要求。

随着科学技术的不断发展，许多钢铁企业开始采用一类由某些高分子化合物和一些添加剂形成的具有一定浓度的水溶液，即水溶性聚合物类冷却介质作为水浴冷却工艺的冷却介质。与水、油等冷却介质相比，聚合物类冷却介质冷却范围大，适应能力强，在防止淬裂和减少畸变中具有独特优势。王层等选择聚丙烯酸类为冷却介质，研究了 82B 高碳钢盘条水浴冷却工艺。通过系列实验的对比分析，水浴冷却介质的最佳介质温度为>95 ℃、介质浓度为 12%。82B 高碳钢盘条的水浴冷却实验的最佳吐丝温度为 830 ℃，抗拉强度高达 1217 MPa，延伸率为 34%，索氏体化率为 92.1%，平均索氏体片层间距为 148.1 nm，从组织性能两方面达到最佳水平。并且分析对比水浴冷却和斯太尔摩风冷状态下 82B 高碳钢产品的显微组织和力学性能，水浴冷却的吐丝温度略低于风冷工艺；水浴冷却产品的索氏体片层比风冷产品的更细小，索氏体含量更高，如图 6-25 所示；水浴冷却产品的抗拉强度比风冷产品提高 49 MPa，力学性能更加优异。

兴澄特钢针对风冷、铅浴、盐浴生产存在的不足，成功开发了在线 EDC 水浴韧化处理技术，冷却能力强，盘条生产规格扩大到 ϕ15.0 mm，控制索氏体组织含量不小于 90%，大幅提升了盘条的显微组织和力学性能控制能力，具有生产成本低、环境友好、节约能源、质量控制稳定等优点，运用在线 EDC 水浴组合韧化处理冷却方式，成功开发出 1770 MPa 级、1860 MPa 级、1960 MPa 级和 2000 MPa 级大桥缆索镀锌钢丝用盘条，其中

(a)　　(b)

图 6-25　82B 盘条的显微组织

（a）风冷；（b）水浴冷却

彩图

前 3 个强度级别的大桥缆索已经应用到大桥建设中，2000 MPa 级后续将会应用到中国桥梁的建设中。孙中伟等研究不同冷却工艺对盘条显微组织的影响，结果如图 6-26 所示，从形貌上看，盐浴冷却和 EDC 水浴冷却的组织形貌较为接近，索氏体片排列整齐，片间距为 0.09~0.15 μm，而风冷后的索氏体片排列不整齐，片间距为 0.10~0.20 μm。统计结果表明，风冷组织索氏体团较小，在 10 μm 左右，而盐浴冷却和 EDC 水浴冷却索氏体团较大，在 20 μm 左右，且风冷组织中不连续索氏体片含量多。

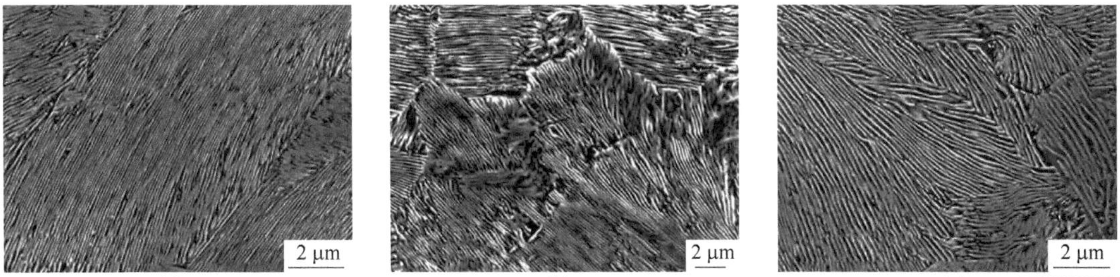

(a)　　(b)　　(c)

图 6-26　不同冷却方式显微组织

（a）在线盐浴；（b）斯太尔摩风冷；（c）EDC 水浴

彩图

6.3.1.3　在线盐浴冷却工艺的发展与应用

由于斯太尔摩风冷线逐渐不能满足超高强度盘条所需的越来越高的冷速，开发出了离线铅浴冷却工艺。主要是将盘条重新加热奥氏体化，再置入 500~600 ℃熔融铅液槽中进行索氏体化转变。铅的熔点为 327 ℃，沸点为 1740 ℃，能长期稳定在适宜钢丝珠光体转变的温度区间，在盘条生产中，常用电接触加热+铅浴淬火处理作为中间热处理工艺，这种工艺性能稳定，产品质量好，通常先将盘条或线材加热到奥氏体化温度后直接浸入熔融的铅浴中等温，完成奥氏体向珠光体的转变，且转变后得到的珠光体组织相对均匀，并且珠光体片层间距相对较小，使得盘条具有更高的抗拉强度和良好的塑性。但是，铅浴长期保持为 500~600 ℃熔融状态时，铅容易以蒸汽形式挥发于空气中，长此以往会造成严重的环境污染，以及对工人的身体健康造成直接威胁；另一方面，铅液长期与空气接触，容易消耗大量铅液生成氧化铅，氧化铅容易残留在钢丝表面形成铅瘤，影响盘条表面质量，因而离线铅浴冷却工艺目前已逐渐被替代。

由于铅浴处理带来的严重铅污染，因此，日本的新日铁公司开发了在线盐浴冷却（Direct In-Line Patenting，DLP）工艺，即将热轧后的盘条在硝酸盐盐浴槽内实现等温索氏体化转变。然而由于盐的物理性能劣于铅，故铅的物理性能一直是其追赶的目标。

盘条在吐丝后进入第一个盐槽，这对应于斯太尔摩风冷线的相变前段，可以获得比风冷更快的冷速；之后进行第二个盐浴槽，这对应于斯太尔摩风冷线的相变段，可以准确控制盘条的相变温度，同时也可以获得更为均匀的组织。盘条从第 2 个盐浴槽中出来后经过清洗机，目的是洗去盘条表面的盐液。运用在线盐浴冷却法的优点主要有两个方面：利用在线淬火工艺，生产效率高，能够节约大量能源；用盐溶液取代铅液，减少对环境产生污染的风险。浴淬火工艺其具有热效率高，没有热惰性，操作方便。受热变形量小，能很快转变工件内部组织结构，少氧化脱碳或无氧化脱碳，加热快，对环境和人员污染小，保温性能和加热均匀性能好，适用性广泛等优点。

现有在线风冷、水浴技术无法稳定生产高端特殊钢线材，离线铅/盐浴热处理技术工序复杂、碳排放高、环境污染严重。在线盐浴热处理技术具有控温能力强、流程简约高效、碳排放低、产品性能高和产品范围宽等特点和优势，是高端特殊钢线材生产技术发展的重要方向。青岛特殊钢铁有限公司突破国际技术封锁，开发了宽温域、高稳定特殊钢线材在线等温热处理技术，自主设计、集成了我国首套线材在线等温热处理装备，开发出超高强高碳珠光体钢、中碳贝氏体非调质钢和免退火低碳合金钢等三大类高端特殊钢制造技术和系列线材产品，用于制造 2200 MPa 级桥梁缆索、2400 MPa 级铁路预应力钢绞线、2200 MPa 级架空导线钢芯、2230 MPa 级矿用锚索、8.8～10.9 级非调质紧固件、60～80 kg 级免退火合金焊丝等。目前，青钢所研制系列高端特殊钢线材已经广泛应用于 15 座大跨度桥梁、雄商高速铁路等重大工程和汽车、高铁机车等高端制造领域，实现了高端线材从“跟跑”到“领跑”的跨越发展，创造了良好的经济和社会效益。

6.3.2 线材生产智能化控制技术

6.3.2.1 高速线材智能化控制技术的发展及应用

近年来，受我国经济高速发展的影响，国内的钢铁企业在线材生产方面有了长足的发展，具体表现在，生产线数目越来越多，线材产品的产量增速较快，同时，中国的钢铁企业在装备和技艺上也取得了实质性进展。据统计，中国近十几年来新投产的生产线，大部分都是采用了世界上最先进的设备和工艺。这些新生产线的设备具有高速、无扭、单线、微张力组合的特点，而生产的产品具有高精度、大盘重、高品质的特点。目时，从世界范围而言，中国拥有的高速线材生产线数量最多，产量最大。近年来，我国线材生产的发展速度很快，世界上所有先进的机型在我们国家几乎都能见到。通过引进国外的先进设备，然后加以技术改进，我国的线材生产水平已经达到了较高水平。线材制品行业通过引入智能传感器、大数据分析和云计算技术，实现对生产过程的实时监控和优化。企业可以根据生产数据调整生产参数、优化生产流程、提高生产效率，同时降低能耗和减少废弃物产生，实现绿色生产。高速线材智能化是线材制品行业发展的重要方向，通过引入先进的技术和管理模式，可以提高生产效率、降低成本、提高产品质量，并推动线材制品行业的可持续发展。

2020 年 12 月 5 日，昆钢 55 万吨精品高线智能制造项目热负荷试车成功，成为昆钢环保搬迁改造项目中首个正式投产运行的项目。云南省、安宁市、昆钢公司、武钢集团、中冶南方相关领导出席了投产仪式。依托先进技术装备和智能化应用，55 万吨高线项目打造出一条高速度、高精度、高产量、低成本、智能化、绿色化的高速线材生产线，最高轧制速度达 105 m/s，是国内最先进的高速线材生产线之一。先进的技术装备助力昆钢提高了产品的质量、产量和精度，并实现了降低合金添加、生产成本的目标，有效提升了产品的市场竞争力。

6.3.2.2　高速线材智能化控制冷却技术

高速线材水冷控制系统是高速线材自动化控制的重要组成部分，是实现轧线温度的智能控制，提高高线产品质量的关键。谭钢军利用先进的计算机技术来完善水冷控制系统，可以提高高速线材产品质量，从而提高线材生产制造业的产品档次，实现传统钢铁企业的产业升级。提出了一种具有学习自适应性且能逼近任意复杂函数的前馈多层感知器，通过建立基于前馈网络水冷控制系统的优化模型，提高了水冷控制系统温度控制精度，具体模型如图 6-27 所示。通过大量采样水冷控制系统的输入输出数据，在数据特征分析与预处理的基础上建立训练样本集，以高线水冷系统的温度控制环节为对象，以高线水冷系统的入口温度作为输入，精轧机出口温度作为输出，构建水冷系统的温度输入输出神经网络模型，实现了高线水冷控制系统的自适应温度控制。

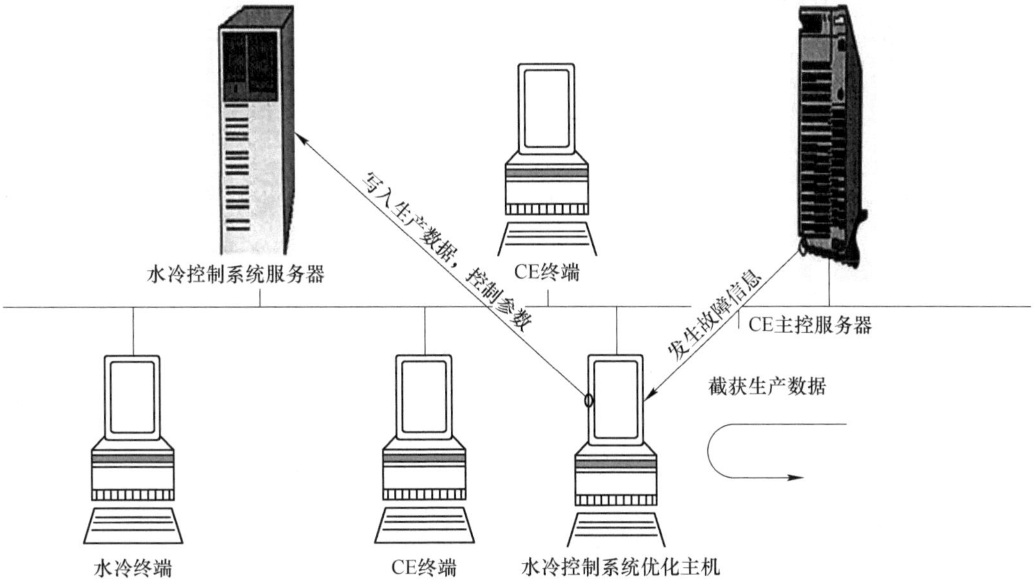

图 6-27　提高水冷控制系统的运行稳定性与可靠性解决方案及数据流程图

6.3.2.3　高速线材智能夹送辊自动化控制技术

随着冶金行业产品市场竞争激烈，工序成本增加，以及最终用户对特种线材的性能和质量要求不断提高，高速线材生产线对成品区的质量控制越加严格，尤其在夹送辊的控制线材的尾部圈型以及成品后堆钢的方面，传统的控制不仅不稳定，而且在出现问题时的可追溯性方面也存在较大的困难。谭秋生针对现场高速线材夹送辊出现的问题，做了优化和改进，实现智能夹送辊的自动化控制，具体自动化控制网络系统配置如图 6-28 所示。首先采用 SIEMENS 成熟稳定、性能可靠的 1FT7 伺服同步电机及 S120 伺服驱动器及 CU320 控制器，保证了整个夹持动作的稳定性，同时提高了动作的快速性。然后变频器采用公共整流形式，使用 DTC 直接转矩控制技术，提高了转矩响应的同时，实现了能量回馈，降低了吨钢成本。最后人机界面 HMI 采用 SIEMENS WinCC 客户机/服务器结构（Client/Server 简称 C/S 结构），是一种在工业网络基础上，以数据库管理为后援，以微机为工作站的系统结构。这种结构充分利用了两端硬件环境，将任务合理分配到客户机端和服务器端，降低了系统的通信拥堵，平衡了客户机和服务器的使用率，从而使性能得到更大的改善。

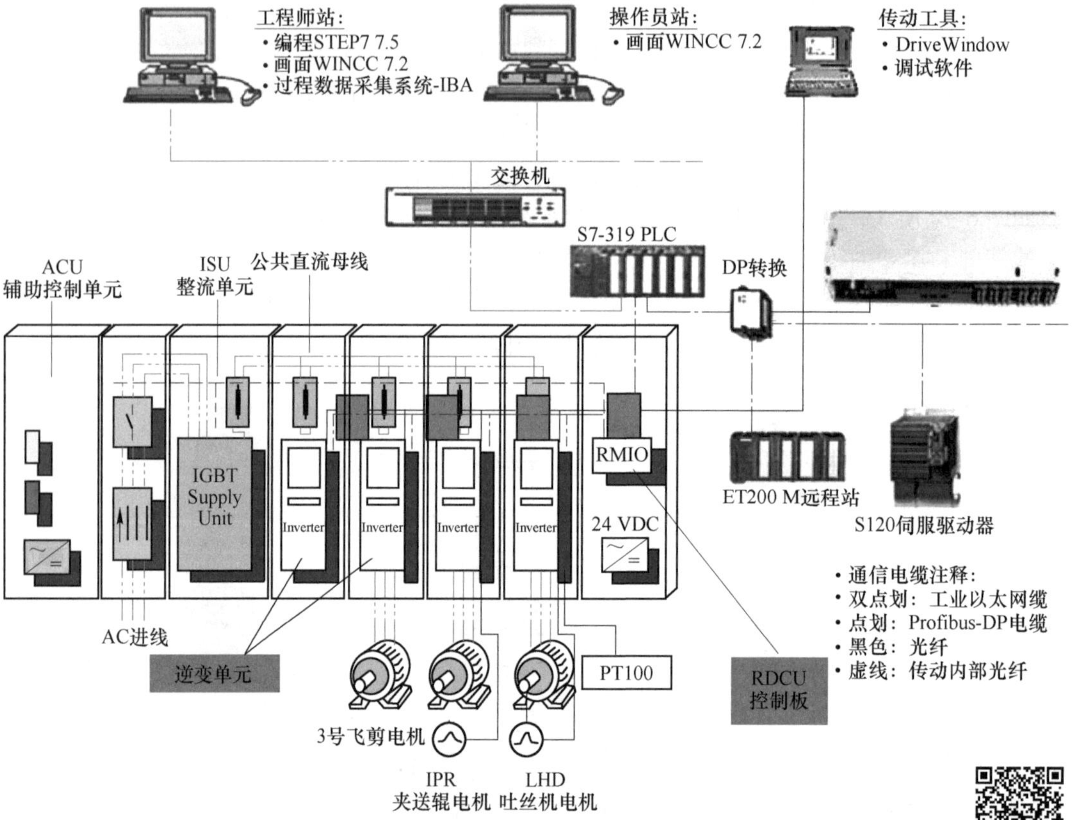

图 6-28　自动化控制网络系统配置图

彩图

6.3.3　线材轧制计算机模拟与仿真技术

6.3.3.1　高速线材计算机模拟仿真技术的发展

随着计算机行业的快速发展，在工业上的应用也越来越广泛，目前线材生产过程中运用各种模拟与仿真技术的研究也越来越多。利用这种计算机仿真技术来获得待轧、轧制、轧后冷却过程中的各种情况，降低以往通过实验方式来获取各种信息的成本。其中有限元法是一种较为成熟和高效的现代计算方法，在国防军工、航空航天、商用行业等诸多领域都有着广泛应用。经过 50 多年的发展进步，有限元软件的分析计算能力越加强大，软件界面越加完善，模拟结果更加准确和直观，还可以和 AutoCAD 等辅助软件实现很好的相辅衔接，使模拟软件更专业。

对于高速线材轧制过程涉及的设备与工艺，宏观地对其进行仿真模拟可包括如下 3 个方面：(1) 模拟轧制过程坯料与轧机的轧制及热量变化；(2) 模拟坯料变形时的内部应力、应变、轧制力、塑性应变能及变形抗力等参数；(3) 预报成品的尺寸、延伸系数等。采用宏观的整体模拟即对轧制过程中涉及的轧制力、轧制温度、轧件尺寸等宏观量进行仿真模拟，相比较于传统的利用经验公式计算的轧制力等参数大小，仿真模拟可以得到更直观、更准确的结果。而且可以实时展现咬入、稳定轧制及甩出阶段各参数的波动情况，进而探索轧机设备的载荷情况，同时找到合理的连轧堆拉关系，为高速线材生产线的升级改造提供技术指导。

6.3.3.2 高速线材轧制过程中应力应变的模拟仿真

高速线材生产过程中轧制时的应力应变对其组织性能影响较大，利用计算机模拟仿真技术研究高速线材轧制过程中的应力应变场，结合工厂实际生产数据可以为其提供合理的建议，对于提高轧件的力学性能具有重要的意义。以宝钢现场实际 82B 生产线为依托，研究了轧制过程中温度场和应变场的求解模型。以传热学为基础，建立高速线材温度场二维有限元计算方法，获得了轧制过程温降曲线和轧材横截面的温度变化，基于生产过程的温度实际测量数据开发了换热系数的修正计算方法，保证了温度预测的精度。基于 ABAQUS 有限元软件建立了高速线材三维轧制过程的热-力耦合模型，如图 6-29 所示。通

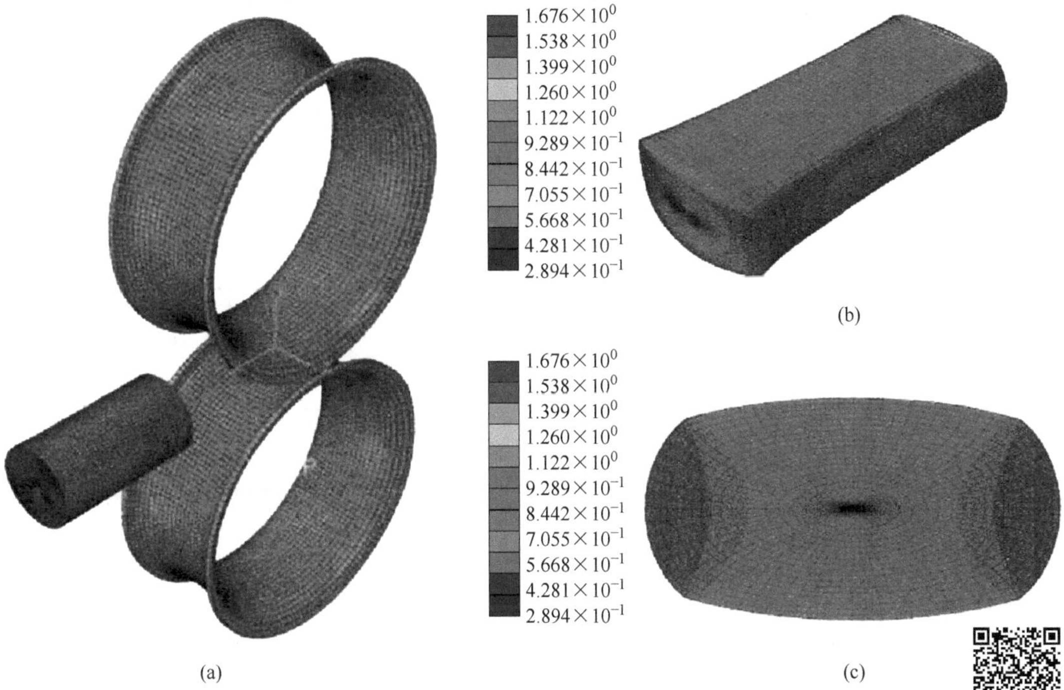

彩图

图 6-29 高速线材三维轧制过程的热-力耦合模型

(a) 轧件轧辊装配图；(b) 轧件应变云图；(c) 稳定轧制区截面图

过对生产线不同轧制孔型的模拟计算，得到了轧材断面不同位置的复杂应变分布，其中，图 6-29（b）为轧件的应变云图，从图中可以看出除前后少部分非稳定轧制区外，中间稳定轧制区部分应变情况基本一致。图 6-29（c）为稳定轧制区轧件的截面图，从该图中可以看出，该截面上下，左右均对称而且中心部变形量较大，其大致规律为中部变形大，越往两侧其变形量越小，与实际轧制情况一致。

根据某钢厂实际生产数据，借助模拟软件分别建立 ϕ19 mm、ϕ22 mm、ϕ25 mm 三种大规格高速线材双机架的减定径轧制模型，对三种规格原规程轧制过程中轧件尺寸精度以及轧制压力等情况进行分析，如图 6-30 所示，双机架减定径轧制过程道次较少，使各道次轧件变形较大，且主要应变呈 X 形状分布于轧件断面中部区域，同时，各道次轧件应变值变化范围较小，连轧过程基本无张力，变形较均匀。将钢厂实际生产数据与模拟结果进行对比，分析了模型的准确性。在模型建立准确的基础上，利用相关软件编写了运算界面，通过对照分析，发现预测成品尺寸和实际成品尺寸的偏差较小，符合钢厂的实际需求，表明预测模型准确可靠。

6.3.3.3　高速线材冷却过程的温度场模拟仿真

在高速线材斯太尔摩冷却法的整个冷却过程中，线材的温度场受线材尺寸、风场、传送辊传送速度等因素的影响，冷却过程是一个复杂过程，很难用实验的方法检测到线材内部温度的分布情况。随着科学技术的不断发展，不断有学者通过建立一维或二维模型对各种钢材产品的冷却过程进行研究。有限元法、有限差分法和加权余数法等是目前温度场的

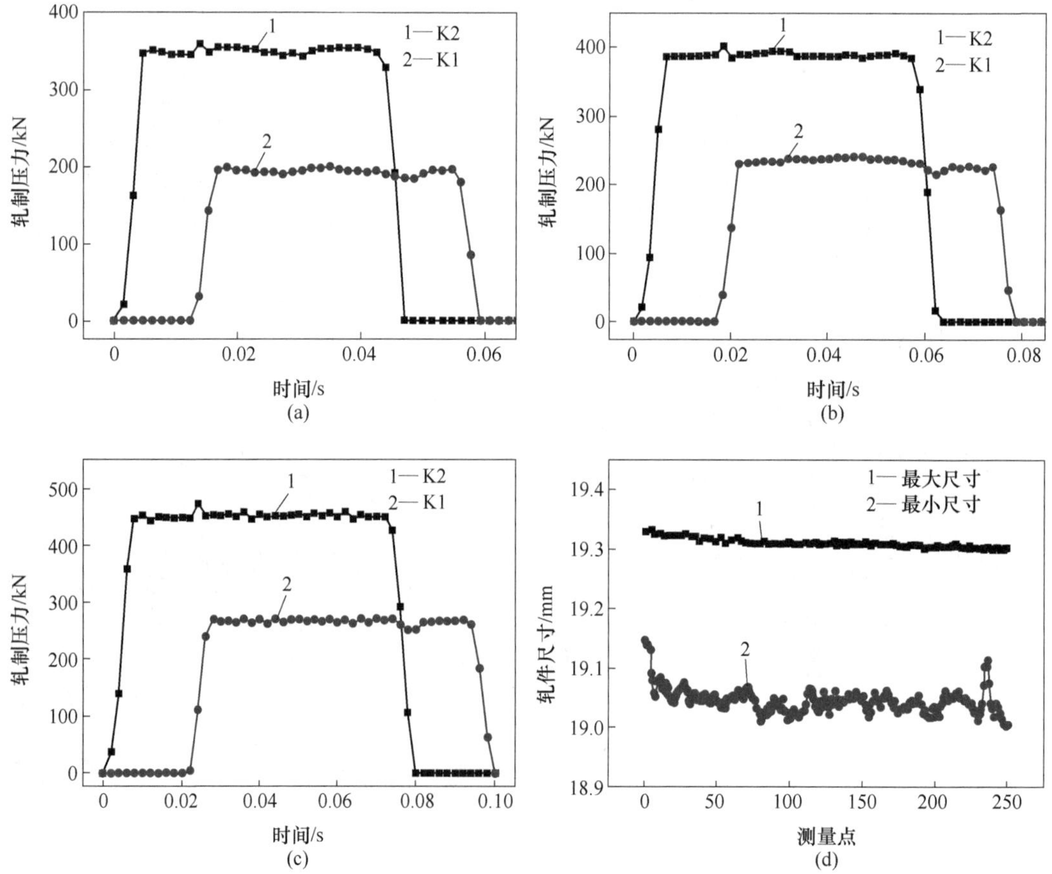

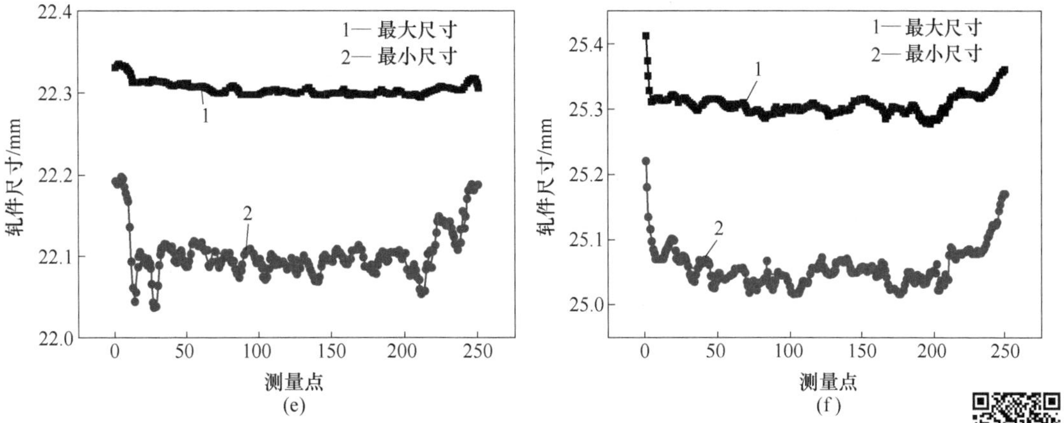

图 6-30　轧制压力与轧件尺寸对比

（a）（d）ϕ19 mm；（b）（e）ϕ22 mm；（c）（f）ϕ25 mm

彩图

主要求解方法，有限元法和有限差分法的应用较为广泛。近年利用各类仿真软件对产品温度场等进行模拟计算的案例越来越多。赵千龙等对斯太尔摩风冷过程中线材温度场及相变进行了研究，建立了线材风冷过程的三维模型及相变动力学数学模型。采用 CFD 模拟的方法对换热系数进行求解，发现线材搭接点区域换热系数远小于非搭接点区域，并且搭接点区域换热系数随时间呈周期性变化。如图 6-31 所示，通过模拟计算得出线材同一截面

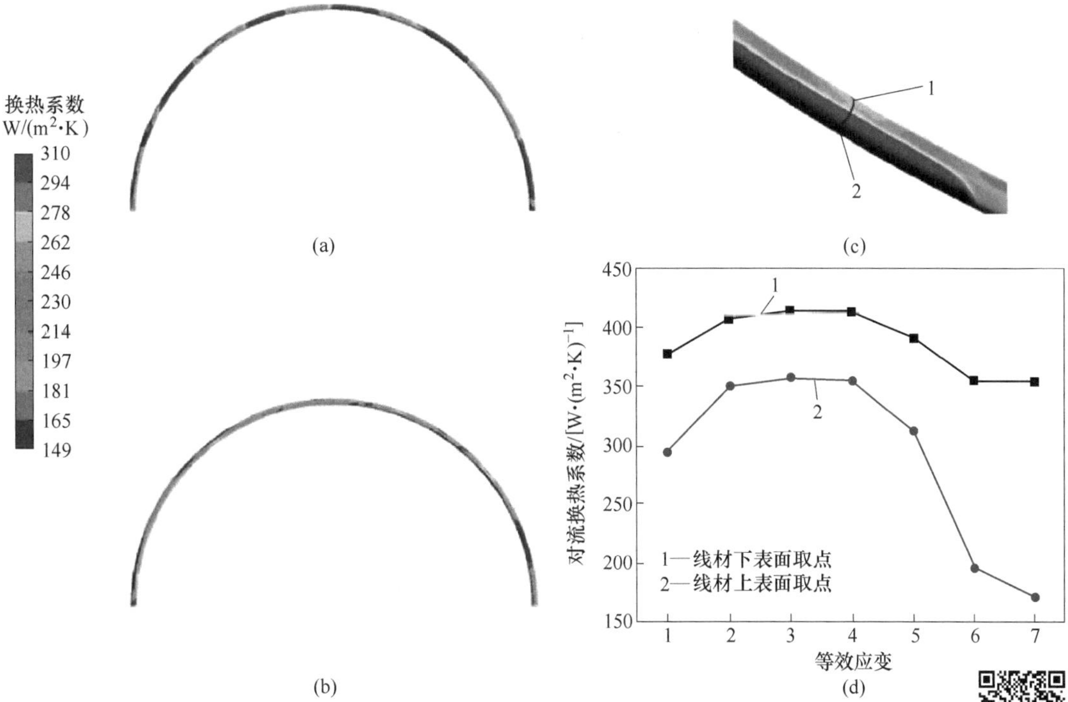

图 6-31　线材上下表面换热系数对比

（a）线材下表面换热系数分布图；（b）线材上表面换热系数分布图；

（c）局部放大图；（d）同一截面不同点换热系数分布

彩图

上下表面换热系数相差 70~100 W/(m^2·K)。采用有限差分法对线材相变动力学及线材在风冷条件下温度场的数学模型进行计算，得到线材温度场分布，发现线材在风冷过程中温差可高达 30~50 ℃，与现场测量数据非常吻合，这表明模型可以用于工业生产线材风冷冷却过程温度场和相变过程的预测。

6.3.3.4 高速线材组织及力学性能预测模型

高速线材产品的质量主要体现在其力学性能上，因此预测产品的力学性能对提高产品质量有着很重要的意义。较早的生产过程主要依靠经验来制订相应的工艺，另外有学者通过进行很多实验建立力学性能与产品组织参数之间的数学对应关系，这种方法不仅耗费人力财力，效率低并且精度不高。随着科学技术的发展，越来越多的学者利用有限元法建立温度场，结合动态再结晶动力学方程，奥氏体静态再结晶及晶粒长大模型等开发高速线材组织演变模型。通过神经网络模型将显微组织与线材力学性能建立映射关系，通过自学习能力确定不同参数与力学性能的关系，进而不断优化生产工艺制度，进一步提高产品质量。目前社会发展对线材的质量要求越来越高，因此必须不断创新，开发更加高效，高精度的产品性能预测模型。

孙倩倩等以 MATLAB 软件为基础开发了组织性能预测模型，实现对硬线钢组织组成与性能之间关系的映射。将温度场模型与组织演变模型进行耦合计算，得到硬线钢在不同冷却条件下的相变过程，得到了线材在斯太尔摩冷却线上冷后最终组织组成，包括各组织百分比和渗碳体片层厚度、珠光体片层间距等参量。通过将实际生产数据测量值与预测值进行对比可知组织预测模型具有良好的精度。在显微组织的基础上，基于 BP 神经网络模型，确定学习算法、隐含层数、输入输出参数，以主要化学成分、组织组成作为输入，以生产现场性能检测数据作为输出对神经网络进行训练，如图 6-32 所示。通过该模型可以预测线材最终的力学性能，预测结果中显式抗拉强度预测精在 30 MPa 以内，面缩率和延伸率的预测精度在 5%以内。根据预测结果对线材生产工艺进行优化，解决了利用传统经验公式预测力学性能的高成本低效率以及低精度的问题，为线材的在线质量监控提供基础。

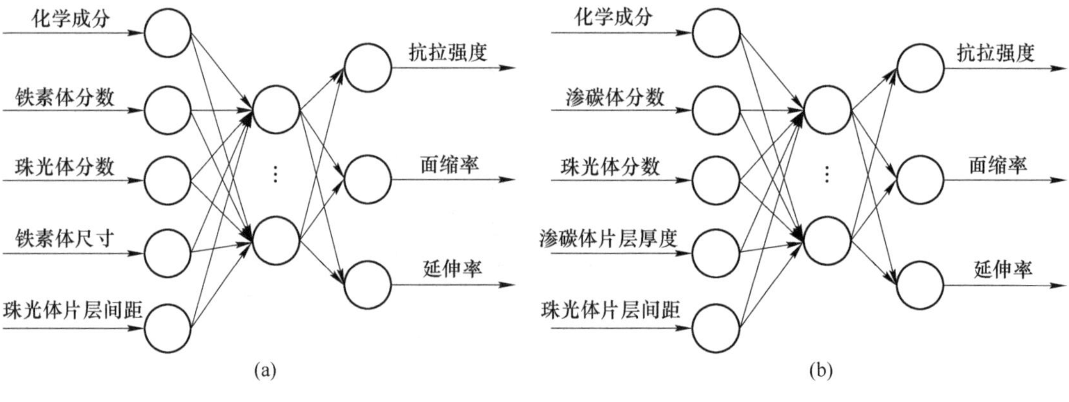

图 6-32 BP 神经网络训练结构
(a) 亚共析钢；(b) 过共析钢

这些新技术与新设备的应用不仅推动了高速线材行业的发展，也为相关行业提供了更高质量、更高效的线材产品。随着科技的不断进步和市场需求的变化，相信未来还会有更多先进的技术和设备被引入高速线材轧制中，推动行业的持续发展和创新。

6.4 棒线材先进控轧控冷技术进展

控轧控冷是一种通过对轧制中、轧制后轧件的变形量、温度和时间的在线控制，获得所需要的产品组织和性能的生产技术。日本学者 Kozasu 于 1977 年在美国的“微合金化”大会上首次提出，启动了整个钢铁业对此技术的研究，直到 1988 年才进入了工艺成熟阶段。控制冷却技术的工业应用首先是板带钢材的轧后冷却。1990 年以来，控轧控冷技术逐步在棒线材等型材领域得到规模应用，推动了产线装备的技术发展，如轴承钢棒材的在线球化、冷镦钢线材的免退火、高碳钢线材生产的直接铅浴处理等技术。

6.4.1 基于独立驱动的棒线材柔性化高速轧制关键技术

高品质棒线材直接决定超高层建筑、超大跨度桥梁及超大型水利设施等的安全性与可靠性，是国家重大基础设施以及城镇化建设的基石，市场需求巨大。棒线材轧制速度高、轧制温度范围宽，高速高温等极端工况下的组织性能转变过程极为复杂。然而，原有基于集中传动机组的单级轧-冷工艺固化，无法实现轧制工艺参数动态调控，高速轧制装备振动抑制极为困难，产品精度和力学性能一致性差，难以实现柔性化生产。当时，国内在棒线材高速轧制多级轧-冷工艺、装备、控制与集成技术领域尚属空白，亟待开发具有自主知识产权的棒线材柔性化高速轧制关键技术与成套装备。针对高速棒线材轧机长期存在的工艺不灵活、空载消耗高、辊环备件多、互换性及适应性差等重大关键问题，中冶赛迪依托国家冶炼装备系统集成工程技术研究中心，进行了基于独立传动模块轧机柔性化组织性能调控技术、模块化高速轧机辊箱耦合刚度及模块轧机关键部件振动、吐丝管曲线力能模型及转子动力学和动态速降补偿技术等研究，自主开发了基于多级冷却的等温大变形高品质棒线材高速轧制工艺、高互换性模块化棒线材高速轧机装备、高速轧制协同控制技术、高速轧制成套装备系统集成技术，成功研制了具有自主知识产权的国内首台套基于独立驱动的高品质棒线材高速轧制机组，形成系列化棒线材柔性高速轧制装备，解决了棒线材柔性化生产技术难题。

模块化轧机传动系统一般包括模块轧机、变速箱和电机，典型的模块轧机传动系统如图 6-33 所示。模块轧机由锥箱和辊箱两部分组成，如图 6-34 所示。两根轧辊轴装配在辊箱的内部，辊箱插入锥箱内。

模块化轧机将传统的集中型精轧机组拆分成各种组合，在机组间或模块间任意设置水冷装置，解决了精轧机组甩机架、控温轧制、高精度轧制和单一孔型系统等多方面的问题，并形成了高速棒线材柔性轧制技术，孕育了模块化轧机组成的新型“8+4”棒线材高速轧机组合。模块化轧机工艺布置灵活、车间适应性强、模块标准化互换、承载力大、可实现低温轧制、配合水冷装置可实现控温控轧、备件量少、独立驱动、降低了设备空转率以及节能减排，有力推动了轧制技术的发展和创新。

模块化轧机的灵活性为高速棒线材生产工艺的发展提供了极大的空间，新型的生产线应运而生，为多元化的产品需求提供了多元化的选择。模块化轧机的发展推动了高速棒线材生产工艺的进步，高速棒线材生产工艺的发展促进了模块化轧机的革新。根据模块化轧机的柔性布置形式，高速棒线材柔性轧制技术分为 2+2+2 方式和（2+2）+(1+1）方式。

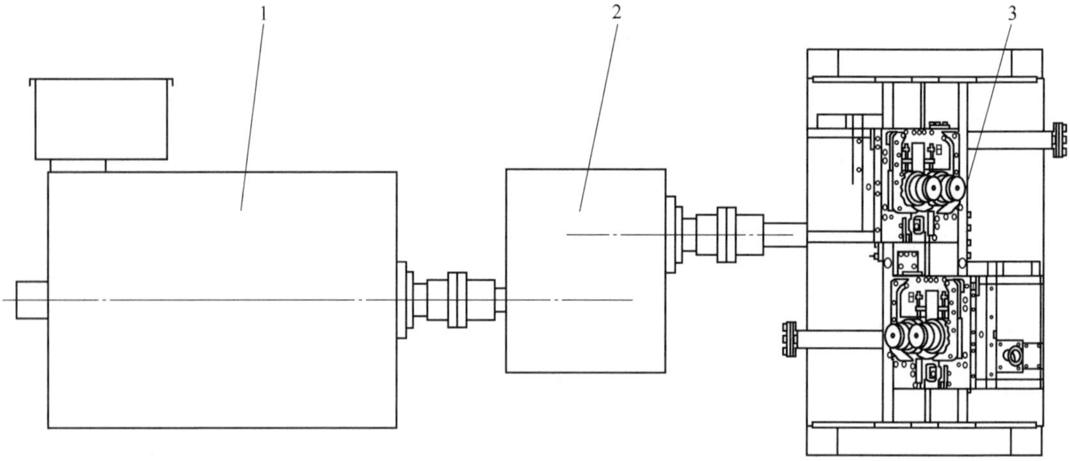

图 6-33 典型的模块轧机传动系统

1—电机；2—变速箱；3—模块轧机

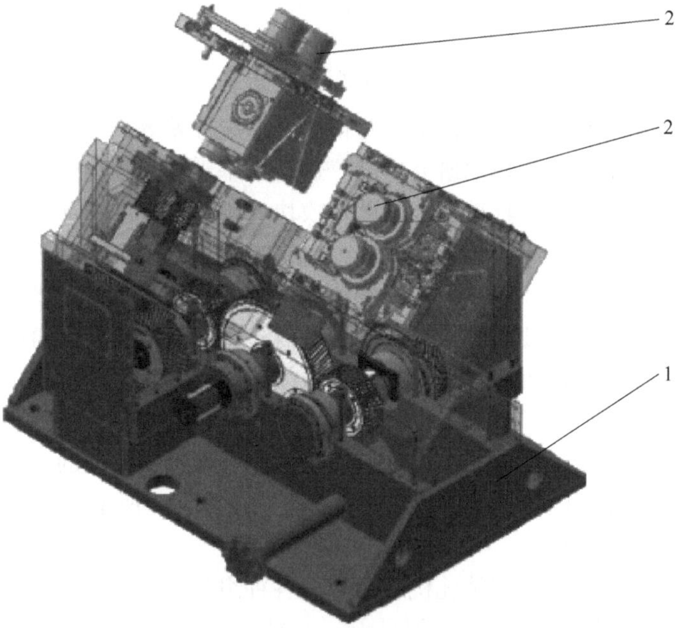

图 6-34 模块轧机的组成

1—锥箱；2—辊箱

彩图

(1）高速棒线材柔性轧制技术（2+2+2）方式。双高棒生产线工艺布置图如图 6-35 所示，模块轧机布置方式为（2+2+2)，3 个一拖二模块轧机并列布置，成为精轧机组，3 个单独的模块轧机均为集中传动，固定速比，如图 6-36 所示。轧件在预精轧机组切分轧制后进入预水冷装置，然后进入精轧机组，成品从精轧机组轧出后进入穿水冷却装置。

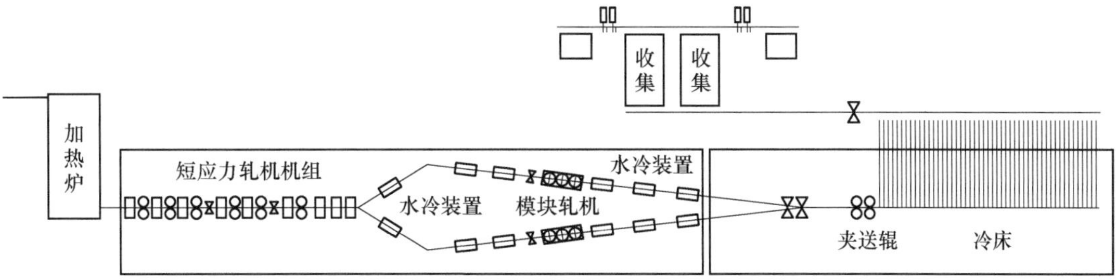

图 6-35 双高棒生产线典型工艺布置（模块轧机布置方式：(2+2+2)）

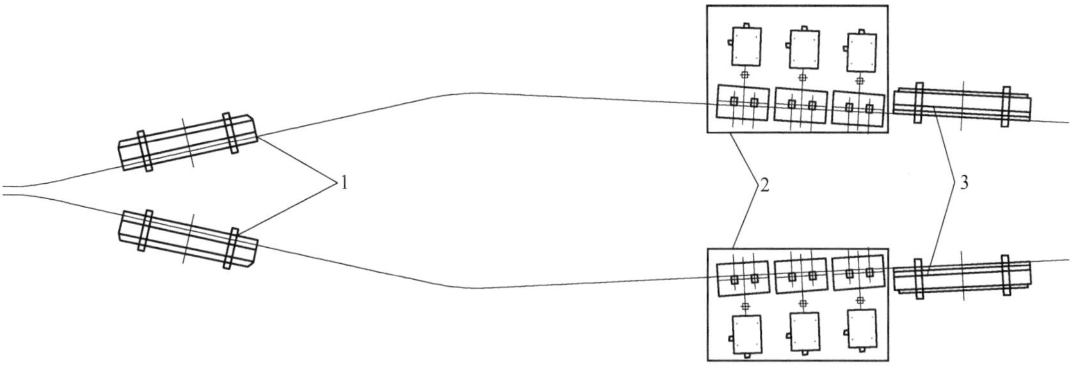

图 6-36 模块轧机布置方式：(2+2+2)

1—预水冷装置；2—模块轧机；3—穿水冷却装置

(2) 高速棒线材柔性轧制技术（(2+2)+(1+1)）方式。双高棒生产线工艺布置图如图 6-37 所示，轧机布置方式为 (2+2)+(1+1)，2 个一拖二模块轧机并列布置，成为精轧机组 1，2 个单独的模块轧机均为集中传动，固定速比。单传模块轧机与精轧机组一分开布置，成为精轧机组二，单独传动，如图 6-38 所示。轧件在预精轧机组切分轧制后经过预水冷进入精轧机组一，再经过预水冷装置进入精轧机组二出成品，再进入穿水冷却装置。

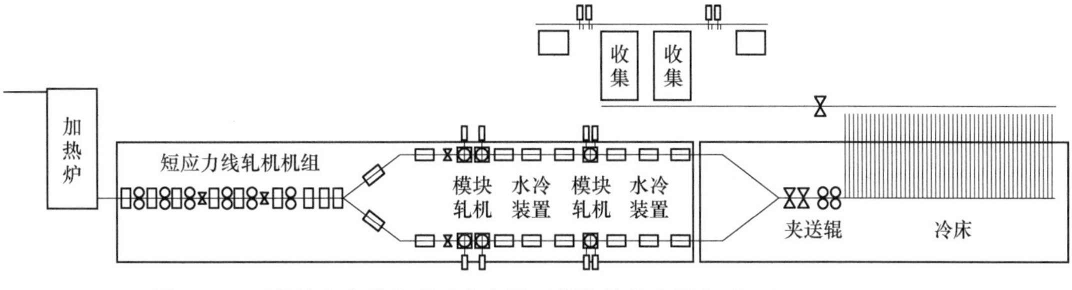

图 6-37 双高棒生产线典型工艺布置（模块轧机布置方式：(2+2)+(1+1)）

综上，基于独立驱动的棒线材柔性化高速轧制关键技术具有如下优势。

1）基于独立传动模块轧机，开发了灵活性、适应性好的孔型系统，实现了产品尺寸精度高，辊环备件少；开发了高速线材及高速棒材柔性化组织性能调控技术，减少了产品

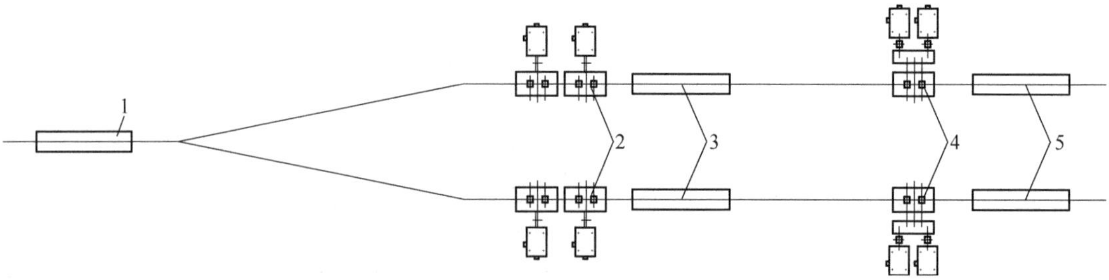

图 6-38 模块轧机布置方式：(2+2)+(1+1)
1—预水冷装置；2—模块轧机精轧机组一；3—预水冷装置；4—模块轧机精轧机组二；5—穿水冷却装置

合金元素的添加量，实现了绿色低耗生产。

2）开发出基于独立传动的模块化高速轧机及与之配合的单一速比及多速比齿轮箱，形成了具有高互换性及高适应性的超重载型 250、230 及高精度型 150 标准化轧机，实现了低温轧制及高精度轧制，简化了设备结构，提高了机组高速运行稳定性，降低了空载电耗。

3）开发了曲率光滑的吐丝管曲线、轻量化设计的吐丝头、吐丝头非对称转子动力学分析软件和 120 m/s 的 20°倾角吐丝机，可实现更大规格范围线材的低温高速吐丝成圈。

4）针对柔性化轧制智能控制要求高、转毂上钢稳定性低、轧件夹痕严等问题，结合机器视觉、人工智能、边缘计算和云计算等先进手段，开发了以动态补偿变延伸、自适应转毂上钢、基于脉冲当量动态测量的倍尺剪切和微夹痕制动为核心的一整套高速棒材智能化控制技术，使轧线运行稳定性提高，倍尺精度在±60 mm 以内，成材率达 98%以上，提升了高速棒材智能化控制水平。

目前，基于独立驱动的棒线材柔性化高速轧制关键技术已成功应用于国内宝武、建龙、屏南等 30 余家重点企业，并出口至泰国、马来西亚及巴西等十余家重点钢铁企业，已投产高线年产量达 1200 万吨，高棒年产量达 1600 万吨。采用该技术后，高速轧制机组平均空载电耗在原有基础上降低 7 kW · h/t，平均碳化钨辊环消耗可节省约 0. 0023 kg/t，每年可为用户节约电耗约 1. 96 亿度，节约工业用水约 280 万吨，折算年均碳减排量超过 15 万吨，降本增效效果显著。

6. 4. 2 高性能热轧棒材分级气雾冷却关键技术

棒线材高效低成本控轧控冷技术适用于钢铁行业棒线材控轧控冷工序节能技术改造，以分级气雾冷却为主要控冷单元，汽化蒸发吸热和强制换热机理相结合，控冷技术覆盖轧钢全流程，包括中轧机组间冷却、轧后阶梯分段冷却、过程返温、冷床控温等冷却关键点控制，实现降温—返温—等温循环型冷却路径调控，精确控制棒线材组织均匀性和珠光体相变，优化氧化铁皮结构，有效控制纳米级析出物弥散析出效果，获得相变强化和析出强化效果。棒线材控轧控冷工艺流程如图 6-39 所示。

气雾冷却是将一定压力的空气和水在喷嘴内混合，压缩空气将水滴雾化，形成一定尺寸的气雾颗粒，气雾颗粒高速喷射到高温钢材表面，通过气雾颗粒的汽化来带走高温钢材的热量，从而可以较快冷却钢材的技术。

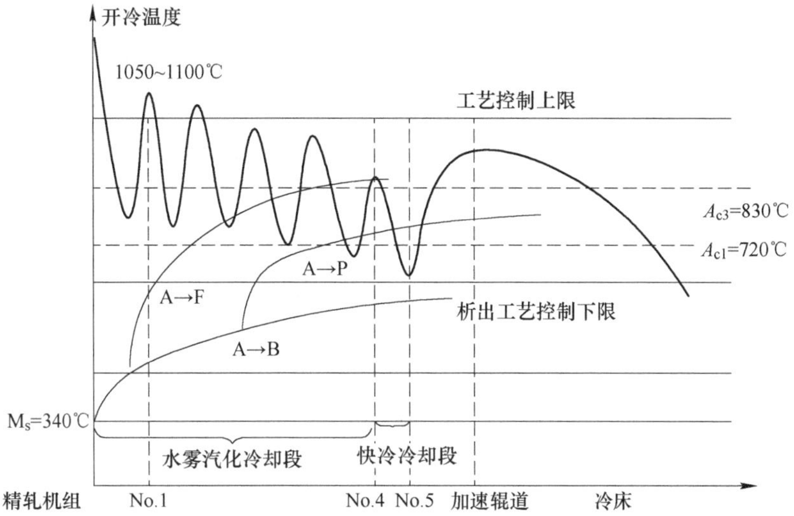

图 6-39　棒线材控轧控冷工艺流程图

气雾冷却设备布置在精轧机末架（K_1）到 3 号飞剪之间，采用气雾冷却和穿水冷却交替布置的原则，综合考虑设备能够布置的长度和气雾冷却设备冷却能力，设计 4 段控冷，其中第 1、第 3 段为气雾冷却器，第 2、第 4 段为新型分段穿水冷却器，然后是缓冷段进行缓冷。气雾冷却设备布置形式如图 6-40 所示。

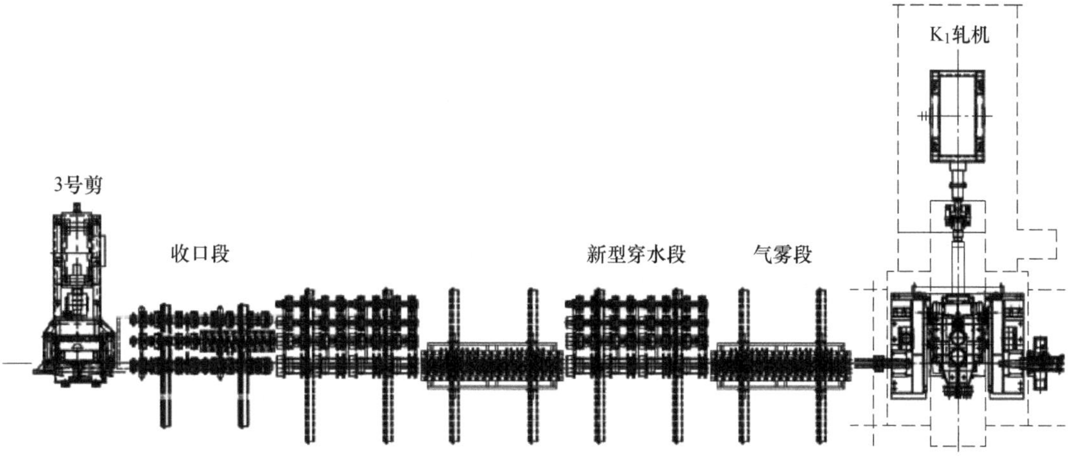

图 6-40　新型高效分级气雾冷却设备整体布置形式

每组气雾冷却设备长度为 33 m 左右，采用组合式，如图 6-41 所示。由底座 1、过钢设备 2 与气雾冷却器 3 构成。气雾冷却器主要由若干组环形水环、气水分配箱以及相应管路构成，每组气雾环之间距离可在 20~300 mm 范围内调节，能够满足二、三、四线切分生产要求。

与水冷相比，气雾冷却具有如下优点。

（1）冷却效率高。常规水冷冷却机理是利用水与钢材间的传导换热带走钢材的热量，而气雾冷却是通过水的汽化潜热来带走钢材热量，单位体积水带走的热量远高于常规水

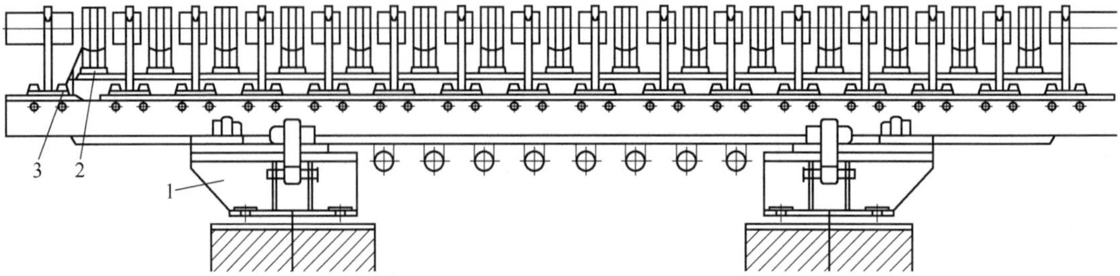

图 6-41 气雾冷却段设备图

冷，因此气雾冷却技术可以获得比一般水冷高约 10 倍的冷却效率。

（2）冷速调节范围大。通过调节水量或气水比来控制冷却速度，气雾冷却冷速能够在 10~300 ℃/s 进行调节，可以适应不同品种、规格钢材的冷却需求。

（3）改善钢材表面质量。由于气雾的压力小于常规穿水时的水压，冷却过程中棒材表面的氧化铁皮不会被破坏，同时，气雾冷却的机理是水雾化后蒸发，在棒材表面不会有残留的水，避免了表面生锈。

（4）避免棒线材表面产生马氏体环。气雾冷却时，钢材表面最低温度在 600 ℃以上，而如钢筋的马氏体开始转变点约为 390 ℃，从而可以避免钢筋表面产生马氏体组织。

高性能热轧棒材分级气雾冷却技术的主要工艺特点总结如下。

（1）工艺控制方面可以灵活实现冷却路径的控制。通过严格控制每段终冷温度在马氏体点温度以上，避免了回火马氏体环的形成，保证了钢筋的可焊性、伸长率、强屈比和抗震性能，在冷却方式、冷却路径和冷却工艺方面具有一定的创新性。

（2）通过优化冷却方式和冷却介质，实现氧化铁皮控制工艺。控制热轧钢筋氧化铁皮组成、结构，获得一定厚度（10~50 μm）和比例的 FeO（50%~70%）和 Fe_3O_4（30%~50%）致密复合氧化膜，防止了钢筋表面 Fe_2O_3红锈的生成，在穿水钢材的表面质量控制方面有所突破。

（3）可以实现析出控制冷却工艺。分段分组降温-返温型冷却工艺有利于获得微合金元素最佳析出的温度区间，突出了微合金元素的析出强化作用，使得力学性能得到进一步提高。

（4）分段控冷设备的布置形式可以根据控制轧制和控制冷却工艺来灵活布置。不仅可以在轧后实现可调节的冷却路径，实现控冷工艺，而且针对棒材可以在中轧与精轧机之间布置，线材可以在中轧和预精轧前分别布置，也可以在精轧成品前（切分孔前）布置，从而获得不同的控冷效果。

在保证金相组织和力学性能满足国家标准要求的前提下，分级气雾冷却工艺及设备为传统棒材生产线改造提供了一种低成本强塑化方法，细化棒材边部到心部的显微组织和珠光体球团尺寸及片层间距，普遍适用于轧线老旧、设备能力欠缺、控冷线长度短、控冷手段少的钢铁企业，为进一步降本增效提供了新的解决方案，也为高棒、线材冷却路径优化和避免表面红色锈层提供了技术参考。

6.4.3 棒材低温轧制技术

低温轧制技术是近年来棒材轧制领域的一个新兴技术。传统的轧制过程往往需要在高温下进行，这不仅会导致能源消耗严重，还容易影响棒材的组织结构和性能。而低温轧制技术则通过优化轧制工艺和轧制设备，实现了在较低温度下进行轧制加工的目标。

低温轧制工艺通过对精轧机组轧制温度的科学控制，保证轧道对应的轧制温度能够始终保持在热机轧制温度要求范围内。在利用低温轧制技术进行轧制之前，在中轧机组和粗轧机组科学设置冷却段和回复段，以此来确保相应轧件在没有进入精轧机组之前温度就能够有所降低，让温度保持在局域结晶温度和未结晶温度区间之内。此外，利用热机轧制能够保证轧件表面的质量情况，在此基础上对其组织结构进行细化，进而明显改善其低温韧性，大幅提高其机械性能和轧件疲劳强度。相比传统的高温轧制，低温轧制具有更高的精度，能够有效减少棒材的氧化和脱碳现象，提高棒材产品的组织性能、尺寸精度和表面质量。同时，低温轧制还能够提高生产效率，降低能源消耗，降低生产成本，具有显著的经济效益和环保效益，为钢铁工业的可持续发展提供了有力支持。具体生产流程如图 6-42 所示。

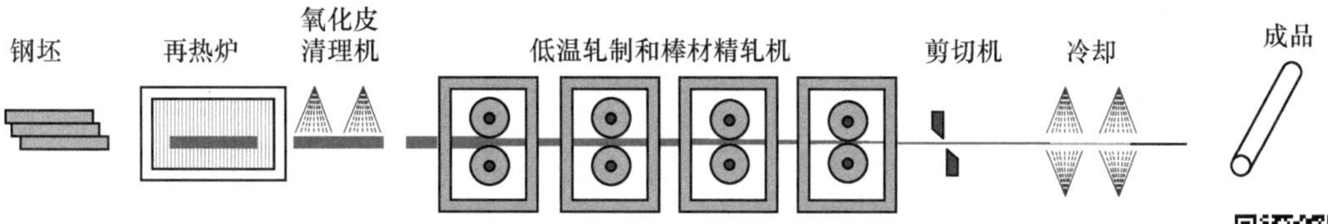

图 6-42　低温轧制生产流程图

彩图

（1）直接（或节能）低温轧制——降低钢坯加热和开轧温度。在棒线材连轧机生产中，从开轧到终轧温降很小，甚至升温，这就为实现低温轧制提供了条件。从现代棒线材连轧机的设备和技术条件上看，通过制定合理的压下规程，大部分轧机都具有实现低温轧制的可能性。

1）低温轧制的优点：①减少加热能耗；②减少氧化烧损、提高成材率；③提高轧钢加热炉的加热产量、延长加热炉的寿命；④减少轧辊的热应力疲劳裂纹和断辊以及氧化皮引起的磨损；⑤降低脱碳层深度；⑥提高产品的表面质量，细化晶粒、改善产品性能。

2）低温轧制的缺点：①加大了轧材的变形抗力，从而加大了轧制力和轧制功率；②降低了轧制时轧材的塑性，从而影响轧材的咬入；③有时需降低道次压下量，增加道次。

（2）低温控轧（低温精轧、再结晶控制轧制）——降低终轧温度。适用于低合金钢、微合金化钢。低温精轧的危害。

1）没法实现低温大压下精轧。棒线材轧制每道次的变形量由孔型所决定，为保证成品尺寸精度，精轧段每道次变形量所能调整的变化量微小，根本就不可能实现棒线材的低温大压下精轧。这与板材轧制每道次都可以调整压下量不一样。建议用低温大压下精轧来生产高性能棒线材的想法是不能实现的设想。

2）降低轧制作业率。通常的观点认为，低温精轧由于轧制温度低，轧件变形抗力增大，对机械设备有危害，主要限制条件是轧机强度、电机能力和传动齿轮机座的强度，因此加大电机功率，增加轧机刚度，增大传动齿轮机座的强度，即可进行低温精轧。

实际上低温精轧的最大危害在于影响轧制作业率。其原因是轧件温度低，将加剧轧制工具的磨损，棒线材轧制不同于板带轧制。由于孔型中压下不均匀，孔型和导卫都有局部磨损突出部，轧件温度一旦降低，这些磨损突出部的损耗迅速加大。其中危害最大的是对入口夹板导卫的磨损。立轧件进入孔型前必须有导板稳定夹持。即使是滚动导卫，由于导卫轮是被轧件的摩擦力拖动，立轧件有倾倒趋势，磨损非常剧烈，远大于轧棍的磨损。

3）对材料强屈比的危害。低温精轧可以明显提高材料的屈服强度和抗拉强度，可是对于 20MnSi 螺纹钢筋这种碳锰钢，低温精轧将明显降低材料的强屈比，当精轧温度大于 950 ℃，才可以比较稳定地保证强屈比大于 1.25。在生产实际应用时，为保证合格率，留有一定余地，精轧温度应该比较高。

4）对精轧后定尺飞剪的危害。在现有技术水平下，低温精轧使精轧后定尺飞剪寿命下降，事故频发。辽宁某厂按低温精轧的思路新建了一条棒材连轧线，轧制 ϕ25 mm 螺纹钢筋，精轧后定尺飞剪必须换成曲柄式剪刃，将精轧速度限制在 7.5 m/s 以下，仍然事故频发。既增加设备事故率又降低作业率，导致废品堆积如山。

5）对切分轧制的危害。轧件温度降低，对切分孔型和切分轮的危害明显。温度很低时，轧制一根坯料，切分楔即失去正常工作能力，不能正常切分。

6）其他危害。在现有技术水平下，低温精轧还有其他危害。例如，一是轧件头部开花，在精轧高速轧制条件下，轧件的头部开花，轧件激烈冲击导卫，后果难以预料。二是轧后强冷，导致轧件上冷床后因断面温度分布不均匀而弯曲，弯曲后生产不能进行。三是产品焊接性能下降，至今没有在工业上可以广泛接受的适用焊接方法。

6.4.4 棒线材免加热直接轧制技术

棒线材免加热直接轧制技术是指将连铸后带有余热的铸坯直接送入轧线进行轧制的技术。采用免加热工艺时，钢坯不经加热炉，也无需补热（有的经电磁感应装置对边角部位补热），完全省去了加热炉的燃料消耗，可以大幅度地节省能源，降低二氧化碳的排放。

（1）主要特征在于：1）开轧温度在常规轧制和低温轧制之间，终轧温度与常规轧制相差不大。2）工件的中心温度高，表面温度低，有利于变形渗透。3）因到达切断点的时间不同，铸坯前段温度低，后端温度高。4）受拉坯速度限制，铸坯切断前运行拉速低，切断后有提速的可能性。粗轧机组的轧制力比常规轧制有所升高。

（2）关键技术在于：1）通过对结晶器和二冷区冷却水流量、分布与拉坯速度的综合控制，缩短连铸到轧制的衔接时间等措施，实现连铸工艺优化，提高铸坯的温度。2）建立连铸坯凝固与温度预报模型和铸坯温度反馈控制系统，对凝固终点到铸坯切割点的安全距离做出在线预报，以防止漏钢事故。3）采取提高输送辊道速度、减少等待时间、加盖保温罩等措施，将切断后的铸坯迅速由连铸机运送到粗轧机组，以减少铸坯温度损失，确保开轧温度。4）优化粗轧机组的负荷分配，提高粗轧机降温轧制能力，避免因个别道次负荷超限影响免加热轧制工艺的实施。

（3）主要技术优点在于：1）省去了加热炉，实现节能减排。与常规热送热装、冷装炉加热轧制相比，吨钢节能分别可达 20 和 40 kg 标准煤。按照每吨标准煤排放二氧化碳 2.6 t、排放二氧化硫 8.5 kg 计算，年产 100 万吨的棒线材生产线，每年节约标准煤可达 2 万吨以上，减排二氧化碳 5 万吨以上，减排二氧化硫 8500 t 以上，经济效益和环境效益巨大。2）免加热工艺避免了铸坯在加热炉内长时间停留，烧损减少，可提高成材率0.5%~1.5%。按平均值1%计，年产100万吨的生产线可节材1万吨。3）实施免加热工艺后，开轧温度可为920~980 ℃，在此温度范围内开轧有利于提高产品的强度。据统计实施免加热工艺后产品屈服强度可提高10~15 MPa，同时有利于避免出现魏氏组织，提高了产品的内在质量。4）此外该技术还有节省连铸用冷却水量、减少加热炉维护和操作成本、可避免加热炉大修停产等优点。

6.5 棒线材表面脱碳与氧化铁皮控制技术

随着我国航空航天、汽车、轨道交通、能源装备、海洋工程装备和环保装备等领域的快速发展，亟需高品质优特钢棒线材，对其表面质量提出了越来越高的要求。除了裂纹、划伤（划痕）、折叠、耳子、结巴（重皮）、端部毛刺等常见的缺陷，还包括对表面脱碳、氧化铁皮等表面质量的高要求。

6.5.1 表面脱碳表征、分析与控制

表面脱碳是加热时钢铁材料表面碳含量降低的现象。钢坯或钢锭加热、热轧或锻造等热加工、热加工后的冷却、热处理等过程中，都可能会产生表面脱碳。一旦出现表面脱碳，钢材淬火后表面硬度、疲劳强度及耐磨性等降低，而且表面形成残余拉应力易形成表面网状裂纹，最终导致材料或零部件不能满足使用要求。但是如果脱碳层的深度没有超过锻件的机械加工余量，则脱碳层可随切屑一起出去，此时不产生危害。因此，控制表面脱碳是生产高品质中高碳钢的关键和难点之一。表面脱碳是国内钢铁企业生产中高碳钢普遍存在的共性质量问题之一，涉及的钢种广泛，包含了弹簧钢、硬线钢、轴承钢、高速工具钢、轨钢、冷镦钢等近乎所有中高碳钢种，不但脱碳深度较大，而且不稳定。

表面脱碳即钢表层上碳的损失，脱碳过程实质上是可造成脱碳的气体与C或Fe_3C相遇扩散的作用，脱碳作用是按反应方程式（6-1）~式（6-4）来进行的。

$$Fe_3C + H_2O = 3Fe + CO + H_2 \quad (6\text{-}1)$$

$$Fe_3C + CO_2 = 3Fe + 2CO \quad (6\text{-}2)$$

$$2Fe_3C + O_2 = 6Fe + 2CO \quad (6\text{-}3)$$

$$Fe_3C + 2H_2 = 3Fe + CH_4 \quad (6\text{-}4)$$

如图6-43所示，表面脱碳有完全脱碳和部分脱碳两种脱碳类型，完全脱碳是指试样表面碳含量水平低于碳在铁素体中的最大溶解度，只有铁素体存在，也叫铁素体脱碳层。部分脱碳是指钢材试样表面含碳量减少到低于基体含碳量，并且大于室温时碳在铁素体中的固溶度极限。对于常见的铁素体+珠光体组织形态下，完全脱碳和部分脱碳的主要区别。

（1）显微组织不同。完全脱碳只有铁素体存在，且为轴线垂直于表面的柱状晶；而部分脱碳为铁素体+少量珠光体，且铁素体为沿原奥氏体晶界分布的等轴晶。

（2）与$\gamma \to \alpha$相变关系不同。完全脱碳与$\gamma \to \alpha$相变同时进行、相互促进，因此$\gamma + \alpha$两相温度区间是形成完全脱碳的敏感温度，而部分脱碳与$\gamma \to \alpha$相变相互独立。

（3）硬度梯度特征不同。完全脱碳层与基体的过渡区，硬度存在突变，更易造成应

力集中成为裂纹源，这也是工业上要严格限制，要求无完全脱碳的主要原因；而部分脱碳层至基体硬度变化无突变、连续逐渐增大。

工业生产实际中，一般不会出现图 6-43（a）所示的单一完成脱碳层，主要是图 6-43（b）所示的单一的部分脱碳层，或者完全脱碳+部分脱碳。

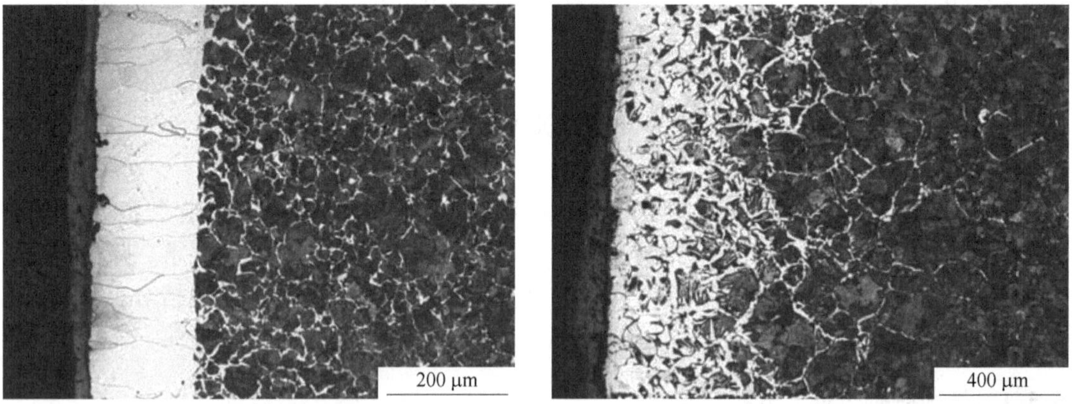

(a) (b)

图 6-43 弹簧钢表面脱碳层光学显微镜照片

（a）完全脱碳；（b）部分脱碳

彩图

6.5.1.1 表面脱碳的表征

《钢的脱碳层深度测定法》（GB/T 224—2019），于 2019 年 6 月 4 日发布，2020 年 5 月 1 日实施，取代 GB/T 224—2008 成为钢的脱碳层深度测定法的“新国标”。GB/T 224—2019 相较于 GB/T 224—2008，主要技术内容变化如下：删除了术语“铁素体脱碳层深度”及其定义，修改了“取样”（不同规格圆钢、方钢等取样方法），增加了平均法（金相法脱碳层的测定方法），增加了显微努氏硬度法和显微硬度压痕的具体打法，增加了电子探针法和辉光光谱法（碳含量测定的具体方法），增加了不同测量方法对应脱碳层深度的精确位数。

（1）脱碳层深度的测定通常采用金相法、显微硬度法、碳含量测定法、无损检测法等。测定方法的选择及其准确度取决于产品的脱碳程度、显微组织、碳含量以及部件的形状。其中金相法使用最广泛。一般来说，观测到的组织差别，在亚共析钢中是以铁素体与其他组织组成物的相对量的变化来区别的；在过共析钢中是以碳化物含量相对基体的减少来区分的。对于碳含量变化引起组织显著变化的硬化组织或者淬火回火组织，也可用该方法测量。脱碳层最深的点是由试样表面的初步检测确定，不受表面缺陷和角效应的影响。

（2）脱碳层的测量有最严重视场法和平均法。最严重视场法是对每一试样，在最深的均匀脱碳区的一个显微视场内，应随机进行。几次测量（至少需五次），以这些测量值的平均值作为总脱碳层深度。对于某些脱碳控制要求较高的钢种，如轴承钢、工具钢、弹簧钢等，脱碳最严重部位在产品服役过程中易成为裂纹源导致早期失效，需要用最严重视场法检验。平均法是首先在最深均匀脱碳区测量第一点，然后从这点开始表面被等分成若干部分，如无特殊规定，至少四等分。在每一部分的结束位置测量最深处的脱碳层深度，以这些测量值（至少 4 个）的平均值作为试样的总脱碳层深度。

6.5.1.2 表面脱碳的影响因素

钢在加热时，表层同时发生氧化和脱碳反应。只有当脱碳速度大于氧化速度时才能形成脱碳层。脱碳过程的初始阶段是由界面化学反应控制的。当脱碳层生长到一定程度时，扩散速率比界面化学反应速率小得多，过程由扩散控制。表面脱碳是一个复杂的物理冶金过程，影响因素多，机理复杂。其与钢坯的原始脱碳程度、钢种特性、加热温度、保温时间、加热炉内气氛及冷却工艺制度等诸多因素有关。

(1) 加热气氛。炉气中的氧气、水蒸气和二氧化碳都能引起脱碳。加热气氛对表面脱碳的影响主要体现在氧含量的变化上，一般来说脱碳层深度随加热炉内氧含量的增加而增加。在氧含量较低（<2.5%）时，脱碳程度较低，且一般不会出现完全脱碳层。然而，随着氧含量的增加（>5.1%），总脱碳层深度和完全脱碳层深度均随之增加，且总脱碳层深度的增加趋势明显大于完全脱碳层深度的增加趋势。当炉内氧含量低于空气中氧含量时，总脱碳层深度与氧含量呈线性关系，而在炉内含空气条件下，总脱碳层深度与氧含量呈二次多项式关系。

此外，在加热过程中，水蒸气的存在会加剧钢的脱碳现象。这是因为一方面水蒸气与钢中的碳原子在高温下发生反应，生成一氧化碳，从而导致碳的流失；另一方面，水蒸气改变了氧化层的组成与结构，使得结构较为疏松的 FeO 比重增加，从而增加了脱碳的程度。

因此，为了有效防止或减轻表面脱碳，需要控制加热炉内气氛，严格控制氧含量、避免过多的水蒸气存在，或者加热时采用还原性或保护气氛甚至真空。

(2) 加热温度、加热时间。一般认为，加热温度越高，脱碳越严重，但是实际的情况要复杂得多。随着温度的逐渐升高，脱碳层的类型和深度呈现出复杂的规律。以弹簧钢为代表，如图 6-44 所示，当温度较低时，扩散速度不足，无明显脱碳；当温度在 $\alpha+\gamma$ 两相区温度区间，完全脱碳敏感性大，先后能够生成单一的完全脱碳层、完全脱碳+部分脱碳层；随着温度继续升高，将生成单一的部分脱碳层；当温度升高到一定时，一般 ≥1150 ℃，甚至≥1200 ℃，氧化速度大于脱碳速度，表面无脱碳层。这种加热温度对脱碳层类型的影响规律在实践生产中具有重要的应用价值。钢材生产或深加工时，工艺流程长、热履历复杂，往往难以判断表面脱碳产生的主要原因。当掌握了加热温度对特定钢种脱碳层类型的影响规律，就可以依据观察到的脱碳层形貌，分析出形成脱碳的温度区间，进而找到形成脱碳可能的工艺环节，从而加以控制。

随着加热时间的延长，脱碳层深度逐渐增大，但增长趋势减缓。实际脱碳层深度随加热时间的变化呈抛物线的关系，但是当时间较短时，呈近似线性关系。因此，一般来说，为了有效防止或减轻表面脱碳，应避开脱碳敏感性较大的温度区间加热或缩短脱碳敏感性较大的温度区间停留时间。

(3) 合金元素的影响。讨论合金元素对表明脱碳的影响，首先想到的是碳元素。一般认为，碳元素含量越高，脱碳敏感性越大。但深入分析，会发现实际情况要复杂得多。碳的影响，还要考虑到温度条件。当温度较高时，处于 γ 单相区，的确是符合一般性的规律，碳含量越高，脱碳层深度越大，如图 6-45 所示。但是，当温度较低时，处于 $\alpha+\gamma$ 两相区温度区间，碳含量较低的反而脱碳层深度可能更大，如图 6-46 所示。

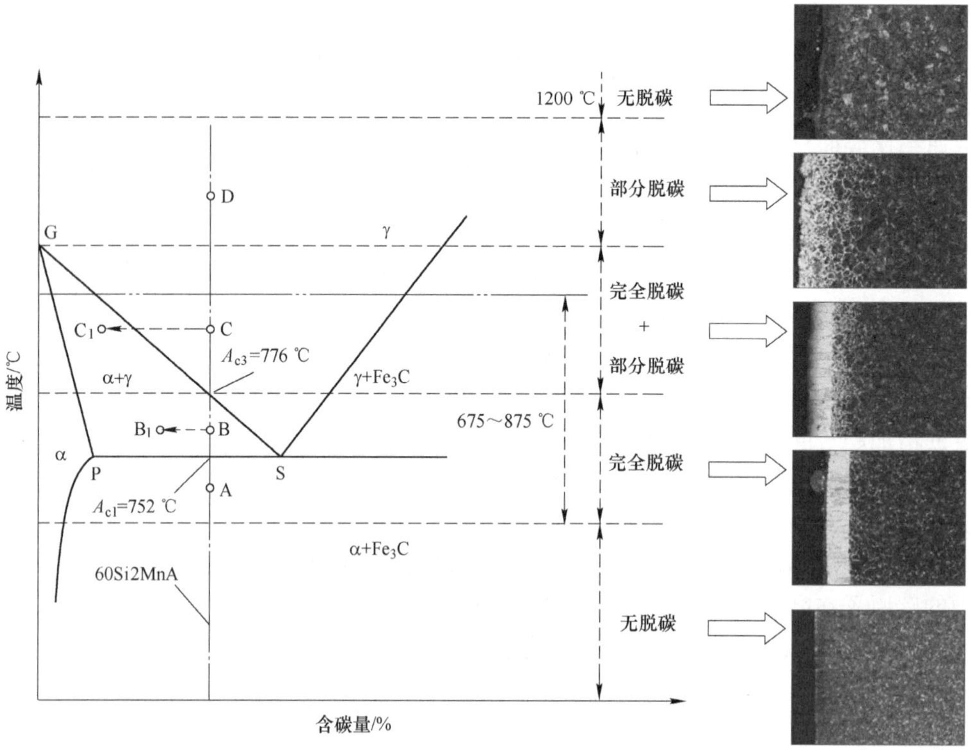

图 6-44 弹簧钢 60Si2MnA 部分 Fe-Fe_3C 相图及脱碳类型演变规律

彩图

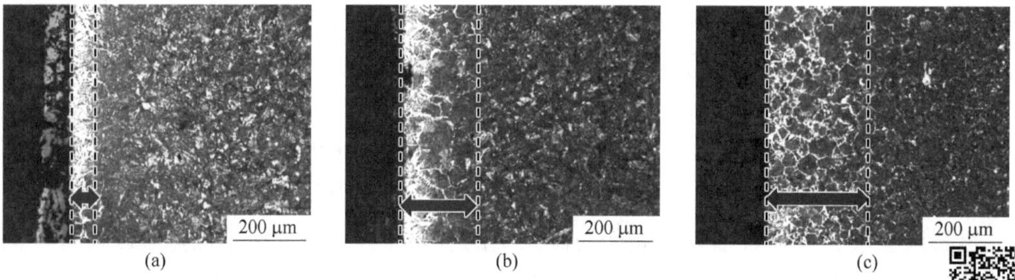

图 6-45 900℃（γ 单相区）图加热 90 min 脱碳层金相

（a）60 钢；（b）70 钢；（c）82 B 钢

彩图

图 6-46 700℃（α+γ 两相区）加热 90 min 脱碳层金相

（a）60 钢；（b）70 钢；（c）82 B 钢

彩图

除了基本的碳元素以外，其他合金元素对表面脱碳的影响主要取决于其对碳扩散或碳活度的影响。一般来说 Ti、V、Nb 等强碳化物形成元素，能够抑制脱碳，而以 Si 为代表的非碳化物形成元素，则显著增大脱碳敏感性。

对于特定的钢种，脱碳敏感性的相对大小是内在的合金元素与加热温度等外在条件综合作用的结果。以弹簧钢为例，Si 能显著提高弹性极限和屈服强度，因此弹簧钢在碳含量较高的同时普遍含有较高含量的 Si 元素，这使得弹簧钢成为脱碳敏感性大的典型钢种之一。不同弹簧钢完全脱碳敏感性对比如图 6-47 所示。38Si7 弹簧钢在较低碳含量的情况下，仍表现很高完全脱碳敏感性主要原因是碳含量相对较低，α+γ 两相区温度区间较宽。由于 V 对脱碳抑制作用，使得 60Si2CrVA 的脱碳敏感性低于 60Si2MnA。

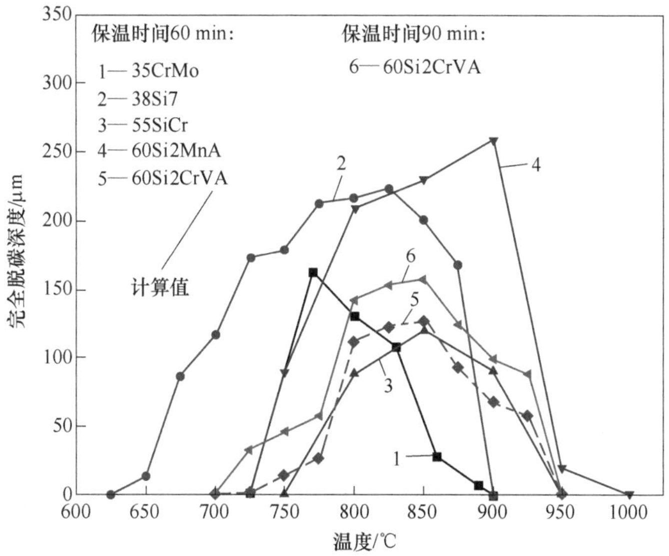

彩图

图 6-47　不同弹簧钢完全脱碳敏感性的对比

（4）保护涂料对表面脱碳的影响。涂有保护涂料对降低钢材脱碳、氧化烧损效果明显。但是，保护涂料一般在钢材热轧生产时较少使用，而在零部件热处理过程中相对使用较多。通过在金属零部件表面上涂一层热处理保护涂料，可以在不同气氛中热处理时做到防氧化、防渗碳、防渗氮和防脱碳等情况的发生。涂料保护方法具有投资少、不需复杂设备操作方法简单、成本低、适应性较强等特点，尤其适合于中小型企业热处理时应用。

6.5.2　表面氧化铁皮的特性与控制

6.5.2.1　钢材氧化基础理论及氧化铁皮特性

Fe-O 相图和氧化层结构如图 6-48 所示。纯铁在空气中或氧气中缓慢氧化，氧化经过以下阶段：加热到 200 ℃以下，缓慢生成薄的 γ-Fe_2O_3 氧化膜，继而生成双层氧化膜 Fe_3O_4+γ-Fe_2O_3，氧化动力学服从对数速率定律，属于低温氧化阶段。温度在 200~400 ℃，γ-Fe_2O_3发生相变转变成α-Fe_2O_3，形成Fe_3O_4+Fe_2O_3两层结构。温度在400~570 ℃范围内，在α-Fe_2O_3层之下，Fe_3O_4层长大为较厚膜层。温度高于 575 ℃，在 Fe_3O_4之下开始生成 FeO。氧化膜 FeO+Fe_3O_4+Fe_2O_3三层结构。

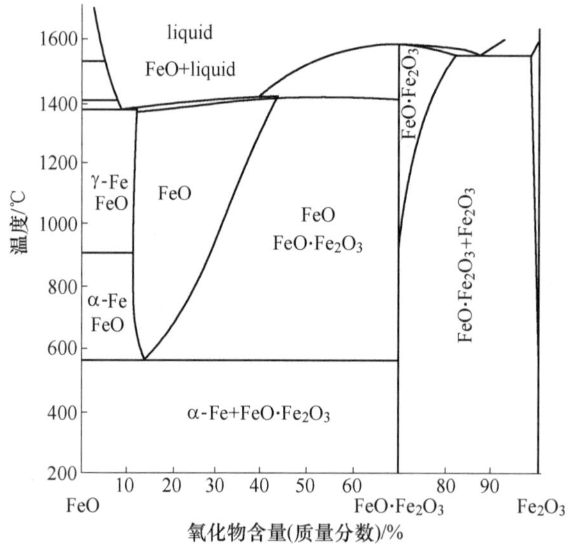

(a)

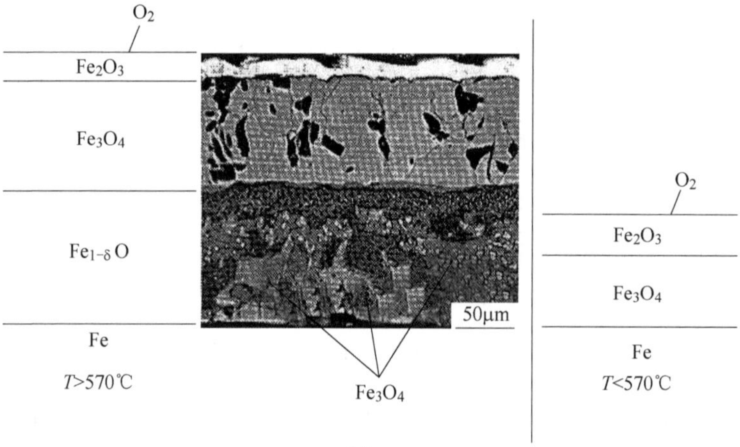

(b)

图 6-48 Fe-O 相图和氧化层结构

（a）Fe-O 相图；（b）氧化层结构

钢的初始氧化速度呈直线分布，氧化反应取决于气体的量，可由化学反应速度及接触金属的氧化性气体的量来控制。当反应氧化层达到一定厚度为 $4\times10^{-3}\sim4\times10^{-1}$ mm 后，氧化机制转换，氧化层内晶格扩散，氧化动力学符合抛物线规律，此时的反应速度主要由铁原子的扩散控制。

在 200 ℃以上，钢的氧化符合普遍适用的抛物线增厚规律，此时钢的氧化动力主要来源于已形成的氧化层的内表面和外表层之间存在的化学势差与电势差，在二者的综合作用下，内外表面的势差使铁、氧离子与电子发生迁移，从而使钢材表面继续氧化。

实际的氧化速度经常偏离经典理论，这主要是因为：（1）氧化膜与金属剥离，使氧化速度下降；（2）在氧化膜内晶界扩散也起了很大作用；（3）当氧化膜增厚到一定程度时，在膜内产生强烈生长应力，促使氧化膜破裂，使膜与金属分离，周围的氧气直接侵入内部，与金属发生反应。

氧化铁皮特性见表 6-2。总的来说，Fe_2O_3致密坚硬，细腻有光泽、松脆、易脱落；Fe_3O_4致密较硬；FeO 多孔，质软，发黏。

（1）紧密度：氧化铁皮内层是疏松而多孔的细结晶组织，主要由氧化亚铁组成；中间层是致密、无孔和裂缝、成玻璃状断口的磁性氧化铁（Fe_3O_4）；外层是结晶结构的氧化铁（Fe_2O_3）。

（2）内应力：内应力小于氧化铁的强度时，氧化铁皮便产生裂缝；当内应力大于氧化铁皮同金属表面的附着力时，氧化铁皮就会从金属表面上脱落下来。基本铁表面越粗糙，内应力越大，氧化铁皮破碎和脱落的可能性就越大。

（3）附着力：附着力一般用破坏应力来衡量，附着力越大，破坏应力越大；附着力越小，破坏应力越小。最外层 Fe_2O_3破坏应力约为 10 MPa，中间层 Fe_3O_4破坏应力约为 40 MPa，最内层 FeO 破坏应力约为 0.4 MPa。

表 6-2　氧化铁皮特性

特　　性	FeO	Fe_3O_4	Fe_2O_3
密度/$(g \cdot cm^{-3})$	5.52～7.50	5.18	5.24
线膨胀系数/℃$^{-1}$	11×10^{-6}	8×10^{-6}	9.6×10^{-6}～13.9×10^{-6}
弹性模量/GPa(20 ℃)	123	230	210～299
弹性模量/GPa(800 ℃)	1.1～1.2	—	—
屈服强度/MPa(800 ℃)	24.5～33.3	—	—
抗拉强度/MPa(800 ℃)	29.4～33.3	—	—
维氏硬度 HV	388	690	986～1219

根据 Fe-O 平衡相图，在 570 ℃以上时氧化铁皮结构由最外层较薄的 Fe_2O_3、中间的 Fe_3O_4层和靠近基体侧的 FeO 层组成。氧在铁中溶解度很小（室温 0.05%，800 ℃下 0.1%）而扩散很快，在 FeO 相中铁的扩散系数远远大于在 Fe_3O_4和 Fe_2O_3相中的扩散系数，因此，FeO 层的生长速度快于 Fe_3O_4与 Fe_2O_3层。热轧生产过程中，钢材表面氧化铁皮厚度和结构往往受到化学成分、加热温度、加热气氛、轧制温度、轧制工艺和冷却制度等诸多因素的影响。

6.5.2.2　氧化铁皮剥离性的影响因素

氧化铁皮小块状剥离及残留和氧化铁皮长条状剥离及残留比较如图 6-49 所示。氧化铁皮剥离性的影响因素主要有以下三个。

（1）氧化铁皮厚度。氧化铁皮的厚度越大，氧化层各金属相之间结合强度就越高，在机械弯曲剥离时裂纹易在结合面处产生，这样的氧化铁皮能够在剥离过程中承受更大的剪切应力而不断裂，往往以长条状或大片状形式脱落，具有更好的剥离性。

较厚的氧化铁皮影响用户的成材率，增加钢材本身的损耗率，提高生产成本，降低企业竞争力。较薄的氧化铁皮层更易在剥离过程中产生密集的裂纹而断裂，但往往以细丝或粉末状脱落；当自身强度小于结合面强度时则不能与基体剥离，附着在盘条表面。因此，在保证氧化铁皮具有良好的剥离性能前提下，适当降低氧化铁皮的厚度，减少钢材本身的损耗率。

图 6-49　氧化铁皮小块状剥离及残留（a）（b）和氧化铁皮长条状剥离及残留（c）（d）比较

（2）氧化铁皮结构。机械剥离性与 FeO/Fe_3O_4 的层厚比呈负相关，即 FeO/Fe_3O_4 层厚比越小，剥离性能越好。随着原始 Fe_3O_4 层所占比例逐渐增加，氧化铁皮从小条状脱落形式逐渐向长条状脱落形式过渡。氧化铁皮结构（FeO/Fe_3O_4 层厚比）对 82B 线材铁皮剥离性影响如图 6-50 所示。

彩图

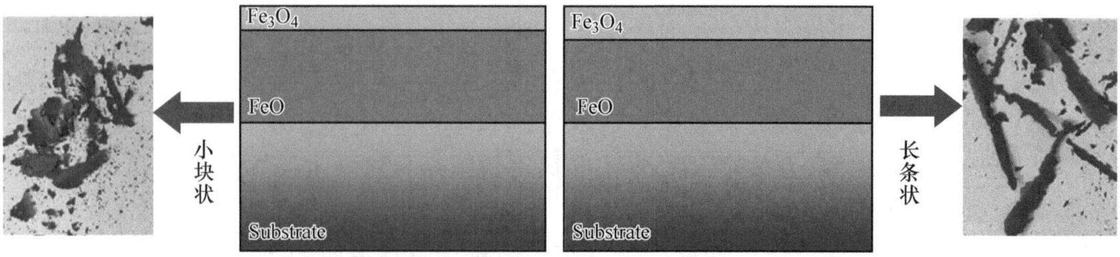

(a)　(b)　(c)　(d)

图 6-50　氧化铁皮结构（FeO/Fe_3O_4 层厚比）对 82B 线材铁皮剥离性影响示意图
（a）（b）块状；（c）（d）长条状

彩图

FeO 为 p 型半导体氧化物，具有岩盐型的立方晶体结构，晶格缺陷密度高，其内部具有高密度的空位及缺陷，结构较为疏松。由于 FeO 具有疏松多孔的结构特点，使 FeO 与基体界面共格关系较差，导致界面结合强度较小，在弯曲变形时界面处的切应力大于界面结合强度时，易使氧化铁皮脱落。因此，氧化铁皮内应具有一定含量的 FeO。

FeO 为疏松多孔的晶体结构，其破坏应力约为 0.4 MPa，Fe_3O_4为反尖晶石结构的离子晶体，结构致密，其破坏应力远大于 FeO，约为 40 MPa。氧化铁皮中 Fe_3O_4所占比例在一定范围内升高时，氧化铁皮整体的破坏抗力增加。

（3）氧化铁皮/基体界面平直度。有利于线材表面机械剥壳。界面粗糙度的增加会提高氧化铁皮的附着力，从而降低了除鳞性能。美国林肯焊材公司 ER70S-6 热轧盘条与国内某厂 ER70S-6 热轧盘条的氧化铁皮/基体界面平直度的比较如图 6-51 所示。

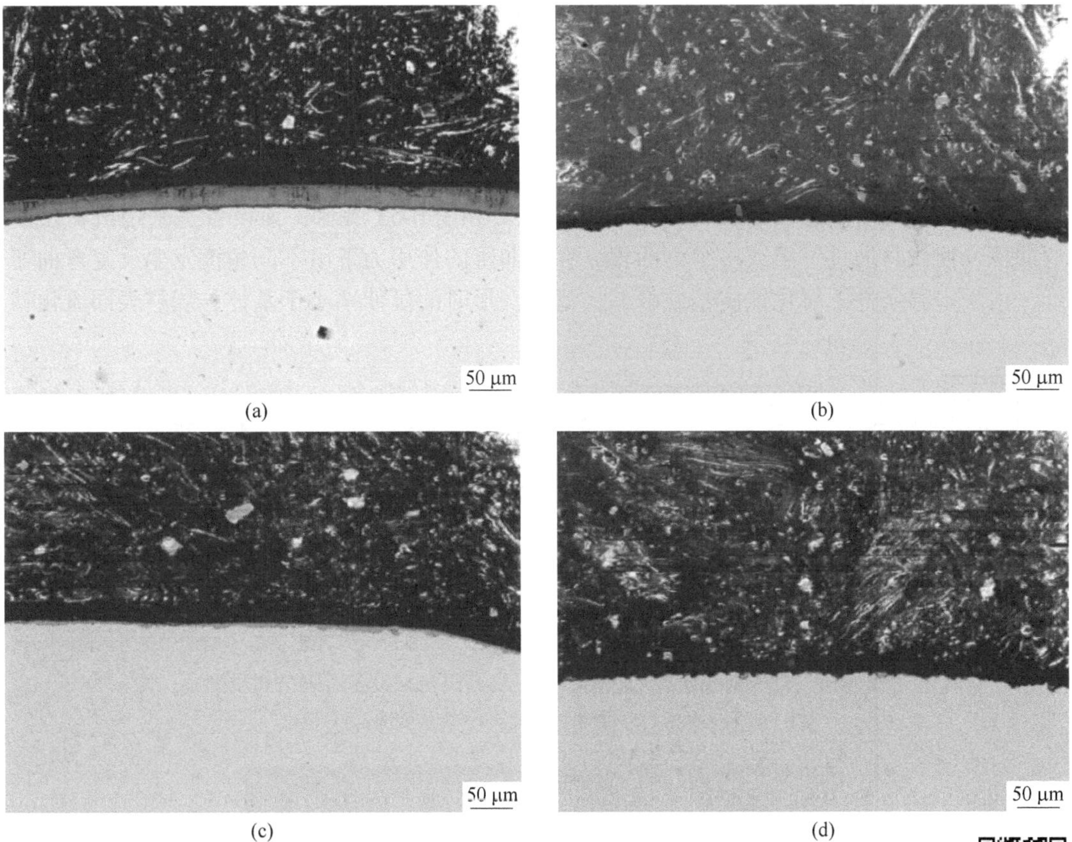

图 6-51　美国林肯焊材公司 ER70S-6 热轧盘条

（a）16 μm 厚氧化层；（b）16 μm 厚氧化层剥壳后；

（c）国内某厂 ER70S-6 热轧盘条：5 μm 厚氧化层；（d）5 μm 厚氧化层剥壳后

彩图

6.5.2.3　线材氧化铁皮的清洁技术

2017 年 4 月中旬以来，随着国家节能减排工作的深入推进，各种环保污染防治工作方案的出台，对钢铁行业及相关产业链条大力推进环保清洁生产成为社会普遍关注的焦点。酸洗作为工业线材深加工生产流程中的高污染环节，增加成本的同时带来了一系列质量问题：一方面，酸洗工序本身增加成本，同时酸液挥发和废酸排放还严重地污染环境；另一方面，酸洗后冲洗、漂洗产生的含酸废水需要进行中和处理，会产生一定量的污泥，污泥作为危废需要委托有资质的单位进行处理，进一步增加了生产成本。为此，工业线材深加工客户纷纷进行生产线设备改造，装备免酸洗拉拔加工设备。该技术省去酸洗工序，吨钢节省 31%的工业盐酸 12 kg，吨钢减少 6%~8%的废酸排放 18 kg，环保效果明显，并且节约酸洗成本 50~70 元/吨。免酸洗生产技术进行产业化，不仅可大大降低钢绞线生产成本，提高产品竞争力，为企业创造巨大的经济效益，而且可以降低对环境的污染。

免酸洗氧化铁皮去除技术目前主要是依据氧化铁皮与基体的塑性变形能力不同，氧化铁皮脆性较大，容易破碎的原理，通过施加外力，使氧化铁皮破断脱落。主要设备有机械弯曲剥壳机和抛丸机两大类，两大类设备从 2014 年开始到目前经过一个快速发展期，通过设备的更新换代和不断完善，基本趋于成熟。

（1）机械剥壳技术及设备。以 82B 盘条为例，拉伸试验过程中，盘条断裂前，当试样伸长率达到 5%~7%时，可发现盘条表面氧化铁皮大部分可以剥落，这是因为氧化铁皮塑性变形达到了极限。受这一现象启发，采用弯曲的方法，使盘条在水平方向和垂直方向多次交替弯曲，实现氧化铁皮的剥落。

机械剥壳设备示意图和实物图分别如图 6-52 和图 6-53 所示，该设备是采用机械反复弯曲法，使线材通过一组或多组弯曲辊，在弯曲辊的作用力下沿不同角度发生反复弯曲变形，由于室温条件下氧化铁皮塑性较差，弯曲变形时的延伸率小于基体，线材表面氧化铁

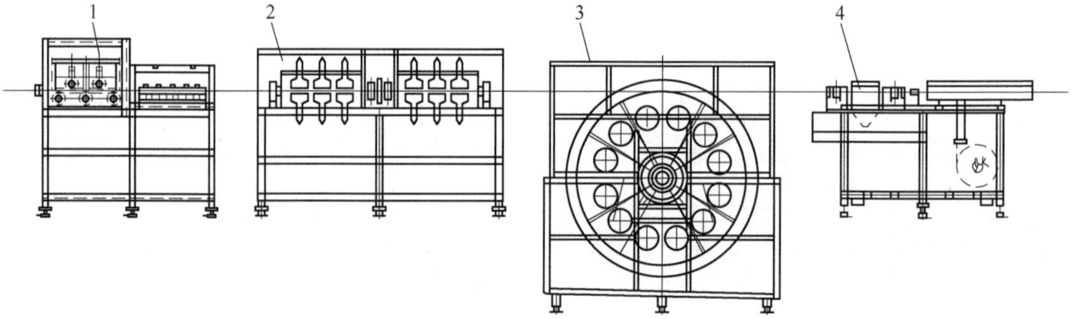

图 6-52　机械剥壳设备示意图（秦皇岛新禹机械设备有限公司供图）
1—氧化皮碾压；2—氧化皮清理；3—磷酸酸洗；4—皂化

彩图

图 6-53　机械剥壳设备实物图（江苏永航机械有限公司供图）

皮不断承受拉伸和压缩变形，导致氧化铁皮破裂从基体剥落，去除了线材表面的氧化铁皮，因此这种方法也称为机械剥壳法。

实验室模拟机械剥壳氧化铁皮剥落情况由图 6-54（a）所示，可发现在盘条弯曲外弧侧氧化铁皮残留较少，在弯曲内弧侧氧化铁皮残留较多。机械剥壳过程受力分析如图 6-54（b）所示，外弧侧氧化铁皮受拉应力，内弧侧氧化铁皮受压应力，通常情况下材料在拉应力状态下塑性较差，压应力状态下塑性较好。因此，拉应力状态下氧化铁皮更容易破碎剥落。

(a)

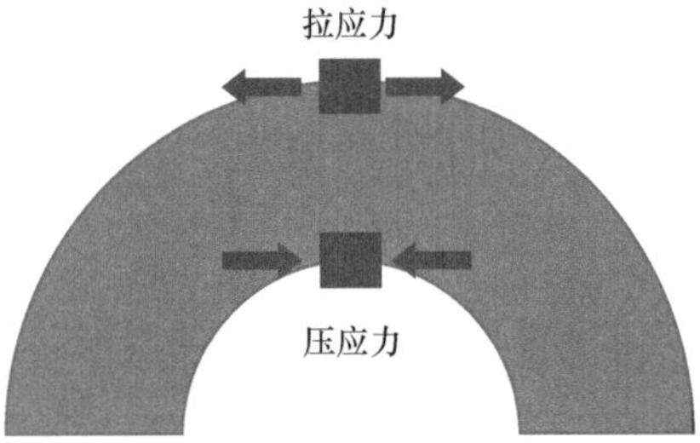

(b)

图 6-54 实验室模拟机械剥壳氧化铁皮剥落（a）和受力分析示意图（b）

彩图

（2）抛丸去除氧化铁皮技术及设备。抛丸去除氧化铁皮技术是通过弹丸对氧化铁皮层进行冲击，利用氧化铁皮层塑性差，破碎后剥落，从而把氧化铁皮层冲击掉，而母材不受大的影响。在 ϕ12.5 规格的 82B 的盘条表面氧化铁皮去除过程中应用较多。经抛丸处理，盘条表面粗糙度 Ra 6.3～12.5，清洁度 99.9%。除锈等级 Sa 2.0～3.0，线材表面着力均匀，着丸点无方向，无划伤痕，整卷无死点死角。处理效率为 12～15 t/h。能够消除线材内应力，而且抛打过程中的线损只有 2%～3%，远远低于酸洗的 7%～10%。盘圆线材抛丸机实物图和抛丸前后效果对比如图 6-55 所示，可发现抛丸后盘条表面氧化铁皮无残留。

(a)

(b)

(c)

图 6-55 盘圆线材抛丸机实物图（a）和盘条抛丸前（b）、后（c）

彩图

练习与思考题

6-1 简述棒线材的生产工艺及异同点。

6-2 阐述棒材控制轧制和控制冷却生产过程中的关键技术。

6-3 结合某一具体线材产品，分析控冷不同阶段的目的。

6-4 讨论未来棒线材控轧控冷技术的发展方向。

6-5 线棒材氧化铁皮剥离性的影响因素主要有哪些？

7 轧钢过程节能减排技术发展与应用

课程思政——轧钢与“碳达峰、碳中和”战略实施

钢铁产业是典型的高耗能、高污染产业。每年钢铁产业的能耗占全国的13%~15%，其中二氧化碳排放约占全国总排放量的16%，成为实现碳中和目标要解决的重要问题之一。在钢铁生产的全流程中，热轧工序排放的二氧化碳量占比为10%左右，仅次于炼铁和烧结过程。有统计数据表明：“十三五”期间，我国轧钢产业中仅板带材产量就从5.02亿吨增加到5.68亿吨，占钢材总产量的43%。因此，轧制生产过程中的减碳排放成为钢铁工业实现碳达峰和碳中和的关键环节之一。

对于钢铁行业，最常用的生产方式是热轧。在热轧过程中首先要对钢坯进行加热，在加热过程中煤气的燃烧是轧钢工序碳排放的主要来源之一，热轧加热段的煤气消耗量一般平均为200 m^3/t。轧钢工序碳排放的另一个来源是轧制过程中设备的电耗，电耗量一般平均为110 kW·h/t。近年来，轧钢工序的能耗已经降低至60 kgce/t以下，从上述的数据可以看出，能耗降低的幅度不大。因此，轧钢过程的节能减排技术还存在着较大的发展空间。

7.1 轧钢过程节能减排技术发展现状

轧钢过程中的碳排放主要来自热轧过程加热炉中煤气的燃烧和轧制过程中设备的电耗。故要实现轧钢过程的节能减排，就要从这两个方面着手。到目前为止，轧钢产业在节能减排新技术及新设备方面取得了一定的成果。

传统轧钢工艺是将炼钢厂得到的铸坯运输到轧钢厂中，经过加热炉加热、轧制、热处理等工序最终获得目标产品。为了达到节能减排的目的，从减少加热炉煤气消耗量的角度出发，蓄热式燃烧技术、热装热送技术等得到开发和应用；从减少轧制过程中设备电耗的角度出发，开发了超快冷技术、短流程轧制技术等。短流程轧制主要包括薄板坯连铸连轧技术（Compact Strip Production，CSP）、半无头轧制、无头轧制技术（Endless Strip Production，ESP）以及薄带铸轧等技术，这部分内容将在7.2.2节详细阐述。此外，同时从减少加热炉煤气消耗和设备电耗两个角度出发，开发了免加热直接轧制技术。

应用蓄热式燃烧技术，可以有效减少加热炉中热量的耗散量。应用蓄热式加热加技术可以将热回收率提高到85%以上，氧化烧损率降低至0.7%以下；能源最少可节约30%，碳排放量最多可降低70%。热装热送是指板坯在加热状态下装入加热炉，充分利用板坯余温，减少热量损失和加热时间。将热装热送技术与互联网连接，通过监控计算机调控系统的运行状况。同时，合理利用连铸坯部分固体，确保完成热装热送，也可以利用高效保温车或保温轨道运送钢坯。热装热送技术除具有优化生产流程、降低生产成本、提高生产效率外，还可以起到节约能源、降低二氧化碳排放量的作用，铸坯的入炉温度越高，其能量损失越少，节约能源越多，相应的碳排放量也越低。对于蓄热式燃烧技术和热装热送技术，二者最重要的特点是可以在保证生产成品合格率足够高的前提下起到节约能源降低碳排放的作用。

应用短流程轧制技术，可以显著缩短流程轧钢工艺生产线的长度。2009 年建成的第一条 ESP 生产线全长 180 m，而传统流程的生产线长达 700～1000 m。另外，短流程轧钢工艺的能耗大幅降低，ESP 生产线吨钢能耗是传统工艺能耗的 1/4。在轧制生产过程中，轧后的冷却过程所消耗的时间较长，为了降低轧制设备的电耗，可以考虑开发一种降低轧后冷却时间的技术，即超快冷技术。

超快冷技术是一种主要用于热轧板带材控制冷却的新技术，可以快速并准确地控制温度，进而达到提高成品性能、缩短冷却区长度、节约能源和降低碳排放的目的。超快冷技术具有冷却速度足够大、冷却水与钢板热交换更充分、冷却水喷洒形式能满足快速热交换要求以及有新型的冷却设备的特点。

免加热直接轧制技术是指连铸坯不经过加热炉，只通过电磁感应加热的方式对特定部位进行补热，随后直接进行轧制的技术。与其他轧制生产工艺相比，连铸坯直接轧制技术具有较大优势：首先，该技术能有效节约能源，降低碳排放量，每吨钢材可节能 85%左右；其次，该技术能够有效缩短生产周期、降低生产成本，生产周期可缩短到原来的 7%，能源、建设等方面的投资得以减少。

7.1.1 轧钢过程中的技术革新

7.1.1.1 蓄热式燃烧技术

蓄热式燃烧技术应用在轧钢过程始于 20 世纪 90 年代。1992 年，日本开发出的蓄热式燃烧技术可实现“余热极限回收和低 NO_x燃烧”，将应用该技术的设备称为“环境协调型蓄热式烧嘴加热炉”，并将该技术及设备推广应用于日本国内各热轧厂，如新日铁、日本钢管等。

蓄热式燃烧技术在我国开始应用是在 20 世纪 90 年代末期，大连北岛能源技术有限公司在 1997 年开发应用了全烧高炉煤气的蓄热式加热炉，是我国最早应用蓄热式燃烧技术的企业。在 21 世纪初的几年内，首钢以及我国其他众多钢厂都在推广应用蓄热式燃烧技术，生产能力更强，生产效率更高，设备使用寿命更长。近年来，我国轧钢加热炉蓄热式燃烧技术取得重大突破，2010—2016 年，我国轧钢加热炉蓄热式燃烧技术相关专利的申请数量始终处在较高的水平，在世界相关专利申请的占比很大。目前，中国是蓄热式燃烧技术应用最成功、应用最主要、数量最多的国家，提振了中国钢铁行业的快速发展。

蓄热式燃烧技术应用成对的烧嘴交替燃烧，采用蓄热媒体结构将燃气预热到低于蓄热烟体的温度至少 150 ℃。采用这种加入的方式可以为低热值燃料进行燃烧提供了技术上的支持，在燃烧能源的节约上起到很大的作用。目前应用的蓄热式燃烧技术主要利用外挂蓄热技术以及独立换向控制技术。蓄热装置主要由烧嘴、蓄热箱体、蓄热体三个主要零部件组成。而换向装置的组成部分则包含了换向阀以及控制系统。蓄热体以及换向阀的质量和性能，决定了整体蓄热式燃烧技术应用的有效性、稳定性和安全性。

在如今的时代背景下，可以做到有效做到节约能源，减少废弃物及二氧化碳排放的蓄热式燃烧技术在轧钢生产中应用已成为主流，应用效果最为明显。

7.1.1.2 热装热送技术

热装热送技术主要包括两个方面：热送是指将规定尺寸的铸坯在红热状态时从连铸生产线运送到轧制生产线；热装指的是将热送来的铸坯在高温状态下装入轧钢加热炉，由此达到节能减排、提高生产效率并保证产品质量的目的。热装热送技术主要分为四类，按照铸坯入炉温度从低到高依次为：连铸坯热装轧制（400~700 ℃）、连铸坯直接热装轧制（A_1温度~A_3温度）、连铸坯热装直接轧制（A_3温度~1100 ℃）、连铸坯直接轧制（≥1100 ℃）。

热装热送技术最早是在20世纪60年代末，由美国麦克劳斯公司首次应用于生产。随后在20世纪70年代，日本开始对热装热送技术展开研究；1973年，在日本的各大钢厂中日本钢管公司京滨钢厂率先将热装轧制技术应用于生产；到20世纪80年代末，日本厚板所的热装比重已经上升至86.8%。包括我国在内的世界其他大部分国家的热装热送技术是从20世纪80年代开始发展的，武钢和宝钢分别在1980年和1989年实现了热装热送技术在轧制生产上的应用。到20世纪90年代，我国的大型钢铁企业都逐步将热装热送技术应用于轧钢生产中，到1998年左右，宝钢和武钢二炼厂的热装热送比分别可达到65%和99%。近年来，我国各大钢厂部分产线的热装占比平均为68.19%，最高可达80%，最低也接近50%。因此，可以认为我国钢厂的热装热送技术已经发展到了一个较高的水平，但与国外相比还存在着一定的差距。

我国各钢厂对于热装热送技术的节能作用均有所研究：宝钢分别研究了冷装、445 ℃热装和652 ℃热装时能量的消耗情况，与冷装相比，445 ℃和652 ℃热装的节能率分别可达24.3%和44%。宁钢采用699 ℃热装的生产工艺，生产出的板坯氧化烧损率降低，可达到高温无缺陷的水平，热装率可达55%。青岛特钢一炼钢厂将铸坯用全高炉煤气对铸坯进行加热后，热装温度可达700 ℃，能源节约率可达20.7%，产品合格率可提高0.4%。新疆八一钢厂的热装热送率可达约60%，与冷装相比，采用此技术可以节省10%左右的能源消耗量。从以上各钢厂的生产数据中可看出，热装热送技术可以有效减少能源消耗，提高生产效率和产品合格率，提高钢铁企业的经济效益。

7.1.1.3 连铸坯直接轧制技术

免加热直接轧制技术主要应用于棒线材的轧制生产，是一种适用于方坯节能减排轧制的新技术。

连铸坯直接轧制技术发展初期主要是借鉴板坯的热装热送工艺。20世纪60年代，直接轧制技术随着热装热送工艺开始发展，到20世纪80年代末期，对于连铸板坯的直接轧制技术逐渐成熟，并在全世界范围内得到应用。但对于棒线材轧制所需的方坯，最早在1979年由美国纽柯公司内布拉斯加州诺福克厂二分厂成功开发出了应用直接轧制技术，但需要进行补热的轧制生产线，该生产线的直接轧制率可达到85%~90%，废品率只有7%。到2000年，意大利的乌迪内Luna厂成功开发了世界首条无需补热的棒材直接轧制技术，称为ECR工艺。2004年，日本的神户制钢成功开发了方坯直接轧制工艺，应用该工艺的生产线前配备有感应加热装置，根据连铸坯的拉速大小是否大于3 m/min来判断是否进行补热。方坯的连铸与轧钢界面较复杂，故方坯直接轧制技术至今未能大范围推广使用。

我国的方坯直接轧制技术最早是在20世纪80年代由沈阳钢厂购买意大利二手设备，并于1990年开始进行热送直接轧制；到2012年，鞍山兴华钢铁有限公司开始改造方坯轧制生产线，引入无需补热的直接轧制技术；2017年，陕西钢铁集团、福建吴航钢铁、中天钢铁集团以及广西盛隆钢铁等企业均开始进行棒线材轧制生产线改造，引入直接轧制技术。但目前看来，采用直接轧制技术进行生产的主要是民营钢铁企业，而很少有国有企业采用这种技术进行生产。

近年来，连铸坯直接轧制技术取得了如下的创新成果。

（1）连铸方坯高温恒温恒量出坯控制技术。通过研究钢坯不同R角的温度场，漏钢预报模型及控制系统，铸机布局、浇铸速度、铸坯切割协同设计，实现了钢坯的头部和尾部温度差不超过50 ℃、钢坯出钢温度大于1000 ℃高温连铸坯的稳定生产。

（2）长型材铸轧界面钢坯排队控制技术。基于排队论的方法，构建了多流数连铸机在不同生产工艺下的连铸坯排队系统，研究了不同钢水量、不同流数、不同定尺等因素对铸轧界面连铸坯输送过程和轧制节奏的影响。该模型可以对不同生产线的生产节奏进行优化控制，提高直轧率和产量。

（3）长型材绿色化低能耗铸轧衔接技术。针对不同钢铁企业连铸机与轧机不同距离、不同平面位置、不同高度差条件，选择无加热轧制、感应补热、高温钢坯均热等方式，使连铸坯的头部和尾部、横断面的表面和心部温度差满足生产需求，实现了多种现场工艺布置的高效衔接。典型生产线的直轧率达到了99%。

（4）无加热轧制的长型材性能稳定性控制技术。针对无加热轧制过程，同一浇次不同炉号的化学成分差异、铸-轧界面衔接带来温度波动对长型材力学性能的影响，研究了高刚度控温轧制、变速轧制、轧后冷却路径等工艺，均衡了微合金元素及金相组织对长型材力学性能的影响，实现了同一浇次长型材屈服强度的波动不超过10%。

7.1.2　轧钢过程中的设备革新

7.1.2.1　超快冷设备革新

超快冷技术能够在较短的时间内使得热轧带钢的整体温度快速下降，冷却的均匀性更好。超快冷技术常用的冷却方式为水流冲击冷却，这种方式可以有效阻止水流在钢带表面形成水蒸气，使冷却水与带钢直接接触的效率更高，提高热交换效率。应用超快冷工艺不仅可以达到节能减排的目的，也可以提高生产成品的质量。

超快冷技术需要搭配特定的应用设备。在国外，德国、日本、比利时和俄罗斯等国家都对超快冷设备进行了研发或改进。德国Hoogovems-UGB公司的首台超快冷设备经过不断改进，冷却水量从1000 m^3达到了2300 m^3，冷却效果从可将1.5 mm厚带钢以900 ℃/s冷却提高到可将4 mm厚带钢以380 ℃/s冷却。比利时CRM公司通过缩小喷水口直径、提高水压和喷水密度的方法，在20世纪90年代可以做到将厚度6 mm的带钢以250～500 ℃/s的速度冷却。日本JFE福山公司设计制造的超快冷设备可以做到将厚度3 mm的钢材以700 ℃/s的速度进行冷却，JFE福山公司应用这一技术成功生产了船舶、建筑、机械、管线以及桥梁等各领域所用的优质中厚板。

在我国，超快冷技术以及相应设备的研究主要从21世纪初开始，由各个高校的科研人员联合国内大型钢铁企业进行。其中，东北大学轧制技术及连轧自动化国家重点实验室设计开发的棒材超快冷设备可以做到使直径 20 mm 的棒材以 200 ℃/s 的速度冷却。目前，该实验室设计开发的应用在热轧带钢生产线上的超快冷设备在行业内已经处在世界先进水平，此外，该实验室将超快冷技术与层流冷却技术相结合，开发了生产成本较低的双相钢，具有极高的应用价值。除高校科研平台外，我国各大钢铁企业也逐步开始进行超快冷技术及相关设备的研究。宝钢集团是我国首个开始研发厚板超快冷却系统的企业，并取得了世界一流的技术，可短时冷却厚 40 cm、宽 5 m 的板带材。

除宝钢外，我国其他钢铁企业也在近年来对不同宽度板带材热轧生产线进行了超快冷设备革新。攀钢在 2008 年将超快冷设备应用在 1450 mm 热轧生产线，成功使该生产线达到了 Q345 钢的要求；山钢日照公司在 2017 年将超快冷设备应用在 2050 mm 热轧生产线，应用此生产线，山钢日照公司成功并可稳定生产 DP600 双相钢；2014 年，首钢京唐公司在 2250 mm 热轧生产线上新增了超快冷系统，新增设备分别位于轧后冷却区的前后两个位置，前段超快冷设备安装在原第 1~5 组层流冷却设备的位置；后段超快冷设备在拆除第 20 组层流冷却设备，并将第 21、22 组层流冷却设备前移后，安装在第 22 组层流冷却设备后。通过新增超快冷系统，首钢京唐公司实现了降低管线钢、汽车用钢以及高强钢的生产成本，同时也达到了节能减排的目的，首钢京唐的 2250 热轧生产线超快冷系统是当时中国超快冷技术应用和配置最完备的热轧带钢生产线。

7.1.2.2　薄带铸轧产线设备革新

薄带铸轧技术是一种颠覆了传统板带材生产流程的技术。在行业中存在一个公认的说法，即板带材的厚度越低，生产效率越低。但对于薄带铸轧技术，由于铸坯温度较高、易成形，只要减小辊缝就可以提高轧制速度，因此，薄带铸轧具有很高的生产效率；同时，应用薄带铸轧技术可以减少 90%的能源使用量，同时还可以减少 80%的碳排放量；此外，由于薄带铸轧技术使用的铸坯成形性好，故其不需要进行多次轧制成形，可有效节省生产费用。因此，薄带铸轧技术具有节能减排和降低生产成本的优势。

薄带铸轧技术最早是在 19 世纪由 H. Bessmer 率先提出，但受限于当时相关技术的发展程度，直到 20 世纪末期，经过美国、日本、欧洲等国家的不断研究，薄带铸轧技术才得以在实际生产中应用。1994 年，BHP/IHI 公司在澳大利亚建立了薄带铸轧生产线，随后在 2002 年，该公司又与美国纽柯钢铁共同建成了 CASTRIP 生产线并不断改进，到 2009 年，该产线的产能提高了 17 万吨左右。我国对于薄带铸轧技术的研究直到 21 世纪初才由宝钢集团首先提出，随后在 2004 年，武钢开始研究薄带铸轧技术。2014 年，宝钢应用薄带铸轧技术生产出了 0.9 mm 薄带坯，但质量较差；武钢在 2012 年建成了薄带铸轧的生产线，但该产线不能用于大规模工业生产。

目前我国薄带铸轧技术研究取得成果最佳的企业为江苏沙钢集团。沙钢集团于 2016 年与美国纽柯钢铁共同在中国建成了 Castrip 生产线，到 2018 年，该生产线生产的 0.7~1.9 mm 厚薄带坯已达到美国该生产线的要求；2019 年，沙钢集团的双辊薄带铸轧技术实现工业化生产，该生产线是中国首条、世界第三条，采用国际上最先进的技术。相比于常规生产线 800 m 左右的长度，双辊薄带铸轧生产线只有 50 m 长；常规生产线能生产出的钢带极限厚度可达到 1.6 mm，并且需要反复多次轧制，而双辊薄带铸轧生产线能生产出的钢带厚度比常规生产线减少一半，只需要一次轧制就可得到最终的产品，并且得到的产品硬度比常规生产线的产品更好。

沙钢的双辊薄带铸轧技术最厉害的地方不在于其产品性能优异，以及其对于生产成本的节省，而是在于该技术在节能减排方面所做出的突出贡献。据统计，双辊薄带铸轧技术的生产总能耗是传统热轧工艺的16%，是薄板坯连铸连轧工艺的32%，是ESP工艺的45%；同时，双辊薄带铸轧生产工艺所造成的碳排放量相比于传统工艺可减少80%。对中国钢铁行业的绿色发展，以及“双碳”目标的实现具有重大而深远的意义。

7.1.3 轧钢过程中节能减排技术发展趋势

作为钢材产品最关键的生产工艺，轧钢过程中的节能减排新技术，始终要朝着开发和完善新的低能耗、碳排放少、环境友好型工艺，以及性能优异、质量高的产品的方向发展。

轧钢过程中的碳排放主要来自热轧过程加热炉中煤气的燃烧和轧制过程中设备的电耗。故近年来针对这两方面开发了很多新技术，但这些新技术无论从技术本身的完善程度还是从技术的应用范围角度来看，目前均未能达到理想的效果。在轧钢过程中的加热工段，目前除部分棒线材产品采用免加热直轧外，连铸坯进入轧制工序均需通过加热炉加热。因此，轧钢过程中的节能减排发展趋势之一，仍是开发减少加热炉能耗的新技术，提高加热炉的能量利用率。近年来，应用电磁感应技术作为轧钢过程中的加热手段越来越受到行业重视，电磁感应加热是利用电流的磁效应，在铸坯内产生很大的涡流，利用涡流对铸坯进行加热，由于金属极易导电，故采用涡流加热具有速度快、均匀性好的特点。目前，电磁感应加热技术已应用在金属热处理以及薄板坯连铸连轧无头轧制等领域，但电磁感应加热技术目前仍未在轧钢产业中得到广泛应用，仍需进一步完善和发展。

2020年是我国“十三五”规划的收官之年，在“十三五”时期，我国轧钢技术在节能减排方面取得了重要成果，开发了热带无头轧制及超薄带钢生产技术、热轧板带材表面氧化铁皮控制技术、长型材绿色化低能耗铸轧衔接技术、薄带铸轧技术、高鲜映性免中涂汽车外板制造技术、铁素体轧制技术等诸多新技术，这些新技术已在钢铁企业中得到应用，但这些技术目前仍未做到完全替代传统生产工艺并实现大规模生产，故轧钢过程中节能减排技术的发展趋势之一即为将开发和完善的新技术应用于大规模工业化生产。

近年来，随着计算机技术及人工智能技术的发展，我国各行业的智能化水平不断提高。在过去的“十三五”期间，我国轧钢产业的智能化水平也有了显著的提高，大型复杂断面型钢数字化高质量轧制理论与技术、柔性化45 m/s高速棒材关键技术与装备、基于深度学习的热轧带钢表面在线检测与质量评级等新技术得到开发和不断改进，数字化、智能化轧制工厂建设也取得了一定的成果：宝武绿色发展与智慧制造推出热轧智慧工厂“双线双智控”模式，通过新增13项智能装备技术、数百个视频传感，连接40余个外部系统，实现全域数据感知。此外，我国的各大钢企（如宝钢、首钢、鞍钢等）还与中国移动、华为等通信企业合作，将钢铁行业与最新的5G技术进行结合，促进钢铁行业的智能化发展。

智能制造能帮助企业减少能源和原材料的消耗，实现可持续发展的目标。一方面，企业可以利用大数据来改善资源效率，让供应链更合理，实现按需订购原材料，减少库存；另一方面，通过智能化的数据分析和控制，可以优化能源和资源消耗。例如，根据实际的供需情况，开展对厂房能耗的管理。目前，在部分无人值守的工厂中，电力资源已经可以实现按需消耗。因此，要实现轧钢过程的绿色化、节能化发展，将智能制造技术应用于轧钢产业已成为必然趋势。

7.2 轧钢过程节能减排新技术

近年来，随着国家不断在环境保护方面制定相关政策，以及人们环保意识的不断增强，作为传统高能耗高污染的钢铁行业正不断研究开发新的节能减排的技术。在钢铁行业中，最广泛应用的钢铁成形工艺就是轧制生产工艺，轧制生产工艺分为热轧和冷轧。

对于热轧工艺，首先要将连铸钢坯放入加热炉中进行加热，随后在铸坯高温状态下送入轧机进行轧制。对于热轧工艺的节能减排，最重要的就是要缩短轧制工艺的流程，即使用短流程的热轧工艺。从 20 世纪 80 年代末开始，世界各国就在不断研发短流程轧制新技术，从 1989 年美国纽柯钢铁公司首次投产 CSP 轧钢短流程工艺开始，不断有包括无头轧制、半无头轧制、薄带铸轧等一系列新的短流程热轧工艺被开发和应用，这些工艺均能大大缩短热轧生产线的长度，尤其是薄带铸轧技术，它可以将原本需经多道次轧制成形的产品仅用一次轧制即可成形，这样一来可大大减少轧制工艺的能源消耗量以及热轧生产产生的碳排放量。

在热轧过程中，由于多次轧制时温度不同，故钢坯在每次轧制后需要进行冷却。传统的冷却方式常采用空气冷却或层流冷却，冷却速度慢、时间长，使得钢坯轧制时间延长，轧制设备电耗增加，碳排放量也随之增加。故若要降低轧钢过程中的碳排放量，需要缩短钢坯轧制过程中的冷却时间。为此，2008 年，东北大学王国栋院士等人在传统热轧控轧控冷技术的基础上开始研发新一代 TMCP 技术，该技术以超快速冷却技术为核心，常用在热轧板带钢的轧制过程中。目前，有许多行业内的研究人员在进一步研究开发和完善新一代 TMCP 技术，取得了一定的成果。

对于热轧钢坯，要保证其具备一定的高温，常用的方法是对钢坯进行加热或补热。对于高温钢坯，其表面常会产生一层氧化皮，在轧制过程中会使钢材表面产生脱皮等缺陷，使钢材成品的合格率下降，进而使生产成本、能量消耗以及碳排放量都增加，故需要对热轧过程中钢坯表面的氧化皮进行控制。在“十二五”期间，东北大学等科研机构成功开发了热轧板带材表面氧化铁皮控制技术，该技术明确了热轧钢坯表面氧化皮产生、演变和遗传的规律，以及氧化皮结构调整方向，形成热轧全流程多工序的协调控制技术，该技术已经应用在低合金高强度钢、高碳钢和无取向硅钢等不同钢种，在鞍钢等多家钢铁企业得到应用，取得了很好的成果。除东北大学的热轧板带材表面氧化铁皮控制技术外，其他科研机构及科研人员也在对控制其他钢种热轧过程中的氧化皮进行控制，目前取得了一些成果。

对于冷轧钢材产品，为保证其具备能够满足服役条件的性能，尤其是力学性能，需要在冷轧后对其进行热处理，以此来调整冷轧钢材的性能。钢材的传统热处理工艺一般分为加热、保温和冷却三个阶段，工艺能耗以及时间较长，因此，要开发轧钢过程节能减排新技术，对于冷轧钢筋，主要就是从轧后热处理工艺优化方面考虑。近年来，科研人员针对冷轧钢材热处理工艺的优化，开发出了冷轧钢筋电磁感应热处理、在线淬火后离线回火、两相区热处理等在线热处理技术，取得了一定的成果。

下面分别对新一代 TMCP 技术、短流程轧制技术、氧化铁皮控制技术和在线热处理技术 4 个轧钢过程节能减排新技术及其研究成果进行介绍。

7.2.1　新一代 TMCP 技术

传统热轧工艺的冷却过程常采用层流冷却，这种冷却方式的能力有限，故对于传统的控轧控冷技术常采用的方式为“低温大压下”和“微合金化”。“低温大压下”方式可以使奥氏体具有更高的变形能，而“微合金化”方式可以通过高温条件下微合金元素形成的碳氮化物析出，增加奥氏体的硬化程度。近年来，随着节能减排越来越受到人们的重视，钢铁行业也在不断进行轧钢节能减排技术的革新，在这样的背景下，超快冷技术得到发展。超快冷技术可以有效缩短热轧钢坯的冷却时间，并可以精确控制温度，很好地弥补了层流冷却的缺陷，且达到了节能减排的目的。在超快冷技术成功开发应用的前提下，以该技术为核心的新一代 TMCP 技术得到较多开发和工业化应用。

新一代 TMCP 技术具有以下几个要点：

(1) 在奥氏体区间趁热打铁，在适于变形的温度区间完成连续大变形和应变积累，得到硬化的奥氏体；

(2) 轧后立即进行超快冷，使轧件迅速通过奥氏体相区，保持轧件奥氏体硬化状态；

(3) 在奥氏体向铁素体相变的动态相变点终止冷却；

(4) 后续依照材料组织和性能的需要进行冷却路径的控制。

TMCP 技术主要是通过细晶强化、析出强化和相变强化达到提高热轧钢坯力学性能的目的。由于新一代 TMCP 技术与传统 TMCP 技术核心不同，故其使热轧钢坯达到相应强化机制的方式也与传统工艺也有所不同。新一代 TMCP 技术与传统 TMCP 的工艺曲线比较如图 7-1 所示。

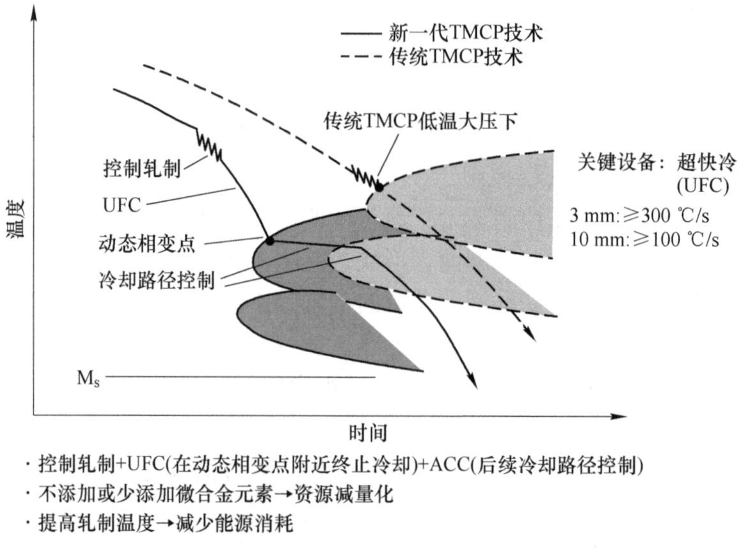

图 7-1　新一代 TMCP 技术与传统 TMCP 的工艺曲线比较

在细晶强化方面，新一代 TMCP 技术利用超快冷技术抑制晶粒长大，以此达到细化晶粒的目的。这样一来钢坯可在正常的温度轧制，可以有效减轻传统 TMCP 技术“低温大压下”方式给轧制设备带来的负荷，增强了轧制工艺及产品性能的稳定性，同时也在一定程度上减少了微合金元素的加入量，达到了降低生产成本的目的。

在析出强化方面，新一代 TMCP 技术通过超快冷技术使热轧钢坯快速冷却，微合金元素的碳氮化物等析出物在高温条件下来不及析出，在奥氏体发生相变，得到贝氏体或铁素体的温度时，微合金元素的碳氮化物或其他析出物开始大量析出。由于贝氏体区或铁素体区的温度较低，析出物没有足够的驱动力以及时间长大，这样一来，得到大量细小析出物的析出强化效果会更好。

在相变强化方面，新一代 TMCP 技术通过超快冷技术使热轧钢坯快速冷却，热轧钢坯中的奥氏体组织没有足够时间进行稳定相变，使得热轧钢坯中的亚稳定相，如贝氏体、马氏体和残余奥氏体等含量增多。一般而言，钢中的亚稳定相如贝氏体或马氏体的强度要比稳定相如铁素体或珠光体的强度更高，以此达到相变强化的目的。

如前面所述，超快冷技术在 20 世纪 80、90 年代开始在德国、比利时、日本和韩国等国家得到了研究开发并在工业化生产中得到了一定程度的应用；我国热轧过程中的超快冷技术最早是由东北大学轧制技术及连轧自动化国家重点实验室展开研究，随后从 2004 年开始陆续在我国包钢、攀钢等钢铁企业进行工业化试验。2008 年，涟钢成功开发出我国首套应用超快冷技术冷却的工业化生产装备。新一代 TMCP 技术的发展基于超快冷技术，2007 年，在我国对于超快冷技术的研究已经取得很大成果的情况下，东北大学轧制技术及连轧自动化国家重点实验室的成员将控轧控冷技术与超快冷技术相结合，提出并详细阐述了新一代 TMCP 技术的内涵，随后这一技术在我国热轧带钢企业得到应用，并且这一技术在降低生产成本、提高产品性能以及节能减排方面取得了显著的成果。从 2007 年到现在的十几年中，新一代 TMCP 技术不断发展完善，在工业化生产中得到越来越广泛的应用。

对于高强度钢，传统的生产方式主要为热连轧及轧后热处理。热处理工艺的存在使得传统高强度钢的生产工艺具有流程长的缺陷，为了适应目前节能减排新技术的要求，首钢京唐与北京科技大学基于（超）快速冷却技术及在线自回火（非等温配分）工艺设计新型合金系统，成功开发了 Q960 超高强度钢。采用短流程生产的 Q960 超高强度钢中加入了质量分数 0.5%左右的 Cr 元素以及适量的微合金元素；生产工艺路线如图 7-2 所示。

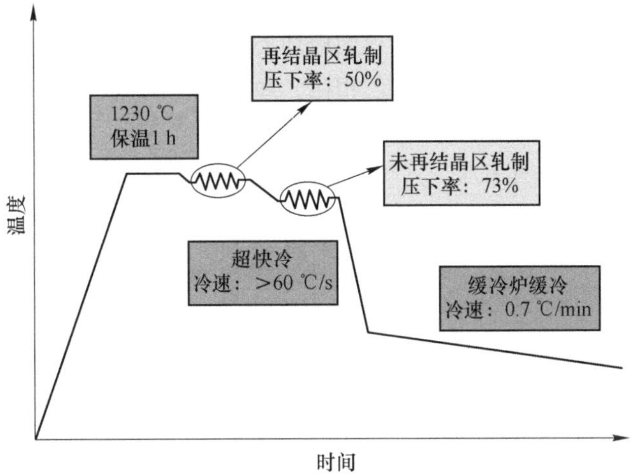

图 7-2　首钢京唐超快冷工艺路线图

彩图

通过扫描电镜观察发现，当超快冷终冷温度为450 ℃时，得到的组织主要为板条贝氏体，如图7-3所示。通过室温拉伸试验得出，超快冷终冷温度为450 ℃时，得到的钢材屈服强度为1004 MPa，抗拉强度为1082 MPa，伸长率为13%。综合分析，实验钢以450 ℃下非等温配分工艺生产时，具有最优的综合拉伸力学性能。此外，严格按照国标的测试要求对实验钢在超快冷终冷温度450 ℃下的钢板开展了V型缺口摆锤冲击实验，测得试样在-40 ℃的冲击功为81 J，大幅超过了国标27 J的要求。扫描电镜下观察到的冲击断口形貌如图7-4所示，从图中可看出断口形貌均以韧窝为主，证明了其较好的冲击韧性。

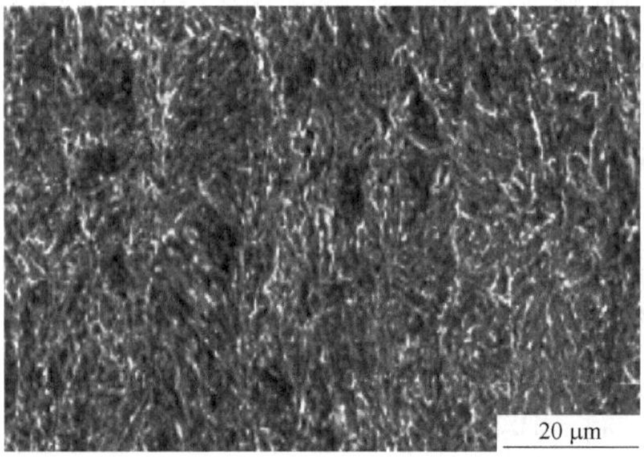

图7-3 显微组织SEM照片

彩图

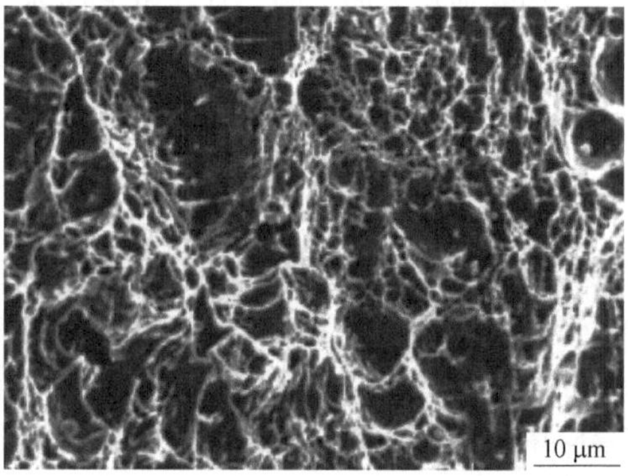

图7-4 冲击断口形貌SEM照片

彩图

在超快冷条件下，超高强度钢中加入Cr元素可以抑制碳元素的扩散，这样一方面可以降低贝氏体相变的最大速度；另一方面可以降低组织中富碳相的尺寸。超高强度钢中加入Cr元素对提高钢的强度有较大的作用，但同时也会恶化钢的塑性。

7.2.2 短流程轧制技术

传统轧钢工艺是将炼钢厂得到的铸坯运输到轧钢厂中，经过加热炉加热、轧制、热处理等工序最终获得目标产品。而所谓短流程轧制技术就是将原来基本分离的两个工厂的冶金工艺过程密切结合起来，最大限度地利用板坯凝固后高温状态的热量，直接进入轧钢生产线，以减少加热炉能耗。故与传统工艺相比，短流程轧制工艺最显著的特点就是生产线长度大幅缩短。

7.2.2.1 薄板坯连铸连轧工艺

短流程轧制工艺最早是在20世纪60年代开始研究，最早应用到工业生产中的短流程轧制工艺是CSP工艺。1989年，美国Nucor公司Crawfordsville钢厂建立了世界上第一条CSP生产线。珠江钢厂是我国首个引入CSP工艺的钢厂，时间为1997年。CSP工艺可用于生产高强度结构钢、工具钢、可热处理钢、耐磨钢、硅钢和不锈钢等多个钢种。CSP工艺的铸坯冷却强度更大、凝固速率高，有效地优化了铸坯组织；在轧制过程加热过程中，连铸坯的温度始终在奥氏体区，在随后的轧制过程中，CSP生产线的总压缩比和各道次的压下量更大，轧后冷却的速度也更快，这些都使得CSP工艺生产的板带钢性能更优异，经济效益更好。目前，CSP工艺已得到广泛推广应用，在CSP工艺不断推广的同时，半无头轧制、无头轧制以及薄带铸轧等其他短流程工艺也得到发展。

7.2.2.2 半无头轧制工艺

在薄板坯连铸连轧生产工艺过程中，常出现薄带钢头部穿带困难的问题，半无头轧制技术可以很好地解决这一问题。在我国，涟钢从 2004 年开始进行半无头轧制技术生产薄规格及超薄规格产品的尝试，涟钢半无头轧制生产线布置如图 7-5 所示。在半无头轧制生产线中，最重要的部分是精轧机组后面的输出辊道上设置高速飞剪；最关键的技术是超长连铸坯温度均匀性的均热制度控制、半无头轧制过程中的张力、动态变规格、板厚板形控制等。半无头轧制技术可以大大减少带钢穿带和甩尾的次数，这样一来，轧制周期会变得极长，而对于生产出的产品质量，除轧制周期内第一卷头部以及最后一卷尾部会出现一些波动外，其余部分的板形和尺寸精度均能保持很高的质量。

应用半无头轧制技术，可以生产出厚度更薄、宽度更大的带材。在尺寸精度方面，对于 1.4 mm 厚超长带钢中间部位的横向厚度偏差可以控制在±40 μm 以内；纵向厚度偏差可控制在±30 μm 以内；在板形方面，对于 1.4 mm 厚超长带钢的凸度值基本可以控制在 35~45 μm，采用辊缝润滑后能控制在 20 μm 以下，头尾楔形值为 20~60 μm，而中间部位的楔形值仅为±10 μm 左右。半无头轧制技术主要应用在车体、电器、机械、管材以及建筑中所需要的板带材制备中。

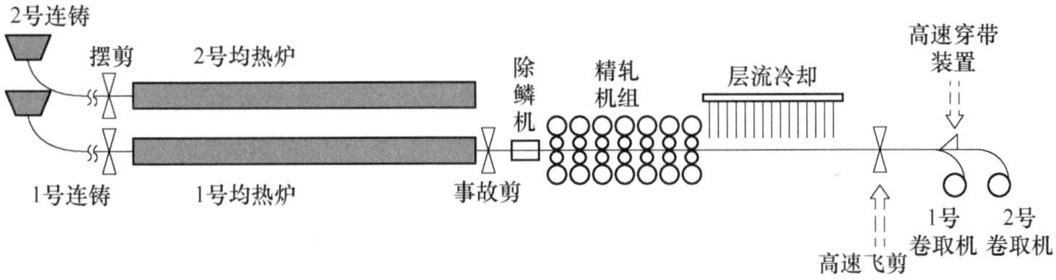

图 7-5 涟钢半无头轧制生产线布置示意图

7.2.2.3 无头轧制工艺

为了解决连铸坏热轧过程中出现的穿带问题、性能稳定性问题、尺寸精度问题等方面的问题，无头连铸连轧（Endless Strip Production，ESP）技术首先在意大利达涅利公司得到开发，并于 2009 年在阿维迪公司克莱蒙纳厂首次得到工业化生产应用。日照钢铁是我国乃至世界上规模最大的高质量薄宽带钢短流程专业化生产基地，日照钢铁从 2015 年开始直到 2020 年，共引进了 5 条 ESP 生产线。近年来，河北太行钢铁、福建鼎盛、云南玉昆钢铁等钢铁企业也建成或将要建设 ESP 生产线。日照钢铁的 ESP 技术生产线布置如图 7-6 所示。

在 ESP 技术，钢水经过连铸机后即进入粗轧机组进行轧制得到中间坯，随后对中间坯进行加热除鳞处理，除鳞后对中间坯进行精轧，得到薄规格带材，最后经层流冷却、高速飞剪，最终卷取成带卷。无头轧制技术生产线布置紧凑，全长仅 190 m 左右，具有显著的优势：（1）节能效果显著：同传统热连轧比较可节能 40%~60%；（2）可大规模生产高质量薄/超薄宽带钢，实现“以热代冷”；（3）得到的带钢具有高性能均一性和高尺寸形状精度，这是传统工艺无法实现的；（4）具有高成材率，低氧化烧损、无切损，成材率可比传统工艺提高1%以上；(5) 生产成本低，需要的投资少。

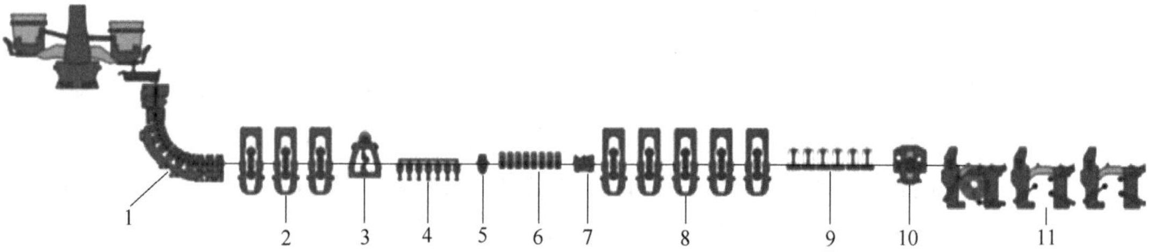

图 7-6 日照钢铁的 ESP 技术生产线布置示意图

1—直弧式薄板坯连铸机；2—粗轧机组；3—摆剪；4—事故推废；5—碎断剪；6—电感应加热炉；7—高压水除鳞机；8—精轧机组；9—层流冷却；10—高速飞剪；11—地下卷取机

在具备诸多优势的同时，无头轧制技术也存在一些难点：如产线高拉速、高刚性(无缓冲)、多工序装备一体化集成控制，尤其是连铸与轧制的衔接和匹配。EPS 生产线投产至今，已经进行了多次技术创新，获得了更加先进的技术并得到了产业化应用。

形成世界规模最大的低碳节能效果显著的高质量薄宽带钢短流程生产基地，突破了无头轧制产线高拉速、高刚性、多工序、高效稳定生产超薄宽带钢的全流程生产组织、铸轧工艺衔接与控制关键技术，实现系列产品大规模稳定生产应用；开发出 ESP 线多炉高拉速连铸无缺陷铸坯控制技术，薄规格带钢板形稳定控制技术；通过成分和轧制工序工艺控制，制定规范的工艺标准、调整除鳞压力、工艺通道清理固化以及后续产线的配合控制，表面质量得到了合理的控制，产品质量获得大幅度的提升，带钢表面接近或达到冷轧板表面要求；探明了 ESP 工艺下低碳/微碳钢组织、析出物、固溶碳演变及强化、时效机理，开发出基于 ESP 产线的铁素体轧制工艺技术，实现了低碳/微碳钢的大规模生产。

7.2.2.4 薄带铸轧工艺

薄带铸轧工艺是目前板带材轧制中最先进的工艺之一，其产线布置如图 7-7 所示。该工艺在连铸过程中，熔融金属经过中间包及过渡部件后流入由两个旋转方向相反的铸辊和两个侧封板组成的熔池，在极快的冷却速度配合铸辊的轧制作用下，发生塑性变形形成较

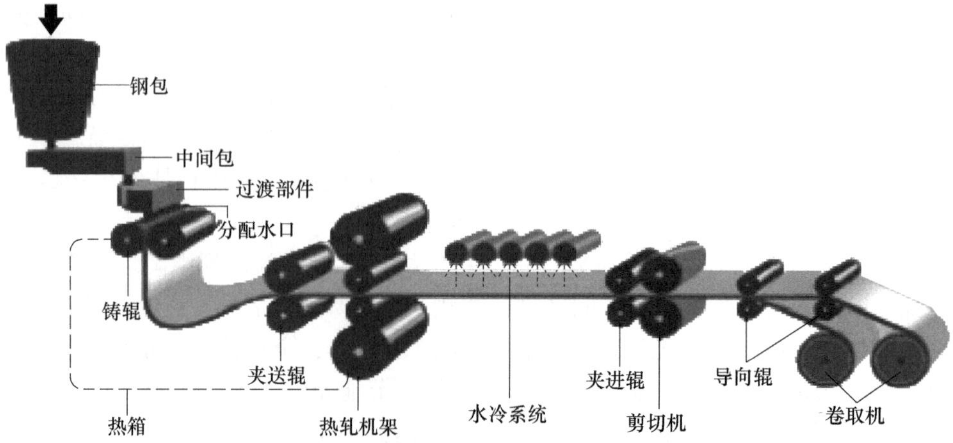

图 7-7 薄带铸轧工艺产线布置示意图

薄的带坯，厚度一般只有 1.5 mm 左右；随后直接进行精轧、冷却、剪切、卷取，最终得到的带材厚度最薄可达到 0.7 mm。与其他轧制工艺相比，薄带铸轧具有产线短、铸速快、冷却速度快、带材产品厚度更薄的特点。薄带铸轧的生产线长度只有 80 m 左右，比 ESP 技术生产线的一半还要短一些；薄带铸轧生产线的铸速和平均冷速分别可达 80 m/min 和 1200 ℃/s，大大地超过了薄板坯连铸连轧产线。

薄带铸轧工艺与传统热轧工艺及薄板坯连铸连轧工艺最大的不同在于，薄带铸轧不是对再加热的钢坯进行轧制，而是直接将钢水通过冷却同时直接轧制成带材。因此，在薄带铸轧生产线中最核心的部分就是图 7-8 所示的部分，通过该部分时，钢水可在不足 1 s，并形成的时间内完成从液态到固态的转变，并形成厚度 1.5 mm 左右的钢带，这样不仅省去了传统轧制工艺中采用加热炉加热钢坯的工序，也避免了传统轧制工艺在需要经多道次轧制才能得到薄规格带材的弊端，同时也能更好地起到节能减排的作用。

图 7-8 薄带铸轧生产线核心部分示意图

采用薄带铸轧工艺轧制成形的带钢，由于没有经过钢坯再加热过程，故其在轧制前的组织仍为铸态冷却后形成的铁素体组织而非奥氏体组织，且铁素体组织呈现等轴状、多边形状以及针状等不同形态，此外，带钢中还会存在一些棒状贝氏体组织。在薄带铸轧工艺得到的不同形态的组织中，最重要的就是呈针状的铁素体组织和棒状贝氏体组织，这些组织具有较高的强度，正是由于这些高强度组织的存在才保证了薄带铸轧工艺生产的带钢在无需添加其他强化元素的前提下，可获得与传统轧制工艺生产的带钢相同的性能，这样也可以起到降低生产成本的目的。

7.2.3 氧化铁皮控制技术

氧化铁皮是热轧钢材在生产过程中的必然产物。热轧钢材表面氧化铁皮一般由三层铁的氧化物组成，最外层是较致密的 Fe_2O_3，呈红色；中间层是致密而无裂纹的 Fe_3O_4，呈黑色；最内层靠近基体的部分是疏松多孔、易被破坏的 FeO，呈蓝灰色。

热轧板带材表面的氧化铁皮往往需要通过酸洗工序去除。然而，在酸洗过程中会产生大量的废酸、残渣，对环境带来了很大污染。我国对废酸的排放有着极为严格的要求，这就要求钢铁企业积极减少甚至免去热轧中的酸洗工序。因此，本节主要阐述热轧板带材“减酸洗”和“免酸洗”钢氧化铁皮控制技术。

7.2.3.1 “减酸洗”钢氧化铁皮控制技术

热轧带钢表面形成的氧化铁皮在酸洗过程中，FeO 最容易通过酸洗去除干净，Fe_3O_4 次之，Fe_2O_3 最难。因此，对于热轧酸洗板，以 FeO 为主体的氧化铁皮结构较为理想。“减酸洗”钢通过控制轧制工艺，获得以 FeO 为主题的氧化铁皮结构，充分利用了 FeO 的易酸洗性，这种钢材产品不易产生“欠酸洗”和“过酸洗”等缺陷，具有良好的表面质量。此外，“减酸洗”钢可以显著降低酸洗时间，提高酸洗效率，降低酸洗工序对钢基体的腐蚀，大大降低酸液的消耗，因此，从产品表面质量和生产情况来看，“减酸洗”钢在提高表面质量、节约生产成本、促进环境友好方面具有显著的优势。“减酸洗”钢的控制策略简述如下。

以 FeO 为主的氧化铁皮结构可以通过两种冷却方式实现，如图 7-9 所示。（1）通过控制热轧和冷却工艺，减少难酸洗的 FeO 含量，同时生成的氧化铁皮厚度较薄，可以满足减酸洗的要求，因此，它是减酸洗钢生产较为理想的方法。但在实际生产钢卷的冷却速度十分缓慢，要实现高冷却速度，必须对钢卷进行单独堆放，并用风机进行冷却，这种冷却方式的冷却效率较低，依然很难满足高冷速的要求，且冷却过程中占用场地较大，所以这种方式难以进行现场推广。（2）通过将卷取温度提升至 FeO 共析转变温度 570 ℃以上，延长 FeO 共析转变孕育期，从而在一定程度上延迟共析反应。这种冷却路径虽然会不可避免地穿过 FeO 的共析转变区间，但高温卷取抑制了共析转变的进行。

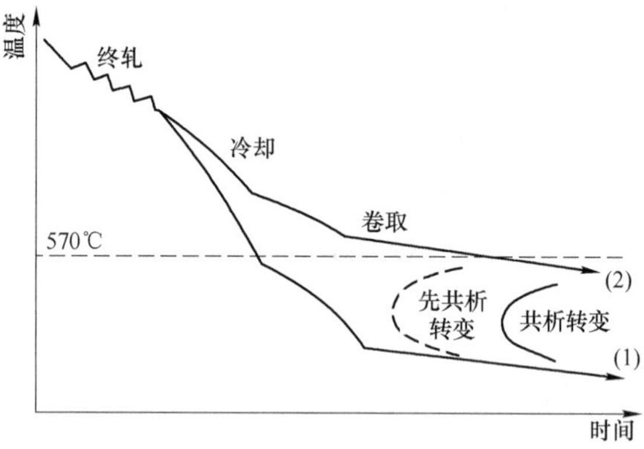

图 7-9 “减酸洗”钢生产工艺示意图

7.2.3.2 “免酸洗”钢氧化铁皮控制技术

酸洗过程中如果控制不当，极易引发“欠酸洗”和“过酸洗”等缺陷。迫于环保与经济效益的双重压力，热轧“免酸洗”钢应运而生。“免酸洗”钢技术主要有“黑皮钢”技术、机械法除鳞技术和氢还原除鳞技术三类，其中，“黑皮钢”技术及机械法除鳞技术中的光滑清洁表面技术（SCS）和表面生态酸洗技术（EPS）都已应用于生产。它们的原理和技术特点简述如下。

（1）“黑皮钢”技术。“黑皮钢”的开发原理是通过优化热轧钢板表面氧化铁皮的厚度和结构，形成以 Fe_3O_4 为主的黑色氧化铁皮，该类型的氧化铁皮与基体具有较强的结合力能承受一定的变形且不发生脱落，钢板可以不经过酸洗工序直接使用。

热轧“黑皮钢”氧化铁皮的控制策略如图 7-10 所示，即在保证钢材力学性能的前提下，通过调整轧制工艺制度，抑制红色氧化铁皮的出现，降低氧化铁皮厚度，合理地控制卷取工艺，促进 FeO 共析反应的进程，促使带钢表面形成以共析 Fe_3O_4 为主的氧化铁皮。根据这一控制思路，可以通过以下工艺实现“黑皮钢”的生产：

1）在精轧前，通过加热工艺、粗轧除鳞等工艺参数的控制，保证除鳞后氧化铁皮完全除净，避免出现红色氧化铁皮，使精轧前的板坯具有良好的表面质量；

2）在精轧及层流冷却过程中，通过控制板坯轧制温度、轧制速度、机架间冷却、层流冷却方式、卷取温度等减薄氧化铁皮厚度；

3）在热轧板带材卷取后，通过调整冷却路径来控制氧化铁皮的结构，获得“免酸洗”钢所需的最优氧化铁皮结构。

（2）机械法除鳞技术。

1）光滑清洁表面技术。光滑清洁表面技术（Smooth Clean Surface，SCS）的原理是在

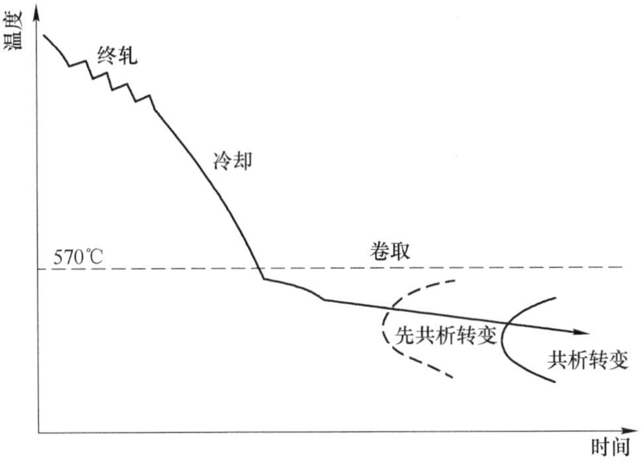

图 7-10　“黑皮钢”生产工艺示意图

密闭的空间内，根据板卷厚度，通过上下经自动调节的研磨辊，由研磨辊研磨洗刷掉钢板表面氧化铁皮的 Fe_2O_3 和 Fe_3O_4 层，仅留下 FeO 层，并由循环过滤水冲洗掉除下的氧化铁皮。经研磨及过滤循环水不断对钢板表面进行冲洗，最终形成约 7 μm 厚的 FeO 层氧化铁皮。

SCS 技术不会产生废酸和废渣，研磨下的铁锈还可以重复利用。但 SCS 技术生产的板材有一定的局限性，不能全部替代冷热轧板材，它不能进行强力挤压和变形等加工，因为此类加工会破坏钢材表面 FeO 层，从而使产品失去防腐功能，此外，采用此类产品进行连续热镀锌和电镀锌也较困难。

2）表面生态酸洗技术。表面生态酸洗技术（Eco-Pickled Surface）技术是在 SCS 技术基础上发展而成的，其基本原理是采用磨料（钢砂和水的混合物）对板卷上下表面进行喷射以去除表面氧化铁皮，从而达到免酸洗的目的。

EPS 技术的关键是使磨料均匀地喷射到不断移动的带钢表面并覆盖带钢的幅面宽度。为保证除鳞效率，需选择合适的磨料。美国 TMW 公司最初采用不锈钢砂砾为磨料，可以达到预期除鳞效果，但成本较高。后来又推出碳钢砂砾磨料。通过往其中添加高 pH 值的添加剂，既降低了成本又有效防止了碳钢砂砾腐蚀。TMW 公司的研究表明，经过 EPS 技术处理的带钢表面粗糙度 *R*a 值基本达到酸洗带钢的水平，通过磨料介质的作用，甚至可超过酸洗带钢的 *R*a 值。因此，部分热轧板经 EPS 技术处理后可直接替代冷轧板使用。另外，同酸洗技术相比，EPS 技术可根据产品不同用途优化其表面光洁度，从而提高产品质量或降低生产成本，例如，电镀需要高表面质量，而对连续热镀锌而言，较粗糙的表面镀层附着性更好，EPS 技术通过调节参数即可实现目的。

（3）氢还原除鳞技术。氢还原除鳞技术的基本原理是借助还原性气体氢将热轧带钢表面氧化铁皮在一定温度下还原成金属铁，达到替代酸洗的目的。还原性气体氢还可扩展到一氧化碳、固体碳等其他还原介质。

与传统工艺相比，氢还原除鳞技术具有独特的优势，如环保，投资回收期短，避免了废酸及残渣的处理，铁氧化物被还原成金属铁而重新利用，金属利用率高。通过与热镀锌段结合，氢还原除鳞技术将具有良好的应用前景。

7.2.3.3 “减酸洗”和“免酸洗”钢在国内的应用

针对我国钢铁工业热轧板酸洗工序废酸产生量大、质量异议多、污染较重的现状，氧化铁皮以 Fe_2O_3为主的“减酸洗”钢和以 Fe_3O_4为主的“免酸洗”钢在多家企业实现了批量生产，建立了热轧钢材氧化铁皮的精细化控制准则，结合现场实际情况制定出了一整套工艺参数控制方案，在普碳钢生产的基础上推广至高强钢、硅钢及中厚板等高附加值产品，形成了完整的热轧钢材氧化铁皮结构与厚度控制的专有技术。

上述技术已在鞍钢 1700、1780 和 2150 热轧产线，宝钢 2050 产线，武钢 CSP 产线，邯钢 2250 产线，唐钢 1780 产线，济钢 1700，梅钢 1422，迁钢 2160 及涟钢 2250、CSP 等产线，鞍钢 4300 和南钢 2700、炉卷产线上推广应用，在冶金行业形成了“减酸洗”和“免酸洗”钢两个品牌产品。在保证力学性能合格的情况下，红色氧化铁皮出现率降低到 5%以下，厚度控制在 3~10 μm，高牌号无取向硅钢氧化铁皮造成的让步改判率≤2%，中厚板由于氧化铁皮缺陷造成的修磨率由 6.3%降到 3.5%。根据用户的使用统计，“减酸洗”钢的酸洗速度可提高约 20%，吨钢酸耗量降低 15%左右，吨钢利润 200 元以上；使用“免酸洗”钢平均每年减少酸液用量 3000 t，吨钢节约成本 110 元。

7.2.4 在线热处理技术

由于热轧钢材在成形过程中通常要加热到奥氏体区，如果在适宜的温度终止热加工过程，并进行随后的保温、冷却、回火等过程，则这种将变形与热处理结合在一起的过程通常称为形变热处理。由于这种热处理是在钢材加工线上进行的，所以也可称为在线热处理。

7.2.4.1 在线热处理技术的作用与意义

钢材在线热处理技术是充分利用轧件热轧后的余热进行控制冷却和余热淬火，不仅节省了大量能源，而且显著地提高钢材的使用性能，体现了现代绿色制造技术节能减排的发展方向。在线热处理技术在节省大量能量消耗的同时，还使热塑性变形与固态相变结合，以获得细小的晶粒组织，使钢材获得了优异的综合力学性能。对低碳钢、低合金钢来说，主要是通过控制轧制工艺参数细化变形奥氏体晶粒，经过奥氏体向铁素体和珠光体的相变，形成细化的铁素体晶粒和较为细小的珠光体球团，从而达到提高钢的强度、韧性和焊接性能的目的。与普通热处理相比，在线热处理后金属材料能达到更好的强度与韧性相匹配的力学性能。

对于钢铁的轧制过程，很长一段时间这种在线热处理过程只限于轧制和冷却过程的控制，基本未涉及在线回火等升温过程，故称为“控轧控冷”。

7.2.4.2 在线热处理技术的原理

控制冷却是通过控制钢材的冷却速度达到改善钢材的组织和性能的目的，基本原理如图 7-11 所示。由于热轧变形的作用，促使变形奥氏体向铁素体转变温度（A_{r3}）提高，相变后的铁素体晶粒容易长大，造成力学性能降低，为了细化铁素体晶粒，减小珠光体片层间距，阻止碳化物在高温的析出，以提高析出强化效果，而人为有目的地控制冷却过程的工艺。控制轧制和控制冷却能使钢材的形变强化和相变强化有效结合，两种强化效果相加，进一步提高钢材的强韧性和取得合理的综合力学性能。

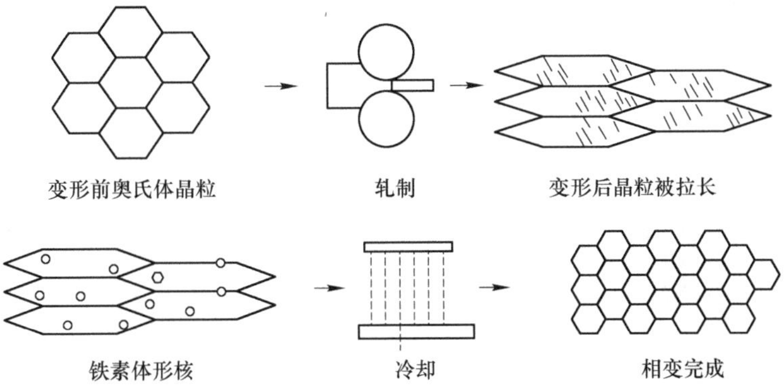

图 7-11 轧后控制冷却工艺机理示意图

7.2.4.3 在线热处理技术在钢铁领域的发展历程

在线热处理技术在 20 世纪得到了迅速的发展，控制轧制和控制冷却技术就是一个有代表性的例子。在第二次世界大战之前，人们只是进行了一些低温控制轧制零星的研究。第二次世界大战中焊接结构船只发生脆断事故，人们开始进行提高材料低温韧性的研究。当时研究的主要目的是利用控制轧制代替正火，通过晶粒细化提高材料的低温韧性。到 20 世纪 60 年代，控制轧制技术发展的驱动力来自能源工业的发展，主要是管线钢的需求。以 Nb 微合金化为重点，采用控制轧制技术，得到了性能优良的管线用钢。至 20 世纪 70 年代，人们逐渐认识到控制冷却技术对提高材料性能的重要意义，各个公司分别开发了各种类型的加速冷却系统。控制轧制和控制冷却从理论到实践取得了长足的进步，人们开始了控制轧制和控制冷却的新纪元。在此阶段，采用一定的合金设计和相应的控制冷却，可以实现相变强化，借此开发了低碳贝氏体钢、针状铁素体钢、超低碳贝氏体钢等。之后，随着汽车轻量化的需求日益迫切，热轧汽车用双相钢、TRIP 钢等相变强化钢受到人们的重视，人们采用合理的热轧后冷却路径控制实现钢材的性能控制，控制冷却又取得了新的进展。到 20 世纪 80 年代，日本等钢厂开发了在线淬火设备，直接淬火技术逐渐应用于实际。随着冷却技术的应用，国际上开发了一批控制冷却实用装置，例如，日本的 OLAC（日本钢管）、CLC（新日铁）、DAC（住友）等和欧洲的水枕式、水刀式冷却等。

至世纪之交，在线热处理技术又出现了两个新的变化。其一是以 UFC、Super-OLAC 等为代表的超快冷装置出现，为在线热处理的冷却过程提供了新的手段。采用超快冷的控制轧制和控制冷却技术与传统的控制轧制和控制冷却在细晶、析出、相变等过程的控制上，采用了不同的思路，因而有可能赋予材料更为优良的性能。其二是出现在线回火等升温过程，“离线”的热处理过程进一步“在线化”，TMCP 技术又有了新的发展。这两项新的变化，都为在线热处理提供了重要的调整手段，必然会促进在线热处理的柔性化。

7.2.4.4 在线热处理技术在国内应用的例子

（1）安阳复星合力高延性冷轧带肋钢筋。安阳复星合力公司的高延性冷轧带肋钢筋盘螺技术是基于“冷轧+轧制力前馈”的在线热处理工艺技术原理，以普碳钢 Q235 为原料，在不添加任何微合金的情况下，生产高质量、高性能、节约型、绿色化的建筑新型材料，抗拉强度达到 600~800 MPa，均匀伸长率比国际标准提高 1.5 倍，提升了钢筋综合性能，成品与原料相比，成品晶粒度细化，与细晶粒热轧钢筋相当，同时还实现了产品规模化、自动化、高速化、集成化生产。

安阳复星合力自主研发行业首创的第六代生产线如图 7-12 所示。该项技术集成研发了高速立式上料、主被动轧制、在线热处理、在线质量控制检测、低温吐丝集卷技术与装备，生产线具有结构紧凑、布局合理等特点，实现了优质、高效、稳定的自动化规模生产，单线年产能达到 10 万吨以上。

图 7-12　安阳合力冷轧钢筋第六代生产线

彩图

安阳复星合力公司开发的 CRB600H 高延性冷轧带肋钢筋较 HRB400 热轧带肋钢筋，屈服强度标准值提高 140 MPa，抗拉强度提高 70 MPa；CRB600H 钢筋较 CRB550 传统冷轧带肋钢筋，屈服强度提高 40 MPa，延性提高 1.5 倍以上。

项目建设过程中，CRB600H 钢筋每平方米用量约 6.0 kg，比 HRB400 钢筋每平方米用量减少 1.5 kg；CRB600H 钢筋总用量约为 9600 t，比 HRB400 钢筋减少了 2000t，实际节材率高达 20.1%，节约建设成本近 1000 万元。并且 CRB600H 钢筋全部代换成 HRB400 钢筋，可节约标煤用量约 1400 kg；减少合金约 1000 kg；减少二氧化碳排放量约 3700 kg。此外，还降低了物流成本和人工成本，经济效益、社会效益显著。

（2）超高强 Q960 热轧卷板。热连轧在线热处理短流程工艺生产超高强度钢板省去了热处理工序，具有成本低、能耗少和交货周期短等优点，提高了产品竞争力。开发控轧控冷短流程工艺在线生产薄规格超高强度钢是钢铁企业实现价值最大化的重要手段，也是钢铁行业实现节能减排的有效途径。

首钢京唐钢铁公司与北京科技大学联合开发了一种短流程工艺在线生产的超高强 Q960 热轧卷板及其制备方法。此发明按设计的合金成分和轧制工艺进行，轧后采用的冷却工艺可分为两阶段：一阶段为（超）快速冷却，冷却方式为超快速冷却、层流冷却或超快速冷却+层流冷却，冷却速度>40 ℃/s；二阶段为卷取后的缓慢冷却（自回火），卷取温度为 400~520 ℃，钢板卷取后置于空气中缓慢冷却。该 Q960 级热轧卷板通过合理的元素配比，充分利用了 Ti、Nb、V 微合金化技术、（超）快速冷却工艺及自回火工艺之间的协同强韧化作用，获得了优异的综合性能，其屈服强度大于 960 MPa，抗拉强度大于 980 MPa，伸长率超过 12%，−40 ℃ V 形缺口冲击功不低于 75 J。

此发明微合金元素的应用，既细化了晶粒、提高了再结晶温度，又起到了析出强化的效果。快速冷却既获得了以板条贝氏体为主的低温复相组织，又减少了轧板在高温区停留的时间，将处于加工硬化状态的奥氏体保留到相变温度区，获得了晶粒细小的最终组织。采用了较高的卷取温度，有利于获得良好的板形同时，利用钢板卷取后缓慢的冷却过程进行自回火，省去了调质处理等热处理工序，以“轧后超快冷+在线自回火”代替了传统的“再加热淬火+离线回火”工艺，降低了生产成本，节约了生产能耗，缩短了产品的交货周期。因此，此发明有利于推动钢铁产业的节能减排，符合可持续发展理念。

（3）超细晶组织汽车用钢。面对当前汽车行业的不断发展，汽车轻量化成为行业发展的新方向，通过提高汽车用钢的强塑积，不仅能够减少材料的消耗以达到降低整车重量的目的，还能保证车身强度与安全性能，开发应用潜力巨大。由于低合金高强汽车用钢中合金元素的添加量相对较少，要想提高材料的强塑积性能，需对其制备工艺与组织进行合理的设计与控制，获得一定配比的铁素体、贝氏体、马氏体以及残余奥氏体双相或多相共存的超细晶粒组织钢，确保材料具有高强度、高塑性、高韧性、低密度、高抗疲劳的良好综合性能。

北京科技大学发明了一种超细晶复合贝氏体高强韧汽车用钢及其制备方法。此发明按照设计成分称取原料，进行冶炼、连铸，得到热轧板，将热轧板经酸洗后冷轧，冷轧压下率为 45%~65%，得到厚度为 1.5~2.0 mm 冷轧薄板，之后进行三步处理：1）将冷轧薄板以 5~25 ℃/s 的速率升温至奥氏体、铁素体两相区 780~880 ℃，保温 2~3 min；2）将钢板以 30~60 ℃/s 的冷速冷却至贝氏体转变温度区域的 350~430 ℃，保温 6~7 min；3）将钢板以 20~40 ℃/s 的冷速冷却至室温，即得到超细晶复合贝氏体高强韧汽车用钢。经过以上步骤，汽车用钢的屈服强度大于 600 MPa，抗拉强度大于 1100 MPa，总伸长率超过 30%，强塑积超过 30 GPa·%，达到了第三代汽车用钢的性能要求。

此发明的复合贝氏体高强韧钢通过调整热处理过程工艺参数，经两相区退火与贝氏体区等温热处理工艺后，在室温下平均晶粒尺寸小于 5 μm，组织由板条状和粒状复合贝氏体、铁素体、残余奥氏体构成，板条贝氏体与粒状贝氏体所占体积之比为 0.8~1.0。在变形过程中各组织之间相互协调配合，复合贝氏体组织能够提高材料的强韧性，亚稳残余奥氏体发生相变诱导塑性效应，使材料能够承受较大的载荷与变形，具有很好的塑性和抗冲击性能。由于这种复合贝氏体高强钢的合金成分含量低，同时生产制备工艺简单，并且综合性能优异，是新型汽车用钢的理想材料。

7.3 轧钢过程中的数字化与智能化

“中国制造 2025”指出，到 2025 年，我国要进入世界制造强国的行列。其核心是创新驱动发展，主线是工业化和信息化两化融合，主攻方向是智能制造，最终实现制造业数字化网络化智能化。钢铁工业作为制造业的典型代表，近年来，钢铁工业智能制造处于快速发展阶段，2022 年 2 月 7 日，工业和信息化部、国家发展和改革委员会、生态环境部三部门联合发布了《关于促进钢铁工业高质量发展的指导意见》，提出了 12 项主要任务，

"大力发展智能制造"是其中的第7项任务。

"十三五"是中国经济、科技发展的重要时期，此期间以钢铁为代表的基础原材料工业得到迅速发展，环境保护、节能减排、可循环、绿色化制造，以及降低成本、节约资源成为钢铁产品制造技术发展的必由之路。此外，"十三五"期间，以智能制造为代表的新一轮科技革命和产业变革风起云涌，智能转型是建设制造强国的关键所在。随着人工智能、互联网以及大数据等新一代信息技术与制造业的融合发展，数字化、网络化和智能化逐渐成为制造业发展的重要方向，智能制造迈上了一个新台阶。

在"中国制造2025"和"十三五"规划的时代背景下，以数字化、智能化引导的智能制造技术推动着中国轧钢技术的快速发展，呈现了一大批高水平科技成果。本节主要介绍了数字化和智能化技术的发展简介和它们在轧钢过程中的应用。

7.3.1 数字化技术发展简介

7.3.1.1 数字化技术概念

对于数字化的概念，学术界还没有达成共识。一般认为，数字化是指对信息转化成二进制代码（0和1），并对其进行加工处理的过程。而数字化技术是计算机技术、多媒体技术以及互联网技术的基础，是实现信息数字化的技术手段。它将客观世界中的事物转换成计算机唯一能识别的机器语言，即二进制0和1，从而实现后续一系列的加工处理等操作。数字化技术一般包括数字编码、数字压缩、数字传输、数字调制与解调等技术。

7.3.1.2 数字化技术的发展现状

近年来，美国"制造业回归"的呼声日益壮大，美国政府也强力推动国内劳动力在土地成本方面的升高，对比而言，我国传统制造业所依赖的优势，已经不适合国际社会的竞争力了。随着信息化技术不断更新，全球经济正在稳步复苏，国际社会设计与制造行业的竞争力空前加大，在新的工业体系中我国设计与制造业面临的局势很被动，但是，严峻的挑战同样代表着机遇的来临，我国数字化在设计与制造业中的地位日益明显，加快在设计与制造业的数字化进程是大势所趋。对此，在新的国际竞争中，我国面临数字化核心的技术应用，显然取得了很大的成就，我国在设计与制造行业的投入，也在不断对原有的工业类型进行转型。这无疑是数字化时代的一个重要战略抉择。

现阶段，数字化在我国设计与制造业的应用中取得显著成果。近年来，广大企业改变了传统的制备工艺，结合互联网的发展，取得了突飞猛进的发展。在此基础上，数字化技术运用于设计与制造业的发展正在不断深入，例如，企业通过产品、工艺和生产资源的集成优化技术等。数字化运用于装备和维修，全面展现出了数字化在企业集成运用的效果，成为一种全新的生产模式。数字化能够用其自身具备的优势，满足新时代企业发展的市场需求，我国在数字化方面的投入已经可以满足数字化设计与制造业的需求。并且，经过数字化的不断完善，在设计与制造管理方面，数字化技术也得到了广泛应用，生产管理效率得到了很大的提升。

7.3.1.3 数字化技术未来的发展趋势

随着计算机和网络技术的发展，使得基于多媒体计算机系统和通信网络的数字化制造技术为现代制造系统的并行作业、分布式运行、虚拟协作、远程操作与监视等提供了可能。数字化制造技术与产品的发展趋势如下。

(1) 制造信息的数字化，将实现 CAD/CAPP/CAM/CAE 的一体化，使产品向无图纸制造方向发展，如产品 CAD 数据经过校核，直接传送给数控机床完成加工就是一例。

(2) 通过局域网实现企业内部并行工程，通过 Internet 建立跨地区的虚拟企业，实现资源共享，优化配置，使制造业向互联网复制制造方向发展。

(3) 将数字化技术注入传统产品，开发新产品，无论从工业装备和人民生活需求都是社会发展的趋势。

特别是在我国，国家在数字装备和数字制造的基础研究方面加大资助力度，建立国家级的研究中心和工程中心；与数字地球、数字流域、数字城市等数字技术相适应，大力发展和应用适合我国国情和国防建设的数字技术和数字装备；特别重视人才的培养建设，大力培养一批具有创新意识、思维活跃、立足国内的从事数字制造基础研究的高科技人才；积极开展数字制造的国际交流和合作，尽快提高我国数字制造的研究水平，实现我国制造业的跨越式发展。

7.3.2 数字化技术在轧钢过程中的应用

7.3.2.1 南钢大数据降本增效

BP 神经网络是人工神经网络中最成熟的一种算法，虽然收敛速度慢，但是其泛化能力好，对于数据较少的非线性问题而言具有很好的使用性。

为降低 V 含量最终实现降低南钢角钢生产成本的目的，北京科技大学利用 BP 神经网络作为模型进行预测，以近些年宿迁金鑫生产的各规格角钢作为数据创建模型，在屈服强度、抗拉强度和冲击功的预测都满足要求的情况下，实现最低 V 含量的预测。

预测后，160 规格角钢吨钢 V 质量分数降低 0.005%，每吨钒氮合金含量 17 万元，吨钢节约 11 元；180 规格角钢吨钢 V 质量分数降低 0.02%，每吨增加 80 kg 复合钒氮，每吨钒氮合金含量 17 万元，吨钢节约 36 元；250 规格角钢由 7V3Al（钒氮合金）改为 V 质量分数含量 0.068%+60 kg 氮化锰硅，力学性能不合改判率由 10.5%降至 0%，吨钢降本 30 元。

针对降本后的成分体系进行生产，2021 年，南钢角钢累计生产 16.1 万吨，其中 220×220 坯型生产 3.6 万吨，产品规格主要为 14 号、16 号角钢；250×300 坯型生产 8.01 万吨，产品规格为 18 号、20 号角钢；250×350 坯型生产 4.49 万吨产品规格为 22 号、25 号角钢。其中 220×220 和 250×300 坯型生产的产品总体性能稳定，余量充足，合格率 100%。2021 年，南钢大角钢累计生产 4.49 万吨，其中 22 号角钢生产 2.52 万吨，Q420TC-1 牌号为 2.13 万吨，Q355TC-2 牌号为 0.39 万吨；25 号角钢生产 1.97 万吨，Q420TC-1 牌号为 1.79 万吨，总体性能稳定，余量充足，合格率 100%。

7.3.2.2 莱钢 H 型钢成分设计

北京科技大学在优化莱钢 H 型钢性能时，以 H 型钢的力学性能为主要目标，不断调整合金系统，目前共进行了 5 次试轧试验和两次大生产试验。将试验的数据进行整理总结，利用皮尔逊相关性分析方法，计算合金成分和工艺参数对力学性能的影响系数，结果如图 7-13 所示。二维码彩图中红色框区域内为合金成分和工艺参数与力学性能的相关性数据。

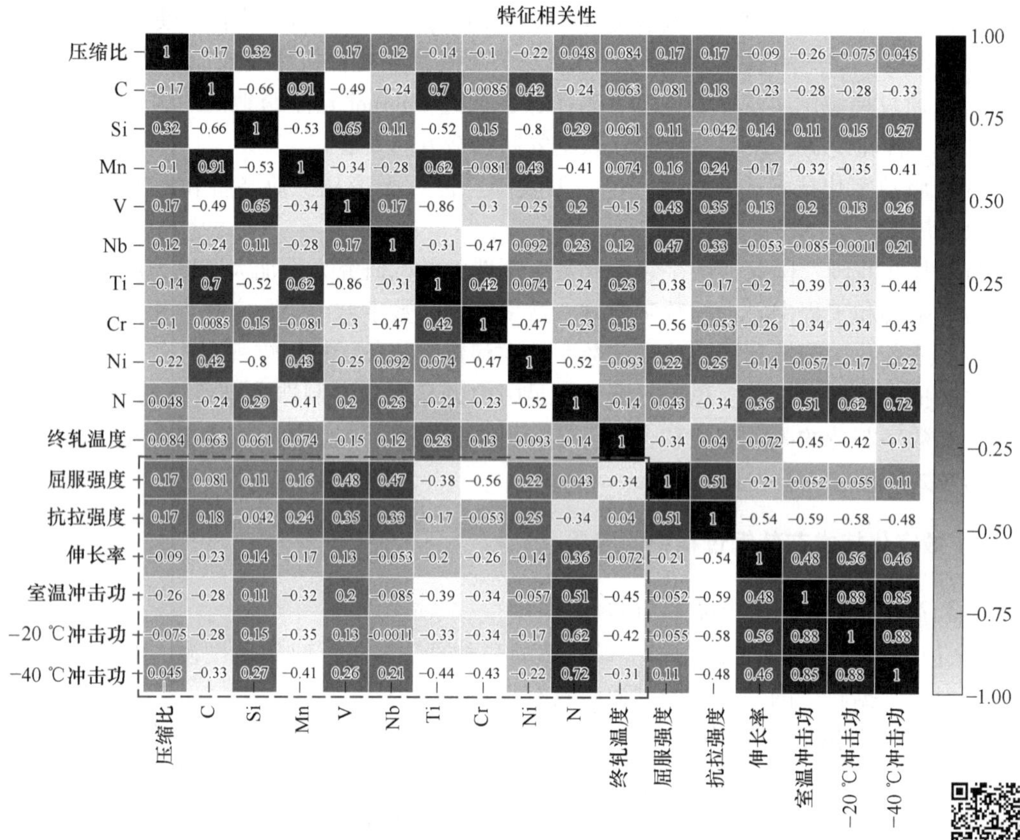

彩图

图 7-13 相关性热力图

根据以往的数据分析经验和相关文献研究结果，强度和伸长率的相关性一般能与实际情况吻合，而冲击功由于存在非金属夹杂物、带状组织、铸坯裂纹等不受合金成分和轧制工艺参数主导或影响的因素，其相关性系数容易与实际规律有一定偏差。从相关性结果来看，试制的合金成分和工艺参数与力学性能的关系基本符合物理冶金规律，部分相关性与物理冶金规律不符的主要原因是数据量较少，且试制的合金系统和工艺参数均有人工设计的影响。只依照物理冶金规律设计成分和工艺容易忽视复杂的合金系统和工艺条件带来的综合影响，而只参照数据分析的结果，则可能做出完全违反物理冶金规律的举措。利用相关性分析，将结果与物理冶金规律结合起来，可以对合金系统和参数的调控做出更好、更实际的指导。

7.3.2.3 大型复杂断面型钢数字化高质量轧制理论与技术

大型复杂断面异形型钢轧制孔型系统设计、优化、配辊加工及轧制过程产品尺寸形状高精度控制是一个复杂的工艺系统，采用传统的以经验试错方法为主的工艺技术难以满足高质量、高精度大型复杂断面型材的要求。

北京科技大学联合攀钢、山钢等企业自主研发出一整套高质量高速重载钢轨及大型复杂断面型材数字化智能设计制造技术及关键软硬件，实现大规模产业化应用。关键技术如下。

(1) 独创的钢轨全流程孔型工艺数字化智能设计加工系统解决了复杂型材孔型工艺全流程数字建模、智能设计及配辊加工关键软硬件难题，实现高质量钢轨及异型材孔型系统和工艺数字化智能设计、配辊加工研发效率大幅度提高。

(2) 高速重载钢轨全流程性能稳定性预测控制成套技术。实现钢轨性能极稳定组织超细均匀、超低残余应力。

(3) 创建钢轨轧制补偿模型及全长尺寸在线智能控制技术。研发出辊缝在线监测、补偿及智能控制整套软硬件技术，解决了钢轨局部“高点”难题。

(4) 研发出钢轨轧制局部润滑及表面质量控制设备技术。解决了钢轨轧疤、轧痕等表面质量控制难题，轧辊寿命延长1倍多。

攀钢完成高质量高铁轨、重载轨、道岔轨三大系列50多种类，大量用于国内外高铁、重载铁路。山钢开发出J形等多种复杂断面型钢，成功应用于大型机械装备制造等领域，使中国在轧制数字化技术开发与应用进入国际前列。

7.3.2.4 邯钢CSP轧制工艺设备数字化管控

邯钢CSP生产线作为国内首批引进的近终型短流程技术生产线之一，具有设备投资少、生产周期短、单位能耗低等优点。邯钢连铸连轧厂工艺技术人员结合CSP短流程生产工艺特点，通过对轧机、活套、卷取机实施精度和刚度数字化的工艺监控，并结合轧制工艺策略改进攻关等措施，提升了邯钢CSP轧制技术科学化管理能力，进一步发挥和挖掘了邯钢CSP产线装备优势。通过开展薄规格轧制工艺数字化改进，提升了邯钢CSP生产线薄规格的批量供货能力，提高了品种、规格供货范围，大幅提高了合同兑现率。根据生产统计，2016年，邯钢CSP线累计生产≤2.03 mm以下薄规格共计15.08万吨，同比2015年增加1.06万吨，其中高新品种≤2.03 mm薄规格5.66万吨，占比达到17.5%，比去年同期增加1.53万吨，同比提高29%，此外，热基高强镀锌D44钢种批量备料生产极限规格由原来的2.2 mm已拓展至1.95 mm。增强了邯钢产品的市场竞争力，为邯钢赢得了良好的社会效益。

7.3.3 智能化技术发展简介

7.3.3.1 智能化技术概念

智能化是指事物在计算机网络、大数据、物联网和人工智能等技术的支持下，所具有的能满足人的各种需求的属性。

智能化技术在其应用中主要体现在计算机技术、精密传感技术、GPS定位技术的综合应用。随着产品市场竞争的日趋激烈，产品智能化优势在实际操作和应用中得到非常好的运用，其主要表现在：大大改善操作者作业环境，减轻了工作强度，提高了作业质量和工作效率；一些危险场合或重点施工应用得到解决；环保、节能；提高了机器的自动化程度及智能化水平；提高了设备的可靠性，降低了维护成本；故障诊断实现了智能化等。

7.3.3.2 智能化技术的发展

原始时期人类无意中发现经火所烧烤过的食物更具有可食性，便开始探索取火的方式。为便捷生存，人类开始圈养动物并种植可食用的植物。封建社会为了提高粮食的产量人们发明了体力牛耕的种植方式。在西方社会，最初的工业发展需要众多劳动力，为提高工业生产效率，蒸汽机得以发明，为了进一步提高工业生产力，电力应运而生，从此人类进入到电气时代。所以我们能够看到，舒适、便捷的生活，简单、高效的生产一直是人类追求的目标，那么智能化技术的出现与发展，也是人类社会对于生产生活追求的必然产物。

18 世纪中期，为减少繁重的脑力计算，使复杂的数字运算能够快捷、准确，第一台计算机便应运而生。这是具有划时代意义的，同时也是现代化智能技术得以出现与发展的最初的基础。计算机的使用与发展越来越简单、快速，使其褪去了繁重的设备束缚，并开始进入到人们的生活之中。计算机的广泛使用，使得信息的传播摆脱了时间与距离的束缚，信息的使用更加简单方便，信息化社会由此而到来。信息化社会的到来为智能化技术奠定了最终的坚实基础。所以说智能化技术的出现与发展源于 3 个方面：（1）人类对于简单便捷的生产生活的追求；（2）计算机的发明与使用；（3）信息化技术的发展与成熟。

智能化技术在产生的初期通常对于一些事物所反馈的信息及传来的数据进行一定的分析，并根据分析结果来进行一定的操作指令，从而实现一些简单的事务处理。随着智能化技术的发展与成熟，现在其应用已经非常广泛，在生活上，如交通的控制、监控及自动处理系统等；在生产上，如机械制造的智能化、水电厂的智能化等；在科技上，如航天系统等。现在的智能化技术已经发展到各个领域。智能化技术无疑是人类社会文明的重要标志，并且在各方面为人类提供着更好的服务，使人类的生活发生了本质上的变化。

7.3.3.3 智能化技术未来的发展趋势

智能化技术的发展趋势大致有以下三点。

（1）性能发展方向：1）高速高精度高效化；2）柔性化；3）工艺复合性和多轴化；4）实时智能化。

（2）功能发展方向：1）用户界面图形化；2）科学计算可视化；3）插补和补偿方式多样化；4）内装高性能 PLC 控制模块；5）多媒体技术应用。

（3）体系结构的发展：1）集成化；2）模块化；3）网络化。

7.3.4 智能化技术在轧钢过程中的应用

7.3.4.1 轧机颤振智能监控与抑制提速技术

宝钢股份、北京科技大学等单位围绕关键共性问题，经过持续攻关研发，取得成果。关键技术如下。

（1）研制了基于轧机颤振相关大数据的时空融合模型，开发了基于信息物理系统（CPS）的颤振在线监测预警系统，实现报警能量阈值的自适应学习以及振源智能识别。

（2）建立和完善轧机机电液界多态耦合振动理论体系，提出和完善轧机机电液界多态耦合振动理论。

（3）研制了连铸机振动、连铸坯硬度波动和形貌、轧机耦合振动在线监测系统，实现铸轧流程整体监测和振动基因遗传追溯功能，为确定诱发轧机振动的根源提供数据支撑。

（4）研制轧机多态耦合振动解耦抑振器，获得多个频率抑振信号，分别送到压下和主传动控制系统中进行振动相位控制和幅值控制，达到消减轧机振动幅值和振动能量。先后在国内 23 个轧机组应用后，月平均发生颤振次数降幅超 50%；颤振导致的月平均废钢切除量降幅近90%；轧机提速4%以上，轧机牌坊垂振速度由原来的8降低到1 mm/s，抑振效果显著，为全国数百条生产线上的轧机振动问题提供了一整套实用的解决方案。

7.3.4.2 宝钢1580热轧智能产线

2015年至今，工业和信息化部已经陆续公布了4批智能制造试点示范项目，钢铁行业累计有9个项目进入示范名单。其中，宝钢1580热轧产线是业内最早的示范项目，打造出了钢铁行业智能样板车间。1580热轧智能车间系统框架如图7-14所示，智能车间设定技术指标及项目实际验收时的技术指标见表7-1。

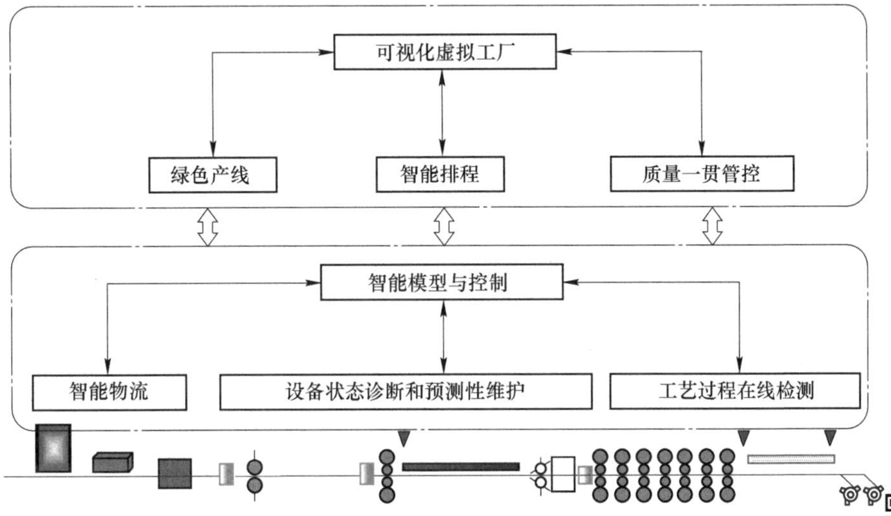

图7-14 1580热轧智能车间系统框架示意图

彩图

表7-1 1580热轧智能车间项目主要技术指标

设定参数	设定指标/%	实际验收指标/%
工序能耗降低	5	5.12
质量成本下降	20	26.16
劳动效率提升	10	12.5
自动化轧钢率提升	6	9.01

智能产线的关键技术如下。

(1) 热轧板形控制技术。本套热轧板形控制系统充分挖掘“人工操作”小数据，模型自适应功能充分借鉴了操作工关于PC角、CVC位置、弯辊力的设定经验，结合了大数据技术精调热凸度补偿、轧辊磨损等模型，在凸度反馈控制、平直度反馈控制中引入滑动平均滤波、SMITH预估控制等先进控制算法，优化窜辊模型综合考虑生产计划，以整个轧制计划磨损均匀为目标，实现动态优化窜辊策略。板形控制系统自2017年应用于现场后，取得了良好的效果：同宽轧制千米数大于50 km；实现生产计划宽度反跳300 mm；

凸度、楔形两指标同时命中95%以上比例达到70%；换辊次数6~7次/天。

（2）粗轧宽度智能控制技术。新的宽度控制模型如图7-15所示。该模型在实际生产中取得显著成效，1580热轧宽度控制由大量人工干预到实现模型全自动化控制，其中粗轧控制精度提高38.9%，宽度质量封锁率下降40%以上，宽度余量减小15%。

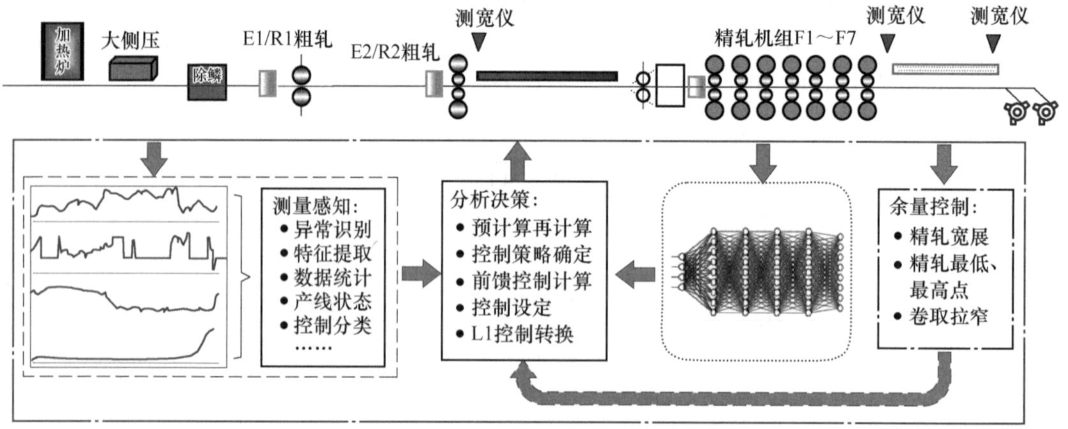

图7-15 粗轧宽度控制模型

彩图

（3）热轧表面缺陷智能判定技术。项目实施前，宝钢热轧表面检测采用国际上最好的仪表，但表面质量缺陷的识别、判断依然需人工完成，工作量巨大。此项目探索将深度迁移神经网络技术应用于热轧表面质量缺陷识别与判断，基于8000张经现场标注的表面缺陷图片，对31类缺陷进行识别分类；图像预处理中对数据集进行旋转、镜像、转换；模型结构选用迁移的预模型：inception-v3（47层）和resnet-v2（152层）。通过训练后，表面缺陷识别正确率可提高到95%。

（4）热轧表面质量预警与分析技术。表面质量中的带钢表面氧化铁皮压入、边部线状缺陷等是目前的突出质量问题。宝钢项目组采用大数据分析技术，开展表面氧化铁皮、边线缺陷AI建模、缺陷智能诊断研究。研究工作包括数据准备与处理、AI建模、工艺诊断优化三部分，如图7-16所示。以Xgboost建立的表面缺陷预测模型综合精度最好，基于表面质量预测模型，以F1-SCORE贪心算法为核心，搜索分析数据集中各个特征的最优取值区间以及调整的最优顺序，得到多种工艺改进方案并应用于生产现场。1580热轧产线

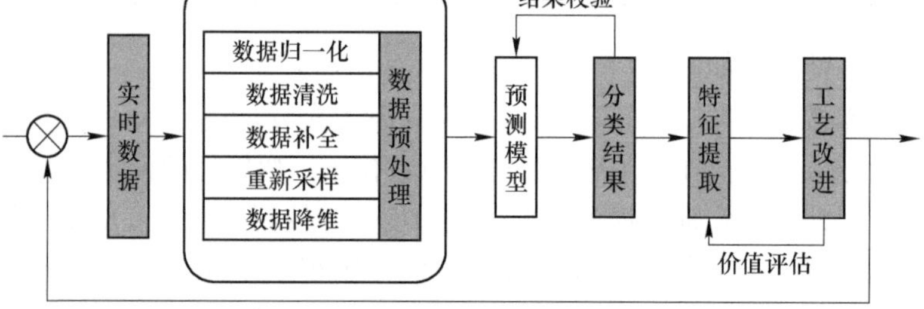

图7-16 热轧表面质量智能诊断

的边线缺陷发生率得到控制，2018 年，总体缺陷发生率为 0.01%，较 2017 年下降了 0.20%。

7.3.4.3　承钢轧钢加热炉控制系统优化

河钢承钢棒材事业部一棒加热炉为三段步进双蓄热式加热炉。为减少燃料消耗，降低氧化烧损，提高加热质量，承钢于 2019 年采用北京和隆优化科技股份有限公司优化控制系统对加热炉燃烧部分进行了技术改造，实现了加热炉燃烧优化控制，优化空燃比、钢坯加热质量、炉内温度、炉内气氛（空燃比）、炉压、排烟温度等工艺参数，从而达到节约燃气消耗、减少氧化烧损目的。

承钢轧钢加热炉增加一套北京和隆优化控制系统，如图 7-17 所示。优化控制系统的功能在于实现全自动控制，通过准确的空燃配比调控，降低燃料消耗量，降低氧化烧损。根据加热炉燃烧制度设定的炉膛温度，自动调节煤气、空气支管阀门，稳定炉膛温度在精度范围内；同时在蓄热体允许范围内尽可能地提高烟温，增大烟气的热量利用率，提高空气和煤气入炉的温度；控制炉膛压力在微正压，减少能量在炉门口的泄漏浪费。

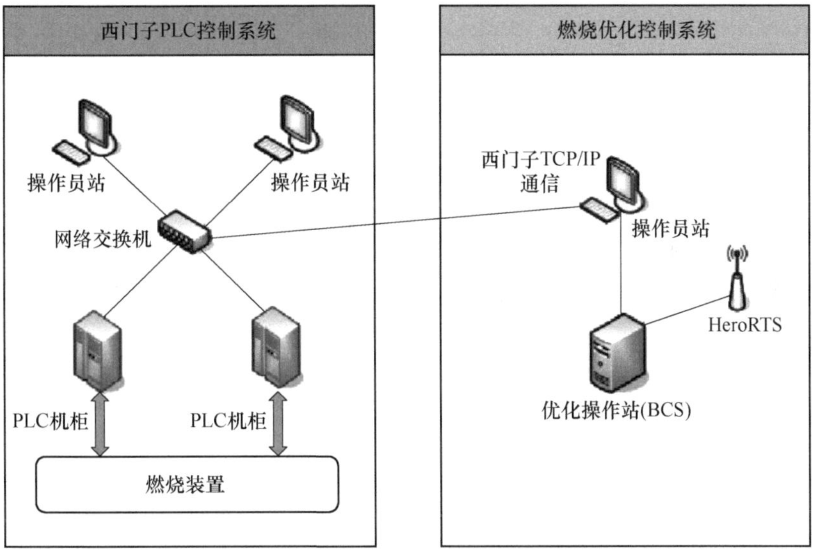

图 7-17　优化控制系统组成示意图

除炉膛温度和压力控制回路外，还采用了烟温控制回路，根据对应的支管流量来前馈控制烟温阀门的动作，同时采用软伺服技术、扰动观察器、重叠控制技术等先进控制算法，提高烟温的控制精度。另外，还建立了智能语音报警功能、通信故障自动切换功能、安全限幅与联锁功能、仪表故障的自动处理功能和故障诊断与容错控制功能，以及加热炉经济运行统计与考核功能。

一棒加热炉优化控制系统经过优化改造应用一年后，提高了加热炉燃烧系统的自动化水平，使加热炉轧钢温度运行更加平稳，生产更安全，在相同钢种、相同生产节奏下优化控制系统较改造前各段炉膛温度、排烟温度波动明显减小，煤气能耗显著下降，减少氧化烧损，提高了企业的经济效益。

练习与思考题

7-1 在轧钢领域，哪些技术革新对生产过程产生了显著影响？请概述这些主要的技术创新。

7-2 新一代 TMCP 的核心要点包括哪些？请详细说明这些技术要点的具体内容。

7-3 薄板坯连铸连轧工艺具有哪些显著特点？它相较于传统工艺有哪些优势？

7-4 请阐述在线热处理技术的原理，并说明其在轧钢生产中的作用及其重要性。

7-5 何谓智能化技术？请概述智能化技术的发展趋势，并探讨其在轧钢行业中的应用前景。

参 考 文 献

[1] 康永林，孙建林，等．轧制工程学［M］.2 版．北京：冶金工业出版社，2014.
[2] 宋仁伯，等．轧制工艺学［M］. 北京：冶金工业出版社，2014.
[3] 李静媛．材料成形理论基础［M］. 北京：冶金工业出版社，2022.
[4] 德国钢铁学会．钢铁生产概览［M］. 中国金属学会，译．北京：冶金工业出版社，2011.
[5] 王廷溥，等．现代轧钢学［M］. 北京：冶金工业出版社，2014.
[6] 毛新平．热轧板带近终形制造技术［M］. 北京：冶金工业出版社，2020.
[7] 康永林．现代汽车板工艺及成形理论与技术［M］. 北京：冶金工业出版社，2009.
[8] 李群，高秀华．钢管生产［M］. 北京：冶金工业出版社，2008.
[9] 严泽生．现代热连轧无缝钢管生产［M］. 北京：冶金工业出版社，2009.
[10] 高秀华．钢管生产知识问答［M］. 北京：冶金工业出版社，2007.
[11] 王晓东，包喜荣．无缝钢管 TMCP 的理论与实践［M］. 北京：冶金工业出版社，2022.
[12] 张芳萍．钢管张力减径理论与应用［M］. 北京：冶金工业出版社，2021.
[13] 董志．高技术铁路与钢轨［M］. 北京：冶金工业出版社，2003.
[14] 任勇，程晓茹．轧制过程数学模型［M］. 北京：冶金工业出版社，2008.
[15] 王国栋．金属轧制过程人工智能优化［M］. 北京：冶金工业出版社，2000.
[16] 王国栋．数字钢铁［M］. 北京：冶金工业出版社，2023.
[17] 张立文．计算机在材料科学与工程中的应用［M］. 大连：大连理工大学出版社，2016.
[18] 张斌煜，张芳萍．张力减径技术［M］. 北京：国防工业出版社，2012.
[19] 程知松．棒线材生产创新工艺及设备［M］. 北京：冶金工业出版社，2016.
[20] 李曼云，牟文恒．高速轧机线材生产知识问答［M］. 北京：冶金工业出版社，2006.
[21] 强十涌，乔德庸，李曼云．高速轧机线材生产［M］. 北京：冶金工业出版社，2009.
[22] 杨晓彩，袁志学．高速线材生产实训［M］. 北京：冶金工业出版社，2015.
[23] 袁志学，杨林浩．高速线材生产［M］. 北京：冶金工业出版社，2012.
[24] 康永林，唐荻．轧钢过程节能减排先进技术［M］. 北京：冶金工业出版社，2020.
[25] Allison J. Integrated computational materials engineering：A perspective on progress and future steps［J］. Journal of the Minerals，Metals & Materials Society，2011，63（4）：15-18.
[26] Allison J，Backman D，Christodoulou L. Integrated computational materials engineering：A new paradigm for the global materials profession［J］. Journal of the Minerals，Metals & Materials Society，2006，58（11）：25-27.
[27] Allison J，Li M，Wolverton C，et al. Virtual aluminum castings：An industrial application of ICME［J］. Journal of the Minerals，Metals & Materials Society，2006，58（11）：28-35.
[28] Bhadeshia H. The first bulk nanostructured metal［J］. Science and Technology of Advanced Materials，2013，14（1）：014202.
[29] 曹光明，刘小江，薛军安，等．热轧带钢氧化铁皮的酸洗行为［J］. 钢铁研究学报，2012，24（6）：36-41.
[30] 曹光明，石发才，孙彬，等．汽车大梁钢的氧化铁皮结构控制与剥落行为［J］. 材料热处理学报，2014，35（11）：161-167.
[31] 曹光明，孙彬，刘小江，等．热轧高强钢氧化动力学和氧化铁皮结构控制［J］. 东北大学学报（自然科学版），2013，34（1）：71-74，84.
[32] 陈昌渝．我国船舶工业的发展及对船舶用钢的需求状况［J］. 冶金管理，2007（12）：4-6.
[33] 陈晨，双远华，陈建勋，等．不同初轧温度下钛合金三辊斜轧穿孔工艺研究［J］. 热加工工艺，

2024（18）：84-89.
［34］陈俊杰．无缝钢管顶管机组成型工艺参数研究［D］．太原：太原科技大学，2013.
［35］陈莹卷，周民，马靳江．新一代高速线材核心装备技术的研究与开发［J］．中国冶金，2019，29（2）：67-71.
［36］陈跃良，张柱柱，卞贵学，等．高应变率条件下 38CrMoAl 钢的动态力学行为及失效模型［J］．航空学报，2020，41（10）：409-419.
［37］陈志强，林银河，蒲春雷，等．热处理对典型低合金钢棒材力学性能影响的机理［J］．有色金属科学与工程，2021，12（4）：51-57.
［38］程知松，余伟，徐言东．年产 100 万吨棒材生产线低成本改造模式探讨［J］．轧钢，2020，37（6）：57-60.
［39］单俊祥．周期冷轧管机孔型设计及有限元分析［D］．秦皇岛：燕山大学，2023.
［40］邓科，王春生，伊晓亮，等．邯钢 CSP 轧制工艺设备数字化管控与生产应用［C］．第十一届中国钢铁年会论文集——S03．轧制与热处理，2017：411-415.
［41］丁敬，方实年，余延庆，等．国际先进棒材轧钢技术综述［J］．天津冶金，2021（2）：54-57.
［42］范铁军．“新基建”背景下我国钢铁行业发展的新机遇［J］．中国发展观察，2023（2）：80-84.
［43］干勇，李光瀛，马鸣图，等．先进短流程——深加工新技术与高强塑性汽车构件的开发［J］．轧钢，2015，32（4）：1-12.
［44］高帆，曹小彬，黄亮亮．钢铁企业数字化远程监控及智能化设备运维的应用实践［J］．冶金自动化，2023，47（1）：122-130.
［45］顾森东．特殊钢大尺寸棒材往复热轧过程数值模拟与工艺优化［D］．大连：大连理工大学，2015.
［46］郭海明，李琳琳，秦桂伟，等．微张力定（减）径机厚壁孔型优化［J］．钢管，2020，49（5）：46-51.
［47］郭海明，李琳琳，张尧，等．三辊微张力定（减）径工艺设计探讨［J］．钢管，2021，50（6）：50-55.
［48］韩立涛，任玉辉，白喜峰，等．高速线材在线水浴处理技术开发［J］．金属制品，2014，40（1）：40-43.
［49］何立平，马志勇，张玉成，等．高棒柔性化单一孔型系统的开发与应用［J］．轧钢，2023，40（1）：72-79.
［50］胡斌斌．热轧无缝钢管张力减径过程数值模拟及仿真系统开发［D］．秦皇岛：燕山大学，2018.
［51］黄德中，魏宏玲．数字化技术在轮胎模具设计制造中的应用［J］．模具技术，2002（3）：40-42，50.
［52］黄宇龙．无缝钢管张力减径智能预测模型开发与研究［D］．太原：太原科技大学，2023.
［53］贾鹏钰．Incoloy825 无缝管材斜轧穿孔过程损伤模型建立及预测［D］．太原：太原科技大学，2023.
［54］贾其苏．大直径三辊冷轧管机孔型设计及有限元模拟［D］．太原：太原科技大学，2015.
［55］康永林，丁波，陈其安．我国轧制学科发展现状与趋势分析及展望［J］．轧钢，2017，34（6）：1-9.
［56］康永林，周明伟，刘旭辉，等．半无头轧制薄规格带钢的组织性能与板形［J］．钢铁，2012，47（1）：44-50.
［57］康永林，朱国明，陈贵江，等．中国薄宽带钢无头轧制技术最新进展［J］．钢铁，2023，58（7）：1-8.
［58］康永林，朱国明，陶功明，等．高精度型钢轧制数字化技术及应用［J］．钢铁，2017，52（3）：49-57.

[59] 康永林．“十三五”中国轧钢技术进步及展望［J］. 钢铁，2021，56（10）：1-15.
[60] 孔伟．基于机器视觉的高速线材直径及椭圆度测量系统的设计［D］. 合肥：安徽大学，2020.
[61] 李殿中．集成材料计算模拟：金属制备工艺研究的新范式门［J］. 金属学报，2018，54（2）：129-130.
[62] 李菲菲．无缝钢管连轧过程金属流变行为分析及头尾削尖工艺研究［D］. 秦皇岛：燕山大学，2023.
[63] 李怀欣．X80 钢大口径无缝管斜轧穿孔过程数值模拟与工艺优化［D］. 秦皇岛：燕山大学，2021.
[64] 李罗扣，刘强，李文平，等．高速棒材倍尺飞剪工艺技术改进［J］. 山西冶金，2019，42（5）：113-114.
[65] 李帅．新型三辊皮尔格曲面构型孔型设计方法及轧制效果分析研究［D］. 太原：太原科技大学，2023.
[66] 李垚．Inconel600 镍基合金厚壁管斜轧穿孔过程分析及工艺参数优化［D］. 太原：太原科技大学，2023.
[67] 廖力．热轧无缝钢管在线冷却控制系统的开发及应用［D］. 沈阳：东北大学，2018.
[68] 刘栋栋，查春和，杜婷婷．国内外特殊钢棒线材发展趋势分析［C］. 第十届中国钢铁年会暨第六届宝钢学术年会，上海，2015：758-765.
[69] 刘康康．高速线材孔型构成参数优化研究［D］. 马鞍山：安徽工业大学，2020.
[70] 刘满平．我国实现“碳中和”目标的十二条政策建议［J］. 电力设备管理，2021（2）：23-25.
[71] 刘旭辉，成小军，吴浩鸿，等．CSP 生产线半无头轧制技术研究与应用［J］. 金属材料与冶金工程，2012，40（2）：19-25.
[72] 刘燕波，陈文琳，王梁，等．20CrMnTiH 钢奥氏体晶粒长大规律及有限元模拟［J］. 材料热处理学报，2016，37（3）：235-240.
[73] 马涛，崔席勇，张伟，等．常规热连轧超薄带钢生产技术研究［J］. 材料导报，2017，31（19）：80-83，121.
[74] 马银涛，李宁，杨涛．薄板坯连铸连轧无头轧制技术的应用［J］. 河北冶金，2021（6）：37-40.
[75] 马志军．控轧控冷对 38CrMoAl 钢盘条硬度的影响和工艺优化［J］. 特殊钢，2019，40（3）：35-38.
[76] 倪明．控制轧制和控制冷却技术在棒材轧制中的应用与研究［J］. 冶金与材料，2022，42（2）：117-118.
[77] Olson GB. Genomic materials design：The ferrous frontier［J］. Acta Materialia，2013，61（3）：771-781.
[78] 彭龙洲，陈利明，杜新立，等．简析控轧控冷技术在无缝钢管生产中的应用［J］. 钢管，2013，42（4）：7-10.
[79] 孙彬，郝明欣，齐建军，等．我国钢材氧化铁皮控制技术的研究进展［J］. 中国材料进展，2019，38（7）：8.
[80] 孙彬，刘振宇，邱以清，等．低碳钢表面 FeO 层空气条件下等温转变行为的研究［J］. 钢铁研究学报，2010，22（2）：34-40.
[81] 孙继芸．基于深度学习的二辊斜轧穿孔机工艺参数预测研究［D］. 太原：太原科技大学，2023.
[82] 孙倩倩．基于斯太尔摩控冷线的硬线钢性能预测研究［D］. 沈阳：东北大学，2020.
[83] 孙中伟，陈海燕，张剑锋，等．高强度大桥缆索用盘条生产现状分析［J］. 中国冶金，2019，29（1）：66-69.
[84] 谭钢军．高速线材水冷控制系统优化研究［D］. 武汉：华中科技大学，2013.
[85] 谭秋生．高速线材智能夹送辊自动控制系统的研究［D］. 青岛：青岛理工大学，2018.

[86] 陶学智，赵永恒，刘东升，等．钢管在线水淬热处理工艺［J］．钢管，2006，35（2）：21-24.
[87] 田龙博．基于集成计算平台的镁合金舱体铸造工艺优化［D］．大连：大连理工大学，2019.
[88] 汪飞雪，张婧妍，王泽坤，等．荒管端部壁厚增厚补偿控制策略及补偿机制［J］．钢铁，2023，58（2）：104-112.
[89] 汪水泽，高军恒，吴桂林，等．薄板坯连铸连轧技术发展现状及展望［J］．工程科学学报，2022，44（4）：534-545.
[90] 王层．高速线材生产用水浴冷却技术的应用研究［D］．兰州：兰州理工大学，2019.
[91] 王超．大口径无缝钢管张力减径孔型设计及软件开发［D］．太原：太原科技大学，2023.
[92] 王栋，王云志．集成计算材料工程在钛合金微观结构设计中应用的进展［J］．中国材料进展，2015，34（4）：282-288.
[93] 王雷，李月云，胡磊，等．高碳钢盘条斯太尔摩冷却相变研究［J］．热加工工艺，2018，47（22）：191-194.
[94] 王利民．热轧超薄带钢 ESP 无头轧制技术发展和应用［J］．冶金设备，2014（S1）：60-65.
[95] 王琦．无缝钢管微张力减径工艺参数的研究［D］．太原：太原科技大学，2016.
[96] 王晓晨，罗志俊，徐士新．斯太尔摩线风道结构影响风冷的数值模拟［J］．上海金属，2019，41（6）：90-96.
[97] 王晓晨，徐士新，罗志俊．高线斯太尔摩风冷线冷却模型［J］．钢铁研究学报，2019，31（10）：904-911.
[98] 王晓东．基于 TMCP 的无缝钢管轧制和冷却过程微观组织控制研究［D］．呼和浩特：内蒙古工业大学，2020.
[99] 王兴艳，李丹．我国铁路用钢发展及趋势展望［J］．冶金经济与管理，2017（6）：38-42.
[100] 王玉玮．Q420 级耐候钢控轧控冷工艺及焊接性能的模拟研究［D］．秦皇岛：燕山大学，2016.
[101] 翁孟勇，张晓璇．交通运输与钢铁［J］．现代交通与冶金材料，2022，2（1）：1-6.
[102] 吴青正．无缝钢管张力减径工艺参数研究［D］．秦皇岛：燕山大学，2019.
[103] 郗九生，刘全明，张朝晖，等．新一代 TMCP 技术发展及应用［J］．甘肃冶金，2014，36（2）：41-44.
[104] 奚涧．斜轧穿孔过程中的缺陷控制及数值研究［D］．秦皇岛：燕山大学，2013.
[105] 肖心萍. 增氮对控轧控冷低碳 Mo-V-Ti 钢微观组织和力学性能的影响［D］．秦皇岛：燕山大学，2019.
[106] 徐言东，洪荣勇，程知松，等．棒线材连轧生产线钢坯无头焊接轧制改造模式探讨［J］．轧钢，2022，39（3）：71-78.
[107] 许赵华，李宏，李淼泉．GH696 合金动态再结晶模型［J］．中国有色金属学报，2017，27（8）：1551-1562.
[108] 严军，陈永峰，王东兴，等．控轧控冷工艺对 6150 盘条通条组织性能的影响［J］．轧钢，2023，40（5）：135-139.
[109] 严婷婷．数字化技术在山西大同九龙壁展示中的运用［D］．太原：太原理工大学，2021.
[110] 杨虎成，唐辉，唐心语，等．高速棒材生产线新工艺技术及装备应用［J］．山西冶金，2022，45（7）：77-79.
[111] 杨帅．精密冷轧管机孔型设计及管材内表面质量分析［D］．秦皇岛：燕山大学，2022.
[112] 叶沐曦，帅美荣，王建梅，等．不锈钢棒材应变不均匀对两相微观结构演变的影响［J］．重型机械，2023（5）：22-26.
[113] 余伟，陈雨来，陈银莉，等．N80 级石油套管在线形变热处理工艺［J］．北京科技大学学报，2002，24（6）：643-646.

[114] 袁国，康健，李振垒，等．热轧无缝钢管在线热处理工艺组织性能调控研发技术进展［J］．钢管，2018，47（1）：30-34.
[115] 袁国，利成宁，孙丹丹，等．热轧双相钢的发展现状及高强热轧双相钢的开发［J］．中国工程科学，2014，16（2）：39-45.
[116] 袁宇峰．热轧免酸洗钢应用现状调研分析［J］．冶金管理，2018（13）：57-60.
[117] 张春光．高速线材双机架减定径轧制尺寸精度控制与预测模型研究［D］．马鞍山：安徽工业大学，2021.
[118] 张华伟，何晓明．热轧超薄带钢生产装备技术现状与分析［J］．宝钢技术，2020（4）：1-7.
[119] 张坚．无缝钢管热连轧智能控制模型开发与研究［D］．太原：太原科技大学，2022.
[120] 张健民，单旭沂．热轧产线智能制造技术应用研究——宝钢 1580 热轧示范产线［J］．中国机械工程，2020，31（2）：246-251.
[121] 张俊，孙振龙．斯太尔摩冷却工艺现状及其优化［J］．中国设备工程，2011（12）：36-38.
[122] 张伦凤，王治涵，赵俊渝，等．热处理工艺模拟专用材料数据库的设计与实现［J］．金属热处理，2023，48（9）：247-252.
[123] 张永全，李鹏．智能控制在轧钢加热炉上的节能应用［J］．工业炉，2021，43（3）：38-41.
[124] 赵福庠．高速线材轧制过程有限元仿真与再结晶行为预测［D］．沈阳：东北大学，2019.
[125] 赵继成．材料基因组计划简介［J］．自然杂志，2014，36（2）：89-104.
[126] 赵千龙，苏福永，李斌，等．线材斯太尔摩风冷过程相变动力学研究及温度场预测［J］．轧钢，2024，41（2）：59-68.
[127] 郑潇禹，陈辛，何美玲，等．基于晶体塑性的 6XXX 铝合金力学性能多尺度计算［J］．金属学报，2024（6）：1-18.
[128]《智能制造》编辑部．回首“十三五”迈上新台阶——梳理政策文件总结“十三五”中国智能制造发展［J］．智能制造，2021（1）：25-27.
[129] 周彩勤．控制轧制和控制冷却在棒材轧制中的应用［J］．冶金管理，2021（19）：3-4.
[130] 周东生，冯庆晓，李化龙．薄带铸轧产品特性及应用进展［J］．连铸，2020（6）：21-26，33.
[131] 周济．智能制造是“中国制造 2025”主攻方向［J］．企业观察家，2019（11）：54-55.
[132] 周祖德，余文勇，陈幼平．数字制造的概念与科学问题［J］．中国机械工程，2001（1）：109-113.
[133] 朱国明．大型 H 型钢轧制过程数值模拟及组织性能研究［D］．北京：北京科技大学，2009.
[134] 朱辉杰．2015-2016 年度盘点“中国智造”的八大热点话题［J］．智能制造，2016（Z1）：39-51.
[135] 朱艳春，曾卫东，冯菲，等．数值模拟技术及其在塑性成形缺陷预测中的应用［J］．材料导报，2010，24（23）：104-108.
[136] 庄钢，陈洪琪．我国无缝钢管产业“十三五”回顾与“十四五”发展思考［J］．钢管，2021，50（5）：1-8.